湖北省学术著作
Hubei Special Funds for
Academic Publications
出版专项资金

地球空间信息学前沿丛书 丛书主编　宁津生

低空无人机
遥感技术与应用

闫利　编著

编写组

主　编　闫　利　武汉大学
编委会　谢　洪　武汉大学
　　　　詹总谦　武汉大学
　　　　刘　华　东华理工大学
　　　　陈长军　武汉大学
　　　　郑　莉　武汉大学
　　　　赵　展　山东建筑大学
　　　　邓　非　武汉大学
　　　　陈　宇　南京工业大学
　　　　刘　异　武汉大学
　　　　吴博义　山西省测绘地理信息院
　　　　费　亮　中铁第四勘察设计院集团有限公司
　　　　何丽华　湖北省地理国情检测中心

WUHAN UNIVERSITY PRESS
武汉大学出版社

图书在版编目(CIP)数据

低空无人机遥感技术与应用/闫利编著.—武汉:武汉大学出版社,
2022.12
地球空间信息学前沿丛书
湖北省学术著作出版专项资金资助项目
ISBN 978-7-307-17857-1

Ⅰ.低…　Ⅱ.闫…　Ⅲ.遥感图象—图象处理　Ⅳ.TP751

中国版本图书馆 CIP 数据核字(2016)第 103576 号

责任编辑:鲍　玲　　责任校对:汪欣怡　　版式设计:马　佳

出版发行:**武汉大学出版社**　　(430072　武昌　珞珈山)
　　　　　(电子邮箱:cbs22@whu.edu.cn 网址:www.wdp.com.cn)
印刷:湖北恒泰印务有限公司
开本:787×1092　1/16　印张:22.25　字数:525 千字　　插页:2
版次:2022 年 12 月第 1 版　　2022 年 12 月第 1 次印刷
ISBN 978-7-307-17857-1　　定价:89.00 元

闫利

工学博士，武汉大学二级教授，博士生导师，自然资源部高层次科技创新人才，享受国务院政府特殊津贴，荣获"宝钢全国优秀教师奖""夏坚白测绘事业创业与科技创新奖"等荣誉称号。长期致力于无人机遥感监测技术、多源联合移动测量、匹配导航理论与技术以及测绘发展战略研究，主持和参加了国家重点研发计划、国家"973"计划、国家科技支撑计划、国家自然科学基金等项目100多项，发表论文200余篇，获得国家科学技术进步二等奖2项及省部级科技奖8项。在无人机自主在线监测、土地利用变化主动发现、移动激光测量与三维重建等方面积累了丰富的研究成果，得到了广泛应用。

前　言

无人机和测绘遥感技术的结合，使无人机摄影测量与遥感在技术、装备、能力以及应用方面取得了极大的创新发展。低空、机动灵活、用户自主可控、低成本以及自动化操控、高效能数据处理等技术特点，使无人机摄影测量与遥感技术从专业化快速走向大众化。低空无人机遥感技术已经在基础测绘、应急测绘、城市测绘、国土遥感、环境监测、三维实景工程等方面实现了规模化应用，并已成为遥感技术的主要组成部分。

一般认为，低空遥感的飞行高度低于1000m，按照载体平台划分，可分为无人飞艇、无人机。无人机从固定翼无人机、无人直升机发展到多旋翼无人机、复合翼无人机，相对于无人飞艇等载体，无人机具有高机动、高效能等显著优势，因此，无人机遥感得到了广泛的应用，本书将重点阐述无人机低空遥感技术与应用。

相对于卫星遥感、航空遥感，低空遥感具有明显的特殊性。低空遥感平台载荷能力低，难以搭载高性能专业级传感器，因此，必须解决传感器的各类校正问题；平台姿态变化大，或者倾斜成像的倾角大，给影像匹配算法和摄影测量解算带来了一定的困难且具有特殊性；低空遥感平台飞行稳定，作业方式灵活，便于获取高时相遥感影像，有利于遥感监测应用，但必须解决快速且高可靠性的变化发现难题。低空遥感有利于获取超高分辨率影像，但往往同时带来高几何定位精度的应用需求，因此，必须解决高精度几何定位技术问题。低空遥感的光谱分辨率偏低，因此还需要研究相应的定量反演理论和技术。综上，本书将重点针对这些问题展开阐述。

高分卫星遥感与低空超高分辨率遥感的深度协同，将构成各类遥感应用的影像数据源和技术体系；无人机遥感与地面移动测量的协同，能够组成空地组网遥感系统，可进一步拓展遥感应用。视觉导航、惯性导航与卫星导航的深度融合，将进一步推进无人机自主导航技术的进步，推动无人机遥感向飞行机器人遥感发展。因此，地理信息产业领域的专家认为，无人机将进一步推动测量、遥感领域技术水平的提升。综上，本书所阐述的理论、技术和工程应用案例能够促进低空遥感技术的深化应用。

本书是在总结武汉大学测绘学院摄影测量与遥感团队研究成果的基础上编写而成的。近15年，该研究团队先后承担了国家自然科学基金、国家科技支撑计划、公益性行业科研专项、国家重点研发计划项目以及多项科研服务项目。同时，面向世界科技前沿、面向经济主战场、面向国家重大需求，该研究团队研发了型谱化低空遥感系统，其中无人机摄影测量、三维重建、主动遥感监测系统得到规模化的推广应用，形成的科技成果获得国家级、多项省部级科技进步奖。为此，特别感谢研究团队的全体教师和研究生！

由于时间和水平有限，不妥之处实属难免，敬请读者批评指正。

本书可作为测绘、遥感以及其他相关专业的本科、研究生教科书或教学参考书，也可供摄影测量、遥感等领域的工程科技人员参考。

目　　录

第1章 概　　述

1.1　低空无人机遥感

一般认为，低空遥感的飞行高度低于 1000m，常以无人机、无人飞艇等飞行器作为载体，具有低航高、高机动、低成本等特点，能够获取高重叠度、多视角、超精细分辨率的遥感影像。

根据飞行平台划分，低空遥感可以分为低空无人机遥感、低空无人飞艇遥感、低空探空气球遥感等；根据用途划分，低空遥感可以分为低空测绘遥感、低空环境遥感、低空气象遥感、低空农业遥感等；根据飞行范围划分，可以分为近程低空遥感、中程低空遥感和远程低空遥感。

1.1.1　低空无人机遥感的优势

目前，无人机已经成为低空遥感的主流平台，与卫星遥感、航空遥感比较，低空无人机遥感系统具有快速机动、高效能、高空间分辨率等突出优势。

(1)高机动性、高灵活性。无人飞行器一般不需要专门的起降机场，可以在操场、公路或者硬草地上起飞，可在地形复杂地区执行遥感任务。飞行没有重访周期的固定限制，随时可以根据任务需要起飞，获取的影像数据时效性很好、针对性相当强。同时，无需专业飞行员，由专门控制设备对其进行遥控飞行或者依赖无人机传感器自主飞行，可以在危险和恶劣环境、人员往往无法到达的环境进行遥感成像。

(2)低成本、高效能。无人机系统的自动化程度高，可实现自动程控飞行，能够按照航线规划自主飞行，且航线控制精度高，无需飞行员、也无需空勤人员与地面人员的密切配合。从无人机载荷对比分析，传感器一般为轻小型数码相机、激光雷达、IMU 等传感器，成本相对较低。随着无人机以及小型化、低成本化无人机遥感传感器的发展，无人机遥感影像质量得到持续提升，特别是空间分辨率，已经超越了其他类型的遥感平台。

(3)低空云下成像使无人机光学遥感突破了天气条件对高空遥感的成像限制。由于大气对电磁波散射的影响，在云、雾、霾等天气条件下，可见光、近红外、短红外、中红外等光学遥感系统无法成像或者无法获取高质量遥感影像，这是高空光学遥感固有的局限性。低空无人机遥感装置可在云下飞行，有效突破天气条件对光学遥感的限制，从而提高遥感影像获取的时效性。

(4)高空间分辨率使无人机遥感具备获取超精细影像的能力。"四高"是航天航空遥感的总体发展趋势。目前，民用遥感卫星影像的空间分辨率可达 30cm，航空遥感影像分辨率一般在 10cm 左右(徕卡测量 CityMapper-2L 下视相机可获取 5cm 遥感影像),而低空无人机遥感影像分辨率可达 2cm。低空无人机遥感与航空遥感、航天遥感共同构成了厘米级、分米级、米级分辨率的遥感影像获取体系。随着低空无人机遥感系统能力的提升以及超高分辨率卫星遥感技术的发展,卫星遥感与无人机遥感将共同构成宏观与局部、普查与监测的主要数据源,卫星遥感满足大范围、空间分辨率低于 30cm 的数据源需求,无人机遥感则满足局部高精度、空间分辨率优于 10cm(特别是优于 5cm)的数据源需求,从发展趋势看,无人机遥感将有弱化航空遥感的地位与作用的趋势。

鉴于上述优势,低空无人机遥感系统已经成为各国地理空间信息科学领域研究和地理信息产业发展的重点。

1.1.2　低空无人机遥感的局限

无人机在有效负载、续航、控制、抗风等方面性能的限制不可避免地导致低空遥感的局限性,主要体现在以下两个方面:

(1)长航时、高精度的技术制约。随着材料、光学、电子、控制等相关技术的进步,无人机有效载荷性能得到快速提升,但仍然难以实现长航时、高精度低空无人机遥感应用的期望,特别是无人激光雷达技术,因此,小型化、轻型化、低功耗传感器成为低空无人机遥感系统的技术攻关方向。

(2)精度与效率的技术制约。高精度、高时效是无人机遥感应用的共性要求。一般而言,低航高有利于获取高精度遥感影像,不利于遥感影像的快速获取。宽视场高分辨率相机、高频高精度激光雷达等是突破精度与效率矛盾的关键。

因此,需要针对上面两类技术局限来研究低空无人机遥感影像获取与处理的有效技术。

1.2　无人机遥感技术的发展

自 20 世纪 80 年代以来,随着计算机技术、通信技术的快速发展,以及各种数字化、重量轻、体积小、探测精度高的新型传感器的不断问世,无人机的性能得到不断提高,低空无人机航摄系统有了较成熟的技术支持,凭借其独特的性能优势,无人机航摄遥感系统已进入实际应用阶段,并具有广阔的应用前景。进入 21 世纪后,无人机遥感的应用领域扩展十分迅速,无人机对地观测系统已经成为世界各国争相研究的热点课题。国际摄影测量与遥感学会(ISPRS)从 2011 年开始,每两年组织一次 UAV-g(International Conference on Unmanned Aerial Vehicles in Geomatics)会议,交流无人机遥感系统在平台、传感器、数据处理算法、新应用领域等方面的进展。

1.2.1　总体发展趋势

从无人机遥感技术未来发展趋势来看,结合当前和潜在的无人机测绘遥感需求分析,自主导航和在线高性能处理将是主要的技术驱动因素。目前国内外的研究热点在于 SLAM 技术以及组合导航技术。组合导航主要有 GNSS/MEMS 组合、视觉/惯性组合以及独立定位三种模式，尚未形成多源传感器的一体化融合导航。Deloitte 咨询公司于 2019 年发布的关于 UAV 发展战略报告也指出发展趋势之一就是"自学习无人机、能够作出自主导航决定且能够在最少的人为干预下飞行"。多传感器融合是一种必然的趋势，目前已经有一些研究成果，但尚未取得实质性的突破。在无法预见的环境变化中，目前路径规划算法还没有能力进行正确响应，无法满足自主导航的路径规划需求。

目前，无人机在线高性能处理主要包括两个方面：①无人机实时/准实时在线处理。针对高清视频流和高分辨率静态影像数据，突破传统离线作业模式，融合 VSLAM/SFM/实时摄影测量/深度学习目标识别等方法，发展无人机准实时在线高精度处理与智能感知技术及方法；②无人机多源影像数据融合及处理。集成可见光相机、多光谱相机、红外相机和 GNSS 等多传感器，利用多传感器标定、异源影像高精度配准、异构信息融合、深度学习与目标识别等技术和方法，实现多源影像数据的高精度摄影测量处理和自动分类等，可应用于精细农业、环境监测、国土地质、水利电力等行业。

目前，在无人机遥感技术应用领域，室内、森林、地下空间环境以及复杂目标仍需要大量人工参与，自动化水平低，测量成本高、效率低。许多灾害现场、地下矿井等仍然存在安全风险。传统的依赖人的测量方式难以满足现在不同行业与应用中对于地理信息的需求量加大和新需求增多的现状，因此无人机遥感技术的发展方向必然是智能化、实时化和自主化。

1.2.2 无人机遥感平台

1)无人机技术现状概述

无人机技术源于军用需求。1909 年第一架无人机在美国开始试飞；1917 年，英国和德国先后成功研制无人驾驶遥控飞机并用于"一战"；1931 年英国成功研制"蜂后"无人机，后来以"蜂后"为前身的"雄蜂"号无人机被广泛应用于"二战"，主要用于搜集军事侦察信息和扮演军事演习目标；"二战"后的各次战争中，无人机被美、英、法、加拿大和以色列等国广泛用于各种军事任务，如中低空侦察和长时间战场监视、电子对抗、战况评估、目标定位、收集气象资料、营救飞行员和散发传单等。无人机为各国部队实时了解战场态势及评估空袭效果提供了重要依据，对干扰、压制敌方防空体系和通信系统等也发挥重要作用。

到了 20 世纪末，无人机开始广泛进入民用领域，特别是那些大范围、不易到达和危险区域的检测任务，如边境巡逻、天气监测、监测水污染或者核污染区域；同时也应用于危险邻域，如滑坡监测、地震灾害监测、犯罪跟踪和人质位置监视等。意大利人道主义援助及互助行动信息技术协会(ITHACA)研发了一种低价的小型无人机系统，旨在监测、分析和评估人为灾害及自然灾害引起的早期影响。日本航空调查局(JAXA)研发了一套用于灾害监测的无人机系统，包括无人小飞机和飞艇两种类型。无人小飞机可以在灾害发生第一时间飞往灾区并获取第一手资料，而无人飞艇则可以提供长时间监控(2~6 个小时)，从而了解灾情的发展趋势(尤其是火灾)，并且可作为通信中转站为救援工作提供通信保障。以色列国防和警察安全系统提供商研发了多种无人机系统，包括一套软翼无人机系统（Soft-wing based UAV）。这种软翼无人机系统的安全性能更高，持续作业能力强（可达到 8 小时），适用于人口密集区域作业。该公司还研制了一架重量只有 0.75kg 的微型无人机，具备全自动控制系统、视频影像、热影像等，可采用手持方式起飞。英国投资了 1600 万英镑支持一项旨在增强无人机安全和操作效率的国家计划（ASTRAEA），并且在西威尔士建立了一个国家无人机研发中心，用于开发军事和民用无人机，具体应用包括测图、交通管理、灾害救援、火灾监测和军事行动等。美国洛杉矶治安办公室利用名为"SkySear"的无人机开展监视和救援行动，达到快速实时安全的目的。

近十年，随着微型传感器、高速处理器、相机、无线宽带技术和 GPS 等的显著进步，无人机从最早的科技产品（DIY）和娱乐产品变成商业产品（工具），无人机经济以陡峭的曲线呈现爆炸式增长趋势，如图 1.1 所示。无人机对社会和经济产生了前所未有的影响。无人机上搭载的各种低成本传感器大大扩展了其应用领域，例如机器人、计算机视觉、地理信息科学等。

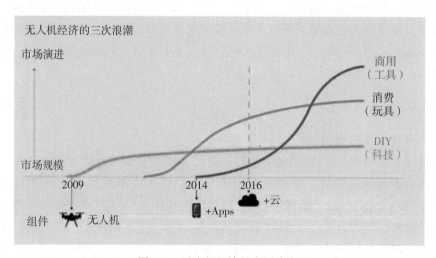

图 1.1　无人机经济的发展浪潮

从无人机市场发展角度而言，根据最近的市场研究[①]，无人机市场预计将从 2019 年的 193 亿美元增长到 2025 年的 458 亿美元，年均复合增长率 CAGR 为 15.5%。由于感知和避障技术的发展，飞行控制系统的改进有望推动无人机市场的增长。我国及其他一些国家对无人机研发保持了强劲发展势头，特别是我国，产业界研发处于主导地位。从研发角度统计（图 1.2），美国仍然处于优势地位。在众多应用领域的需求推动和对未来市场乐观预测的吸引下，在传感器、控制、人工智能等技术的推动下，国内外出现了一批具有特色

---

① Simonsen R V, Hartung M, Brejndal-Hansen K C, et al. Global Trends of Unmanned Aerial Systems [R]. Arlington: Danish Technological Institute[DTI], 2019.

产品、占据较大市场份额的公司，见表 1.1。

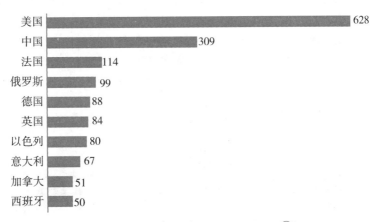

图 1.2 研发无人机平台前 10 名国家①

表 1.1 **2019 年全球领先的无人机公司**

	公司	国家	产品特色
1	DJI	中国	全球最大的消费级无人机制造商。近年进入摄影测量领域，高效能产品推动了无人机摄影测量技术的广泛应用
2	Kespry	美国	专门生产无人机，用于采集、普查和分析航空图像和调查数据
3	Parrot	法国	欧洲领先的无人机企业，提供在线检测、消防、应急搜救、安防等多领域的无人机解决方案
4	Yuneec	英国	生产视频无人机
5	Autel Robotics	美国/中国	拥有四翼飞机和成像无人机技术，开发了最先进的相机系统
6	Pix4D	瑞士	提供专业级无人机测绘和摄影测量软件
7	Insitu	美国	高效能无人机的先驱，其生产的无人机从事国防部门以及政府和商业行业的情报获取、监视和侦察工作，被广泛用于环境监测、精确农业、搜索和救援、救灾和采矿作业等领域
8	Lockheed Martin Corporation	美国	技术领先，生产人机协作无人机
9	3D Robotics	美国	建筑和工程领域无人机数据平台，为建筑、工程和采矿公司以及政府机构开发企业无人机软件
10	Skycatch Inc.	美国	引领数据采集和分析，专注于从现实世界提取关键信息

---

① Simonsen R V，Hartung M，Brejndal-Hansen K C，et al. Global Trends of Unmanned Aerial Systems ［R］. Arlington：Danish Technological Institute［DTI］，2019.

从无人机应用领域角度来看，无人机应用广泛，最普遍的应用是获取影像，相对于其他获取手段，无人机能够提供低成本的解决方案，无人机应用最活跃的领域如图 1.3 所示，其中在测绘领域，无人机应用占 64%。地理信息产业是当今国际公认的高新技术产业，具有广阔的市场需求和发展前景，成为现代信息服务业新的经济增长点。我国地理信息产业从无到有，进入到发展壮大、转型升级的新阶段，但也面临着激烈的国际竞争，在地理信息产业的支柱行业里，我国具有国际竞争力的品牌很少，差距明显，但在无人机方面，我国大疆占据最大的市场份额，具有突出的竞争力。

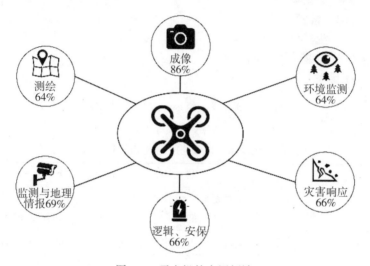

图 1.3　无人机的应用领域

2）无人机遥感平台的发展历程

随着无人机技术的发展，无人机遥感平台逐渐呈现多样化，从最早的固定翼无人机、无人直升机到多旋翼无人机、复合翼无人机。同时无人机遥感技术应用范围也越来越广泛，出现了各种不同尺寸、重量、航程和飞行高度的无人机遥感平台。对于摄影测量与遥感领域应用来说，除了遥感传感器载荷，无人机的另一个最重要组成部分是导航与定向载荷。无人机遥感平台自动驾驶与导航技术、定位定向系统也在快速发展中。

固定翼无人机载重大，航程远，飞行稳定，是最早采用的无人机遥感平台。美国科学家研制的 Aerosonde 极地遥感探测无人机是第一个穿越北大西洋的无人机，其采用 GPS 全球定位系统作为导航系统，翼展 2.9m，重 13~15kg，采用无铅汽油发动机，速度可达 80~150km/h，升限 6km，具有 3000km 的任务距离，可搭载数码相机，红外温度计，气压、温度和湿度传感器等，能够飞越北极地区，在极度危险的气候条件下现场获取遥感数据，并通过超高频无线电或低地轨道卫星进行数据传输。在微小型无人机航测遥感系统方面，瑞士公司 senseFly 发布的 eBee 系列无人机，能够搭载普通数码相机、红外相机等多种传感器，并提供了一系列成熟的航测遥感解决方案。

对旋翼无人机的研究，国外同样起步很早。在 20 世纪初，一些国外学者就开始了对旋翼无人机的研究，Breguet 兄弟早在 1907 年就成功做出了一架四个旋翼的飞行器。但遗憾的是，他们并没有将控制理论引入其中，导致整个系统缺乏稳定性。加拿大雷海德大学的 Meoilvray 和 Tayebi 首先证明了四旋翼的设计可以使飞行器稳定飞行；接着澳大利亚的 Draganflye 和 Mckerrow 完成了对四旋翼无人机的数学建模，这是实现对四旋翼无人机控制的基础；完成可行性证明和数学建模后，就需要采用控制理论的方法设计相应的控制器，实现对四旋翼的姿态控制，瑞士联邦理工学院使用经典的 BackStepping、LQR、PID 等算法完成了对四旋翼无人机的姿态控制。在四旋翼无人机接下来的发展历程中，涉及最多的就是对它的姿态和位置的控制，技术发展的核心工作也就是四旋翼无人机的飞行控制系统的设计。相比固定翼无人机，旋翼无人机具有良好的悬垂性，适合于室内应用，而室内并没有 GPS 信号进行定位导航，所以这时就必须采用其他技术手段来进行定位导航。麻省理工学院采用视觉导航的方法设计出了室内四旋翼无人机飞行控制系统。对于四旋翼无人机的研发，美国宾夕法尼亚大学的 GRASP 实验室做了很多相研究关工作，研究者们所设计的飞行控制系统稳定性好，抗干扰能力强。飞行控制系统中采用运动捕捉系统进行定位，通过对无人机的位置和姿态的控制，实现了四旋翼无人机的稳定飞行、穿越障碍物、编队飞行等。

国内也在无人机平台方面做了很多研究。北京航空航天大学无人机飞行器研究所在无人机设计、硬件制造、系统集成等方面做了大量研究；北京工商大学陈天华等研究了弹射起飞型无人机的系统设计，并在空中自动飞行控制技术方面做了研究；中国科学院遥感应用研究所洪宇等就无人机数据采集方式、拼接方法、机器精度进行探讨，证明无人机适用于小范围的高分辨率遥感影像的及时获取。2005 年，由我国研制的高端多用途无人机遥感系统首飞实验成功，该系统在飞行性能、导航控制精度、通信与装备，以及在系统集成、智能化和高分辨率空间数据获取等方面，达到了实用化水平。2006 年，青岛天骄无人机遥感技术有限公司研制了我国首个 50kg 级"TJ-I 型无人机遥感快速监测系统"，这是我国首架双发动机无人驾驶飞行器和首套用于民用遥感监测的专业级小型无人机系统，可为海洋遥感服务。2009 年，国家重点项目"高精度轻小型航空遥感系统核心技术及产品"启动会在北京举行，该系统的相关产品已在北京的"十一五"国家重大科技成就展上亮相。此外，诸多新科技公司如中海达、上海华测、成都睿铂无人机科技等都发布了成熟的无人机遥感航测系统。

在典型的无人机平台中，自动驾驶仪循环重复地从导航系统读取飞机的位置、速度和姿态(简称 tPVA，t 代表时间)，并把 tPVA 参数提供给飞行控制系统。在无人机摄影测量与遥感系统中，定向系统已经可以适当地非实时估计 tPVA 参数，例如为了测图进行后验传感器定向。美国的无人机创新公司 AirWare 开发了一系列从封闭式解决方案到定制设备的、集成 INS/GPS 导航和飞行控制系统的自动驾驶仪。加拿大 MicroPilot 公司自 1995 年以来一直在生产各种不同的自动驾驶仪产品，这些产品已被诸如 SRS Technologies(美国)，BlueBird Aerosystems(以色列)，INTA(西班牙)和 NASA 的几个分公司等公司或机构使用。美国的 CloudCap Technologies 提供了一个解决方案，包括核心自动驾驶仪、飞行传感器、导航、无线通信和有效负载接口，并已应用于摄影测量与遥感领域。

现在已经有一些开源框架可以用于无人机系统自动驾驶。例如 Paparazzi 项目，该项目被定义为"一个为固定翼和多旋翼无人机平台创建功能强大且多功能的自动驾驶仪系统的免费开源硬件和软件项目",该项目已经用于空中成像任务。其他值得关注的是 OpenPilot 项目①,这是一个社区驱动的开源项目,为固定和旋翼平台进行软件、硬件和传感器的集成。此外还有 ArduPilot 项目②,该项目是在 DIYDrones 社区内创建,基于 Arduino 平台开发一系列开源自动驾驶系统。由 3DRobotics 制造的 ArduPilot 系列产品在微型无人机用户以及无线电控制型飞机开发者中非常受欢迎,因为它提供了可以用于引导和控制的轻型廉价产品。此外,无人驾驶车(UGV)也为自动驾驶技术的出现贡献颇多。NASA 喷气推进实验室等早期发展的机动车操作系统最近已被成功应用于无人机中。

无人机遥感平台上搭载的定位定向系统要求小型化,目前无人机上搭载的 GNSS 接收机和 IMU 的观测值可以在组合导航系统中处理或在组合定向系统中进行后处理以获得厘米级的定位参数。定向参数中姿态的精度取决于 IMU 的质量和飞行动力学,对横滚和俯仰角来说,精度在 0.015~0.2 度,对航向角来说,精度在 0.03~0.5 度。现在已经有无人机高级导航系统搭载的 GNSS 天线可以同时接收 GPS、GLONASS、伽利略和北斗的信号。目前一个 0.9~1.5kg 的定位定向组合测量单元(其 GNSS 多频天线为 0.25kg,其控制单元包括的 GNSS 多频相接收机为 0.25kg,IMU 为 0.4~1.0kg),保证了大地测量级 tPVA 后处理。该类型的组合测量单元和组合导航系统最典型的是 Trimble 公司的 Appanix 系列(AP20 和 AP40)以及 Novatel 的 MEMS 接口卡(MIC),以及具有更高级别的 IMU,如 Northrop-Grumman LN200 或 KVH 1750。iMAR 公司的 iVRU-FQ 尽管重量明显较大(1.8 kg),但也属于该类别。

重量更小的基于 MEMS 的 0.1kg 级代表性定位定向系统也在快速发展中,如 Novatel 与 Analog Devices(不含 GPS 天线和保护盒的 0.08 kg)的 MIC 和 ADI-16488 IMU 的组合,iMAR 的 iIMU-01 和 iVRU-01 单元(0.05kg 无 GPS 天线),高级导航空间(0.025kg 无 GPS 天线)和 SBG 的 IG500-E(0.049kg 无 GPS 天线,0.01kg 无保护箱用于 OEM 集成)等。尽管到目前为止,0.1kg 级的定位定向精度还比较低,有学者预计几年后 0.01 kg 级的 INS／GNSS 系统精度可能会达到目前 1kg 级别的定位定向精度,有可能实现传感器高精度直接对地定位。

3) 发展趋势

从无人机未来的发展而言,高质量成像传感器、小型轻量化传感器、自主导航控制、卫星和航空遥感竞争、空中管制是无人机产业面临的主要问题。无人机行业面临的最紧迫挑战是监管,无人机技术的发展和应用需求增长速度远远超过监管机构的能力。

在"加特纳十大战略技术趋势 2019(Gartner Top 10 Strategic Technology Trends 2019)"报告中,第一个技术趋势就是自主设备(Autonomous things),无人机是其中预测的五类自主设备之一,其核心内涵就是探索人工智能驱动的自主功能的可能性,将依靠使用人工智能来自动执行以前由人类执行的功能。

高自主性、高智能化是无人机发展的总体趋势。宾夕法尼亚大学工程学院院长、美国国家工程院院士 Vijay Kumar 认为,无人机的总体发展趋势是无人机的自主能力,包括自

---

① http：//www.openpilot.org/about/.

② http：//www.diydrones.com/notes/ArduPilot.

主飞行、自主探测、自主处理等，具有 5S 特征，即 Small（小型化）、Safe（更安全）、Speed（速度更快）、Smart（智能化）、Swarm（集群）。从测绘和遥感领域看，IAS 总结给出了 8 个研发趋势：①在建筑和测量领域，无人机应用处于先进的成熟状态，并且已经达到高度自动化；②在诸如建筑物和基础设施监测方面，无人机的需求明显增加；③特定行业服务的提供商，具有良好的未来市场前景；④在使用传感器和专业相机方面，具有高度的创新性；⑤对无人机激光雷达扫描的需求不断上升；⑥与环境保护和城市发展有关的小型项目，呈现明显的增长趋势；⑦标准的缺乏（例如桥梁检查）将继续阻碍市场发展；⑧缺乏对无人机行业的统一立法。

从技术性能看，载荷、续航、抗风等能力是民用小型无人机存在的共性问题，从测绘和遥感需求看，还存在导航控制和在线数据处理能力问题。

（1）导航控制方面。无人机控制系统可分为远程控制、自动控制和自主控制三个等级。综合分析国内外无人机控制系统，认为目前基本处于自动控制发展水平，也就是通过预先编程可实现高度、速度、位置和飞行路径的自动控制，因为缺乏根据飞行环境的改变或者适应未知环境而自主做出导航决策的能力，尚未达到自主导航控制水平。目前，无人机依赖卫星导航系统，以遥控操作或者按照预先编制的路径自动飞行，面对没有卫星导航信号的封闭环境、无法编制路径规划的未知环境以及复杂目标、操控员难以到达的危险环境等情况，现有无人机根本无法完成。目前，一些先进的无人机，在实现自动控制导航的基础上，新增了避障能力，具备了简单的环境适应能力。

（2）在线监测能力方面。目前，无人机只是作为搭载传感器、获取数据的载体，任何数据处理以及采用数据解决问题，都需要在无人机降落后，将数据下载到计算机中完成，处于一种事后处理发展模式。从现实的应用需求以及潜在的增长需求，无人机在线监测具有明显的现实需求，事后处理能够满足无人机测图需求，但无法满足在线监测需求，这需要解决复杂、智能处理的实时计算问题。无人机载荷能力小，计算资源极其有限，而涉及的多源传感器数据的智能处理，均是当前发展阶段正在努力攻克的技术难题，那么在有限计算资源的情况下，实现高可靠性的智能数据处理与信息提取，无疑面临着极大的技术困难。

1.2.3 无人机遥感传感器

由于无人机载重能力相对较小，其所搭载的遥感载荷的体积、重量和功率都受到限制。早期的无人机遥感系统中搭载的传感器主要是普通数码相机。随着各种传感器日益小型化的发展，已经出现了可以搭载在无人机上的多光谱相机、高光谱相机、热红外相机、激光扫描仪和合成孔径雷达（SAR）等多种多样的传感器。

适逢手机行业对高品质小型可见光成像设备发展的推动，目前适用于无人机遥感系统的小型商业多光谱相机已经达到非常高的技术水准。例如，Tetracam 公司的小型多光谱相机 mini-MCA 系列，该系列提供三种不同配置的相机，光谱波段分别是 4 个、6 个和 12 个，其光谱范围覆盖从蓝光波段到近红外波段的常用遥感波段，诸多研究已经利用该相机进行如植被保护等各种应用，并研究其几何和辐射校正。与之类似的还有理光 GXR 相机、Sony NEX-5 和 NEX-7 相机、Aeromao Aeromapper 相机等。另外，已经有将多个普通小型多光谱相机拼接起来得到广角成像系统的实际案例。

高光谱相机具有更好的光谱分辨率,成像谱带窄,需要更多的感光成像单元,与已经达到数百克的重量和数百万像素的分辨率的多光谱相机的发展相反,高光谱和超光谱相机的小型化过程在光学和传感器校准方面更具有挑战性。2013 年,C-Astral 公司和 Rikola 公司共同发布的固定翼无人机遥感系统中搭载着一种轻型高光谱相机,该系统中光谱数量达到 40 个,光谱分辨率为 10nm,覆盖了从可见光到近红外(500~900nm)的光谱范围。Headwall Photonics 公司开发了另一种红外高光谱相机 Micro-Hyperspec-series Nir,光谱数量达到 62 个,光谱分辨率为 12.9nm,覆盖了从近红外到短波红外(900~1700nm)的光谱范围。近年来,在热红外相机的小型化方面取得了显着的进步。由著名的红外相机厂商 FLIR 开发的低重量、小尺寸的热红外成像仪首先用于远程侦察的军事情境(Kostrzewa 等,2003),并且在例如森林火灾监测(Rufino,Moccia,2005;Scholtz et al.,2011)和航空三角测量等领域中得到应用(Hartmann 等,2012)。

轻小型的激光雷达传感器的出现与发展是无人机载激光发展的主要推动因素之一。就目前整体情况而言,在高精度测量领域(2~5cm 绝对定位精度)无人机所搭载的传感器仍然以轻小型机械激光为主,主要应用于 1∶500 大比例尺测图、房产确权、地籍测量等高精度测绘相关领域。在中低精度测量领域(5~15cm 绝对定位精度,1~200m 测量距离)则主要以多线机械式激光或混合固态激光传感器搭载为主,主要应用于电力巡检、应急监测、资源调查、农林业等相关领域。就总体发展趋势而言,无人机载搭载激光传感器将朝着重量更轻、通道数更多、频率更好、精度更高、成本更低的方向发展,混合固态或纯固态将是未来主流的研究与产品化方向。目前的无人机搭载的激光雷达传感器主要包括机械式、固态式、混合式三种类型:①机械式激光雷达带有控制激光发射角度的机械旋转部件,主要由光电二极管、反射镜、激光发射接受装置等组成。该类型激光具有 360°视场、测程远、测量精度高等典型优势,但其价格较为昂贵,体积和重量一般较大,存在生产周期长,量产难度大,机械部件易磨损等问题;②固态式激光雷达通过光学相控阵列、光子集成电路以及远场辐射方向图等电子部件代替机械旋转部件实现发射激光角度的调整,一般包括光相控阵 OPA(Optical Phased Array)以及 Flash 两种技术方案。该类型激光具有结构相对简单、体积小、重量轻、扫描速度快、成本低、环境适应性强等优势,是未来激光发展的主要方向,但目前其存在视场有限、加工难度较高、精度相对较低、测程短等问题,短期内还难以实现产品化;③混合式激光雷达主要采用半导体微机电系统 MEMS(Micro-Electro-Mechanical System)扫描镜来代替宏观机械式扫描器,通过微振镜的方式改变单个发射器的发射角度进行扫描,由此形成一种面阵的扫描视野。该类型兼具了轻小型、低成本、可控性好、易量产等优势,且测程以及精度能够满足大多数无人机激光测绘的相关需求,因此目前成为一种针对机械式激光雷达较好的替代方案。

小型化、轻型化、高密度、高精度是激光雷达的发展趋势,如图 1.4 所示,重量低于 1kg 的激光雷达的技术正在走向成熟。

小型化的合成孔径雷达(Synthetic Aperture Radar,SAR)技术也开始搭载在无人机平台上。雷米等(2012)介绍了一种用于无人机系统的新型系统,其基于雷达 P−和 X 波段的组合,生成森林地区的数字地形和高程模型。埃森等(2012 年)将基于 W 波段(毫米波)的

SAR 系统集成在 NEO S300 直升机型无人机系统中，以实现观察小尺度的特征并且可以分辨出 15cm 的目的。Schulz 在论文中(2011)介绍了基于 SwissUAV NEO S-350 的平台开发以及毫米波 SAR 的集成。即使是微型的 LiDAR 和 SAR，一般重量也比较重，扫描速度较慢，主要搭载在多旋翼无人机或者无人直升机平台上。

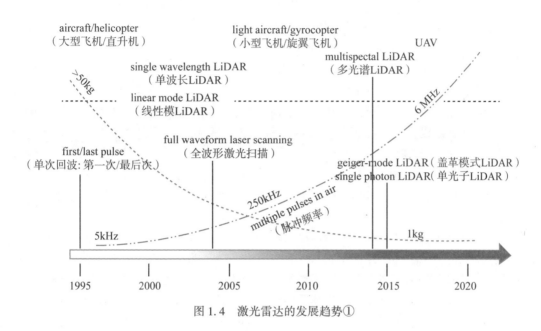

图 1.4　激光雷达的发展趋势①

无人机低空遥感传感器将朝着三个主要方向发展：①传感器的轻小型化、精度优化以及成本低廉化。随着微电子技术以及集成制造工艺的不断优化，无人机载传感器的成本将逐步降低，精度逐步提升且重量更轻，以增加对无人机平台的适应能力。②多传感器的集成化。单一传感器往往无法满足目标区域包括多种类型的完备地理空间信息采集的需求，相机、激光扫描仪、GPS、IMU、SAR 等多传感器的一体化集成将是未来无人机低空遥感载荷的重要发展方向。③在线处理的智能化。内部集成高性能计算单元以支撑边缘计算将是未来传感器发展的重要方向之一，除了信息采集与存储，集成智能化的处理单元提供在线的数据分析与感知能力将是传感器发展的主要趋势。

1.2.4　无人机遥感影像处理

由于飞行稳定性差、航线不规则等因素，尤其是无人机倾斜摄影的出现，使得无人机低空遥感影像具有大旋转角、大倾斜角，尺度和光照变化大，遮挡严重等特点，传统匹配方法无法解决立体匹配中的遮挡、几何变形、几何断裂、影像大幅旋转等瓶颈问题，同时斜轴透视的场景深度变化带来基高比剧烈变化，都给无人机低空遥感影像后处理带来了诸

---

① Recent Developments in Airborne LiDAR：https：//www.hydro-international.com/content/article/recent-developments-in-airborne-lidar-2.

多挑战。出于降低民用成本以及增强飞行灵活性等因素考虑，无人机及其搭载装备都尽量从简从轻，这势必影响低空遥感平台的性能、可靠性和安全性，从而造成低空遥感数据存在许多特点，主要表现在以下几个方面：

（1）飞行航迹不稳定，影像重叠度变化较大；

（2）飞行姿态不稳定，影像倾角和旋偏角大；

（3）低空飞行，基高比变化大，影像几何变形大；

（4）影像像幅小，覆盖面积不大，影像数更多；

（5）影像视场小，相邻影像构成的立体模型的交会角不大。

在正常情况下，这些特点都是卫星和常规航空遥感影像所不具备的，所以无人机影像的处理具有不同于传统卫星影像和常规航空遥感影像特点。国内外许多机构开发了新的无人机影像处理软件或模块，如国内主要有测科院开发的 MAP-AT 软件，张祖勋院士领衔研制的网格处理系统 DPGrid 系统，国外有德国的 Inpho 软件、美国的 Image Station 系统以及欧盟研制的像素工厂（Pixel Factory，以下简称 PF）。随着新式无人机平台和传感器的不断发展，无人机影像处理技术仍在发展中，无人机影像的几何处理技术主要包括无人机影像区域网空三平差和影像匹配。

无人机影像区域网平差主要包括连接点自动提取和区域网平差两个环节。由于区域网平差的相关理论和算法都已经比较成熟，无人机影像空三的难点在于多视影像间的连接点自动提取。影像匹配是实现无人机遥感影像自动立体测量的关键。影像匹配的精确性、可靠性、算法的适应性及运算速度均是其重要的研究内容，特别是影像匹配的可靠性一直是其关键之一。影像特征匹配是无人机影像区域网平差连接点自动提取的关键所在，通过构建局部不变性描述算子，实现不同影像上相似特征的匹配。根据匹配特征构建的不同，主要分为基于灰度的方法和基于特征的方法。基于灰度的方法是传统摄影测量软件普遍采用的，最典型的代表是归一化互相关系数法（Normalized Cross Correlation，NCC）和最小二乘匹配（Least Square Matching，LSM）。NCC 和 LSM 算子采用灰度相关的方法，不具有旋转、尺度等不变特性，但由于传统航空摄影测量一般多使用大飞机，采用垂直摄影的方式和航线规则，影像间的旋偏角较小，因此上述算法能够满足需求。然而，对于无人机摄影测量或倾斜摄影测量来说，由于存在影像间的旋偏角和倾斜角，传统的灰度相关算法不再适用。Lowe（2004）提出了 SIFT 算法，其具有尺度、旋转不变特性且能克服一定程度的仿射变形和光照变化，因此在影像匹配领域得到了广泛应用。在此之后，涌现出许多优秀的或改进的特征算子。Yan Ke 等（2004）提出 PCA-SIFT，通过对归一化的梯度图使用 PCA（主成分分析）提取，使得构建的描述符区分性更强，对影像的变形更加鲁棒。Bay 等（2008）提出 SURF 算子，其在 SIFT 算法的基础上引入积分图，加速了高斯金字塔影像的构建过程，提升了算法的效率。为了进一步提高 SIFT 算法的提取和匹配效率，Wu Changchang（2007）提出了 SiftGPU 算法，利用 GPU 高性能计算大大提高了 SIFT 算法的效率。由于 SIFT 特征主要提取影像中的团块特征，而 Harris 算子一般提取影像中的角点特征。为了使 Harris 算法同时具有尺度和旋转不变性，Mikolajczyk 等（2004）提出了 Harris-Laplace 算法，主要是利用 Laplace 函数在尺度空间中确定不变特征。

为了克服影像的仿射变形影响，Morel 等（2009）提出了具有仿射不变特性的 ASIFT 算法，通过经度和纬度方向上的视角变化来模拟各个仿射变化下的影像，进而利用 SIFT 算法进行特征提取和匹配。但是由于该方法使用穷举匹配策略，其在实际应用中受到了很大限制。此外，还有一系列基于图像区域的仿射不变特征算子，主要包括 Harris-Affine、Hessian-Affine、MSER（Maximally Stable Extremal Region）、IBR（Intensity-Based Region）和 EBR（Edge-Based Region）等。

为了提高特征算子的存储和匹配效率，学者们提出了二进制特征算子。二进制特征方法即直接从图像局部像素块比较计算得到，其特征描述子由二进制字符串组成，结构精简，计算和存储高效。Calonder 等（2010）提出 BRIEF 算法，其构造简单、存储高效，通过异或操作来计算描述子的海明距离，并以此判断相似性。但 BRIEF 算法具有两个明显的缺点：①对噪声敏感；②不具备旋转和尺度不变性。Rublee 等（2011）对 BRIEF 算子进行改进，提出了 ORB（Oriented Brief）算子。ORB 分为两个部分，即有方向的 FAST（oFAST）和旋转敏感的 BRIEF（rBRIEF），确保 ORB 具有旋转不变性和抗噪性，但不具有尺度不变性。Leutenegger 等（2011）提出了 BRISK 算法，采用 AGAST 角点检测并扩展至平面和尺度空间，同时采用了对称的圆形采样模型，使得 BRISK 算子同时具有尺度和旋转不变性。Alahi 等（2012）通过研究人类视网膜产生视觉的工作原理提出 FREAK 算子，通过类比视网膜的拓扑结构和空间编码，采用有重叠区域的对称圆形采样模型，越靠近中心，采样点的密度越高，而且呈指数级增加。同时，采用变化的高斯核函数不仅带来更好的性能，而且还增加了特征的抗噪性。

由于无人机影像数量庞大，且影像间的重叠关系复杂，如何快速地确定序列影像间的公共连接点也是一个问题。Moulon 等（2012）提出了一种快速、简单的无序影像间的特征追踪算法，有效地将立体像对间的对应关系扩展到多视影像，使用并查集算法来解决对应关系的融合问题，与其他算法相比，该算法不仅具有更低的复杂度还可以获取更多的连接点。徐建斌研究员（2005）在对参考影像和目标影像进行小波分解的基础上，提出了一种基于小波变换和遗传算法的遥感影像匹配算法，实现全分辨率情况下的遥感影像匹配。南京大学安如博士等（2005）基于影像几何结构分析改进的快速角点探测算法进行了影像的角点提取，提出一种基于影像尺度空间表达与鲁棒 Hausdorff 距离的快速角点特征匹配方法，实验证明，该方法对影像噪声和灰度变化不敏感，具有抗影像尺度变化的能力。长安大学王春艳（2007）提出了一种改进边缘检测算子的遥感图像特征配准方法，该算法主要针对多源遥感影像的配准。陈信华（2008）通过 SIFT 算法自动相对定向，结合最小二乘法实现了影像的自动匹配，并验证了此方法具有稳定、可靠、快速的特点。重庆大学李博（2007）通过构建一种局部梯度方向直方图，提出了一种具有旋转不变性的图像配准方法，该方法首先采用高斯加权求模技术对特征点邻域内像素的梯度作直方图，确定具有旋转不变性和抗噪性的特征点主方向，然后用主方向作角度直方图统计，确定配准图像之间的旋转角度，获得了良好的配准效果。辽宁工程技术大学齐苑辰（2008）将 SIFT 算子应用到无人机摄影测量影像匹配中，主要用于解决由于不同摄站点拍摄角度不同，使得建筑物等凸出地面的物体在立体像对上成像时产生投影差，导致物体成像几何形状发生畸变并出现地面高层建筑物之间遮挡现象的问题。兰州大学魏宁（2009）提出了一种基于投影变换的快速图像匹配算法，该算法完全在投影域分离了参数之间的依赖关系，可以直接对所获得的投影数据使用基于 FFT 的运算和最小二乘方法就能完成时域中两幅完全重叠且存在仿射变换图像的匹配,与此同时,该算法克服了传统方法对低频信号匹配误差较大的缺陷。武汉大学袁修孝教授(2009)提出了一种综合利用像方和物方信息的多影像匹配方法,首先对各原始影像采用 3×3 像元平均法生成 4 层金字塔影像,并在最高层金字塔影像中计算各搜索影像与基准影像的初始视差,然后从第 3 层金字塔影像开始进行基准影像与各搜索影像的匹配,并对各立体像对的匹配结果进行物方融合,剔除部分误差匹配点,获得较精确的物方空间信息,以用于下一层金字塔影像的匹配。陈裕和刘庆元(2009)提出了一种基于 SIFT 和马氏距离的无人机遥感图像配准方法。其原理是用 SIFT 算法进行查找和匹配,再通过马氏距离对 SIFT 算法结果进行处理得到新的特征点,通过得到的特征点完成图像配准。

密集匹配作为数字表面模型(DSM)生成和后续测图的基础,可以实现影像间的逐像素匹配,是倾斜摄影测量自动建模技术的关键步骤之一。与传统垂直影像相比,倾斜影像有如下特征:影像有显著的尺度变化,类似建筑物等高差较大的物体存在更多的遮挡等,这些都增加了倾斜影像密集匹配的难度。近年来,国内外学者提出了结合计算机视觉和摄影测量的密集匹配方法,使得基于影像的三维建模自动化程度得到很大提高。

多视影像密集匹配算法按照处理单元的不同可以分为基于立体像对的算法和基于多视对应的算法。基于立体像对的算法通常包括四个步骤:匹配代价计算、代价聚合、最优待价选择和视差影像后处理。根据匹配策略的不同可以分为局部算法和全局算法,局部算法包括 NCC、DAISY 等,全局算法包括 Dynamic Programming、Belief Propagation、Graph Cut、MRF 等。前者使用了一个表面光滑的隐式假设,它们对窗口内的像素计算一个固定视差;相反地,所谓的全局算法就是使用显式的方程来表达光滑性假设,之后通过全局最优问题来求解。全局算法的效果要优于局部算法,但是算法复杂度也要高于局部算法。Hirschmuller(2008)提出的半全局匹配(SGM)算法也是应用能量最小化策略,该算法的思想是基于点的匹配代价,利用多个一维方向的计算来逼近二维计算,通过对视差的不同变化加以不同惩罚来保证平滑性约束,因此对噪声具有较好的鲁棒性。半全局匹配算法顾及了算法的效率和精度,其计算精度优于局部算法,计算时间优于全局算法。Remondino 等(2014)对目前流行的 4 款密集匹配软件 SURE、MicMac、PMVS、PhotoScan 进行了试验,其中 SURE 属于基于立体像对的多视密集匹配方法,即首先利用 tSGM 算法计算每个立体像对的视差影像,然后对视差影像进行融合,再生成最终点云。MicMac 是一种多分辨率多视匹配方法,支持基于像方和物方几何两种匹配策略,在匹配结束后采用能量最小化策略来重建表面。PMVS 采用一种基于光照一致性的多视匹配方法,首先进行初始匹配生成种子面元,然后通过区域生长得到一个准稠密的面元结果,最后通过滤波来剔除局部粗差点。而 PhotoScan 则采用一种近似 SGM 的半全局匹配算法。Remondino 等(2014)研究结果表明,采用 SGM 策略的 SURE 和 PhotoScan 在算法精度和效率上要优于 PMVS 和 MicMac。根据重建的对象不同,通常分为基于像方的算法和基于物方的算法。基于像方的算法典型代表有 SGM、SURE、PhotoScan 等,基于物方的算法有 PlaneSweep、PMVS、PatchMatch等,两种方法在生成视差图或深度图后都需要一个融合的过程。

基于现状以及相关影像处理技术的发展趋势,无人机遥感影像处理技术的未来发展将主要集中在两个方面：①进一步发展高性能分布式并行计算技术，联合高精度位姿辅助信息，提升无人机遥感影像几何处理效率，满足无人机影像的实时/准实时处理需求；②联合多源影像信息，发展基于深度学习的场景感知与目标识别技术，提升无人机影像语义信息提取的可靠性与效率，满足基于无人机影像的自然资源监测、巡检以及应急等应用需求；多视无人机倾斜摄影测量可显著提高高程测量精度，因此可用于高精度城市测绘、公路测绘等高精度工程测量。

1.2.5 无人机载激光雷达测量

随着无人机载荷与续航能力的不断提升，轻小型化激光雷达、IMU等多传感器的出现与快速更新迭代，无人机载激光雷达成为近5年在测绘及相关领域快速发展并普及应用的一类新型移动测量技术。相较于传统地基移动测量、航空机载雷达测量等技术，无人机载激光雷达同时兼具了无人机的高机动性、低成本、近距离以及影像与激光等多传感器一体集成的优势，能够高效率获取目标区域的高密度点云及高分辨率影像，目前已广泛应用于大比例尺测图、自然资源调查、精细农林业、电力巡检、应急救灾等多个领域并不断进行多行业拓展，特别是高精度带状测绘、电力巡线等应用。

目前，国内外相关科研机构以及企业相继推出了面向不同应用的各种不同类型的无人机载激光雷达测量系统及配套的解决方案。较为典型的有国外的 RIEGL RiCOPTER(Riegl 公司)、Eagle XF(LiDARUSA公司)、Ranger-LR LITE(Phoenix公司)以及国内的 AS 多平台系列(华测导航公司)、SZT-R250(南方测绘公司)、LiAIR V(数字绿土公司)、ARS-650i (中海达公司)等多种无人机载激光雷达测量系统，如图1.5所示。值得一提的是，华测导航的 AS 系列覆盖了精度从2cm至10cm，测程从100m至1350m的八种不同型号的系列无人机载激光雷达测量系统，而且支持无人机、车载、背包等多平台快速切换，成为目前国内外型号最全的系列产品。

目前，无人机载激光雷达系统所获取的数据主要包括三维点云、多视影像以及POS (Position and Orientation System)轨迹信息等多源数据。从数据表现形式来看，与传统的航空机载激光及摄影测量的差别并不大，但是具有更高的点云密度以及影像分辨率，能够表达目标更多的侧面以及纹理信息，也因此为相关的处理方法研究提供了更为丰富的信息支撑。针对无人机载激光雷达数据的处理目前主要围绕着多传感器标定、多源信息配准融合、点云分类与信息提取、高精度三维重建等方面开展。

(1)点云质量改善。针对无人机载激光雷达系统中低成本IMU带来的点云及影像定位误差问题，采用扫描点云以及序列影像非刚性配准方法来改善点云质量。将序列影像通过SFM方法得到高精度影像及轨迹信息，然后通过影像-点云匹配以及扫描点云深度图配准来达到点云质量改善以及点云与影像融合的目的。采取轨迹时变误差补偿、直接引入原始IMU定位模型、GPS信号失锁条件下影像辅助定位等方法达到点云质量改善的目的。

(2)无人机多传感器标定与多源信息融合。无人机载激光扫描系统获取的多条带点云或重复点云，采取优化准则进行自动多传感器联合标定校准，通过点云与影像联合处理提高两类数据的高精度配准和目标定位精度。

(3)点云信息提取。目前的研究热点在于基于人工智能技术的点云信息提取方法，例

　（a）华测导航AS-900　　　　　　　　　（b）LiAIR V

　　（c）ARS-650i　　　　　　　　　　　（d）SZT-R250

　　　（e）蜂鸟　　　　　　　　　　　（f）RIEGL RiCOPTER

　　（g）Eagle XF　　　　　　　　　　（h）Ranger-LR LITE

图 1.5　典型的无人机载激光雷达系统

如基于点云多视投影的 Multi-view CNN、基于 3D CNN 的 3D ShapeNets 以及基于三维点云的 PointNet、PointNet++、Frustrum PointNet 等，基于深度学习网络的三维点云分类方法，取得了不错的效果。目前点云语义分割方法分为 RG（region growing）、R（RANSAC）、C（clustering based）、O（oversegmentation）、ML（machine learning）、DL（deep learning）六类，深度学习方法在三维点云分类方面有着巨大潜力。

（4）点云三维重建。目前主要通过点云与影像融合、对象语义识别等，结合模型驱动或数据驱动的方法进行目标模型三维重建。目前研究热点在于联合点云面特征以及影像线特征的建筑目标重建方法，按照基元库中的预定义基元，对复杂建筑物的屋顶面进行拓扑图分解，然后分别进行单体模型重建、建筑物多边形网格模型构建。

（5）点云滤波和多源点云联合处理。从点云来源分类，可分为摄影测量点云和激光雷达点云，激光雷达点云可通过地面激光雷达、无人机激光雷达、机载激光雷达获取。利用多源点云融合生成覆盖目标区域的完备点云数据，这是解决复杂区域的数据获取的最有效手段。利用点云滤波生成数字高程模型，这是目前最为普遍的需求，但由于无人机载激光雷达的植被穿透能力较差，仅仅依靠改善滤波算法性能是难以提高数字高程模型质量的，在生产实践中，提高点云密度，采用人机协同的半自动滤波方法成为主要生产技术手段。

尽管目前无人机载激光雷达具有特定优势并在多个领域开展了深度应用，但其仍然存在着依赖 GPS 导航、易受遮挡影响、复杂环境安全性低等问题，该技术进一步的发展趋势表现为：

1）完备点云获取

遮挡、无回波等导致局部点云缺失，这是无人机载激光雷达常见的问题。可联合地面车载、背包等移动测量系统，利用几何、纹理以及语义等特征的多平台多源数据高精度配准与融合方法，构建面向地上地下、水上水下、室外室内的目标完备信息表达。联合视觉/激光/GPS/IMU 等多源传感器，研发无人机激光测量系统在不同环境下的自主路径规划、高精度无缝导航、在线环境感知与场景理解、多无人机协同等方法，提高无人机在各种环境中的自主作业与协同能力，从而进一步提高效率与可靠性。

2）从稀疏点云到密集点云

无人机载激光雷达的光斑偏小，不同于机载激光雷达，稀疏点云难以有效穿透植被。提高点云密度，可明显提高对植被的穿透能力，非常有利于地面信息和植被信息的分离，如图 1.6 所示。无人机载激光雷达扫描频率的提高使其具备了获取密集点云可行性。点云滤波和目标提取也从稀疏点云转变到密集点云处理。

3）点云的智能化处理

结合规则集、经典机器学习以及深度学习等方法构建无人机载点云的多尺度多层次分割及语义信息提取网络，将基于点与基元对象的识别与分类方法有机融合，利用分布式高性能并行运算来提高海量点云信息提取的效率与可靠性将是未来发展的重要趋势之一。

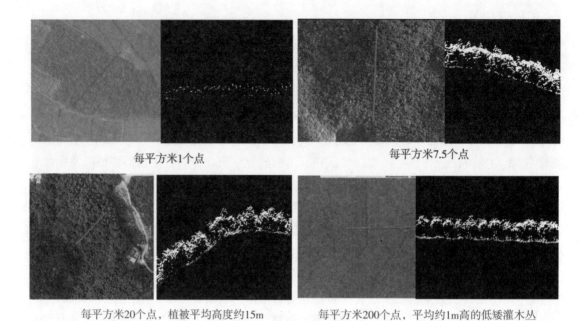

每平方米1个点　　　　　　　　　　　　　每平方米7.5个点

每平方米20个点，植被平均高度约15m　　　每平方米200个点，平均约1m高的低矮灌木丛

图 1.6　点云密度与植被的穿透能力

1.3　低空无人机遥感技术应用

　　低空无人机遥感系统已经成为诸多领域的常规装备，并以其高效能为众多行业的传统技术带来创新，在诸多应用领域被作为传统技术转型升级的突破口，无人机遥感的自身技术也正在从专业化技术转变为大众化技术，呈现"傻瓜化"的特点，形成了"无人机遥感+行业应用"的技术融合创新模式，在各行业领域的应用研究也正处于快速发展期，这种技术进化也进一步刺激了无人机产业。

1.3.1　典型应用

　　1）无人机测图

　　目前中国无人机测量技术发展迅猛，已能在多种复杂的地形与气候条件下获取精准的地理信息数据。无人机测量技术目前已成为传统航空摄影测量手段的有力补充，部分技术指标已经达到国际领先水平，完全能够满足基础测绘工作的需要。目前，无人机测绘在大比例尺测图、应急测绘、三维建模、地理国情监测等方面实现了规模化应用，也已经成为自然资源调查监测、数字城市建设、地质灾害、矿山监测、环境变化监测、工程建设等行业领域的重要测绘保障技术。

　　在测绘领域，目前主要采用的技术手段有以下 3 类：立体摄影测量、倾斜摄影测量和激光雷达测量。另外，得益于小型化、轻量化微波合成孔径雷达系统的发展，无人机 SAR 测绘技术也处于快速发展状态。无人机航摄系统具有机动灵活、影像分辨率高、云下航摄等特点，被广泛应用于 1∶500～1∶2000 比例尺的数字线划图、数字正射影像、数字高程模型的生产，基于 POS(position and orientation system)辅助的空中三角网测量技术，可达到无控 1∶500 航测成图要求。无人机倾斜摄影测量已经成为城市三维重建的主要数据源，相对于传统垂直立体航测，无人机倾斜摄影测量可显著提高高程测量精度，因此可用于高精度城市测绘、公路测绘等高精度工程测量。近年来，搭载激光雷达传感器的无人机系统也得到了迅速发展，并被广泛应用于高精度测绘中，尤其是森林覆盖的山地测绘。国际主流数据采集系统供应商开发了众多系统平台，如奥地利 RIEGL 公司开发的八旋翼 RiCOPTER 无人机激光雷达系统。国内无人机激光雷达技术发展迅速，大量无人机激光雷达系统已经量产并投入生产使用，如上海华测导航技术股份有限公司 AS-900HL 多平台激光雷达测量系统、北京数字绿土 LiAir 系列无人机激光雷达测量系统。

2)实景三维与智慧城市建设

利用无人机遥感技术，可以快速获取目标区域的正射影像、三维地形、建筑物三维实景模型等数据。基于无人机高分辨率影像获取的城市三维场景模型具有精度高、纹理真实、细节丰富等特点，已经成为目前实景三维中国建设的重要支撑数据之一。同时，无人机遥感所获取的高分辨率影像以及高密度激光数据能够提供丰富的场景与目标纹理特征，为高精度的场景感知与目标识别提供了可靠的信息支持，能够广泛应用于城市规划、智慧城市建设等领域。例如，三维实景模型支持在三维场景下直接进行城市设计与规划，并有效提高城市规划的效率和效果。利用无人机搭载的各种传感器来测量城市风速，可进一步通过建立建筑间空气流动模型来决定绿化点，甚至引导行人通过建筑区域，以科学的探测数据为城市规划建设提供依据，让城市生活环境更舒适。利用无人机搭载热红外相机可以灵活高效地检查建筑外墙，快速判断裂缝位置，从而保障建筑的高能效。

3)灾害应急

无人机遥感系统携带方便，使用灵活，在灾害应急方面具有广泛应用。例如，在地震灾害中，可利用无人机遥感系统进行房屋倒塌评估、道路中断监测、堰塞湖监测、灾民安置点监测及其他次生灾害监测等；还可以进行可疑滑坡区域的地质环境遥感探测，以及滑坡灾害评价、危险预测、灾情评估，为灾后救援、重建工作提供重要依据。在防汛检查中，利用无人机遥感系统实时监视蓄滞洪区的地形、地貌和水库、堤防险工险段；遇到洪水险情时，可克服交通和天气等不利因素，快速赶到出险空域，监视险情发展，为防洪决策提供快速准确的信息。

无人机遥感应急系统在国内外重大灾害应急中都起得了重要作用，成为应急救灾的保障装备。无人机遥感应急系统早在汶川地震、玉树地震、舟曲的泥石流灾害等应急救灾中大显身手。在 2017 年 8 月的九寨沟地震中，搜救人员第一时间利用无人机系统开展灾情评估、灾区测绘、受困人员搜救、物资投放以及喷洒防疫等工作。在道路损坏、通信中断的情况下，利用无人机能够跨越地理障碍，直观地展示灾区状况，掌握基础设施、建筑、自然环境损毁情况，供现场或后方指挥人员参考，迅速做出救灾决策。2017 年 9 月飓风"厄玛"横扫美国佛罗里达州，造成了约 180 亿美元损失，这是美国历史上最严重的自然灾害之一。无人机服务公司 FLYMOTION 出动了无人机编队对灾区进行勘测，在交通和通信基础设施受到破坏的情况下，利用无人机的机动性快速勘测、定位出需要维修的设施，评估损坏程度，并进行合理统筹，为重建工作提供支持。

4）森林与电力巡查

森林大多地处山区，交通不便，且占地面积大，林区的测绘、消防工作开展起来比较麻烦。利用无人机技术可以显著提高森林管理工作的效率和安全性，利用无人机技术可以进行林区治安巡逻、林区测绘、森林消防、环境保护、违法建设防范、救灾抢险、蓄木量估算等工作。另外，利用无人机载激光雷达系统，可穿透地表植被，从而更好地获取植被覆盖区域的三维结构数据，多种植被结构参数如冠层高度模型、冠层覆盖、叶面积指数、地上生物量等均可从无人机低空激光雷达数据中提取和反演出来，为进一步森林调查提供更为精准的信息。

林区道路崎岖、地形复杂，依靠民警进行地面巡逻效率较低。而无人机灵活机动，视野广阔，搭载的热成像相机能穿透林木发现人迹，并可在夜间执行巡逻。无人机还支持自主飞行，能做到自动化巡逻，大幅提升了治安巡逻的速度和效率。使用无人机开展测绘工作，不仅速度快、精度高，而且能进行三维建模，分辨地形地貌，标注动植物分布信息。在森林火灾中，无人机可以代替人员深入火场，迅速定位起火点，帮助消防人员做出决策。灭火时，可以使用高负载机型投掷灭火弹，或向被困人员投送救生物资。环境保护是森林地区的重要工作之一。一些违法工厂在较为隐蔽的沿河区域排污，地面人员取证执法难度大。利用无人机的机动性和广阔视角，可以随时进行观测和拍摄，监测违法排放情况。在防汛工作中，无人机可以对蓄洪地区进行全方位观测，为防洪决策提供准确的信息。在汛区搜救中，无人机可以快速定位被困人员，协助救援。

电力行业需要对基塔杆和输电线路进行定期巡检和设备维护。由于架空输电线路地处山林中，传统的检查方式受到交通环境限制，往往需要耗费大量人力。而无人机适合高空作业、机动灵活，能够显著降低巡检工作难度，提升电力巡检效率。如深圳供电局已经将无人机用于日常巡检、红外测温、故障定位和清除外飘物等工作中。在一个基塔的复合绝缘子检查中，传统方法需要 40 分钟，而利用无人机变焦相机和热成像相机只需要 4 分钟就能完成。在清理导线上的外飘物时，传统的人工处理时间需要 5~8 小时，且需要在线路停电的情况下处理；而利用无人机进行带电作业，可快速清除外飘物，用时只需 15~20 分钟，既保障了电网的正常运转，又能保护人员的安全。

5）矿山遥感监测

在矿山开采监测中，无人机遥感系统同样具有广泛的应用功能。一方面利用无人机测绘技术可以获取露天矿山开采过程的实时三维模型，进行开采范围、动用储量监测。传统监测手段劳动强度大、监测周期长、精度不能保证，特别是在露天矿边坡容易出现滑坡裂隙的地段，测绘技术人员进入测区进行测量存在很大的安全隐患。而利用无人机遥感系统可以获取高清晰立体影像数据，自动生成三维地理信息模型，快速实现地理信息的获取、处理与应用，具有信息丰富、影像直观、可三维分析等特点；同时，数据采集效率高、成本低、数据精确，可充分满足矿山测量行业，尤其是露天矿山开采监测的需求。

另一方面，在矿山开采监测中需要及时监管违法开采活动。传统的矿山日常监管主要靠监管人员到现场进行检查核实，辅以手持 GPS 进行简单测量。但矿山区域往往山高路远，岩壁陡峭，部分开采面比较复杂，监管人员难以到达，执法监管就一直存在"发现难、制止难、取证难、查处难"的问题。而轻便易携、操作简单的无人机受环境因素影响小，可迅速到达需检查的区域，获得准确的视频和高精度的图像，为快速发现违法行为人越界开采、无证开采、非法盗采国土资源行为提供视频影像证据。此外，无人机从天空观测，克服了人工巡检效率低、有盲区的问题，能够及时发现各种矿产资源违法开采行为，为执法检查工作提供可靠的技术保障。

6）精准农业

精准农业的用途是为满足预防与管理的需要，获取农作物产量的估计，在精准农业中需要及时、大面积地获得与植被生长、作物产量相关的各种信息。低成本、高时效、可以搭载多种传感器的无人机遥感系统是一种非常适合用于精准农业快速获取数据的工具。利用无人机的高分辨率遥感影像可以发现农田中的杂草，利用无人机多光谱或高光谱影像可以反演农田含水量、作物生物量等信息，并依此估算作物产量。另外，无人机还可以用于农药喷洒等。

目前，无人机植保已经成为无人机行业的一个重要市场。目前的农业市场对无人机植保有巨大的需求，我国传统植保现状及无人机植保服务的优势，给无人机植保行业带来了巨大的行业机遇。例如大疆等无人机公司推出的系列农业植保无人机，目前在国内外精准农业领域已经取得了规模化的应用，在降低成本的同时还可以提高作物效益。

7）海洋

我国海岸线绵长、岛屿众多、沿海工矿企业繁杂、海域自然环境差异很大，这给海洋生态保护、海洋管理以及预报减灾等工作带来困难。目前采用的海洋监测方法多是船舶调查与遥感影像相结合的手段，调查工作量大、效率低、时效性差。而应用无人机遥感技术可以在一个航次内完成多项任务，并且具有受空管限制少、飞行姿态灵活和机动性能强等优势，可大幅度提高海洋监测调查的效率。

无人机遥感在海洋应用中的作用主要包括灾害预警监测、海域海岸带环境监测以及海岸带测绘等。利用无人机搭载的数码相机和摄像机可以及时获得浒苔、赤潮、海冰、绿潮等海洋自然灾害的实时影像和视频，及时进行灾害预报、监控和灾后评估，实现灾前预报、灾中监控、灾后评估"三效合一"的监测效果。由于无人机可以采用 GPS 定位的方式沿海岸线走向飞行，因此利用无人机系统搭载高光谱相机、激光雷达、高清 CCD 面阵相机等多种航空遥感传感器和设备，不仅能对海洋保护区、入海河流、排污口、养殖区等海域进行水色和高光谱监测，还能对海岸线水体变化、大规模围填海、近海开发利用活动、重点海岛和砂质岸线展开持续监测等。利用无人机进行海洋测绘，不仅比传统的测绘方法速度更快，还能深入海水区域，进行大比例尺制图。在海岛礁测绘中，利用无人机同时搭载 LiDAR 和光谱传感器获取多源数据，可以有效提取海岛礁的轮廓线、面积、DEM、覆被类型等信息，进而建立三维海岛礁模型。

8）文物考古

由于无人机监测速度快、成本低、精度高，其在考古领域的应用越来越普遍。在困难的条件下，历史遗迹的资料收集与保护需要快速、简单的三维数据获取技术。近景摄影测量与地面激光扫描是最普遍的应用技术，这些应用技术使获取小型及中型历史遗迹的更多细节信息及实现高精度成为可能。但对于大型历史遗迹，近景摄影测量与三维激光扫描仪通常不是最合适的监测技术。而无人机影像成为考古研究区域解译的重要基础，在无人区或者荒漠中，无人机可以通过从不同角度和不同时间的空中观察和摄影，并根据地貌形态、地物阴影、土壤湿度和植被等种种影像特征，解译出地面或地下遗址。

1.3.2 应用创新的发展趋势

下一代无人机遥感技术是什么？通过分析无人机系统的发展趋势，随着共融机器人、自主机器人与智能测绘遥感技术的深度融合，将来必然走向飞行遥感机器人。当前，低空无人机遥感应用出现了如下趋势：

1）跨界技术融合，拓展应用领域

地理空间信息赋能精密工程、精确控制以及精准治理，已经成为众多行业技术转型升级的突破途径。无人机遥感技术与跨界技术的深度融合、分化，建立起新技术模式、催生新产品、构建新能力。在建筑与工程（AEC）领域，无人机遥感在 BIM/GeoBIM、现场监测、过程管理方面得到了深度融合和应用创新，需求空间巨大。

2）从测图转向监测，拓展在线监测应用

低空无人机测图是测绘遥感领域中一项技术成熟的业务，相对而言，低空无人机监测则属于发展初期阶段，待开发的应用领域众多，例如无人机工程监理，应需、应急监测需求众多。在线监测将使无人机测绘遥感具有现场解决问题的能力，在现场执法等应用中可提供实时的事实依据，发展空间巨大。

3）人工智能与无人机遥感技术融合，将进一步推动应用创新

目前，无人机遥感服务商具备的应用能力和业务类型趋同，缺乏差异化发展，究其根本，在缺乏技术进一步创新的同时，也缺乏应用创新，导致同行之间的同质化竞争激烈。目前无人机遥感技术，基本上处于人机协同阶段。无人机自主控制、环境感知、在线分析决策等技术的发展，将推动无人机、遥感与人工智能技术的深度融合，将逐步出现在线、专业、智能无人机遥感系统，这将是差异化创新发展的有效技术途径。

第2章 低空无人机遥感系统

2.1 低空无人机遥感系统的组成

    无人机遥感系统是一组结合无人机飞行平台、导航控制系统、遥感系统、通信系统等以实现遥感任务的系统。一个典型的无人机遥感系统由无人机飞行平台、遥感传感器系统、飞行控制系统、通信系统及地面信息接收与处理系统等组成，如图2.1所示。

图 2.1　低空无人机遥感系统的组成

2.2 低空无人机遥感平台

    目前常见的低空无人机遥感平台包括固定翼无人机、多旋翼无人机、复合翼无人机、无人直升机和无人飞艇等。在无人机遥感系统中，低空无人机遥感平台负责将遥感传感器携带到指定地点和航高，并根据制定的航线或者实时遥控以设定速度和方向飞行。

2.2.1　固定翼无人机

    固定翼无人机由螺旋桨等动力装置产生前进的推力或拉力，由机体上固定的机翼产生升力，从而实现在空中飞行。世界上第一架无人机即由美国人 Lawrence 和 Sperry 在 1916 年制造的固定翼无人机"航空鱼雷"，如图 2.2 所示。Lawrence 和 Sperry 发明了一种陀螺仪以代替飞行员实现飞机平台的稳定，使得"姿态控制"成为可能，并基于此发明了无人机。

图 2.2　"航空鱼雷"（世界上第一架无人机）

常见固定翼无人机有常规布局固定翼、鸭式布局固定翼、无尾布局固定翼等不同的气动布局。常规布局固定翼是将飞机的水平尾翼和垂直尾翼都放在机翼后面的飞机尾部，这是现代飞机最常采用的气动布局，因此称为"常规布局"。常规布局固定翼最大的优点是稳定高效，经常被军用无人机所采用，例如美国军用"捕食者"无人机，如图 2.3 所示。

图 2.3　美国"捕食者"无人机

鸭式布局固定翼为水平尾翼位于机翼（副翼）之前，其特点是在较大机动下，飞机仍能保持较好的空气动力性能，中国航天科技集团公司研制的彩虹系列多用途无人机为典型的鸭式布局固定翼无人机，如图 2.4 所示。

无平尾、无垂尾和飞翼布局的无人机统称为无尾布局固定翼无人机。无尾布局固定翼

图 2.4　彩虹-3 鸭式布局固定翼无人机

无人机具有更强的平衡性和操作稳定性，不容易产生机斗向下俯冲和向后弯曲的倾向，同时具备飞行阻力小、机翼负荷低、机翼内可利用的空间大、载重多等显著优点，是遥感无人机平台经常采用的固定翼设计方式。由瑞士 senseFly 公司研制的 eBee 遥感无人机（图 2.5）是经典的无尾布局无人机，在国内外得到广泛应用，在矿业、农业以及环境管理等领域具有成熟的应用方案。eBee 遥感无人机机身轻巧，起飞和着陆简便，拥有优秀的空气动力学外形，具有噪声小、航行稳定性强、耐用等优点。其无需额外的助飞设备，双手抛出即可起飞，且拥有完善的飞行规划、作业监视和飞行控制软件。eBee 遥感无人机操作简便，易学易用，无需大量专业培训即可操作，可以自动起飞、巡航及着陆。在安全性方面，eBee 拥有自动安全/应急处理程序，包括机翼监测、完全初始化传感器检测、飞行保持和返回等。eBee 遥感无人机的影像数据处理也很方便，可以将图像直接导入PostFlight Terra3D 后处理软件中，实现快捷的数据检测和全自动 3D 处理。

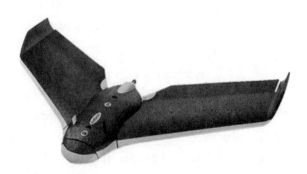

图 2.5　eBee 遥感无人机

2016 年 senseFly 公司发布了无人机新款产品 eBee Plus，作为 eBee 的升级版本，eBee Plus 相较之前性能有了很大的提升，如图 2.6 所示。eBee Plus 内置 RTK 与 PPK，续航时间达 1h。eBee Plus 无人机有更广的飞行面积和更高的效率。相比同等重量的无人机，eBee Plus 单次飞行的覆盖面积更广。以飞行 60min 为例，在 122m 高度飞行时 eBee Plus

的飞行覆盖面积可达 2.2km²，单次飞行最大覆盖面积可达 40km²。由于内置 RTK 与 PPK，无需地面控制点即可实现高精度航测成图，其正射影像与数字表面模型（DSM）的绝对精度可达 3cm。

图 2.6   eBee Plus 无人机

2.2.2   多旋翼无人机

多旋翼无人机是指拥有三个或者更多旋翼的无人机飞行器，能够垂直起降。多旋翼无人机的机械结构较简单，其螺旋桨直接连接电机，整个无人机的运动部分只有桨叶和电机。多旋翼无人机的特点是能够实现垂直起降，可悬停，并且自身机械结构简单，无机械磨损，其缺点是机动性、稳定性较差，续航时间较短，载重相对较轻。

多旋翼无人机根据桨叶的数量可分为四旋翼、六旋翼、八旋翼等，典型的四旋翼无人机如大疆的"精灵" 3（Phantom 3）（见图 2.7），该无人机搭载了惯导系统、GPS 及 GLONASS 双卫星导航系统，可以实现稳定的定高定点悬停，同时还能自动记录起飞点，实现自动返航和一键降落。旋翼无人机一般可以折叠存放，其携带较方便，如大疆创新经纬 M300 RTK 无人机（见图 2.8）和上海华测导航大黄蜂 BB4 无人机（见图 2.9）。大疆创新经纬 M300 RTK 无人机是一款面向商业/行业应用的小型 III 级四旋翼无人机平台，具有较强的机器智能及六向定位避障功能，最长飞行时间 55 分钟，最大飞行速度 23 米/秒，最远遥控距离为 8 千米（CE/MIC），载荷重量在 1 千克左右，最大起飞重量 9 千克，能搭载大疆创新禅思 H20、禅思 H20T、DJI P1 专业航测相机、DJI L1 激光雷达及具备大疆创新 Skyport 专用接口的第三方无人机遥感等传感器，其展开使用和折叠时的状态如图 2.8 所示。上海华测导航大黄蜂 BB4 无人机是一款面向专业应用的小型 III 级四旋翼大载重无人机平台，该无人机为高强度铝及碳纤复合材料框架结构，采用大疆创新双备份 A3 飞控，最长飞行时间 45 分钟（5 千克载荷），最大飞行速度 14 米/秒，最远遥控距离为 8 千米（CE/MIC），载荷重量在 7 千克左右，能搭载长距离激光雷达、专业航空正射相机及倾斜相机遥感等传感器，其展开使用和折叠时的状态如图 2.9 所示。

图 2.7　大疆公司 Phantom 3 四旋翼无人机

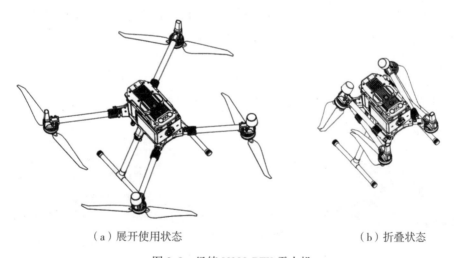

（a）展开使用状态　　　　　　　　　　　　（b）折叠状态

图 2.8　经纬 M300 RTK 无人机

2.2.3　复合翼无人机

复合翼无人机设计的初衷是为了实现比固定翼无人机更灵活、安全、便捷的起降，以及完成一些更加复杂的任务，因此将固定翼无人机载荷大、续航长的优点和多旋翼无人机灵活、稳定、可悬停等优点集于一身，形成复合翼无人机，其缺点是在动力转换时存在一定的危险性。

成都纵横大鹏无人机科技有限公司研发的 CW 系列无人机是典型的复合翼无人机。

　　（a）展开使用状态　　　　　　　　　　　　　　　　（b）折叠状态

图 2.9　上海华测导航大黄蜂 BB4 无人机

CW 系列无人机采用固定翼结合四旋翼的复合翼布局形式，以简单可靠的方式解决了固定翼无人机垂直起降的难题，兼具固定翼无人机航时长、速度快、飞行距离远的特点和旋翼无人机垂直起降的功能。其中 CW-20 复合翼无人机（见图 2.10）有工业级飞控与导航系统，能够保证无人机全程自主飞行，巡航速度达 25m/s，最大飞行速度可达 31m/s。CW-20 复合翼无人机无需操作人员干预即可完成巡航、飞行状态转换、垂直起降等飞行动作，起降不需要跑道，能在山区、丘陵、丛林等复杂地形和建筑物密集的区域开展作业，极大地扩展了其应用范围。CW-30 复合翼无人机为双尾撑布局、后推式油动垂直起降固定翼无人机，是专为大面积飞行任务设计的无人机飞行平台，具有航时长、速度快、载荷大、结构稳定、可靠性高等特点，其翼展长达 4m，机身长达 2.1m，最大起飞重量为 34kg，续航时间为 3~6h，抗风能力为 12m/s。CW-30 主要应用于大面积、高效率、长航时的飞行任务，尤其适用于飞行面积在 150km² 内的项目，如图 2.11 所示。

图 2.10　CW-20 无人机　　　　　　　　　　　图 2.11　CW-30 无人机

2.2.4　无人直升机

　　无人驾驶直升机在构造形式上属于旋翼飞行器，但相比一般的旋翼无人机，无人直升机的有效载荷更高。无人直升机在功能上属于垂直起降飞行器，它具有独特的飞行性能及使用价值，在许多方面具有无法比拟的优越性。与固定翼无人机相比，无人直升机可垂直起降并在空中悬停，可朝任意方向飞行，其起降无需跑道、不必配备复杂大体积的发射回收系统，对地形的适应能力强。虽然无人直升机具有诸多优点，但是无人直升机机械结构复杂、维护成本高，且续航及速度都低于固定翼无人机。经典的无人直升机有 AF30 无人直升机(见图 2.12)等。

图 2.12　AF30 无人直升机

2.2.5　集群无人机

集群化是无人机发展的一个显著趋势。相比于技术复杂、造价高的多任务单一无人机系统，利用低成本、分散化、载荷异构的大量无人机组成的无人机集群(见图 2.13)，不仅可以低成本、高效率地完成工作任务，而且具有网络动态自愈合、分布式探测、信息高效共享与集群智慧、去中心化组网等优势，具有更高的容错性和可靠性。

早在越南战争期间，美军已经利用集群无人机进行战场侦察与监控。随着近年来无人机软件、硬件技术的快速发展，军用集群无人机系统已经日趋成熟。2016 年美国空军提出了《2016—2036 年小型无人机系统飞行规划》，希望构建横跨航空、太空、网空三大作战疆域的小型无人机系统，并在 2036 年实现无人机系统集群作战。美国国防部高级研究计划局研究了"小精灵"集群无人机，通过大型飞机投放的大量无人机实现侦察、电子战、导弹防御等任务。美国海军研制出的一种可用于集群作战的"蝉"微型无人机，具有坚固耐用、尺寸小、成本低、结构简单、噪声小等特点，可配备多种轻型传感器，执行多种任务。美国海军希望未来能实现在 25min 内投放成千上万架"蝉"微型无人机、覆盖 4800km^2 区域的目标。我国也进行了相关的无人机作战集群飞行试验。

随着无人机系统自主性的提升和控制精度的提高，以及小型化和制作成本的降低，集群无人机也逐渐成为消费产品，开始应用于各种民用领域，如精细农业、灾害应急测图、环境制图与保护，甚至还有娱乐行业等。Intel、迪士尼公司等利用集群无人机进行灯光、烟火表演，并申请了专利。洛桑联邦理工学院开发的一套可以在灾区快速搭建通信网络的微型无人机集群，可克服地形困难，快速到达灾区，并以自身为节点，在最短的时间内恢复灾区的通信网络。公益组织 ECHORD ++资助的农业应用机器人集群项目开发的 SAGA

图 2.13　无人机集群

系统(Swarm Robotics for Agricultural Applications)(见图 2.14)，由一组多架无人机互相配合，协同监测一块农田区域，可通过机载机器视觉设备，精确地找到作物中的杂草并绘制杂草地图，从而提高农作物管理的精细化程度。

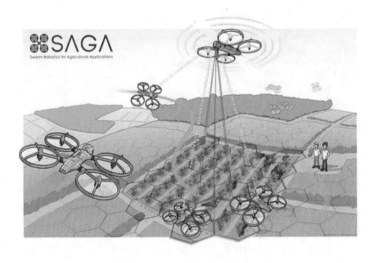

图 2.14　SAGA 无人机集群系统

　　现在的遥感观测任务对于覆盖范围、分辨率、工作效率等都有较高要求，单一设备的覆盖能力有限，分辨率的提高往往意味着覆盖能力的下降。在单无人机作业的情况下，大范围的对地观测往往需要消耗较长的时间，而引入无人机集群技术可以解决作业效率与分辨率难题。在集群无人机遥感观测系统中，多个无人机组成集群，每个无人机均可搭载遥感传感器，并独立地提供部分遥感覆盖能力，与其他设备组合在一起提供目标物体或区域的完整覆盖。在遥感与对地观测领域，无人机集群对大面积区域进行快速协同地理空间信息采集的工作具有天然的成本和效率优势。澳大利亚室外机器人中心认为，一个典型的集群无人机遥感观测系统包括地面控制单元、显示系统、移动感知单元、通信单元等，如图 2.15 所示。

控制单元　　　　通信单元　　　移动感知单元　　　　　显示系统

图 2.15　典型的集群无人机遥感观测系统

　　集群无人机的核心部分是移动感知单元，一个移动感知单元由移动硬件平台(无人机)、计算平台(控制模块)、传感器、飞行模块等组成，如图 2.16 所示。集群无人机技术的关键在于确定每个移动感知单元的位置和高度，并进行飞行控制，以保证测区的全面有效覆盖以及满足遥感技术指标要求。这一过程中涉及集群控制、路径和任务规划、通信技术等关键技术。集群控制的方式可以分为中心化和非中心化两种方案，中心化方案是通过地面控制单元分别与每个无人机通信，控制无人机间的协调飞行；而非中心化方案则任意两个无人机都可以通信并相互协调。显然非中心化方案具有更好的容错性，但会带来更大的通信负载。总地来说，集群无人机技术仍在快速的发展过程中，目前尚没有成熟的集群无人机遥感系统出现。

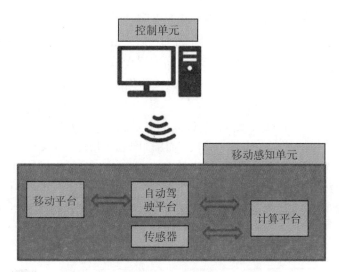

图 2.16　集群无人机移动感知单元组成

2.3　低空无人机遥感传感器

　　低空无人机遥感传感器是搭载在无人机上的遥感传感器。常用的传感器设备包括普通数码相机、倾斜相机、多光谱相机、高光谱相机、热红外相机、合成孔径雷达和激光雷达等。实际任务中，常根据不同的业务需求，配置不同的传感器。与卫星遥感相比，无人机遥感在数据分辨率、定位精度、成像质量和操作灵活性等方面具有较大优势。随着经济与社会的发展，越来越多的行业逐渐利用无人机获取地理信息数据，传统测绘也逐渐向林业、农业、电力、规划、环保等各领域延伸和扩展，对无人机获取信息的要求也越来越高。总之，不同的行业和领域所需要的信息内容不一样，需要使用不同的传感器来满足不同的需求。

2.3.1　数码相机

数码相机是使用电子传感器把光学影像转换成电子影像数据的设备。数码相机在拍摄时，景物影像通过照相机镜头聚焦在半导体光敏元件上，半导体光敏元件把影像分解为成千上万个像素，并转换为模拟电信号。模拟电信号通过数字影像处理电路转换为数字影像文件存储在相机的存储器中。数码相机经过多年的发展，技术日趋成熟，市面在售的数码相机种类繁多，可以依据其用途分成两大类：非量测型相机和量测型相机。两者之间的用途和售价有一定的差异。量测型相机主要用于高精度的测绘工作。非量测型相机是相比于专业型量测相机而言的非专业用途相机，主要包括单反相机、微单相机等普通民用相机。由于具有空间分辨率高、价格低廉、操作简单等优点，非量测数码相机已经在无人机遥感领域得到广泛的应用与发展，如佳能 EOS 5D MarkⅡ 非量测数码相机在无人机摄影测量中得到广泛应用。

数码相机感光传感器主要分为两种：电荷耦合元件(Charge Coupled Device，CCD)和互补金属氧化物半导体(Complementary Metal Oxide Semiconductor，CMOS)。前者成像质量高，但制造工艺较复杂、功耗较大且成本较高；后者成本较低，可塑性比较高，但图像质量相对较差。近年来随着技术的进步，CMOS 在部分性能指标上已经接近或超过 CCD。日立 HV-F31CL(见图 2.17)是一款 XGA(1024×768)高精度 CCD 逐行扫描数码相机，具有单芯片数字处理 LSI(Large-scale integrated circuit)，三个 1/3 英寸 80 万像素的 CCD，以及 Camera Link 接口。Sony ILCE-7RM2(见图 2.18)相机采用了 35mm 全画幅 Exmor R CMOS 背照式影像传感器，并加入了无隙芯片镜片技术和纳米抗反射涂层，使感光度达到 ISO100～ISO25600(可扩展至 ISO50～ISO102400)。该相机采用了 399 个相位检测自动对焦点和 25 个对比检测自动对焦点的增强型混合自动对焦系统，可实现每秒约 5 张的高速连拍。

图 2.17　日立 HV-F31CL　　　　图 2.18　Sony ILCE-7RM2 相机

随着无人机应用的发展，也有专门为无人机航拍设计的数码相机。禅思 X5R 航拍相机(见图 2.19)是深圳市大疆创新科技有限公司推出的微型 4/3 航拍相机，该产品配备大尺寸传感器，动态范围 13 档，即便在复杂光线条件下也可拍摄出清晰的 1600 万静态照片及 24 帧每秒或 30 帧每秒的 4K 高清视频。禅思 X5R 配备工业级三轴增稳平台以及标准 MFT(Micro Four Thirds)卡口，可更换指定的镜头。

图 2.19 禅思 X5R 航拍相机

数码相机光学系统和 CCD/CMOS 性能是影响无人机遥感成像质量的主要因素。

按光电成像理论，CCD/CMOS 正常成像的必要条件是每个像元器件接受到不少于 15 个光子，因此，工业界认为在当前的世界工业水平，优质相机的 CCD 感光像元尺寸应该选 2.2um 以上。理论上讲，光学相机物镜在其成像面上的分辨率为

$$R = 1/(2 \times 1.22\lambda \cdot F) \leqslant 738$$

式中：R 为成像面上可分辨的每毫米线对数(lp/mm)，λ 为入射光线波长，这里取黄绿光 $\lambda = 550nm$，$F = f/D$ 为光圈数(相对孔径的倒数)，其最小值为 1，上式 $R_{max} = 738$ lp/mm 是其理论极限值。

2.3.2 倾斜相机

倾斜相机是通过在同一飞行平台上搭载多台数码相机，同时从垂直和倾斜等不同角度获取影像的相机。倾斜相机突破了传统摄影测量与遥感仅仅从垂直角度拍摄影像的局限，相较于普通相机，能够获取包括建筑物立面在内的更加全面的地物信息，广泛应用于智慧城市、电力巡线、数字矿山等领域。倾斜相机目前已被大量地应用于低空无人机遥感中，如济南赛尔无人机科技有限公司制造的 SHARE-100 倾斜相机(见图 2.20)，搭载了五台高像素多角度数码相机，突破了传统航测相机垂直单一角度获取图像的局限，可从垂直、倾斜等五个不同角度采集影像，从而获取全面的地物纹理信息(见图 2.21)，再通过数据后处理，重建地物三维模型。

图 2.20　SHARE-100 倾斜相机

图 2.21　SHARE-100 倾斜相机所拍摄的影像

2.3.3　多光谱相机

多光谱遥感利用拥有多个波谱通道的多光谱相机对地物进行成像，多光谱相机将物体反射的电磁波信息分成若干波谱段进行接收和记录。多光谱成像仪一般由光学汇聚单元、分光单元、探测与信息预处理单元、信息记录与传输单元组成。小型化的多光谱成像仪与无人机的精密结合，已经在海洋赤潮、海水污染、原油泄漏等事故的发现和检测中发挥重要作用。

美国 Tetracam 公司开发了多种多光谱成像仪产品，广泛用于精准农业、环境、林业、渔业、海洋、航空、物料筛选、考古研究、人体行为学、工业检测等各行业。该公司的 MCAW 成像系统由多个独立摄像机组成，在每次曝光中，6 个独立的可见光或近红外辐射波段通过透镜和滤光片移动，在每个传感器上形成单独的单色图像。阵列中的每个下置相机与其他相机精确同步，以便每个相机能够在完全相同的时刻捕获完全相同的场景，同时每台相机所获取的影像都可以子像素的精度与其他相机所获取影像进行配准。Micro-MCA 是 Tetracam 多光谱成像系统的最新成果，其包含两种版本，即经济实惠的标准版 Micro-MCA 系统以及 Micro-MCA Snap 系统（见图 2.22）。Micro-MCA 和 Micro-MCA Snap 系统均配有 16 GB 微型固态硬盘，两个系统都配有增强的 USB 2.0 接口。Micro-MCA 和 Micro-MCA Snap 系统有三种不同的型号：搭载 4 个摄像头阵列的版本、搭载 6 个摄像头阵列的版本以及搭载 12 个摄像头阵列的版本。Micro-MCA 相机成像光谱在 450~1000nm 范围，能够获得 1280×1024 像素的多光谱图像，重量在 0.5~1.0kg 之间。

图 2.22 Tetracam Micro-MCA 相机

2.3.4 热红外相机

热红外传感系统是利用热红外波段进行成像的系统，用于探测视场范围内目标物的能量辐射特性。热红外传感器通过物体辐射的热红外辐射成像，不必直接接触对象即可感知和测量物体表面的温度，其与无人机结合可实现大面积的热分布检测。

热红外传感器包括光学系统、检测元件和转换电路三大部分。光学系统按结构不同可分为透射式和反射式。检测元件按工作原理可分为热敏检测元件和光电检测元件，其中热敏检测元件中最常见的为热敏电阻。热敏电阻受到红外辐射时温度升高，电阻发生变化，通过转换电路变成电信号输出。

Fluke 公司的 Thermal Imager 热红外相机是一种典型的无人机热红外相机，该相机可以自定义选择内核硬件，允许用户通过 USB 存储 RAW 数据以及来自无人机等外部设备的附加信息，能和无人机的下行链路建立数据连接，从而获取 GPS 地理坐标与时间信息。相机的幅宽为 640×512 像素，温度测量在 −40℃ ~ +150℃ 之间，温度测量精度优于 ±2℃，并且针对客户需求可以进行二次开发。Thermal Imager 热红外成像仪含外壳仅重约 200g，方便搭载在无人机上，如图 2.23 所示。

著名的红外成像设备公司 FLIR 也开发了适用于无人机的轻型热红外相机，TAU 2(见图 2.24) 是 FLIR TAU 系列长波红外相机机芯的最新一代产品。相比于第一代产品，相机的辐射测量精度更高、灵敏度更高，同时图像处理能力得到进一步增强。TAU2 640 热红外相机的成像波段为 7.5~13.5μm，能够获得幅宽为 640×512 像素的热红外影像，工作范围在 −20℃ 至 +65℃，温度灵敏度优于 60mK。

图 2.23 机载热红外成像仪 Thermal Imager

图 2.24 TAU2 640 热红外相机

2.3.5 高光谱相机

高光谱成像光谱仪是基于窄而连续的光谱通道对地物目标持续遥感成像的系统。与多光谱成像仪相比，其成像光谱仪除了可见光波段、近红外波段外，还可能包括中红外波段、热红外波段范围。在这些波段获得许多非常窄的光谱段的影像数据，其成像光谱仪可以收集数十到数百个窄而连续的光谱波段信息。高光谱成像技术融合了光谱技术和成像技术，能够同时获取目标的光谱信息和空间信息，使本来在宽波段遥感中不可探测的物质，在高光谱遥感中能被探测。高光谱影像已经广泛应用于矿物勘探、农林资源调查、环境监控以及城市规划等诸多领域，目前已经有多种无人机载高光谱相机出现。

Cubert S185(见图 2.25)高光谱相机采用独特的 Snapshot 成像技术，在地面分辨率和光谱分辨率之间建立了平衡，其采用框幅式成像模式，能够提供清晰而稳定的高光谱图像，能在 1/1000 秒内得到完整的高光谱立方体。该相机能够获得 450~950nm 波长范围内的 125 个成像波段的高光谱影像，其重量仅 490g，结合用于数据存储、地面通信的处理部件，也可将重量控制在 840g。

Resonon(见图 2.26)高光谱成像系统是另一种常用的轻型高光谱成像系统,由 PIKA II 成像光谱仪和 P-CAD 机载数据采集单元组成。PIKA II 是可见光波段、红外波段的推扫式成像系统,可以获得 400 nm 至 900 nm 光谱范围内的 240 个成像波段图像,光谱通道带宽为 2.1 nm。所获取图像的位深(辐射分辨率)为 12bit。P-CAD 捕获和记录图像数据,并将其与无人机平台提供的 GPS、INS 数据进行同步。

图 2.25　Cubert S185 高光谱相机

图 2.26　Resonon 高光谱成像系统

2.3.6　LiDAR 传感器

LiDAR 是光探测与测距(Light Detecting And Ranging)的英文缩写,其传感器中文称为激光雷达或激光扫描仪。LiDAR 传感器是一种通过非接触测量方式直接获得高精度三维地表数据的测量系统,LiDAR 传感器在测量中以激光作为辐射源,其激光发射器主动发射激光脉冲,激光脉冲经过地物反射后,被 LiDAR 系统接收。LiDAR 传感器所使用的激光脉冲具有非常高的角度、距离和速度分辨率,其发射系统口径小、接收区域窄,具有很强的抗干扰能力。通过结合 LiDAR 传感器、GNSS 定位技术以及惯性测量技术,采用直接地理定位方法,无人机载激光扫描技术能够直接获取高精度三维地表地形数据,在资源调查、灾害评估、地质调查、农业森林资源调查、海岸管理等领域得到广泛应用。

无人机载激光扫描仪包括单线和多线两种类型,单线激光扫描仪在同一个时刻仅发射一个激光脉冲,通过旋转棱镜使激光脉冲在扫描面内旋转以获得整个扫描平面内的数据,典型的单线无人机载激光扫描仪有 Riegl VUX 系列(见图 2.27(a));多线激光扫描仪包含多个激光发射器,可在同一时刻发射和接收多个激光脉冲,从而实现更高效率和更高密度的三维扫描,典型的多线激光扫描仪有 Velodyne Puck 系列(见图 2.27(b))以及 LIVOX AVIA 激光扫描仪(见图 2.27(c))。

2.3.7　SAR 传感器

SAR 是合成孔径雷达英文名称(Synthetic Aperture Radar)的缩写,是一种工作在微波波段的主动式传感器,其将小天线作为辐射单元,数据获取时沿着长线阵不断移动,接收

（a）Riegl VUX激光扫描仪

（b）Velodyne Puck系列激光扫描仪

（c）LIVOX AVIA激光扫描仪

图 2.27　常用无人机载激光扫描仪

不同位置的回波信号，以实现大天线孔径雷达的成像效果。由于微波能够穿透云雾、雨雪、植被，因此 SAR 能够全天候、全天时地对地观测并获取影像，为解决常年多云雾、多阴雨和植被覆盖地区以及光学和光电成像困难地区的测绘难题提供了新的方法。

微小合成孔径雷达（MiniSAR，见图 2.28）是一种紧凑型多模雷达传感器，其工作在 L 波段，可以安装在不同的移动平台上，能提供高分辨率影像及移动目标指示。

图 2.28　微型高性能合成孔径雷达

除了 MiniSAR 之外，NanoSAR（见图 2.29）也是常用的搭载在无人机上的合成孔径雷达。NanoSAR 由专门从事小型合成孔径雷达研究的 ImSAR 公司和从事远程无人机开发的 Insitu 公司合作完成，重量仅为 1 磅（0.454kg），是世界上最小的纳米合成孔径雷达（NanoSAR）的原型机，它可以安装在 7 英寸机翼直径无人机的吊舱中，或者安装在飞机机身内部。NanoSAR 可以提供详细的实时航空雷达图像，其载荷小而轻，可安装在一级或二级无人机中。该雷达与 ImSAR 的 Lisa 地面站和 Viper 通信链路集成，提供了即插即用的雷达成像解决方案。

图 2.29　NanoSAR

2.4 无人机飞行导航与控制及地面监控系统

2.4.1 飞行导航与控制系统

无人机飞行导航与控制系统(以下简称飞控系统)主要包括飞控软件、GNSS/INS 组合导航系统、气压传感器、空速传感器等,其目的在于实时获得无人机平台的运动状态信息并控制无人机根据需求实现稳定的起飞、巡航飞行和降落等。在无人机导航与控制系统中,GNSS/INS 组合导航系统、气压传感器、空速传感器等用于实时获取无人机平台的经纬度、飞行高度、飞行姿态以及速度、加速度等状态信息,飞控系统根据当前的状态信息以及飞行目标,确定无人机需要执行的操作并驱动螺旋桨等硬件执行相应的操作。

2.4.2 地面监控系统

地面监控系统主要包括无线电遥控器、RC 接收机、监控计算机系统、地面供电系统以及监控软件等,如图 2.30 和图 2.31 所示。

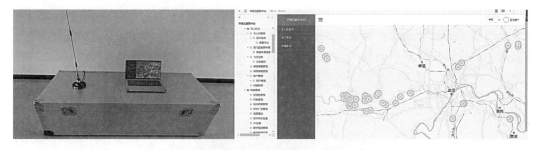

图 2.30 地面监控系统和监控软件

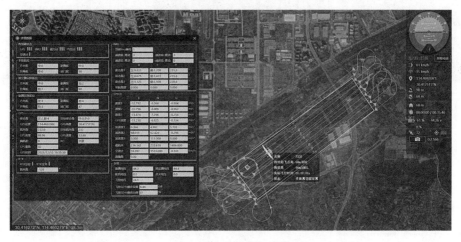

图 2.31 飞行状态参数

　　地面监控软件可根据传感器参数、测区范围、航向重叠度、旁向重叠度、摄影比例尺、起点经纬度、航线方向、航线间隔和航线条数等航摄技术参数,自动生成飞行航线,并将航线数据上传/注入到无人机。在飞行过程中,地面监控站可以通过数据传输系统向飞控系统发送数据和控制指令等,并可接收、存储、显示和回放无人机的飞行高度、空速、地速、方位、航向、航迹和飞行姿态等飞行信息,同时显示设备和传感器的工作状态。

2.4.3　数据传输系统

　　数据传输系统分为空中部分与地面部分,空中部分是指跟无人机集成在一起的部分。空中部分和地面部分均包括数传电台、天线、数据接口等,其主要功能为实现地面监控站与飞行控制系统以及其他机械设备之间的数据和控制指令的传输。基于数据传输系统,地面监控系统与无人机平台可以进行双向数据通信,在地面控制站上可以对无人机飞行控制参数、标定及设置传感器参数、无人机自控飞行进行实时调整。

2.4.4　发射与回收系统

　　发射与回收系统包括无人机发射系统和回收系统两部分。发射系统是确保无人机在一定距离内加速到起飞速度并实现无人机顺利起飞的装置;回收系统是确保无人机从空中安全着陆的装置。在起降场地条件允许的情况下,一般采用地面滑跑发射、滑跑回收。在地理环境比较复杂、起飞场地不具备滑跑条件时,可采用弹射发射①、伞降回收②、撞网回收等方式(见图 2.32)。

　　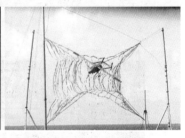

（a）无人机弹射起飞　　　　　　（b）无人机伞降回收　　　　　　（c）无人机撞网回收

图 2.32　无人机的发射和回收方式

2.4.5　地面保障系统

　　地面保障设备主要包括运输保障设备和航摄作业保障设备。运输保障设备是指用于无

---

①　http：//www.zydxsd.com/ZYYWView02.aspx？id=204
②　https：//www.worldmr.net/GeologyNews/NewsList/Info/2017-11-06/219102.shtml

人机航摄系统设备和部件运输保障的包装运输箱，系统主要设备和易损部件应配备专用包装运输箱；航摄作业保障设备是指保障无人机航摄工作正常开展所需的设备器材，主要是指野外设备。地面保障设备主要为无人机航摄安全作业提供基本保障。

第3章 低空无人机遥感影像数据的获取及数据质量评定

3.1 影响低空无人机遥感成像质量的主要参数

1）曝光方程

摄影系统的曝光方程为

$$\frac{F^2}{t} = \frac{LS}{k}$$

式中，F 为镜头光圈数，t 为快门有效曝光时间（s），L 为被摄景物的光亮度（cd/m^2），S 为感光元件的感光度（ASA 标准），k 为曝光常数（取 $k=12.4$）。其中，L 与场景性质、天气状况和航高有关，F、t、S 则是可选择和控制的摄影参数。

2）地面采样间隔

地面采样间隔（GSD），也就是通常所称地面分辨率。

$$GSD = \frac{a \times H}{f}$$

式中，a 为像元尺寸，f 为相机主距，H 为相对航高。

3）像移

由于无人机与地面目标存在相对运动，遥感成像必然存在像移，运动模糊将导致影像质量下降和测量精度下降。一般情况下，低空无人机遥感系统没有像移补偿装置和成像稳定平台，无法实现像移补偿，因此只有通过限制像移大小来保证无人机遥感成像质量。

在成像过程中航摄飞行速度会带来像移，而航摄飞行速度与飞行平台质量、机翼面积、空气密度等有很大关系，最低航速由下式确定：

$$v_{min} = \sqrt{\left(\frac{m}{s}\right)\left(\frac{2}{\rho c}\right)}$$

式中，m 为无人机重量，s 为机翼面积，ρ 为空气密度，c 为该机型的最大升力系数。

那么，像移则为

$$\Delta = v \cdot t$$

式中，v 为无人机航速、t 为曝光时间。

4）像场角

面阵相机的相对幅宽（d/f）以平方倍率关系影响着空中三角测量的构网精度（林宗坚，2017）。表 3.1 是按照摄影测量理论计算出来的 5 个角元素相对定向精度与像场角的关系。

表 3.1 　　　　　　　　　　　角元素相对定向精度与像场角关系

像场角(2θ)	$\sigma_\varphi = \sigma_{\varphi'}$	σ_w	$\sigma_k = \sigma_{k'}$
26°	0.0042°	0.0051°	0.0230°
38°	0.0032°	0.0038°	0.0138°
53°	0.0022°	0.0026°	0.0065°
74°	0.0015°	0.0018°	0.0033°
90°	0.0010°	0.0012°	0.0026°

注意到当前市场优质的 IMU 测姿角精度在 0.005°量级。对照表 3.1 可知，当用长焦相机(窄视场角≤38°)进行大航高摄影时，相对定向精度较低。此时必须采用 IMU 参与空三网解算，以提高精度。但是，当采用宽角(视场角≥38°)相机摄影时，则相对定向解算的角精度将超过优质 IMU 测姿精度，或者说，此时用低档 IMU 也能满足要求。进一步的研究还表明，如果在扩大像场角的同时，还增加影像重叠度，则非常有利于提高空中三角测量精度，而且极大地增强可靠性。过去曾有的"空三粗差"的烦恼基本上不存在了。

5）像场边缘衰减

根据光度学理论，像场边缘的照度 E_θ 是按成像光线偏离主光轴角度 θ 的余弦的 4 次方的规律衰减的。示例如图 3.1 所示。

$$E_\theta = E \cos^4\theta$$

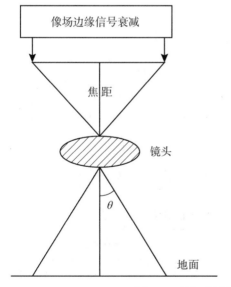

视场角2θ	边缘/中心照度比
0	1
20	0.94
40	0.78
60	0.56
80	0.34

当视场角超过40°时，边缘像场信号衰减到0.8的程度

图 3.1　单机头视场边缘的信号衰减

6）场景亮度

低空具有光度学的能量优势。根据光度学中"照度的距离平方反比定律"，则

$$d\phi' = \frac{KD^2}{H^2}d\phi$$

地面上一个像元面积的场景光通量 $d\phi$ 转换成影像上的一个像元的光通量 $d\phi'$，此转换效能与镜头直径 D 的平方成正比，与相对航高 H 的平方成反比，K 是一个单位转算常数。

综合 1) 至 6) 分析，低空摄影有利于获取高分辨率影像，而且可以充分利用低空光学优势，适应不良天气条件，对提高空域时间利用率很有好处。但是，单镜头像场边缘影像衰减得很明显，对比度下降，因此，为了提高航摄效率，不能简单地通过单镜头实现宽角成像。

3.2 低空无人机遥感影像的获取

一般来说，低空无人机遥感影像获取过程主要包括：任务的提出、空域申请（报备）、航线规划、作业飞行、数据质量检查、成果提交。

1) 任务提出、目标确认和空域申请

用户提出作业任务，主要包括测区概况、测区范围、成图比例尺、项目时间安排情况等资料，并与无人机航摄作业人员明确任务目标，拟订飞行计划，确定航拍时间、无人机起飞和降落场地等。在外业航拍前，航拍负责人需与空域管理部门联系，申请作业区空域飞行许可，如未获批准，须将管理部门意见及时反馈给用户，重新确定作业时间，再次向管理部门提出申请。

2) 航线设计

根据作业任务和 CH/T 3005—2021《低空数字航空摄影规范》要求，利用地面监控站软件对待航摄测区进行航摄技术参数设计，主要包括：

(1) 设置航高。根据所要求的成图比例尺，并参照测图比例尺与地面分辨率值对照表（见表 3.2），确定航摄影像地面分辨率。根据公式 (3-1) 计算航高，如成图比例尺为 1:1000，要求影像地面分辨率小于 10cm，则摄影航高相对于摄影基准面不得大于 554.8m。

$$H = \frac{f \times GSD}{a} \tag{3-1}$$

式中，H 为摄影航高，f 为物镜镜头焦距，a 为像元尺寸，GSD 为航摄影像地面分辨率。

表 3.2 测图比例尺与地面分辨率值对照表

测图比例尺	地面分辨率值（cm）
1:500	<5
1:1000	8~10
1:2000	15~20

（2）设置像片重叠度。根据 CH/T 3005—2021《低空数字航空摄影规范》的要求，影像航向重叠度一般为 60%~90%，最小不应小于 53%；旁向重叠度一般为 20%~60%，最小不应小于 8%。

（3）设置航线参数。根据测区范围，确定起点和终点的经纬度、航线方向和航线长度，利用公式(3-2)和(3-3)计算摄影基线长度和航线间隔宽度。地面监控站软件可根据设置的航线参数自动生成航线，如图 3.2 和图 3.3 所示。

$$B_X = L_X(1 - p_X) \times \frac{H}{f} \tag{3-2}$$

$$B_Y = L_Y(1 - q_Y) \times \frac{H}{f} \tag{3-3}$$

式中，L_X、L_Y 分别是像幅长度和宽度，单位为米；p_X、q_Y 分别是像片旁向和航向重叠度(用百分比表示)；B_X 为摄影基线长度，单位为米；B_Y 为航线间隔宽度。

图 3.2 生成航线界面图

图 3.3 航迹规划图

3）作业飞行

航摄日期应选择测区天气条件最有利的那一天，一般飞行时间安排在上午 10 点至下午 2 点之间。航摄时要保证充足的光照，并且地物的阴影面积最小，使影像获得最佳的清晰度和亮度。无人机航摄作业流程如下：

（1）布设地面设备，组装无人机，安放航摄仪，并进行系统地面联机测试。

（2）在地面监控站软件中，设定各项技术参数，如相机曝光参数、航线参数等，并载入到飞行导航与控制系统。

（3）在弹射架上，弹射无人机起飞，地面监控系统通过数据传输系统向飞行导航与控制系统发送数据和控制指令等，确保无人机按照设定的航迹路线飞行，同时控制相机按照拍摄方式进行拍摄，并将影像数据保存到存储卡或者通过数据传输系统实时传输到地面监控站。

（4）无人机空中飞行结束后，采用伞降回收的方式安全着陆。

（5）检查无人机航摄系统状况，并完成航摄飞行记录表，结束航拍作业。

4）数据检查

无人机航摄作业结束后，用户依据飞行获得的 POS 和影像数据对飞行和影像质量进行检查。

飞行质量检查主要包括：①检查影像重叠度、像片倾角和旋角、航线弯曲度和航高变化是否符合 CH/Z 3005—2010《低空数字航空摄影规范》的限差要求；②检查摄区边界覆盖是否足够；③检查航拍范围是否满足任务要求。

影像质量检查主要包括：①目视检查影像的清晰度、层次、反差、色调，判断能否辨认出与地面分辨率相适应的细小地物，并能建立清晰的立体模型；②目视检查影像是否存在阴影、大面积反光、污点等明显缺陷，是否影响立体模型的连接和立体测图；③目视检查影像是否存在重影、模糊和错位现象；④考虑飞机地速的影响，计算在曝光瞬间造成的像点位移是否满足规范要求。

以上检查内容若不满足内业规范和作业任务要求，则根据实际情况拟订重飞或局部区域补飞的飞行计划。

3.3　低空遥感影像质量的影响因素

与卫星遥感影像相比，无人机低空遥感影像具有如下优势：

（1）时相性好，即现势性强；

（2）分辨率高（通常为 0.2m、0.1m 或更高）；

（3）清晰度好；

（4）立体像对重叠度大。

无人机航拍采用无人机平台和搭载非量测型相机进行航拍，由于无人机平台和非量测相机自身的特点，无人机航拍图片具有分辨率高、色彩鲜明真实等优点，同时也具有相幅小、像片数量多、基线短、重叠度不规则、影像倾角过大等缺点。

对于无人机影像的诸多缺点的影响因素主要有：

(1)姿态稳定性差、不易操纵。无人机由于自身质量小,导致惯性小,受天气影响、空中气流影响以及风力影响大,无人机在空中飞行时,一般是由飞控系统自动控制或操控手远程控制,控制效果均不好。这些因素导致俯仰角、侧滚角和旋偏角较传统航测来说变化快,飞机的姿态角变化大,从而影像的航向重叠和旁向重叠度不规则,影像倾角大且没有规律。

(2)非量测型数码相机(普通数码相机)。非量测型数码相机由于其重量较传统量测型相机轻很多,适合无人机携带,但是普通数码相机的像幅要比传统的航空摄影测量的像幅小很多,导致像片数量多,基线短,基高比变小,从而使空中三角形不稳定,降低了解算的稳定性。同时影像数量多会导致模型数量同比例变多,模型之间来回切换频繁,在后期制作正射影像图时会大大增加模型接缝、切换和接边的工作量。此外,普通数码相机镜头畸变很大,其所获得的像片一般具有径向变形和切向变形。而畸变的产生会使物点、投影中心、像点三点不再共线,同名光线不再相交,空间后方交会精度降低,重建物体的几何模型变形。

(3)所拍摄区地形起伏。摄区地形起伏大,则高程变化显著,对像片影响也较大。

(4)光照的影响。如果拍摄环境光照暗,例如天气多云或雾较多,那么会造成像片的清晰度不够,这会直接影响到无人机影像的使用效果。

无人机的飞行高度一般在几百米左右,飞行高度越高,影像精度相应地会降低;但是由于面向测绘应用的无人机的航拍飞行高度稳定,一般是设定在同一个平面按预设的航线飞行,因此,由于航拍高度引起的图像畸变很小,图像的畸变主要是因为普通数码相机镜头畸变,以及飞行姿态的不稳定等。

3.4 低空遥感影像数据质量内容

3.4.1 影像质量

影像的质量包括三个方面:

(1)可检测性,指遥感器对某一波谱的敏感能力。

(2)可分辨性,指遥感器能为目视分辨相邻两个微小地物提供足够反差的能力,或者简单地说就是遥感器对地物微小细节反差的表达的能力。

(3)可量测性,其表达的是遥感器能够恢复原始景物形状的能力。

其中影像的可检测性和分辨性统称为影像的构像质量,而影像的可量测性称为影像的几何质量。长期以来对于影像质量的评价方法存在两种观点,包括主观评价和客观评价,前者认为任何影像产品都是用来供人眼观看的,应该用目视评价;后者认为主观评价存在片面性,经不起反复检查,可能导致评价结果的不同,所以应有客观的评价。现阶段影像的构像质量的客观评价指标主要有清晰度、反差等。

在 CH/T 3005—2021《低空数字航空摄影规范》中对于影像的质量有明确的规定,即影像质量应满足如下要求:

(1)影像应清晰,层次丰富,反差适中,色调柔和;应能辨认出与地面分辨率相适应的细小地物影像，能够建立清晰的立体模型。

(2)影像上不应有云、云影、烟、大面积反光、污点等缺陷。虽然存在少量缺陷，但不影响立体模型的连接和测绘，可以用于测制线划图。

(3)像点位移一般不应大于 0.5 个像素，最大不应大于 1 个像素。

(4)不应出现因机上振动、镜头污染、相机快门故障等引起影像模糊的情况。

3.4.2 飞行质量

飞行质量主要包括像片重叠度、像片倾角、像片旋角、摄区边界覆盖保证、航高保持、漏洞补摄等方面。

CH/T 3005—2021《低空数字航空摄影规范》中有如下描述：

1)像片重叠度

像片重叠度应满足以下要求：

(1)航向重叠度一般应为 60%～90%，最小不应小于 53%，连续出现 53%不得超过 3 张航片；

(2)旁向重叠度一般应为 20%～60%，最小不应小于 8%，连续出现 8%不得超过 3 张航片。

像片重叠度计算公式如下：

$$
\begin{cases}
p_X = p_X' + \dfrac{(1 - p_X')\Delta h}{H} \\
q_Y = q_Y' + \dfrac{(1 - q_Y')\Delta h}{H}
\end{cases}
\tag{3-4}
$$

式中：p_X'、q_Y' 分别为航摄像片的航向、旁向标准重叠度(以百分比表示)；Δh 为相对于摄影基准面的高差，单位为米(m)；H 为摄影航高，单位为米(m)。

2)像片倾角

航摄成果像片倾角一般不超过 12°，最大不超过 15°。

3)像片旋角

像片旋角应满足以下要求：

(1)航摄成果像片旋角一般不超过 15°，最大不超过 25°；

(2)像片倾角和像片旋角不应同时达到最大值。

(3)影像数据应与定位定姿数据记录一一对应，并确保完整性。采用 GNSS 或 IMU/GNSS 辅助航空摄影时，数据质量应满足 GB/T 27919—2011《IMU/GPS 辅助航空摄影技术规范》的 8.1.1 条要求，并绘制 IMU/GNSS 系统空间位置关系示意图。

4)摄区边界覆盖保证

航向覆盖超出分区边界线应不少于两条基线。旁向覆盖超出整个摄区和分区边界线一般应不少于像幅的 50%。

5)航高保持

同一航线上相邻像片的航高差不应大于 30m，最大航高与最小航高之差不应大于 50m，实际航高与设计航高之差不应大于 50m。

航高计算公式如下：

$$H = \frac{f \times \text{GSD}}{a} \tag{3-5}$$

式中：H 为摄影航高，单位为米（m）；f 为镜头焦距，单位为毫米（mm）；a 为像元尺寸，单位为毫米（mm）；GSD 为地面分辨率，单位为米（m）。

6）漏洞补摄

航摄中出现的相对漏洞和绝对漏洞均应及时补摄，应采用前一次航摄飞行的数码相机补摄，补摄航线的两端应超出漏洞之外两条基线。

7）航线弯曲度

$$E = \frac{\Delta l}{L} \times 100\% \tag{3-6}$$

式中：E 为航线弯曲度；Δl 为像主点偏离航线首末像主点连线的最大距离，单位为毫米（mm）；L 为航线首末像主点连线的长度，单位为毫米（mm）。

3.5 影像数据质量评价的基本方法

3.5.1 低空遥感影像数据构像质量评价

针对无人机影像的自身特点，将无人机影像数据质量评价分为两个部分，一方面是对于影像构像质量的评价，另一方面是对于飞行质量的评价。在众多测绘工作者们的努力下，现已发展了诸多的影像质量评价方法。根据不同的分类标准可以对这些方法进行分类，从现有的资料中可以归纳出，目前的构像质量评价方法大致可以分为以下两类：一是主观评价方法，主观评价方法就是让观察者根据一些事先规定好的评价尺度或者是根据自己的经验对影像按视觉效果作出质量判断，并给出质量分数；二是客观评价方法。客观评价法有信息熵法、方差法、调制传递函数等多种评价方法。本小节主要介绍几种客观评价法。

1. 经典影像构像质量评价方法

1）影像信息熵方法

信息熵是一种从信息论角度反映影像信息丰富程度的度量方法，根据香农（Shannon）信息论原理，信息熵定义为：

$$H(X) = -\sum_{i=0}^{L-1} P_i \log(P_i) \tag{3-7}$$

式中，L 为影像的最大灰度级，P_i 为影像 X 上像元灰度值为 i 的概率。

信息熵具有如下特点：

（1）当影像中的像素在各个灰度级均匀分布，即各个灰度级出现的概率均为 $P_i = 1/L$ 时，信息熵 $H(X)$ 具有最大值 $\log(L)$。此时影像的信息量最丰富，灰度分布最均匀，层次也最多。

（2）当影像中所有像素灰度值都一样时，即整幅图像只有一个灰度级而没有其他灰度级时，熵 $H(X)$ 具有最小值 0。

（3）当影像中灰度级减少时，熵 $H(X)$ 也减少。

2）方差法

方差是反映影像整体灰度分布情况的统计量。方差越大，则对比度越大；反之，方差越小，则对比度也小。

方差的基本表达式是：

$$\sigma^2 = \frac{1}{M \cdot N} \sum_{i=0}^{M-1} \sum_{j=0}^{N-1} (f(i, j) - u)^2 \tag{3-8}$$

式中，M 和 N 是影像的行、列数，$f(i, j)$ 是像点 (i, j) 的灰度值，u 是整幅图像的灰度平均值。

3）信噪比（SNR）法

信噪比主要是用来评价影像经压缩、传输、复原处理前后的质量变化情况。其定义公式如下：

$$\begin{cases} \text{SNR} = -10 \log_{10} \dfrac{\text{MSE}}{255 \times 255} \\ \text{MSE} = \dfrac{1}{\text{ROW} \times \text{COL}} \sum_{i=0}^{\text{ROW}-1} \sum_{j=0}^{\text{COL}-1} (\hat{x}_{ij} - x_{ij})^2 \end{cases} \tag{3-9}$$

式中，ROW，COL 分别表示影像的高度和宽度，x_{ij}，$\hat{x}_{ij}$ 分别表示原始影像和处理后影像在 (i, j) 处的像素灰度值。信噪比在影像的传输、压缩过程的质量评价中占有十分重要的地位，但是 SNR 无法孤立地判断一幅影像的构像质量。

4）平均梯度

平均梯度是指能够反映出影像细微反差的程度。其计算公式为：

$$\bar{g} = \frac{\sum_{i=0}^{M-1} \sum_{j=0}^{N-1} \sqrt{\dfrac{\nabla_i^2 f(i, j) + \nabla_j^2 f(i, j)}{2}}}{(M-1)(N-1)} \tag{3-10}$$

式中，$f(i, j)$、$\nabla_i^2 f(i, j)$ 和 $\nabla_j^2 f(i, j)$ 分别为像点灰度及其在行、列方向上的梯度，M 和 N 分别为影像的行数和列数。一般来说，平均梯度越大，表明影像越清晰，反差越好，但平均梯度受影像噪声的影响很大。

5）调制传递函数

调制传递函数（MTF）的思想来自信息论，它的数学基础是傅里叶变换，从物理意义上调制传递函数可以理解为各个空间频率的正弦波影像在经过成像系统后损失的百分比。

一个正弦形光栅，它的频率为 v，光强分布为 $I(X) = I_0 + I_a \cos 2\pi vx$，$I_a$ 表示正弦形光栅的振幅，I_0 表示平均亮度，在通过成像系统后，光强分布变为 $I'(X) = I_0' + I_a' \cos 2\pi vx$。

正弦型光栅的调制度 M 分别为：

$$M_{物} = \frac{I_a}{I_0}, \quad M_{像} = \frac{I_a'}{I_0'} \tag{3-11}$$

显然 $M_{像} \le M_{物}$，正弦形光栅的调制度 $M_{像}$ 的降低程度与成像系统各个介质有关，与正弦光栅的平率也有关。调制传递函数 T_v 的定义如下：

$$T_v = \frac{M_{像_v}}{M_{物_v}} \qquad (3\text{-}12)$$

图 3.4 是调制传递函数的曲线，其中低频部分主要决定了影像的反差，而高频部分决定了影像细部的表达能力和影像边缘的清晰程度。所以，一般来说 MTF 曲线所包含的面积越大，影像的质量就越好。

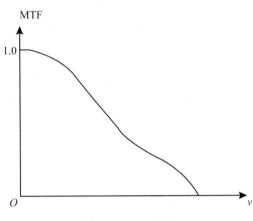

图 3.4 MTF 曲线

2. 基于灰度预测误差统计的方法

基于二维差分脉冲编码调制（DPCM）影像压缩编码技术，其本质与经典的方差和平均梯度同类，但相关学者通过大量影像的实验比较后认为，该方法对影像质量的变化敏感度明显高于上述经典方法。基本原理如下：

DPCM 系统是一种经典的影像线性编码系统。它的基本前提是：①影像可以被视为具有各态历经性的平稳随机场，其相关函数与像元位置无关；②影像在局部区域内具有高度相关性。这样，影像中某点的灰度值即可用相邻的已扫描影像的灰度值估计得出。这一思想不仅可用于影像的预测编码，而且可用来评价影像的构像质量。显然，分辨率高、反差大和清晰度好的影像的灰度相关性越小，像点的预测值与实际值之差越大，反之亦然。

设 $\hat{f}(m, n)$ 为像元 $f(m, n)$ 的估计值，为 $e(m, n)$ 估计偏差，若采用三阶线性预测（事实上，采用更高阶的线性预测并不减少预测误差），则

$$\hat{f}(m, n) = a_1 f(m, n-1) + a_2 f(m-1, n-1) + a_3 f(m-1, n) \qquad (3\text{-}13)$$

$$e(m, n) = \hat{f}(m, n) - f(m, n) \qquad (3\text{-}14)$$

根据最小二乘估计原理并结合影像相关函数的可分离特性，可以求得灰度估计函数式（3-13）的系数 a_1、a_2 和 a_3：

$$a_1 = \frac{R(0, 1)}{R(0, 0)}, \quad a_2 = \frac{R(1, 1)}{R(0, 0)}, \quad a_3 = \frac{R(1, 0)}{R(0, 0)} \qquad (3\text{-}15)$$

有了估计函数的系数 a_1、a_2 和 a_3，即可求得影像灰度预测偏差。这一偏差的累积误差的均方差可用来评价影像的质量。

$$\hat{\sigma}_e = \sqrt{\frac{1}{M \times N} \sum_{m=0}^{M-1} \sum_{n=0}^{N-1} [e(m, n)]^2} \qquad (3\text{-}16)$$

3. 基于 HVS 的影像质量评价方法

1）结合 HVS 影像质量评价概述

以上的影像质量评价方法虽然简单，易于操作，但其评价结果却不一定能真实地反映人眼对数字影像的观察效果。而主观的影像质量评价方法虽然能够反映人眼的视觉效果，但可操作性差，不便于计算机自动分析，同时容易受人的主观因素影响，缺乏客观性。

为了克服传统方法的局限性，相关学者提出了一类符合人眼视觉系统（HVS）特性的影像质量评价方法。这类方法的共同点是评价模型融入了人眼视觉特性的一些阶段性研究成果，从而使其评价更加符合人的主观感受。HVS 模型是目前最为经典的视觉模型，它能够模拟人类视觉感知的 3 个显著特性，即视觉非线性特性（Weber 定律）、视觉分辨率敏感度的带通特性、视觉多通道结构与掩盖效应，从而在一定程度上反映了人眼的视觉特性。

2）结合人眼视觉特性的反差评价方法

根据参考文献[7]有以下两式：

$$\sigma^2 = \frac{1}{S} \left[\lambda_1 \sum_{(i,\,j) \in A_1} (f_{ij} - u)^2 + \lambda_2 \sum_{(i,\,j) \in A_2} (f_{ij} - u)^2 \right] \qquad (3\text{-}17)$$

$$\lambda_1 + \lambda_2 = \frac{\frac{1}{s_1}}{\frac{1}{s_1} + \frac{1}{s_2}} + \frac{\frac{1}{s_2}}{\frac{1}{s_1} + \frac{1}{s_2}} = 1 \qquad (3\text{-}18)$$

其中，A_1 为假设的感兴趣区域，其面积为 s_1，不感兴趣的区域为 A_2，面积为 s_2，它们的兴趣加权值分别为 λ_1 和 λ_2。

式（3-17）和式（3-18）是建立在人眼视觉特性的基础上，针对只存在一个感兴趣区域的影像提出的一种简化的影像反差质量评价模型。但是在实际应用中我们面对的航测遥感数据种类繁多，且每幅影像的特征多种多样。原评价模型将影像单纯地分成两部分，这就造成了此评价模型在应用范围上存在着很大的局限性，比如当一幅影像存在多个感兴趣区域时，这个评价模型就不再适用。要将这一模型应用到实际当中，必须对这一模型进行改进，才能将这一简单模型推广到更广泛的应用中。

测绘工作者在评价影像的反差质量时，考虑的是影像的反差质量是否影响到影像在后期信息采集中的应用，相同的反差质量瑕疵如果出现在存有大量信息的区域造成的负面影响必然比出现在信息量小的区域造成的影响大，因此在对影像的反差进行评价时必须重点考虑信息量相对较大区域的反差质量。

在评价影像反差质量时，首先要对影像进行分割，将影像分为 N 块，然后根据每块影像信息量的大小赋予其不同的权值，即在参加影像反差质量评价时，信息量越大的区域权就越大，这个思路也符合人眼的视觉特性，因为人眼在对影像质量进行评价时对不同区域感兴趣的程度是不同的。可以认为，在区域面积相等的情况下区域的兴趣值在与区域的信息量近似成正比关系。

简单地将影像均分为 N 块，即 A_1，A_2，A_3，$\cdots$，A_N，它们的兴趣加权值分别为 λ_1，λ_2，λ_3，$\cdots$，λ_N，其中信息量分别为 Z_1，Z_2，Z_3，$\cdots$，Z_N。信息量的评价公式如下：

$$Z_i = -\sum_{i=0}^{255} p_i \log p_i \tag{3-19}$$

由于兴趣加权值与它们各自的信息量成正比，且根据归一性原则 $(\lambda_1 + \lambda_2 + \lambda_3 + \cdots + \lambda_N = 1)$，可得：

$$\lambda_1 = \frac{Z_1}{Z_1 + Z_2 + \cdots Z_N}, \quad \lambda_2 = \frac{Z_2}{Z_1 + Z_2 + \cdots Z_N} \cdots \lambda_N = \frac{Z_N}{Z_1 + Z_2 + \cdots Z_N} \tag{3-20}$$

根据以上的分析，式(3-17)和式(3-20)可以改写成：

$$\sigma^2 = \frac{1}{S}\left[\lambda_1 \sum_{(i,j)\epsilon A_1}(f_{ij}-u)^2 + \lambda_2 \sum_{(i,j)\epsilon A_2}(f_{ij}-u)^2 + \cdots + \lambda_N \sum_{(i,j)\epsilon A_N}(f_{ij}-u)^2\right] \tag{3-21}$$

应用改进后的评价模型对遥感影像进行反差质量评价的具体流程为：

(1) 读取需要评价的数字影像；

(2) 将数字影像均分为 N 块，根据经验值一般将 N 取值为 12×12；

(3) 利用公式(3-20)量化分割后的每块影像的信息量，计算 Z_1，Z_2，Z_3，$\cdots$，Z_N，然后计算出 λ_1，λ_2，λ_3，$\cdots$，λ_N；

(4) 利用评价模型计算分割结果，即将分割结果代入公式(3-21)；

(5) 获取评价结果。

3.5.2 飞行质量评价方法

1. 常见的飞行质量评价方法

无人机作为航空摄影测量和遥感系统相对其他航空遥感系统来说更加灵敏，对飞行环境、气候气象反应较为灵敏，各种环境和条件的变化最终会反映到影像质量上。航空遥感作业完成后，影像质量的检查就显得更加重要了，尤其是飞行质量的检查。

航摄飞行质量要求的内容主要包括对航摄比例尺、航向和旁向重叠度、像片倾斜角、航线弯曲等的限制和要求。航摄成果飞行质量的检查，目前常用的方法就是像片排布检查法，通过人眼观察和测量得出航摄成果飞行质量的指标。这种方法由于不能在航摄工作中实时进行且周期较长，因而难以满足航摄工作中成果质量信息快速反馈的要求，对提高航空遥感工作的效率有着较大的制约。有的国家，如美国、加拿大、俄罗斯，由于其国内的地形图更新任务较重，所以对这方面尤为重视，已建立起比较完善的质量验收与控制体系。前人研究成果主要可分为两大类，一类是"准实时"检查验收体系，另一类为"机下"验收体系。第一类是利用 GPS 导航设备和惯性测量设备，在飞行时记录摄站位置和相机姿态，飞行结束后即可完成对飞行质量的自动分析和检查。这种方法虽然速度快，但对硬件的要求较高，资金投入较大。第二类是在飞行结束后，通过影像处理的方法迅速获取影像的旋转角、重叠度、覆盖情况等。

在无人机飞行质量评价中，勾志阳等(2007)通过多次试验，得到大量的图像和信息数据，利用所获得的控制数据，从像片重叠度、航线弯曲、像片旋转角及航高差等方面利用机载辅助信息对无人机航测的飞行质量进行了评定。其还利用无人机遥感系统提供的辅助信息对航迹误差进行分析，利用每一个拍摄点的经纬度在 MATLAB 上画出实际飞行航迹，然后画出预设航迹进行比较分析。综合分析，其试验结果符合相关要求。

何敬等（2010）对 5·12 地震中受灾区航空摄影测量影像进行了研究。其利用机载 POS 数据进行飞行质量的评价。所获取影像的平均航向重叠度为 75.6%，平均旁向重叠度为 57.4%，满足要求；其试验影像最大航带弯曲度为 0.614%，试验相邻像片航高差为 2.3m，最大航高与最小航高之差为 5.3m。其在进行航线弯曲计算时，首先利用机载 POS 数据绘制出航带示意图，如图 3.5 所示，初步了解整个航拍过程中航线的直线性，然后从中找出弯曲度最大的一条航带，并计算其弯曲度。

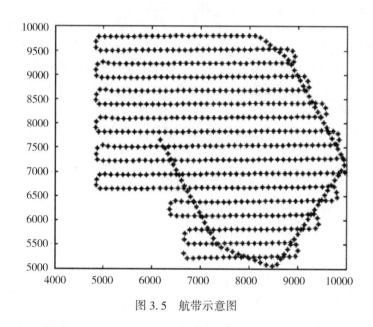

图 3.5　航带示意图

杨爱玲等（2011）在探讨轻型无人机航摄影像质量时，通过逐条航带对无人机的飞行质量展开检查，发现了不同相邻航片之间旋偏角的不规律性等问题，并总结出保证航片质量应做的工作。

上述这些进行机载影像质量检查的方法主要是利用机载系统自身携带的 GPS 数据来进行的，这种方法简单，速度快。但是也存在明显的缺点：比如准确度不高，若飞行系统受风影响可能会导致影像的重叠度和旋转角发生很大的变化，而 GPS 数据却没有很大变化，或者是受到地形因素的影响，影像重叠发生变化。而利用机载 POS 系统进行飞行质量检查，要求所用的硬件设备具有较高的精度，但并不是所有机载 GPS 和 IMU 都能达到要求，毕竟无人机的载重能力有限；并且影像的质量参数不仅受到机载姿态的影响，还受到区域的影响；无人机受外界环境影响较大，影像容易出现很大的旋偏，这时只利用 POS 辅助数据就会有较大偏差。

2. 基于图像匹配的飞行质量评价方法

基于图像匹配的飞行质量评价，仅通过影像来确定影像旋转角、重叠度等参数，对无人机所携带的设备位置和姿态测定要求较低，不需要 DEM 等辅助基础数据的参与就可以展开，精度更加可靠，实用性也更强。

影像匹配的算法较多，一般可分为基于模板、基于特征和基于决策三类。影像匹配性能一般受影像分辨率差别、影像旋转角大小、灰度变化、影像内容与特征等因素的影响。当然，不同的匹配算法对于以上因素具有不同的敏感性。航空平台的广泛性，使得不同航空平台在空中的姿态变化非常明显，因此，影像匹配的方法需要对旋转角、灰度变化等参数不敏感。在影像匹配过程中，基础的工作是提取影像的特征，通常影像特征是指影像中物理与几何特性变化明显的目标，具体表现形式为影像局部灰度急剧变化。一般来说影像特征可以分为三种：点特征、线特征和面特征。其中点特征由于具有旋转不变性和不受光照影响等特点成为影像最基本特征。

点特征常用的提取方法有边缘提取法、角点检测法及兴趣算子法等。这些方法虽然不同，但基本原则都是选择局部灰度变化最大点作为特征点，这样可以保证特征点邻域内纹理细节的复杂性，减少后续误匹配的发生。现有的一系列算法具有不同特色的兴趣算子，包括 Moravec 算子、Harris 算子、Trajkovic 算子和 SIFT 算子等。

3.6 数据分析和验证

3.6.1 飞行质量参数计算原理

假设影像 L 和影像 R 是相邻影像，经过 SIFT 算法特征提取和匹配后，分别提取了特征点并匹配出 N 个同名点。

1. 旋转角的计算

首先，从左影像 L 中随机选取两个点 a_1 和 a_2，计算两点形成的直线方位角 θ_1，计算公式如下：

$$\theta_1 = \arctan \frac{y_1 - y_2}{x_1 - x_2} \tag{3-22}$$

式中，x_1、x_2 分别为点 a_1 和 a_2 在影像 L 坐标系中的横坐标值，y_1、y_2 分别为点 a_1 和 a_2 在影像 L 坐标系中的纵坐标值。

然后，在右影像 R 中选取与 a_1、a_2 对应的同名点 b_1、b_2，按照公式（3-22）来计算这两点形成的方位角 θ_2，则这两条直线间的夹角就为 $\theta = \theta_2 - \theta_1$。

根据几何原理我们可以用这两条直线之间的夹角来代替两影像之间的旋转角，为确保计算的精确性，可以计算其中 N 条直线之间的夹角。则影像 L 和影像 R 的夹角 θ_{LR} 计算公式如下：

$$\theta_{LR} = \sum_1^N \theta_i / N \tag{3-23}$$

2. 航向重叠度的计算

假设所处理的影像宽度为 W，首先从影像 L 所匹配的同名点中找出位于影像左右两端的特征点 L_l 和 L_r，再找出影像 R 中对应的同名特征点 R_l 和 R_r。现将 R_l 和 R_r 根据计算出来的影像旋转角做一个旋转变换，得到 R_l' 和 R_r'，变换公式如（3-24）所示：

$$\begin{bmatrix} x' \\ y' \\ 1 \end{bmatrix} = \begin{bmatrix} \cos\theta & -\sin\theta & 0 \\ \sin\theta & \cos\theta & 0 \\ 0 & 0 & 1 \end{bmatrix} \begin{bmatrix} x \\ y \\ 1 \end{bmatrix} \tag{3-24}$$

式中，$(x'，y')$ 为旋转变换后影像像素横纵坐标值，$(x，y)$ 为旋转变换前的影像像素坐标值。通过影像坐标 R'_l 和 L_l 可以求出影像航向重叠度，也可以通过 R'_r 和 R_r 求出影像航向重叠度。考虑到机载航测遥感影像中心投影特征较为明显，可采用平均法进行计算。影像航向重叠度可以通过式 (3-25) 进行计算：

$$R_W = 1 - (x_{L_l} + x_{L_r} - x_{R_{l'}} - x_{R_{r'}}) / (2W) \tag{3-25}$$

式中，R_W 为航向重叠度，x_{L_l}、x_{L_r}、$x_{R_{l'}}$、$x_{R_{r'}}$ 分别为点 L_l 横坐标、L_r 横坐标、$R_{l'}$ 横坐标、$R_{r'}$ 横坐标。

3. 旁向重叠度的计算

利用机载 GPS 或者 POS 数据来快速找到相邻航带间的重叠影像，然后采用类似航向重叠度计算的方法来计算旁向重叠度。

4. 航线弯曲度的计算

航线弯曲度可以采用相邻影像旋转角度累积而得，即对一条航带内的任一张影像 N，计算公式如下：

$$\theta = \theta_1 + \theta_2 + \theta_3 + \cdots + \theta_N \tag{3-26}$$

式中，θ 为航线弯曲。

3.6.2　飞行质量实验数据验证

此次实验数据主要为某无人机拍摄的两条航带数据。每条航带 6 张像片。其中第一条航带像片编号为 "20080512A005" 到 "20080512A0010"，另外一条航带像片编号为 "20080512A154" 到 "20080512A159"，分别设为航带 1 和航带 2。采用此数据进行像片旋转角、重叠度及航线弯曲的计算。

1. 像片旋转角的实验计算

以 "20080512A005" 和 "20080512A006" 像片为例。首先利用 SIFT 算法进行图像匹配，找出同名点，得出同名点坐标，展示匹配效果如图 3.6 所示。

然后，利用匹配所得同名点坐标，随机选取两个点 a_1 和 a_2，计算两点形成的直线方位角 θ_1，即利用式 (3-22) 进行计算。同时计算出 N 条直线的夹角，利用式 (3-23) 进行计算。所得结果为：$-1.670524°$，符合 CH/T 3005—2021《低空数字航空摄影规范》中 "像片旋转角一般不大于 15°" 的要求。

2. 航向重叠度的实验计算

仍以 "20080512A005" 和 "20080512A006" 像片为例，其分别为左、右影像。从左影像所匹配的同名点中找出位于影像左右两端的特征点 L_l 和 L_r，再找出右影像中对应的同名特征点 R_l 和 R_r。现将 R_l 和 R_r 根据计算出来的影像旋转角作一个旋转变换，利用公式 (3-24) 得到 R_l 和 R_r 变换后的坐标，再利用式 (3-25) 得出像片的航向重叠度，得 79.7218%。CH/T 3005—2021《低空数字航空摄影规范》中要求航向重叠度为 60% 到 90%，计算结果符合要求。

图 3.6　"20080512A005"和"20080512A006"像片 SIFT 匹配效果图

3. 旁向重叠度的实验计算

进行旁向重叠度的计算，一般是利用机载辅助数据，找出旁向相邻的两张像片。但因实验条件有限，只能根据经验知识，采用目测手动挑选出旁向相邻的像片"20080512A159. JPG"和"20080512A005. JPG"，按照计算航向重叠度的原理，计算出旁向重叠度为 75.0000%。CH/T 3005—2021《低空数字航空摄影规范》中指出旁向重叠度一般应为"15%~60%"，旁向重叠度超过范围。

4. 航线弯曲度的计算

航线弯曲度按照公式(3-26)计算，先计算出航带中每对像片的像片旋角，继而将像片旋角累加计算得出航带弯曲度。对于航带 1，逐一计算其像片旋角，累加即得到航线弯曲度，见表 3.3。

表 3.3　　　　　　　　　　　　　　航带 1 航线弯曲度计算

像片编号	相邻像片旋角	逐个累加值
20080512A005	0. 000000	—
20080512A006	−1. 670524	−1. 670524
20080512A007	0. 430534	−1. 239990
20080512A008	1. 734029	0. 494039
20080512A009	−0. 095643	0. 398396
20080512A010	−1. 587238	−1. 188842

对于航带 2，同样逐一计算其像片旋角，累加即得到航线弯曲度，见表 3.4。

表 3.4　　　　　　　　　　　　　　航带 2 航线弯曲度计算

像片编号	相邻像片旋角	逐个累加值
20080512A159	0.000000	—
20080512A158	-0.288066	-0.288066
20080512A157	-1.126516	-1.414582
20080512A156	0.237060	-1.177522
20080512A155	0.058552	-1.118970
20080512A154	-0.619590	-1.738560

从以上两表中可以很快地找出每张像片相对于第一张像片 x 轴的旋转角，并得到航线弯曲度。从表 3.3 和表 3.4 中可以看出，两条航带的航线弯曲度分别为 -1.188842° 和 -1.738560°。

第4章　多视无人机遥感影像匹配

影像匹配是指通过特定的算法提取位于两幅或多幅影像的同名点过程。影像匹配质量与效率直接影响到后续数据处理的自动化程度以及遥感产品质量。影像匹配算法的本质在于衡量同名点的相似性。尽管匹配算法众多，但特征空间、搜索策略、相似性测度、相似性准则是匹配算法的基本组成部分。依据特征空间，匹配算法可以分为基于灰度的影像匹配、基于变换域的影像匹配和基于特征的影像匹配三类；依据搜索策略，匹配算法可以分为局部匹配算法和全局匹配算法；依据匹配点的相对数量，匹配算法可以分为稀疏匹配和密集匹配。衡量影像匹配算法效能的主要指标包括：算法的适应性、匹配概率、匹配位置精度和匹配效率。

多视无人机遥感不同于垂直立体航空摄影，特别是多视倾斜摄影，其存在影像间尺度变化大、旋转变形大、透视变形大、辐射(灰度)变化大、影像之间遮挡严重、高重叠影像数据冗余等问题，这是多视无人机遥感影像自动匹配的关键和难点。基于灰度的匹配对影像间的灰度变化及透视变形十分敏感，难以用于多视影像匹配。

局部不变特征是指局部特征的检测或描述对图像的各种变化保持稳定不变，包括旋转变换、尺度变换、光照变化等，具有局部不变特征的影像匹配则适用于尺度变形剧烈、透视畸变严重、旋转角较大的多视影像匹配。

基于特征的影像匹配方法是目前国内外主流商业软件普遍采用的方法，比较有代表性的有 Harris、SIFT、SURF、Harris-Laplace、DAISY 等。以 SIFT 算子(Lowe, 2004)为例，作为最经典的特征算子，具有尺度、旋转不变特性，并能克服一定程度的仿射变形和光照变化，因此在影像匹配领域得到了广泛应用。随着 SiftGPU(Wu, 2007)版本的实现，SIFT 算子在效率上得到了很大的提升。为了提高特征算子的存储和匹配效率，又提出了二进制算子，例如：ORB(Rublee et al., 2011)、BRIEF(Calonder et al., 2010)、BRISK(Leutenegger et al., 2011)和 FREAK(Alahi et al., 2012)等。特征匹配通常包括特征提取、描述符生成和特征匹配三个步骤。常见的特征匹配算法性能见表 4.1。

表 4.1　　　　　　　　　　　常见特征匹配算法性能比较①

Feature Detector 特征算子	Corner (角点)	Blob (区块)	Region (区域)	Rotation invariant (旋转不变)	Scale invariant (尺度不变)	Affine invariant (仿射不变)	Localization Repeatability (可重复性)	accuracy (定位精度)	Robustness (鲁棒性)	Efficiency (效率)
Harris	√			√			+++	+++	+++	++
Hessian		√		√			++	++	++	++
SUSAN	√			√			++	++	++	+++
Harris-Laplace	√	(√)		√	√		+++	+++	++	+
Hessian-Laplace	(√)	√		√	√		+++	+++	+++	+
DoG	(√)	√		√	√		++	++	++	++
SURF	(√)	√		√	√		++	++	++	++
Harris-Affine	√	(√)		√	√	√	+++	+++	++	++
Hessian-Affine	(√)	√		√	√	√	+++	+++	+++	++
Salient Regions	(√)	√		√	√	(√)	+	+	++	+
Edge-based	√			√	√	√	+++	+++	+	+
MSER			√	√	√	√	+++	+++	++	+++
Intensity-based			√	√	√	√	++	++	++	++
Superpixels			√	√	(√)	(√)	+	+	+	+

4.1　特征匹配

所谓特征匹配(Feature Based Matching, FBM),就是指将从影像中提取的特征作为共轭实体,而将提取的特征属性或描述参数作为匹配实体,通过计算匹配实体之间的相似性测度来实现共轭实体配准的影像匹配方法。

4.1.1　PMF 特征匹配算法

PMF 算法(Pollard et al., 1985)是以其发明者的名字命名的一种立体影像特征匹配算法。该算法假设从每个图像中通过某种兴趣算子抽取出一组特征点,输出的是这些点对间的同名对应关系。在特征点的匹配过程中,PMF 算法使用了三个约束,即核线约束、唯一性约束以及视差梯度范围约束。前两个约束不是该算法所特有的,PMF 算法的主要创新贡献在于引入了新的视差梯度范围约束。

视差梯度用于度量两对匹配点间的相对视差,如图 4.1 所示。假设在三维中的点 A 和点 B 在左图中是 $A_l = (a_{xl}, a_y)$, $B_l = (b_{xl}, b_y)$,在右图中分别为 $A_r = (a_{xr}, a_y)$, $B_r = (b_{xr}, b_y)$(核线约束要求 y 坐标相等),独眼图像(cyclopean eye)使用它们的平均值给出,如下式所示:

$$\left. \begin{aligned} A_c &= \left(\frac{a_{xl} + a_{xr}}{2}, \ a_y \right) \\ B_c &= \left(\frac{b_{xl} + b_{xr}}{2}, \ b_y \right) \end{aligned} \right\} \tag{4-1}$$

---

① Tuytelaars, T. and Mikolajczyk, K.. Local Invariant Feature Detectors: A Survey. Foundations and Trends© in Computer Graphics and Vision, 2008, 3(3): 177-280.

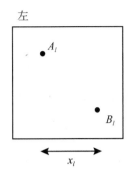 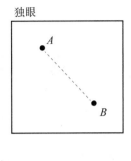 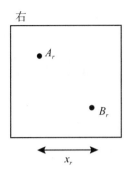

图 4.1 视差梯度的定义

它们的独眼分离度 S 由在该图像中的分开距离给出：

$$S(A, B) = \sqrt{\left[\left(\frac{a_{xl} + a_{xr}}{2}\right) - \left(\frac{b_{xl} + b_{xr}}{2}\right)\right]^2 + (a_y - b_y)^2}$$

$$= \sqrt{\frac{1}{4}\left[(a_{xl} - b_{xl}) + (a_{xr} - b_{xr})\right]^2 + (a_y - b_y)^2}$$

$$= \sqrt{\frac{1}{4}(x_l + x_r)^2 + (a_y - b_y)^2} \tag{4-2}$$

A 和 B 间的匹配视差可表示为：

$$D(A, B) = (a_{xl} - a_{xr}) - (b_{xl} - b_{xr}) = (a_{xl} - b_{xl}) - (a_{xr} - b_{xr}) = x_l - x_r \tag{4-3}$$

在 PMF 算法中，匹配点对间的视差梯度定义为该点对的匹配视差与独眼分离度的比值：

$$\Gamma(A, B) = \frac{D(A, B)}{S(A, B)} = \frac{x_l - x_r}{\sqrt{\frac{1}{4}(x_l + x_r)^2 + (a_y - b_y)^2}} \tag{4-4}$$

根据视差梯度的定义，视差梯度 Γ 在一般情况中的视差连续变化条件下，其绝对值范围一般小于 1，即使在图像场景的边缘位置，匹配点的视差梯度一般不会超过 2，因此可以根据视差梯度的范围对可能的匹配点对进行约束，进而提高匹配点的可靠性。在 PMF 的立体特征匹配过程中，特征点匹配问题的解决是通过一个松弛过程来得到的，其中所有可能的匹配是根据它们是否受到其他匹配的支持来进行打分，但其前提在于这些匹配处于视差梯度约束的阈值范围内。

PMF 立体匹配算法的一般步骤如下：

①在左右图像中抽取出待匹配的特征；

②对于在左图像中的每个特征，根据核线约束查找考虑其在右图像中的可能匹配点；

③对于待匹配点，根据找到的处于视差梯度约束阈值范围内的可能匹配特征点信息来对该点进行相似度打分；

④对于任意匹配点对，如果其得分对于构成该匹配对的两个像素来说都是最高的话，

就被认为是一对正确的同名点。根据唯一性约束，这两个像素将被从所有待判断的其他匹配点对中剔除；

⑤返回到第②步进行循环执行，对其他待判断的匹配点对重新计算得分；

⑥当所有可能的匹配都被判断出来之后，终止匹配过程。

在上述 PMF 算法流程中，第②步使用核线约束将像素可能的匹配限制在一维上，而在第④步采用了唯一性约束来确保某个像素只能够用于单次的视差梯度计算。另外，在 PMF 的得分机制中，由于两个可能的匹配点相距得越远，其满足视差梯度约束的可能性就越小，因此一般引入如下的打分原则：

①仅考虑那些离被打分像素距离较近的匹配点。在实际应用中，一般设置为仅考虑以匹配像素为中心且半径为 7 个像素的圆形区域。

②用离被打分的像素的距离倒数加权来进行打分，越远的匹配点对其得分就越低。

PMF 算法由于其易于算法实现，且匹配的效率较高，因此得到较为广泛的应用。但其缺点在于对于平行成像的线段区域，该方法容易使得线上的任意一点与待匹配图像中对应线上的任意一点形成同名匹配，进而导致误匹配。

4.1.2　SIFT 匹配算法

SIFT 算法由 D. G. Lowe 于 1999 年提出的，并于 2004 年完善总结（Lowe，2004）。它是一种提取局部特征的算法，通过在尺度空间寻找极值点，提取位置、尺度、旋转不变量。

SIFT 算法的主要特点如下：

（1）SIFT 特征是图像的局部特征，其对旋转、尺度缩放、亮度变化保持不变性，对视角变化、仿射变换、噪声也保持一定程度的稳定性。

（2）独特性（Distinctiveness）好，信息量丰富，适用于在海量特征数据库中进行快速、准确的匹配。

（3）多量性，即使少数的几个物体也可以产生大量 SIFT 特征向量。

（4）可扩展性，可以很方便地与其他形式的特征向量进行联合。

SIFT 特征的生成步骤可以概括为：尺度空间极值点检测、极值点精确定位、关键点方向分配、描述子生成四个步骤。特征向量在进行匹配时，可采用一些高维空间搜索的优化算法，包括 BBF 算法、哈希表查找等。下面将对 SIFT 特征的生成进行详细介绍。

1）尺度空间极值点检测

尺度空间理论目的是模拟图像数据的多尺度特征。

高斯卷积核是实现尺度变换的唯一线性核，于是一幅二维图像的尺度空间定义为：

$$L(x, y, \sigma) = G(x, y, \sigma) \cdot I(x, y) \tag{4-5}$$

其中 $G(x, y, \sigma)$ 是尺度可变高斯函数，

$$G(x, y, \sigma) = \frac{1}{2\pi \sigma^2} e^{-(x^2+y^2)/2\sigma^2} \tag{4-6}$$

式中 (x, y) 是空间坐标，σ 是尺度坐标。

为了有效地在尺度空间检测到稳定的关键点，提出了高斯差分尺度空间（DoG scalespace），利用不同尺度的高斯差分核与图像卷积生成。

$$D(x,\ y,\ \sigma) = [\ G(x,\ y,\ k\sigma) - G(x,\ y,\ \sigma)\ ] \cdot I(x,\ y)$$
$$= L(x,\ y,\ k\sigma) - L(x,\ y,\ \sigma) \tag{4-7}$$

选择这个函数的原因有二：

（1）可通过不同的 L 相减得到，易于计算；

（2）DoG 函数近似于高斯 - 拉普拉斯算子(LoG 算子，即$\sigma^2 \nabla^2 G$)。

Linderberg 指出，用σ^2作为因子，对拉普拉斯算子进行正常化对于真实的尺度不变量是必需的。Mikolajczyk 在 2002 年指出，LoG 极值处可以产生比梯度、海赛函数和 Harr 角点函数更为稳定的特征点。

D 和$\sigma^2 \nabla^2 G$的关系可通过偏微分方程中的热传导方程理解为：

$$\frac{\partial G}{\partial \sigma} = \sigma \nabla^2 G \tag{4-8}$$

通过以上的关系式，我们可以看出高斯 - 拉普拉斯变换$\nabla^2 G$可以通过高斯函数的差分来近似计算(因为 G 对 σ 的偏导可以通过差分来近似)。

$$\sigma \nabla^2 G = \frac{\partial G}{\partial \sigma} \approx \frac{G(x,y,k\sigma) - G(x,y,\sigma)}{k\sigma - \sigma} \tag{4-9}$$

进一步变换为

$$G(x,y,k\sigma) - G(x,y,\sigma) \approx (k-1)\ \sigma^2 \nabla^2 G \tag{4-10}$$

式(4-10)表明，当 DoG 函数中尺度以常量变化时，将等于尺度因子σ^2与具有旋转不变性的拉普拉斯算子的乘积。当 k 越接近 1，上述式子的近似操作误差越小，实验证明，在实际使用中，这个近似操作基本上不会影响极值探测及定位的稳定性。

图像金字塔的构建：图像金字塔共 O 组，每组有 S 层，下一组的图像由上一组图像降采样得到。图 4.2 给出了两组高斯尺度空间图像示例金字塔的构建，第二组的第一幅图像由第一组的第一幅到最后一幅图像由一个因子 2 降采样得到。

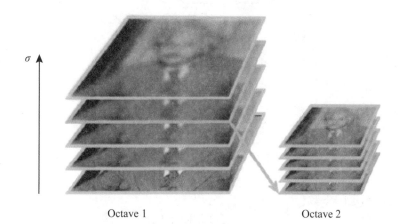

图 4.2　两组高斯尺度空间图像构建金字塔

DoG 算子的构建：高斯尺度空间金字塔中两个相邻图像之差构成 DoG 金字塔。图 4.3 展示了 DoG 金字塔的构建过程。

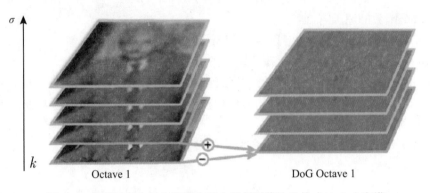

图 4.3 高斯尺度空间金字塔中两个相邻图像之差构成 DoG 金字塔

理论上，尺度空间对于遥感影像的应用是可以被简化的，这是因为遥感影像的空间分辨率和空间尺度是固定的，相对于在尺度空间中的高斯函数标准差为固定值，这也是将 SIFT 算法应用于遥感影像匹配中需要考虑的问题。

为了寻找尺度空间的极值点，每一个采样点要和它所有的相邻点比较，看其是否比它的图像域和尺度域的相邻点大或者小。如图 4.4 所示，中间的检测点和它同尺度的 8 个相邻点和上下相邻尺度对应的 9×2 个点共 26 个点比较，以确保在尺度空间和二维图像空间都检测到极值点。

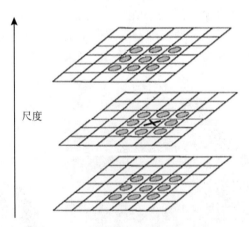

图 4.4 DoG 尺度空间局部极值检测

尺度空间需确定的参数：

$$\begin{cases} \sigma\text{-尺度空间坐标} \\ o\text{-octave 坐标} \\ s\text{-sub-level 坐标} \end{cases} \quad (4\text{-}11)$$

σ 和 o, s 的关系是 $\sigma(o, s) = \sigma_0 \ 2^{o+s/s}$, $o \in o[0, \cdots, O-1]_{\min}$, $s \in [0, \cdots, S-1]$, 其中σ_0是基准层尺度。(注：octaves 的索引可能是负的。)第一组索引常常设为 0 或者 -1，当设为 -1 时，图像在计算高斯尺度空间前先扩大一倍。

空间坐标 x 是组 octave 的函数，设x_0是 0 组的空间坐标，则

$$x = 2^o \ x_0, \ o \in Z, \ x_0 \in [0, \cdots, N_0-1] \times [0, \cdots, M_0-1] \tag{4-12}$$

如果(M_0, N_0)是基础组 $o=0$ 的分辨率，则其他组的分辨率由下式获得：

$$N_0 = \left[\frac{N_0}{2^o}\right], \ M_0 = \left[\frac{M_0}{2^o}\right] \tag{4-13}$$

在 Lowe 的文章中，Lowe(2004) 使用了如下参数：

$\sigma_n = 0.5$, $\sigma_0 = 1.6 \cdot 2^{1/S}$, $o_{\min}$，并且 $o = -1$，表示图像用双线性插值扩大一倍(对于扩大的图像$\sigma_n = 1$)。

2）极值点精确定位

通过拟和三维二次函数来精确确定关键点的位置和尺度(达到亚像素精度)，同时去除低对比度的关键点和不稳定的边缘响应点(因为 DoG 算子会产生较强的边缘响应)，目的是增强匹配稳定性，提高抗噪声能力。

边缘响应的去除：一个定义不好的高斯差分算子的极值在横跨边缘的地方有较大的主曲率，而在垂直边缘的方向有较小的主曲率。主曲率通过一个 2×2 的 Hessian 矩阵 $\boldsymbol{H}$ 求出：

$$\boldsymbol{H} = \begin{bmatrix} D_{xx} & D_{xy} \\ D_{xy} & D_{yy} \end{bmatrix} \tag{4-14}$$

导数由采样点相邻差估计得到。D 的主曲率和 H 的特征值成正比，令 α 为最大特征值，β 为最小特征值，则

$$\begin{aligned} \text{Tr}(\boldsymbol{H}) &= D_{xx} + D_{yy} = \alpha + \beta \\ \text{Det}(\boldsymbol{H}) &= D_{xx} D_{yy} - (D_{xy})^2 = \alpha\beta \end{aligned} \tag{4-15}$$

令 $\alpha = \gamma\beta$，则

$$\frac{\text{Tr}(\boldsymbol{H})^2}{\text{Det}(\boldsymbol{H})} = \frac{(\alpha + \beta)^2}{\alpha\beta} = \frac{(\gamma\beta + \beta)^2}{\gamma\beta^2} = \frac{(\gamma+1)^2}{\gamma} \tag{4-16}$$

$(\gamma+1)^2/\gamma$ 的值在两个特征值相等的时候最小，随着 r 的增大而增大，因此，为了检测主曲率是否在某域值 r 下，只需检测

$$\frac{\text{Tr}(\boldsymbol{H})^2}{\text{Det}(\boldsymbol{H})} < \frac{(\gamma+1)^2}{\gamma} \tag{4-17}$$

在 Lowe 的文章中，取 $r = 10$。

3）关键点方向分配

利用关键点邻域像素的梯度方向分布特性为每个关键点指定方向参数，使算子具备旋转不变性。

$$\frac{\sqrt{(L(x+1, y) - L(x-1, y))^2 + (L(x, y+1) - L(x, y-1))^2}}{\theta(x, y) = \arctan((L(x, y+1) - L(x, y-1))/(L(x+1, y) - L(x-1, y)))} \tag{4-18}$$

上式为(x, y)处梯度的模值和方向公式。其中L所用的尺度为每个关键点各自所在的尺度。

在实际计算时，我们在以关键点为中心的邻域窗口内采样，并用直方图统计邻域像素的梯度方向。梯度直方图的范围是 0~360 度，其中每 10 度一个柱，总共 36 个柱。直方图的峰值则代表了该关键点处邻域梯度的主方向，即作为该关键点的方向。图 4.5 是采用 7 个柱时使用梯度直方图为关键点确定主方向的示例。

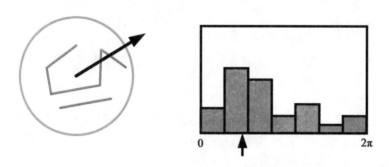

图 4.5 由梯度方向直方图确定主梯度方向

在梯度方向直方图中，当存在另一个相当于主峰值 80% 能量的峰值时，则认为这个方向是该关键点的辅方向。一个关键点可能会被指定具有多个方向（一个主方向，一个以上辅方向），这可以增强匹配的鲁棒性。

至此，图像的关键点已检测完毕，每个关键点有三个信息：位置、所处尺度、方向，由此可以确定一个 SIFT 特征区域。

4）特征点描述子生成

首先，将坐标轴旋转为关键点的方向，以确保旋转不变性。

接下来，以关键点为中心取 8×8 的窗口。图 4.6 左部分的中央黑点为当前关键点的位置，每个小格代表关键点邻域所在尺度空间的一个像素，箭头方向代表该像素的梯度方向，箭头长度代表梯度模值，图中蓝色的圈代表高斯加权的范围（越靠近关键点的像素梯度方向信息贡献越大）。然后在每 4×4 的小块上计算 8 个方向的梯度方向直方图，绘制每个梯度方向的累加值，即可形成一个种子点，如图 4.6 右部分所示。此图中一个关键点由 2×2 共 4 个种子点组成，每个种子点有 8 个方向向量信息。这种邻域方向性信息联合的思想增强了算法抗噪声的能力，同时对含有定位误差的特征匹配也提供了较好的容错性。

在实际计算过程中，为了增强匹配的稳健性，Lowe 建议对每个关键点使用 4×4 共 16 个种子点来描述，这样对于一个关键点就可以产生 128 个数据，即最终形成 128 维的 SIFT 特征向量。此时 SIFT 特征向量已经去除了尺度变化、旋转等几何变形因素的影响，再继续将特征向量的长度归一化，则可以进一步去除光照变化的影响。

当两幅图像的 SIFT 特征向量生成后，下一步我们采用关键点特征向量的欧氏距离来作为两幅图像中关键点的相似性判定度量。取图像 1 中的某个关键点，并找出其与图像 2 中欧氏距离最近的前两个关键点，在这两个关键点中，如果最近的距离除以次近的距离少

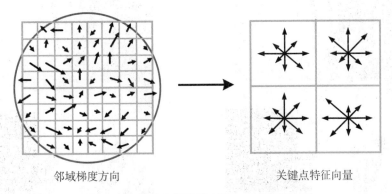

邻域梯度方向   关键点特征向量

图 4.6 由关键点邻域梯度信息生成特征向量

于某个比例阈值，则接受这一对匹配点。降低这个比例阈值，SIFT 匹配点数目会减少，但更加稳定。

5）改进的双向匹配策略

在 SIFT 论文里，作者提出了欧氏距离比值作为匹配决策手段，后来在欧氏距离比值的基础上，诞生了许多新的 SIFT 匹配决策手段，这包括广义紧互对原型对和 SIFT 双向匹配。

设 P 和 Q 是两个特征点集，则对任何一个 $p_i \in P$，$q_j \in Q$，广义紧互对原型对 (p_i, q_j) 满足的条件为：

$$d(p_i, q_j) = \min_{q_l \in Q}(p_i, q_l) = \min_{p_k \in P}(p_k, q_j),$$

$$d(p_i, q_j) \leqslant \min_{q_l \in Q, \, i \neq j}(p_i, q_l) \cdot \partial \; \text{且} \; d(p_i, q_j) \leqslant \min_{p_k \in P, \, i \neq k}(p_i, q_l) \cdot \partial$$

其中 $\partial \leqslant 1$，此时的 (p_i, q_j) 为一匹配点对。

SIFT 双向匹配是在 SIFT 匹配结果的基础上，在匹配结果集内，再做一次"后向匹配"，与之对应的第一次匹配成为"前向匹配"，前向匹配用于寻找匹配关系，而后向匹配用于排除明显错误。前后向匹配阈值没有明显的要求，一般来说，在要求匹配正确率的情况下，前后向匹配中有一个阈值需要设得比较小，以保证匹配结果的稳定性。

对于 SIFT 双向匹配，本节做了一组阈值设置的实验，所采用的程序为 Lowe 的 Matlab 版本 SIFT 程序，对代码稍作更改便可得到 SIFT 双向匹配的要求，所采用的图片为经典匹配图片，图 4.7 展示了在不同的前向和后向匹配阈值组合下的结果，同时给出了三维点图，如图 4.8 所示。

4.1.3 SURF 匹配算法

SURF 算法是 Bay 等在 2006 年提出的，基于尺度空间理论，具有尺度不变性。SURF 算法与 SIFT 相比，其优势主要集中在速度方面，它引入了积分图。与 SIFT 相比，在图像金字塔的创建过程中进行了大量的简化。

SURF 算法可分为特征检测、主方向确定和描述子形成三步。

1. 积分图算法

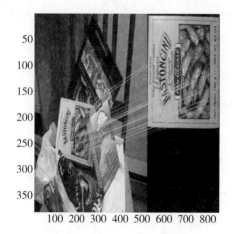 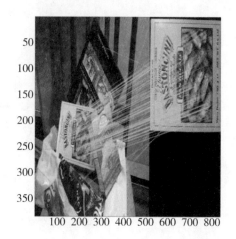

（左图和右图的前、后向阈值分别为 0.8，0.4 和 0.8，0.9，左图匹配结果为 38 对，错误 0
对，右图匹配结果为 112 对，错误 10 对以上）

图 4.7　不同的前向和后向匹配阈值组合下的结果

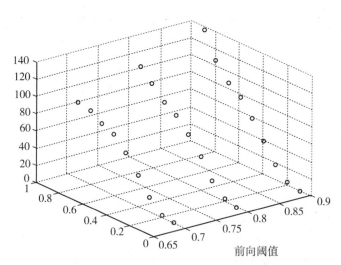

（前向阈值分别为 0.7，0.8 和 0.9，其中另一坐标轴为后向阈值）

图 4.8　SIFT 双向匹配不同阈值下的匹配结果数目

　　积分图算法最早由 Adaboost 算法的作者提出，其目的是为了加速在图像处理中的各
种线性系统的操作速度(卷积计算)，其示意图如图 4.9 所示。

　　对于图像中的一点 X，假设其坐标为 (x, y)，积分图即为计算阴影区域像素灰度总
和，公式如下：

$$I_{\Sigma}(X) = \sum_{i=0}^{i \leqslant x} \sum_{j=0}^{j \leqslant y} I(i, j) \tag{4-19}$$

　　利用积分图计算矩形区域内的像素积分仅仅需要三步，图 4.9 所示的矩形区域的计算
即为 $\Sigma = A - B - C + D$，这就表明，对于任意大小的矩形区域，其积分图计算量是恒定

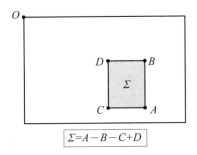

$$\Sigma = A - B - C + D$$

图 4.9　积分图像示意图

的，这对于大尺寸滤波器操作优势是非常明显的。在 Intel 开发的 OpenCV 中，利用了 IPP 技术对积分图计算进行加速，只要花少量时间完成积分图计算，而后的滤波器操作也只须花费非常少的时间，这对于复杂的模式识别算法，其加速性能更为明显。

2. SURF 特征检测

SURF 特征检测仍然依存于尺度空间。一幅图像上的点 $\hat{x} = (x, y)$ 在尺度 δ 上的 Hessian 矩阵定义为：

$$H = \begin{bmatrix} L_{xx}(\hat{x}, \delta) & L_{xy}(\hat{x}, \delta) \\ L_{xy}(\hat{x}, \delta) & L_{yy}(\hat{x}, \delta) \end{bmatrix} \tag{4-20}$$

式中的 $L_{xx}(\hat{x}, \delta)$ 是高斯滤波二阶导数 $\dfrac{\partial^2}{\partial x^2}g(\delta)$ 同图像做卷积的结果，其他因子的含义类似。

高斯核对于尺度空间分析极为有效，但是在实际应用中需要被离散，这样使得图像特征在图像旋转角度为 π/4 的奇数倍的时候重复性降低，这是因为方框滤波器形式的离散在角度为 π/4 的奇数倍方向上的损失最大，当然，最理想的滤波器应该是圆形的。然而，这些减弱对于滤波器的总体效能不会有明显的影响。在 SIFT 算法中，利用 DoG 算子对 LoG 算子进行近似，在 SURF 中，作者将这一近似进行了进一步简化操作，经过简化，高斯函数的二阶偏导计算在结合了积分图像之后变得十分简略。图 4.10 显示了 SURF 算法中的滤波器近似操作。

 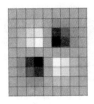 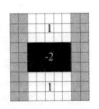 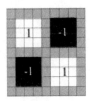

图 4.10　高斯二阶偏导和 SURF 近似滤波器

图 4.10 中靠左的两个为离散的高斯二阶偏导滤波器，分别为 L_{yy} 和 L_{xy}；后两个为

SURF 算法用的近似，分别针对 D_{yy} 和 D_{xy}，图中的灰色部分值为 0。图中的 9×9 方框滤波器是针对高斯函数中 $\delta=1.2$ 的近似，它代表的是最低尺度（对应最高的空间分辨率）。作者将这种近似定义为 D_{xx}、D_{yy} 和 D_{xy}，对于这个近似，可以赋一个权重值来保证计算的简便。设权重为 ω，Hessian 矩阵近似的值可表示为：

$$\det(H_{\text{approx}}) = D_{xx} D_{yy} - (\omega D_{xy})^2 \tag{4-21}$$

根据弗洛宾里斯范数，$\omega = \dfrac{|L_{xy}(1.2)|_F |D_{yy}(9)|_F}{|L_{yy}(1.2)|_F |D_{xy}(9)|_F} = 0.912\ldots \approx 0.9$，根据式子可知，当尺度发生变化时，权重值 ω 是不同的，但为简便起见，本研究将这一值固定，试验证明这对于结果并没有大的影响。

尺度空间通常被表达为金字塔，如图 4.11 左图所示，而在 SURF 算法中，由于使用了积分图，通过变换方框滤波器的尺寸对原图进行滤波操作。图 4.11 右侧图显示了 SURF 用到的尺度空间。

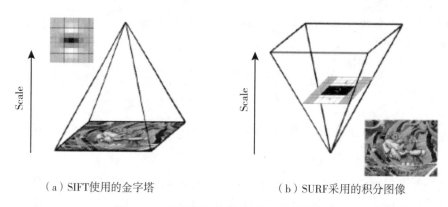

（a）SIFT使用的金字塔　　　　　　（b）SURF采用的积分图像

图 4.11　SIFT 算法和 SURF 算法的积分图像

在不同的层，图像用到的滤波器尺寸分别为 9×9，15×15，21×21，27×27 等。与 SIFT 类似，图像同样需要降采样为多组，当组发生变化时，所采用的滤波器尺寸要相应地变化，尺寸随尺度上升而变大。

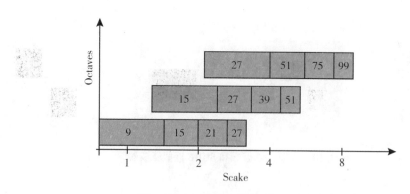

图 4.12　多尺度下的 SURF 滤波器尺寸

如图 4.12 所示，对于新组，滤波器尺寸以 2 倍关系增加，如图 4.12 中显示的第一层递增因子为 6，第二层为 12，第三层为 24。对每个像素计算 det，模板范围不断扩大构造 octvl 层和 intval 层，挑选 26 邻域最大值或最小值的点作为候选特征点。然后利用和 SIFT 中一样的插值方法得到精确的特征点位置和尺度。

3. 主方向确定

为了使特征具有旋转不变性，首先在以兴趣点为圆心，$6s$ 为半径的圆内计算 x 和 y 方向上的 Haar 小波响应（s 为兴趣点尺度），Haar 小波尺寸取 $4s$。所用的 Haar 小波滤波器如图 4.13 所示，其中黑色为 -1，白色为 $+1$。

图 4.13　Haar 小波滤波器（左边为 x 方向，右边为 y 方向）

在计算 Haar 响应的过程中，以兴趣点为中心对参与计算的像素点进行赋权，权重由高斯函数确定，其中 $\delta = 2s$，这样，越接近特征点的地方，其贡献越大。如图 4.14 所示将 60° 范围内的水平和垂直响应相加，这样就构成了一个新的矢量，遍历整个圆形区域，选择模最大的矢量方向作为该特征的主方向。

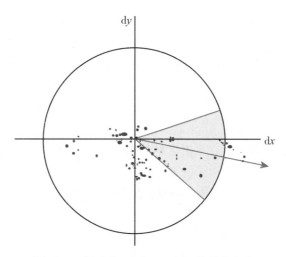

图 4.14　滑动的 60° 窗口，用以统计主方向

4. 描述子形成

以特征点为中心，首先将坐标轴旋转到主方向，按照主方向选取边长为 $20s$ 的正方形区域，将该窗口区域划分成 4×4 的子区域，在每一个子区域内，计算 $5s \times 5s$（采样步长取

s)范围内的小波响应，相对于主方向的水平、垂直方向的 Haar 小波响应分别记作 d_x，d_y，同样赋予响应值以权值系数；然后将每个子区域的响应以及响应的绝对值相加形成 $\sum d_x$，$\sum d_y$，$\sum |d_x|$，$\sum |d_y|$。在每个子区域形成四维分量的矢量 $\boldsymbol{V}_{\text{sub}} = (\sum d_x$，$\sum d_y$，$\sum |d_x|$，$\sum |d_y|)$，因此，对每一特征点，则形成 4×4×4=64 维的描述向量，再进行向量的归一化，从而对光照具有一定的鲁棒性。至此，SURF 特征提取结束。图 4.15 显示了对一幅图像提取的 SURF 特征。

图 4.15　提取的 SURF 特征

SURF 特征描述子所使用的 Haar 小波响应充分利用了积分图带来的计算便利性。更重要的是，Haar 小波响应是对边特征的有效描述，实际上，SURF 所采用的 Haar 小波特征为 Rainer Lienhart 等提出的 14 个 Haar-Like 特征中最简单的两个，完全可以设想，在进行 SURF 特征构造过程中，采用更多特征的小波响应统计量时，其区分率势必会上升。

4.1.4　多尺度 Harris 匹配算法

1) Harris 算子

当一个窗口在图像上移动，在平滑区域如图 4.16(a)所示，窗口在各个方向上没有变化。如图 4.16(b)所示，窗口在边缘的方向上没有变化。在角点处如图 4.16(c)所示，窗口在各个方向上均有变化。Harris 角点检测正是利用了这个直观的物理现象，通过窗口在各个方向上的变化程度，决定是否为角点。

2) Harris 算法原理

将图像窗口平移 $[u, v]$，产生灰度变化 $E(u, v)$

$$E(u, v) = \sum_{x, y} \boldsymbol{w}(x, y) \left[I(x + u, y + v) - I(x, y) \right]^2 \tag{4-22}$$

由

$$I(x + u, y + v) \approx I(x, y) + I_x u + I_y v \tag{4-23}$$

得到

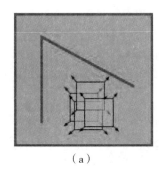　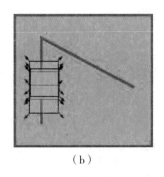　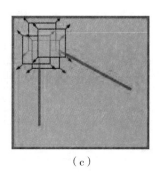

（a）　　　　　　　　（b）　　　　　　　　（c）

图 4.16　Harris 角点检测示意图

$$E(u, v) = \begin{bmatrix} u, & v \end{bmatrix} \begin{bmatrix} I_x^2 & I_x I_y \\ I_x I_y & I_y^2 \end{bmatrix} \begin{bmatrix} u \\ v \end{bmatrix} \tag{4-24}$$

对于局部微小的移动量 $[u, v]$，近似表达为：

$$E(u, v) = \begin{bmatrix} u, & v \end{bmatrix} M \begin{bmatrix} u \\ v \end{bmatrix} \tag{4-25}$$

其中 M 是 2×2 矩阵，可由图像的导数求得：

$$M = \sum_{x, y} w(x, y) \begin{bmatrix} I_x^2 & I_x I_y \\ I_x I_y & I_y^2 \end{bmatrix} \tag{4-26}$$

$E(u, v)$ 的椭圆形式如图 4.17 所示。

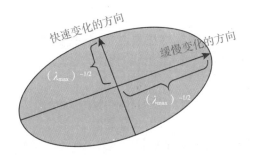

图 4.17　Harris 算子的灰度变化 $E(u, v)$ 的椭圆形式

定义角点响应函数 R 为：

$$R = \lambda_1 \lambda_2 - k(\lambda_1 + \lambda_2)^2 \tag{4-27}$$

Harris 角点检测算法就是对角点响应函数 R 进行阈值处理：$R>\text{threshold}$，即提取 R 的局部极大值。

3）Harris 角点的性质

Harris 角点检测算子对亮度和对比度的变化不敏感，这是因为在进行 Harris 角点检测时，使用了微分算子对图像进行微分运算，而微分运算对图像密度的拉升或收缩和对亮度的抬高或下降不敏感。换言之，对亮度和对比度的仿射变换并不改变 Harris 响应的极值点出现的位置，但是，由于阈值的选择，可能会影响角点检测的数量。

Harris 角点检测算子具有旋转不变性，Harris 角点检测算子使用的是角点附近的区域灰度二阶矩矩阵。而二阶矩矩阵可以表示成一个椭圆，椭圆的长短轴正是二阶矩矩阵特征值平方根的倒数。当特征椭圆转动时，特征值并不发生变化，所以判断角点响应值也不发生变化，由此说明 Harris 角点检测算子具有旋转不变性。

Harris 角点检测算子不具有尺度不变性，如图 4.18 所示，当图 4.18(b) 被缩小时，在检测窗口尺寸不变的前提下，在窗口内所包含图像的内容是完全不同的。图 4.18(a) 的图像可能被检测为边缘或曲线，而右侧的图像则可能被检测为一个角点。

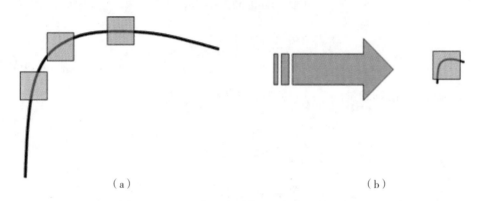

（a）   （b）

图 4.18　Harris 角点检测算子不具有尺度不变性

4）多尺度 Harris 算子

虽然 Harris 角点检测算子具有部分图像灰度变化的不变性和旋转不变性，但它不具有尺度不变性。但是尺度不变性对图像特征来说是至关重要的。人们在使用肉眼识别物体时，不管物体远近，通过尺寸的变化都能认识物体，这是因为人的眼睛在辨识物体时具有较强的尺度不变性。

为了让 Harris 算子有尺度不变性，将 Harris 算子与高斯尺度空间相结合，得到的新算子称为多尺度 Harris 算子或者 Harris-Laplace 算子。

多尺度 Harris 二阶矩或自相关矩阵如下：

$$\boldsymbol{M} = \boldsymbol{\mu}(x, \sigma_I, \sigma_D) = \sigma_D^2 g(\sigma_I) \otimes \begin{bmatrix} L_x^2(x, \sigma_D) & L_x L_y(x, \sigma_D) \\ L_x L_y(x, \sigma_D) & L_y^2(x, \sigma_D) \end{bmatrix} \tag{4-28}$$

式中，$g(\sigma_I)$ 表示方差为 σ_I 的高斯卷积核，σ_I 又称积分尺度，σ_D 又称微分尺度。

多尺度 Harris 与传统 Harris 检测的不同之处在于：计算二阶矩时使用高斯加权核计算微分，可以更好地抑制噪声。σ_D 主要是抵消微分尺度的缩放。二阶矩每一项都乘以 $1/\sigma_D^2$，因此，最后再缩放 σ_D^2。$\sigma_I = s\sigma_D$，经验值 $s = 0.7$。

尺度可调节 Harris 检测方法与传统 Harris 方法一致。

$$R = \lambda_1 \lambda_2 - k(\lambda_1 + \lambda_2)^2 \tag{4-29}$$

其中，经验值 $k = 0.04 \sim 0.06$，R 越大说明越有可能是角点。

由于位置空间的候选点并不一定在尺度空间上也能成为候选点,所以还要在尺度空间上进行搜索。自适应尺度选择 LoG(Laplace of Gaussian)响应极值点对应的尺度。

图 4.19(a)(b)是同一景物使用不同焦长拍摄的两张图片,(c)(d)是圆圈中心点在不同尺度的归一化 LoG 响应。图 4.19(c)在尺度 10.1 取得极值,图 4.19(d)在 3.89 取得极值。圆圈的半径 $R = 3\sigma_{max}$,σ_{max} 即为特征尺度。可以看出,圆域内的图像内容一致。

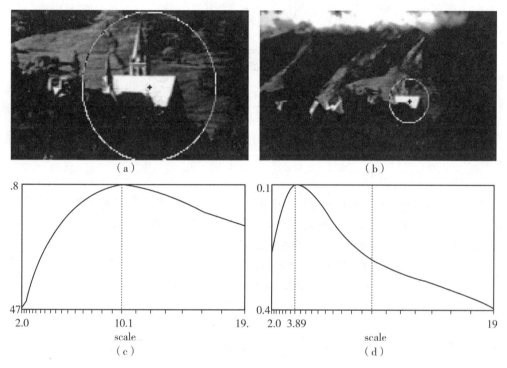

图 4.19　LoG 响应曲线

归一化 LoG 响应:
$$|\text{LoG}(x,\sigma_n)| = \sigma_n^2 |I_{xx}(x,\sigma_n) + I_{yy}(x,\sigma_n)| \tag{4-30}$$
LoG 模板 3D 图如图 4.20 所示。

自适应尺度选择有两个步骤:

(1)对每个空间候选点进行拉普拉斯响应计算,绝对值应大于某一阈值;

(2)对满足步骤(1)的点,在相邻两个尺度空间上进行拉普拉斯响应计算,若相邻尺度上的拉普拉斯响应都比候选点的拉普拉斯小,则这个点的尺度就是候选点的特征尺度,这样就找到了在位置空间和尺度空间都满足条件的 Harris 角点。

4.1.5　GLOH 匹配算法

GLOH(Gradient location-orientation histogram)梯度位置方向直方图匹配算法由 Krystian Mikolajczyk 和 Cordelia Schmid 于 2005 年提出。GLOH 描述符是 SIFT 的 128 维描述符的改进与扩展,它主要改善了 SIFT 的特征向量不具有足够的稳健性和可辨别性的缺点。由于

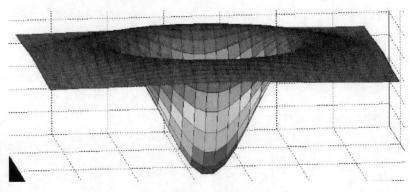

图 4.20 LoG 模板 3D 图

GLOH 在建立描述符的过程中使用了主成分分析技术，因此在这里首先对主成分分析做简单介绍。

1）主成分分析 PCA

主成分分析（Principal Component Analysis，PCA），是一种掌握事物主要矛盾的统计分析方法，它可以从多元事物中解析出主要影响因素，揭示事物的本质，简化复杂的问题。计算主成分的目的是将高维数据投影到较低维空间。

用于图像处理的主成分分析思想主要是：

（1）选取一系列有代表性的图像并检测这些图像的特征点用于训练。

（2）获取这些特征点的特征向量，若特征点数量为 m，每个点的特征向量维数为 n，则将其存放于一个 $m \times n$ 的矩阵 A 中。

（3）计算 A 的协方差矩阵，并对 A 进行奇异值分解，获取 A 的特征值和特征向量。

给出离散型变量的协方差公式：

$$\text{Cov}(X, Y) = \frac{\sum_{i=1}^{n} (X_i - \bar{X})(Y_i - \bar{Y})}{n - 1} \tag{4-31}$$

（4）提取主成分，选取其中 t 个特征值，这些特征值对应的特征向量构成投影矩阵 B。

（5）用预先设定好的投影矩阵与 GLOH 描述符的特征向量相乘，进行降维。

2）GLOH 描述符建立

GLOH 描述符的构建如图 4.21 所示。GLOH 描述符的建立主要使用到了以下的思想：

（1）使用对数极坐标并对其分级建立一个仿射状的同心圆，来替代 SIFT 特征区域描述向量中的四象限。

（2）在对数极坐标中，取三个半径方向，它们与中心的距离分别是 6，11，15，取八个角度方向，需要注意的是，中心区域的子块在角度方向上是不进行划分的，因此这样一共形成 17 个子块。

（3）在每个子块中统计 16 个梯度方向（SIFT 描述符是 8 个），故可分块统计出一个 272（17×16）维的直方图。

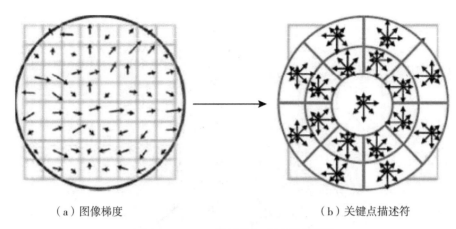

（a）图像梯度　　　　　　　　　　（b）关键点描述符

图 4.21　GLOH 描述符构建过程示意图

使用 PCA 的方法对描述符进行投影降维，取 128 个最大的特征向量作为 GLOH 描述符。需要注意的是，PCA 的协方差矩阵是从大约 47000 个各种各样的影像块中进行训练估计得到的。

4.1.6　DAISY 匹配算法

稳定快速地从影像中提取旋转、缩放甚至仿射变换保持不变性的特征点，并实现不同影像之间特征点的匹配，对于三维重建具有重要意义。

EnginTola 等提出了一种局部图像特征描述算子——DAISY。DAISY 与 SIFT 和 GLOH 描述算子类似，是基于邻域内梯度方向直方图来建立特征描述向量的，对于图像间存在的仿射变换和光照差异都有较好的鲁棒性，且其计算过程高效，一次计算过程能够对图像中每一个像素点都进行描述，适合于图像的密集匹配计算。DAISY 特征描述算子的结构如图 4.22 所示，其涉及的参数见表 4.2。对于一幅给定的输入图像 I，首先计算出 H 幅方向图 G_i $(1 \leqslant i \leqslant H)$。比如，当给定一个方向 o，该方向的方向图定义为：

表 4.2 　　　　　　　　　　　　　　**DAISY 参数**

参数名	符号	参数描述和默认值
半径	R	中心像素到外层采样点的距离（15）
半径量化数	Q	具有不同卷积大小图层的数目（3）
角度量化数	T	每一层的直方图数目（8）
直方图量化数	H	直方图中柱状条数（4）
采样点数	S	算子中直方图个数 = $Q \times T + 1$
算子大小	D_s	算子的维数 = $S \times H$

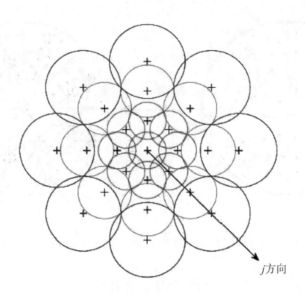

j 方向

图 4.22　DAISY 特征描述算子

$$G_o = \left(\frac{\partial I}{\partial o}\right)^+ \tag{4-32}$$

其中操作符 $(a)^+ = \max(a, 0)$。然后，分别将这些方向图与一系列具有不同卷积核的高斯函数作卷积，生成不同的尺度图，即 $G_o^\Sigma = G_\Sigma \cdot G_o$，这些尺度图将用于后续的特征向量计算。

对于图像上的每一个像素 (u, v)，以其为中心，在其邻域内分别以 $\{R_1, R_2, \cdots, R_Q\}$ 为半径生成 Q 层以 (u, v) 为圆心，如图 4.22 所示的采样点分布（图中"+"号表示采样点位置）。由这些采样点上所生成的尺度图向量构成 DAISY 特征向量，每个采样点上用来计算的尺度图的卷积核大小与该采样点到 (u, v) 的距离成正比。若 $l_j(u, v, R_i)$ 表示到 (u, v) 的距离为 R_i，方向为 j 的采样点，$h_\Sigma(l_j(u, v, R_i))$ 代表该采样点上的尺度图向量，则

$$h_\Sigma(l_j(u, v, R_i)) = [G_1^\Sigma(l_j(u, v, R_i)), \cdots, G_H^\Sigma(l_j(u, v, R_i))] \tag{4-33}$$

将其归一化后得到 $\widetilde{h}_\Sigma(l_j(u, v, R_i))$，则在 (u, v) 像素上的 DAISY 算子的描述向量 $\boldsymbol{D}(u, v)$ 为：

$$\begin{aligned}
\boldsymbol{D}(u, v) = [&\widetilde{h}_{\Sigma_1}(u, v), \\
&\widetilde{h}_{\Sigma_1}(l_1(u, v, R_1)), \cdots, \widetilde{h}_{\Sigma_1}(l_T(u, v, R_1)), \\
&\widetilde{h}_{\Sigma_2}(l_1(u, v, R_2)), \cdots, \widetilde{h}_{\Sigma_2}(l_T(u, v, R_2)), \\
&\cdots \\
&\widetilde{h}_{\Sigma_Q}(l_1(u, v, R_Q)), \cdots, \widetilde{h}_{\Sigma Q}(l_T(u, v, R_Q))]^T
\end{aligned} \tag{4-34}$$

4.1.7　二进制特征匹配算法

1）概述

SIFT 算法在传统局部特征中最有代表性，它具有很强的描述能力，但是其用于特征描述的向量为 128 维，计算和匹配的时间相对较长。这将带来两个方面的局限性：①在时间方面，无法满足某些实时性要求很高的应用；②在空间方面，特征描述子需要大量的存储空间。而其他诸如 SURF 等特征方法也很难兼顾算法的时间效率与匹配性能。

因此，新的特征方法需要在具有优秀描述能力的同时，实现快速计算和匹配。二进制特征方法直接从图像局部像素块比较计算得到，其特征描述子由二进制字符串组成，结构精简，计算与存储高效，且匹配效果优异。以 ORB 为例，相关文献实验表明，ORB 算法比 SIFT 算法效率高两个数量级，匹配效果与 SIFT 相当且优于 SURF。

二进制特征作为新型高效的局部不变特征，也包含特征检测、特征描述及特征匹配三个步骤，基本流程图如图 4.23 所示。

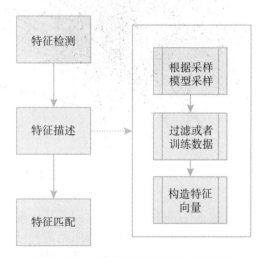

图 4.23　二进制特征方法基本流程图

（1）特征检测 BRIEF 可以搭配各种已有的特征检测子，如 FAST 算子、Harris 算子等，ORB 使用 oFAST 算子，oFAST 是 FAST 针对旋转不变性的改进，而 BRISK 与 FREAK 则一般使用 AGAST 检测子。

（2）特征描述针对选取的图像块，每个特征描述子有各自不同的采样模型，选取固定数量的灰度对比点对进行大小比较，从而产生二进制的描述子。BRIEF 通常选取随机的正态分布模型，ORB 在随机的基础上增加了一些学习训练，BRISK 和 FREAK 均采用对称圆形，在对区域进行模糊处理后，BRISK 进行无重复采样，而 FREAK 则根据生物的视觉特性进行有重复采样。每一个采样点对的比较结果就是特征描述子的一位。

（3）特征匹配以海明距离作为特征的距离评测指标进行相似性计算，特征匹配具有较高的时间效率。

2）BRIEF、ORB、BRISK 和 FREAK 特征简介

（1）BRIEF 算法：

BRIEF（Binary Robust Independent Elementary Features）是 2010 年在 ECCV 会议上提出的一个二进制特征描述子。BRIEF 基于强度差异计算，可以配合其他常见的特征检测子，最广泛的为 FAST 算子。与 SIFT 和 SURF 不同的是，BRIEF 所使用的 FAST 特征没有计算关键点的方向，因此不具有旋转不变性。BRIEF 的采样模型是一个随机高斯分布，采样模型示意图如图 4.24 所示，选取 256 对点对进行强度比较，生成二进制的描述子。

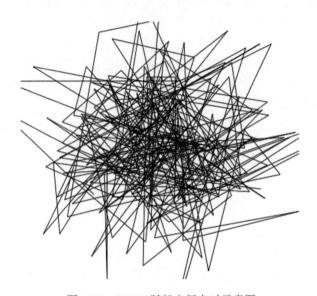

图 4.24　BRIEF 随机空间点对示意图

BRIEF 构造简单、描述有效、存储高效、节约时间，其计算和存储要求都是最低的。计算机可以通过异或操作快速计算出描述子之间的海明距离，可用来判断特征的相似性。BRIEF 的优点在于时间和空间效率高，但其具有两个明显的缺点：①对噪声敏感；②不具备旋转及尺度不变性。

（2）ORB 算法：

2011 年，Rublee. E 等提出对 BRIEF 描述子的改进算法 Oriented Brief（ORB）。ORB 主要针对 BRIEF 对噪声敏感和不具备旋转不变性这两个方面进行改进。ORB 可以分为两个部分，即有方向的 FAST（oFAST）和旋转敏感的 BRIEF（rBRIEF）。

oFAST 是在 FAST 的基础上加入了旋转不变，其通过提取 FAST 特征，并使用 Harris 角点消除边缘效应。oFAST 特征点的方向是通过中心点到角点的强度矩心的向量来定义的。

随机点对由于特征主方向的变化会产生很大的相关性，从而降低了描述子的描述能力。通过对所有的强度对比点对进行穷举，选取 256 个相关性较低的随机点对，即得到了 rBRIEF。结合 oFAST 和 rBRIEF 就得到了 ORB 特征。图 4.25 为 ORB 采样模型的示意图。

ORB 具有旋转不变性和抗噪性，但不具有尺度不变性。

图 4.25 ORB 采样模型示意图

（3）BRISK 算法：

同样于 2011 年提出的 Binary Robust Invariant Scalable Keypoints（BRISK），具有尺度和旋转不变性。BRISK 描述子使用 AGAST 角点检测，AGAST 在加速 FAST 的基础上保持其优异的性能，并将 FAST 扩展到平面和尺度空间。AGAST 构建尺度空间金字塔，在各尺度之间通过插值等寻找局部极值，从而具有尺度不变性。BRISK 采用了对称的圆形采样模型，采样点是在围绕特征点的同心圆上，如图 4.26 所示，且每一个采样点都是它周围坐标点高斯模糊的结果，模糊核大小随着该点与特征点中心的距离增大而增大。选取图像区域的主梯度方向作为描述子的方向并进行归一化，因此具有旋转不变性。BRISK 的二进制特征向量在通常情况下长度为 512 位，因此相较于 BRIEF 和 ORB，它需要更多的存储空间和计算时间。

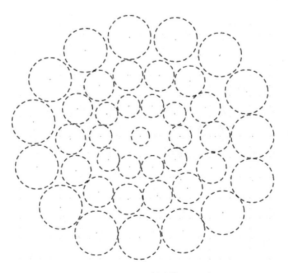

图 4.26 BRISK 采样模型示意图

（4）FREAK 算法：

2012 年，Alahi A. 等在 ECCV 会议上提出 Fast Retina Keypoint（FREAK）特征描述子。FREAK 是通过研究人类视网膜产生视觉的工作原理建立的描述子。FREAK 类比视网膜的拓扑结构和空间编码，采用有重叠区域的对称圆形采样模型，且越靠近中心，采样点的密度越高，而且呈指数级增加。一方面，变化的高斯核函数不仅带来了更好的性能，同时其对每个点进行高斯滤波以增强特征的抗噪性，使 FREAK 具有更好的特征描述能力；另一方面，FREAK 模型中的采样区域数量也减少了，其选取 45 对中心对称的点对，相对 BRISK 的几百对采样点，节约了不少的空间。FREAK 采样模型示意图如图 4.27 所示。

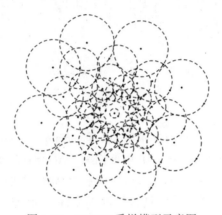

图 4.27　FREAK 采样模型示意图

FREAK 采用由粗到精、扫视搜索的匹配策略。穷举贪婪搜索找相关性小的约一千对点组合，取前 512 对相关性较小的，再将这 512 对分成四组，前面的组代表粗的信息，后面的组所代表的信息越来越精细。匹配时采用由粗到精的分层匹配策略可以提高算法效率。

4.2　密集匹配

密集匹配是在获得影像间的相对位置关系之后在重叠区域内寻找同名像点的稠密影像匹配方法，是利用二维影像自动重建三维物体模型的最有效手段之一。随着相机技术的进步和新的匹配算法的提出，在摄影测量和计算机视觉领域诞生了越来越多的基于影像的三维重建商业软件，如 Street Factory、Smart3D、PhotoScan、Pixel4d 等，而多视影像密集匹配是自动三维重建的关键步骤之一。多视影像密集匹配一般是指在完成测区的光束法区域网平差后，进行逐像素的匹配，获取与原始影像对应地面分辨率同等精度的密集点云和数字表面模型（DSM）。与激光扫描等直接获取三维信息的方式相比，一方面，通过影像密集匹配获取三维点云的方式成本较低，同时，影像密集匹配的方式还能获取丰富的纹理信息。另一方面，与激光扫描获取的点云不同，影像密集匹配生成的点云是通过多余观测的方式获取的，因此其每一离散点的精度都可以进行评定。基于影像的三维重建技术由于其轻巧、便捷、成本低等优点，且能够生成与 LiDAR 相媲美的带纹理点云数据，因此被广泛用于三维建模、制图、导航、机器人、矿产及救援等领域。

多视影像密集匹配算法按照处理单元的不同可以分为基于立体像对的算法（Hirschmuller，2005；Hirschmuller，2008；Gehrke et al.，2010；Rothermel, et al.，2012）和基于多视对应的算法（Zhang，2005；Pierrot-Deseilligny，et al.，2006；Gesele et al.，2007；Remondino et al.，2008；Furukawa et al.，2009；Deseilligny et al.，2011；Vu et al.，2011；Toldo et al.，2013）。前者首先对所有立体像对进行匹配生成视差图，再进行多视匹配结果的融合；后者通常在多视影像间利用强约束关系进行匹配，再利用区域生长算法向四周扩散。按照优化策略的不同也可分为基于局部匹配的算法和基于全局匹配的算法，前者使用了一个表面光滑的隐式假设，它们对窗口内的像素计算出一个固定视差；相反的，所谓的全局算法使用显式的方程来表达光滑性假设，之后通过全局最优问题来求解（Haala，2013），全局算法的效果要优于局部算法，但是算法复杂度也要高于局部算法。代表性算法有动态规划法（Dynamic Programming）、置信传播法（Belief Propagation）和图割法（Graph Cut）等。

Hirschmuller 提出的半全局匹配（SGM）算法（2005，2008，2011）也是应用能量最小化策略，该算法的思想是基于点的匹配代价，利用多个一维方向的计算来逼近二维计算，通过对视差的不同变化加以不同惩罚来保证平滑性约束，因此对噪声具有较好的鲁棒性。半全局匹配算法顾及了算法的效率和精度，其计算精度优于局部算法，计算时间优于全局算法。Remondino 等（2014）对目前流行的 4 款密集匹配软件 SURE、MicMac、PMVS、PhotoScan 进行了试验，其中 SURE（Rothermel，et al.，2012）属于一种基于立体像对的多视影像密集匹配方法，首先利用 tSGM 算法计算每个立体像对的视差影像，接着对视差影像进行融合生成最终点云；MicMac（Pierrot-Deseilligny，et al.，2006；Deseilligny，et al.，2011）是一种多分辨率多视匹配方法，支持基于像方和物方几何两种匹配策略，在匹配结束后采用能量最小化策略来重建表面；PMVS（Rothermel，et al.，2012）采用一种基于光照一致性的多视匹配方法，首先进行初始匹配生成种子面元，然后通过区域生长得到一个准稠密的面元结果，最后通过滤波来剔除局部粗差点；而 PhotoScan 则采用了一种近似 SGM 的半全局匹配算法。Remondino 等（2014）研究结果表明，采用 SGM 策略的 SURE 和 PhotoScan 在算法精度和效率上要优于 PMVS 和 MicMac。国内对于多视密集匹配的相关研究还比较少，杨化超等（2011）提出了一种基于对极几何和单应映射双重约束及 SIFT 特征的宽基线立体匹配算法，王竞雪等（2013）提出了一种像方特征点和物方平面元集成的多视影像匹配方法，但上述算法都是基于特征来进行影像匹配，只能获取稠密或准密集点云。吴军等（2015）提出一种融合 SIFT 和 SGM 的倾斜航空影像密集匹配方法，即利用匹配的 SIFT 特征作为 SGM 优化计算的路径约束条件，减少错误匹配代价的传播并加速最优路径搜索过程。

4.2.1　双目立体匹配（Stereo Matching）

双目立体匹配的目的是从已定向的立体像对进行逐像素的视差影像估计，从而恢复三维物方坐标。其基本思想是利用两幅影像的核线几何关系，沿核线方向搜索同名点，获得核线影像的视差图，从而恢复场景点的深度信息。由于立体匹配所采用的是核线影像，因此匹配像素的 y 坐标相等，而左右两个匹配像素 x 坐标之差即为视差 d。由区域网平差过程中的匹配结果可以获得影像的候选视差范围 Detph，则整幅影像的候选视差空间呈立方体形状，如图 4.28 所示。最优视差图的确定即为从三维视差空间影像（Disparity Space Image，DSI）中确定最优的二维曲面的过程。

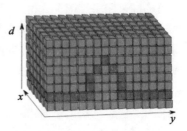

图 4.28　立体匹配左影像、视差影像和视差空间影像 DSI 示意图

立体匹配通常可分为 4 个步骤：

1）匹配代价计算（matching cost computation）

匹配代价计算是从一对核线影像出发，进行逐像素的匹配，采用一定的匹配代价函数，逐像素、逐视差地计算左右核线影像像素之间的匹配代价，并将匹配代价存储为一个三维空间，生成视差空间影像（DSI）。对应像素为正确匹配的可能性越大，匹配代价就越小。常用的匹配代价有：Squared Intensity Differences（SD）、Absolute Intensity Differences（AD）、Normalized Correlation Coefficient（NCC）、Census Transform（CT）、Birchfield-Tomasi（BT）、Mutual Information（MI）等。

2）代价聚合（cost aggregation）

由于核线影像存在噪声，或者因为匹配代价函数本身的缺陷，匹配代价计算步骤所计算出来的匹配代价可能不足以代表像素间的匹配程度，因此，需要通过代价聚合来对视差空间影像进行修改。

代价聚合是在一定范围内将视差空间影像中的初始匹配代价进行聚合，从而计算出新的匹配代价。聚合方法一般是在视差空间中利用二维或三维窗口将像素邻近局部区域内的匹配代价进行加权求和。二维的方法按照一定的标准，从多个窗口中选择某个合适的窗口作为其匹配支持窗口，随后利用匹配支持窗口内各像素点来约束给定像素。三维方法主要采用不同的相似度度量方法进行相似度计算。

代价聚合要考虑两个问题：窗口确定以及窗口内各像素间的加权计算方法。代价聚合窗口可以分为固定的矩形窗口和自适应大小的不规则窗口。聚合窗口内的加权计算方法大概可以分为两类：一类是由参数控制固定权值，另一类是根据核线影像的灰度计算权值。

3）视差估计（disparity computation）

视差估计步骤是要根据视差空间影像中的匹配代价，通过一定的算法，得到每个像素的最优视差，即生成一幅视差图。通常情况下，根据视差选择的方法，可以分为局部算法和全局算法。

对于局部算法，就是在视差空间影像的每个像素的若干个候选匹配代价中，选择最小匹配代价所对应的视差，即 WTA(Winner Take All)方法。这种选择方法计算简单，速度快，但是往往不具有整体性，并且抗噪声能力比较差。

全局算法，则是通过建立一个全局能量函数，将视差估计的问题转化成一个能量最小化问题，同时认为使全局能量最小的视差就是最优视差。目前，密集匹配全局算法中常用的视差估计方法有置信传播法(Belief Propagation，BP)、图割法(Graph Cut，GC)、动态规划法(Dynamic Programming，DP)、扫描线优化法(Scan-Line Optimization，SO)、模拟退火法(Simulated Annealing，SA)等。

4)视差精化(disparity refinement)

视差精化实际上是视差图后处理的过程，绝大部分的密集匹配方法所得到的视差图都会存在一些错误或者噪声。另外，由于初始视差都是离散的视差值，用来精确表示像素间的匹配关系是远远不够的，因此要通过后处理将计算过程中由于遮挡以及误匹配等情况产生的错误视差进行分类、修正，并对视差值采用二次函数局部拟合的方法进行子像素级的精化。

4.2.2 多视立体匹配(Multi-View Stereo，MVS)

多视立体匹配的目标是从已定向多视影像进行目标物方密集三维点云的恢复。现有多视立体匹配算法根据假设条件、作用范围和特性来区分的话则差别很大，可以依据下面6种属性进行归类：场景表达、光度一致性测度、可见性判断、先验形状信息、重建算法和初始化条件。

1)场景表达

现有的多视立体匹配算法主要采用以下几种场景表达方式：三维格网模型(体元)、三角网模型和深度图等。三维格网模型(体元)具有简洁性、唯一性且能够近似拟合任意表面的特性；三角网模型具有高效存储和渲染的特性，并且作为流行的多视立体匹配算法输出格式；深度图表达每张影像对应一幅深度图，避免了几何模型在三维空间的采样，且二维表达方式适合于小数据集。

2)光度一致性测度

光度一致性测度为多视影像间匹配代价的统称，通常指一张影像与对应匹配影像间的相关程度。光度一致性测度根据匹配代价的定义方式分为基于物方的光度一致性和基于像方的光度一致性。前者通过在物方定义一个点、面元或体元，并投影至输入影像来比较各投影之间的一致性；后者利用场景的几何关系将一张影像纠正至另一张影像来计算二者的匹配代价。

3)可见性判断

可见性判断指的是判断哪些影像间需要进行光度一致性测度计算的过程，由于随着视角的改变，场景可见性会发生剧烈变化，因此大部分的多视密集匹配算法都会考虑遮挡问题。常见的可见性处理技术包括严格几何模型、准几何模型和外点剔除策略。严格几何模型技术通过严格模拟影像的成像过程和场景的形状来确定物方目标在影像上的可见性；准几何模型使用近似的几何原理来判断可见性关系，如将当前像素的可见性以高置信度推广至邻域像素；外点剔除策略避免使用严格的几何模型而将遮挡作为外点对待，避免计算距离较远的像对。

4）先验形状信息

仅仅使用光度一致性测度通常难以完全恢复精确的三维几何模型，尤其是在弱纹理或重复纹理区域，因此引入先验的形状信息能够使重建结果具有理想的特性。先验形状信息在立体影像匹配中通常是必要的，然而在多视立体匹配中由于强约束条件使得重要性有所减弱。先验形状信息可以是全局先验信息，如使表面的数量最小化；也可以是局部光滑性约束，如基于深度图的物方密集匹配方法通常采用一个基于二维影像的光滑项，可以利用马尔可夫随机场 MRF 框架求解。

5）重建算法

根据重建算法的不同可以粗略地分为以下四类：

第 1 类算法：通过在一个三维体元空间中计算代价函数，然后从三维空间中提取最优曲面。典型的算法代表为体元着色 Voxel Coloring 算法、MRF、最大流 Max-flow 和多通道 GraphCut 等。

第 2 类算法：通过迭代拟合目标曲面，使得目标代价函数最小化。典型的算法代表为空间雕刻 Space Carving 算法、水平集技术和三角网精化算法。

第 3 类算法：即通过生成一系列深度图的方法。为确保有一个连续的三维场景表达，首先在深度图之间进行一致性检验，然后通过后处理融合所有的深度图生成最终的三维场景。

第 4 类算法：首先进行一系列特征点的提取和匹配，然后针对提取的特征拟合一个表面。

6）初始化条件

除了已定向的影像外，所有的多视密集匹配算法都需要一些目标重建场景额外的输入信息。许多算法需要一个粗略的外包盒，如 Space carving、level-set 算法等。一些算法需要提供每张影像的前景/背景分割结果，而基于深度图的多视密集匹配算法需要提供每张影像的深度搜索空间约束条件。

4.2.3　基于网络图的像方多视密集匹配算法

传统的 SGM 多视密集匹配算法在进行多视影像视差融合时，通常将所有视差影像投影到一个公共投影面上并进行中值滤波，从而获取最终的视差图，这种做法只适用于所有相机的摄站中心近似在同一平面上并且所有相机的方向近似一致的情况。另外，由于在生成密集点云的过程中并未充分利用冗余观测值，虽然在视差融合过程中进行了中值滤波，生成的密集点云依然存在大量的粗差点，需要通过滤波进行后处理。本书提出了一种基于网络图的多视影像密集匹配算法，在算法的整体思路上接近 SURE 方法：首先根据影像间的重叠关系进行立体像对网络图的构建，然后对满足影像重叠率阈值的立体像对执行 tSGM 算法，计算两者间的视差影像，最后依据网络图可生成顾及所有重叠影像的物方密集点云。基于网络图的多视影像密集匹配则是使用网络图中的所有重叠影像通过多片前方交会来计算物方点云，利用冗余观测值信息可以有效剔除密集匹配中的粗差点，从而大大减小了后续滤波的难度和花费时间。

1. 多视影像网络图构建

首先，将整个测区所有已定向的影像作为单一节点加入到网络图中；然后，利用相邻影像间的重叠率约束（默认取 0.5）和方向约束从整个测区的影像列表中选取候选匹配像对：当不考虑旁向重叠立体像对时，要求三个姿态角差值 $\Delta\varphi$，$\Delta\omega$，$\Delta\kappa$ 均小于指定阈值（默认取 5°）；反之，要求 φ，ω，$\min(|\Delta\kappa|, \pi - |\Delta\kappa|)$ 小于指定阈值。将满足上述条件的立体像对作为以各影像为起点的有向边加入到图中，如图 4.29 所示，每个有向边代表由起始节点到终止节点的视差图，并定义节点间的距离为两者之间最短路径的有向边数目。以图 4.29 中三条航带为例，影像 d 和 f 由于重叠率不满足阈值，未被纳入到图中，但由于网络图的传递性，两幅影像上公共区域的点依然可以通过中间节点 e 找到对应关系。

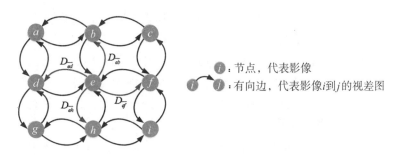

图 4.29 多视影像网络图结构示意图

2. 立体像对视差图计算

1）核线影像生成

在对立体像对进行视差计算前，需要首先对两幅影像进行核线矫正，将二维的匹配搜索降低为一维搜索。假设相机的内参数矩阵为 $\boldsymbol{K}$，已定向的左右影像外方位元素分别为 $\boldsymbol{R}_l$，$\boldsymbol{C}_l$ 和 $\boldsymbol{R}_r$，$\boldsymbol{C}_r$（$\boldsymbol{R}_l$，$\boldsymbol{R}_r$ 为外方位角元素构建的旋转矩阵，$\boldsymbol{C}_l$，$\boldsymbol{C}_r$ 为外方位线元素），基线向量 $\boldsymbol{B} = \boldsymbol{C}_r - \boldsymbol{C}_l$，则原始左右影像变换至核线影像的旋转矩阵 $\boldsymbol{R}_{\text{rect}}$ 按下式计算：

$$\begin{cases} \boldsymbol{e}_1 = \dfrac{\boldsymbol{B}}{\|\boldsymbol{B}\|}, \ \boldsymbol{e}_2 = \dfrac{1}{\sqrt{\boldsymbol{B}_x^2 + \boldsymbol{B}_y^2}}[-\boldsymbol{B}_y, \ \boldsymbol{B}_x, \ 0]^{\mathrm{T}}, \ \boldsymbol{e}_3 = \boldsymbol{e}_1 \times \boldsymbol{e}_2 \\ \boldsymbol{R}_{\text{rect}} = \begin{pmatrix} \boldsymbol{e}_1^{\mathrm{T}} & \boldsymbol{e}_2^{\mathrm{T}} & \boldsymbol{e}_3^{\mathrm{T}} \end{pmatrix}^{\mathrm{T}} \end{cases} \tag{4-35}$$

可得左右核线影像的旋转矩阵为：

$$\begin{cases} \boldsymbol{R}_l' = \boldsymbol{R}_{\text{rect}} \cdot \boldsymbol{R}_l \\ \boldsymbol{R}_r' = \boldsymbol{R}_{\text{rect}} \cdot \boldsymbol{R}_r \end{cases} \tag{4-36}$$

则可得原始左右影像到核线影像的单应变换矩阵为：

$$\begin{cases} \boldsymbol{H}_l = \boldsymbol{K} \cdot (\boldsymbol{R}_l')^{\mathrm{T}} \cdot \boldsymbol{K}^{-1} \\ \boldsymbol{H}_r = \boldsymbol{K} \cdot (\boldsymbol{R}_r')^{\mathrm{T}} \cdot \boldsymbol{K}^{-1} \end{cases} \tag{4-37}$$

在获取上述单应变换矩阵后，原始影像上的像点 x_o 与矫正后核线影像上的对应像点 x_r

满足：

$$\begin{cases} \boldsymbol{x}_{rl} = \boldsymbol{H}_l \cdot x_{ol} \\ \boldsymbol{x}_{rr} = \boldsymbol{H}_r \cdot x_{or} \end{cases} \tag{4-38}$$

即可按照间接微分纠正法获取左右影像对应的核线影像。

2）半全局匹配 SGM

立体像对的密集匹配问题是在两幅影像上逐像素寻找同名像点的过程，利用核线影像，传统的二维搜索可以简化为同一扫描行上的一维搜索。令参考影像和匹配影像分别为 I_b 和 I_m，则两幅影像上的同名像点的视差满足：$d = x_m - x_b$，SGM 算法的目标是估计立体像对的视差，使全局代价函数最小化。

$$E(D) = \sum_{x_b} \left(C(x_b, D(x_b)) + \sum_{x_N} P_1 T[\| D(x_b) - D(x_N) \| = 1] \right.$$
$$\left. + \sum_{x_N} P_2 T[\| D(x_b) - D(x_N) \| > 1] \right) \tag{4-39}$$

式中，D 为参考影像的视差影像，包含参考影像上所有像素 x_b 的视差估计值，x_N 代表 x_b 的邻域像素值；$T[\ ]$ 代表条件判断操作符，若为真，取 1；否则，取 0。全局代价函数 $E(D)$ 由一个数据项和两个光滑项组成，惩罚参数 P_1 和 P_2 用于控制重建表面的光滑程度。SGM 算法主要思路如下：首先利用互信息 MI 作为相似性测度计算参考影像上每个像素 x_b 在候选视差范围 $[d_{\min}, d_{\max}]$ 的匹配代价 $C(x_b, D(x_b))$；接着，沿着多个一维方向 r_i 的每个路径进行累计视差的递归计算：

$$L_{r_i}(x_b, d) = C(x_b, d) + \min(L_r(x_b - r_i, d), L_{r_i}(x_b - r_i, d - 1) + P_1,$$
$$L_{r_i}(x_b - r_i, d + 1) + P_1, L_{r_i}(x_b - r_i, i) + P_2) - \min_k L_r(x_b - r_i, k)$$
$$\tag{4-40}$$

其中，最后一项用于保证 $L_{r_i}(x_b, d) < C_{\max}(x_b, d) + P_2$，所有路径的累计代价为

$$S(x_b, d) = \sum_{r_i} L_{r_i}(x_b, d) \tag{4-41}$$

最后，取每个像素的累计视差最小值对应视差 $d_{\text{final}} = \min_d S(x_b, d)$ 作为视差影像 D 的视差结果以确保全局代价函数最小化。

3）改进的金字塔层级匹配策略

在对高分辨率影像密集匹配进行处理时，SuRe 提出 tSGM 算法：采用由粗到精的金字塔匹配策略，高层级（低分辨率）的金字塔影像的密集匹配视差图作为下一层级金字塔影像密集匹配的视差初值，用于精化 MI 匹配代价并且减少视差空间的搜索范围。设 D^l 作为影像金字塔层级 l 的视差影像结果，对于每个像素 x_b 新的搜索范围由视差像素 $D^l(x_b)$ 邻域内的有效视差来确定：如果当前像素匹配成功，则最小 $d_{\min}$ 和最大 $d_{\max}$ 视差通过一个邻域 7×7 的窗口获得并分别存储在影像 $R_{\min}^l$ 和 $R_{\max}^l$ 中；如果当前像素匹配失败，在更大的邻域 31×31 窗口内搜索 $d_{\min}$ 和 $d_{\max}$，并且当前像素的视差估计 $d(x_b)$ 由搜索邻域窗口内所有视差的中值来代替。限制金字塔层级 l 的有效、无效匹配点的视差搜索范围分别为 16、32 像素，$R_{\min}^l$ 和 $R_{\max}^l$ 定义了下一金字塔层级 $l - 1$ 的视差搜索范围。由于采用动态视差空间，单个像素的视差搜索范围与邻域像素的视差搜索范围可能会有部分重叠或无重叠，因此公式修改为下式：

$$\text{if } d > d_{\max}(x_b - r_i) \text{ or } d < d_{\min}(x_b - r_i)$$

$$L_{ri}(x_b, \ d) = C_{ri}(x_b, \ d) + P_2$$

else

$$L_{ri}(x_b, \ d) = L_{ri}(x_b - r_i, \ d) \tag{4-42}$$

在 tSGM 算法中上一层级密集匹配确定的动态视差搜索范围直接影响到下一层级的密集匹配结果，由于传统的中值滤波算法无法很好地顾及影像的边缘特性，在滤波的过程中会造成边缘部分模糊，本研究采用改进的导向中值滤波替代传统的中值滤波算法：即在计算邻域范围内的视差中值时，顾及核线影像上像素的灰度信息，不考虑灰度差大于指定阈值(默认取 5)的邻域像素。另外，每一层级金字塔影像进行密集匹配时需要交换参考影像和匹配影像，对估计视差利用左右一致性检验 $\|d_b - d_m\| \leqslant 1$，剔除不满足要求的视差值，并利用 OpenCV 中的斑块提取算法获取视差突变区域和无效区域，再次利用导向中值滤波对上述区域进行插值。图 4.30 给出了影像局部区域不同阶段的视差结果影像，从左到右依次为原始影像、SGM 初始匹配视差影像、中值滤波后的视差影像以及斑块修复后的最终结果影像；同时，还给出了导向中值滤波和传统中值滤波结果对比影像。从局部放大图可以看出，利用改进的导向中值滤波生成的视差图与原始影像上的物体轮廓细节保持了高度一致性。在本研究的算法中，考虑到网络图中边的方向性，需要同时输出参考影像和匹配影像对应的视差影像，如图 4.31 所示。

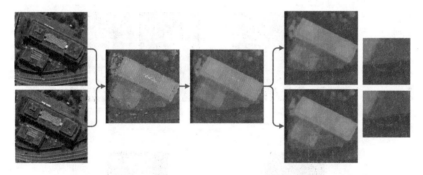

(第 4 列：上图为导向中值滤波结果，下图为普通中值滤波结果)

图 4.30　影像局部区域密集匹配不同阶段视差结果影像和不同中值滤波最终结果

(从左到右依次为：左核线影像、左视差影像、右视差影像、右核线影像)

图 4.31　核线立体像对及其密集匹配视差影像示例

3. 基于网络图的单视密集点云生成

基于网络图的影像间像素几何对应关系如图 4.32 所示，以影像 i 和影像 j 构建的立体像对（索引为 m）为例，对于网络图中的有向边 $\boldsymbol{ij}$，影像 i 上任一像点 x_i，则其在影像 j 上的同名像点 x_j 可根据以下关系求得：首先利用核线矫正过程中影像 i 的单应变换矩阵 $\boldsymbol{H}_{mi}$ 可计算得到其在对应核线影像上的坐标 $x_{i'}$，接着利用影像 i 到 j 的视差影像 D_{ij} 可计算得到其在影像 j 对应核线影像上的坐标 $x_{j'}$，最后利用核线矫正过程中影像 j 的单应变换矩阵 $\boldsymbol{H}_{mj}$ 的逆矩阵可计算得到原始影像 j 上的同名像点坐标 x_j，具体的转换公式如下：

$$\begin{cases} x'_i = \boldsymbol{H}_{mi} \cdot x_i \\ x'_j = x'_i - D_{ij}(x'_i) \\ x_j = \boldsymbol{H}_{mj}^{-1} \cdot x'_j \end{cases} \tag{4-43}$$

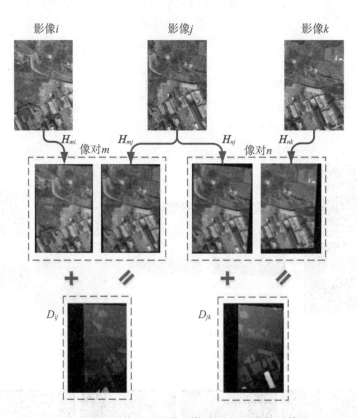

图 4.32　基于网络图的影像间像素几何对应关系传递图

由于转换后的像点坐标为浮点值，因此在获取对应视差值时需要进行双线性内插；另外，计算过程中视差图需要根据有向图的方向来选择。按照上述思路，在网络图中获取从影像 i 节点出发的所有有向边，即可获取 x_i 在所有匹配影像上同名像点集合，则根据

$$x_i = \boldsymbol{P}_i \cdot X_i \tag{4-44}$$

式中，x_i 为同名像点坐标，$\boldsymbol{P}_i$ 为像点所在影像的已标定内外方位元素构成的投影矩阵，利用多片前方交会便可计算得到 x_i 对应的物方点坐标 X_i 以及其对应的平均反投影误差 σ_r，反

投影误差按下式计算:

$$\sigma_r = \sum_{i=0}^{n} \sqrt{(x'-x)^2 + (y'-y)^2}/n \qquad (4\text{-}45)$$

式中,(x, y)为原始影像像点坐标,(x', y')为利用多片前方交会点反投影到原始影像的像点坐标。

虽然在立体像对视差图生成过程中利用左右一致性检验、斑块剔除和中值滤波处理,依然会存在一些粗差点,通过设置多片前方交会的最少影像数目N(默认取3)和像点平均反投影误差阈值ε(默认取5.0像素)可以有效剔除潜在的粗差点,从而大大减少后续滤波处理的复杂度和耗时;此外,由于多片前方交会过程中充分利用了冗余观测值信息,相比直接利用立体像对生成点云或视差融合的方法,重建的密集点云精度更高。由于采样网络图的方式,同一物方点从不同的影像节点出发,其最终搜索到的同名像点列表都是相同的,使得不同的单视影像生成的密集点云坐标系统完全一致,不存在微小的偏移量,因此降低了后续的多视密集点云融合的难度。

4. 多视密集点云融合

经过上述步骤可以获取每张影像对应的单视密集点云,由于受视角、遮挡、误匹配等因素的影响,不同影像生成的单视点云需要进行融合,以确保重叠区域的点云趋于完整。一方面,由于多视密集点云在视差变化剧烈的建筑物边缘、植被以及遮挡区域依然存在一些误匹配点,需要对融合后的点云进行噪声去除;另一方面,由于多视密集点云之间含有一定的重叠度,导致点云密度很大,需要对融合后的点云进行格网重采样。多视密集点云融合具体思路如下:

(1)采用开源软件 PCL 中的点云滤波方法对各单视密集点云进行噪声去除,由于算法在前面步骤中已经剔除了大部分的粗差点,因此该步骤只需要将剩余的一些噪声和离散点剔除。

(2)根据所有单视密集点云的外包盒求取整个测区的最小外包盒,设定目标格网的采样分辨率,生成等间距的采样格网点。

(3)逐一遍历格网点,获取覆盖该格网点有效的单视密集点云数据,利用 K-d 树搜索获取其邻域范围内的 M 个邻近点,将单视密集点云生成过程中获取的物方点反投影误差作为优先级测度,保留邻域反投影误差最小的点作为采样点。

4.2.4 基于 SSIM 匹配代价的物方多视影像密集匹配算法

近年来,随着传感器技术的发展和匹配技术的进步,基于影像的三维重建技术(Image-based 3D Reconstruction)应用得越来越广泛,尤其以无人机测图和倾斜摄影自动建模为典型代表。基于影像的三维重建技术之所以能够产生与三维激光扫描仪相媲美的点云成果,主要得益于多视影像密集匹配算法(Multi-view Stereo, MVS)的发展。

多视影像密集匹配算法根据重建基元的不同,主要分为基于立体像对的算法(Stereo-based Method)和基于多视影像的算法(Multi-view Stereo Method)。基于立体像对的算法通常包括四个步骤:匹配代价计算、代价聚合、最优代价选择和视差影像后处理。根据匹配策略的不同可以分为局部算法(NCC、DAISY 等)和全局算法(Dynamic Programming, Belief

Propagation，Graph Cut，MRF 等），前者往往在局部领域窗口内采用光滑的隐式假设，后者使用显式的方程来表达光滑性假设，并通过全局最优问题来求解。一般地，全局算法重建效果要优于局部算法，但同时算法复杂度也要更高。H. Muller 等在 2008 年提出了半全局匹配算法（Semiglobal Matching，SGM），利用多方向的动态规划来逼近二维计算，并通过对视差的不同变化加以不同惩罚保证了平滑性约束，能够同时兼顾匹配的性能和精度。根据重建的对象不同，通常分为基于像方的算法（重建视差图 Disparity Map）和基于物方的算法（重建深度图 Depth Map）。基于像方的算法具有代表性的有 SGM、SURE、PhotoScan 等算法，基于物方的算法具有代表性的有 PlaneSweep、PMVS、PatchMatch 等算法，两种方法在生成视差图或深度图后均有一个融合的过程，在 SGM 算法中通过将所有视差图投影到公共投影面并利用中值滤波来获取最终的结果；在 SURE 算法中通过对多视视差图利用最小二乘拟合来获取最优的深度值。

　　一方面，随着基线的增加，立体像对的遮挡区域增大，会使得立体匹配的视差重建效果越来越差；另一方面，相比于基于物方的多视密集匹配算法，基于立体像对的匹配算法由于需要计算所有参考影像相关的立体像对，因此增加了计算时间。此外，由于在实现过程中往往舍去一些低重叠度的立体像对，未能充分利用冗余观测值，因此精度上会有所损失。基于物方的多视匹配算法，如 PatchMatch、Colmap 算法，往往也是基于立体像对多次计算 NCC 匹配代价，其算法的复杂度与匹配影像数目成正比。

　　下面介绍一种基于物方的 SSIM 匹配代价的密集匹配算法 OSSIM（Object-based MVS Algorithm Using SSIM Matching Cost），其属于平面扫描（Plane Sweep）算法（Collins，1996；Baillard 等，2000）范畴。该算法整体流程如图 4.33 所示，它采用了金字塔层级匹配策略，在每个层级中其深度图重建思路如下：首先通过在深度搜索范围内进行深度采样，并将多视匹配影像变换到主视图影像对应的深度上进行融合，生成深度锁定影像（Depth Locus Image，DLI）；将多视影像的密集匹配问题转换为 DLI 影像的质量评价问题（Wang 等，2002；Sheikh 等，2006；Moorthy 等，2011），然后利用 SSIM 匹配代价（Wang 等，2004）计算主视图影像与深度锁定影像之间的相似性测度，构建深度空间影像（Depth Space Image，DSI1）；其次通过物方半全局匹配算法（Object-based Semi global Matching，OSGM）进行最优深度搜索，生成主视图对应的深度图；最后基于物方的深度图一致性检验获取最终的深度图结果。

　　由于将多视影像匹配转换为参考影像与深度锁定影像间的立体匹配问题，其处理思路可参考基于立体像对的算法（Scharstein 等，2002）。但基于立体匹配的算法往往可以通过左右一致性检验来剔除误匹配或遮挡区域无效值，而对于物方匹配来说不再适用。因此，OSSIM 设计了一种基于物方的一致性检验算法，该算法利用多视影像重建的深度图在物方进行一致性检验来剔除误匹配和遮挡区域无效值。相比于传统的基于像方立体像对的密集匹配算法，该算法的主要优点如下：

　　（1）执行的视差图（深度图）计算数目大大减少：通常，待计算的立体像对数目与重叠度关系很大，传统密集匹配算法需要计算大约 $N \cdot K/2$ 次视差图生成，其中 N 为影像数目，K 为每张影像对应的重叠度；而该算法仅需计算大约 N 次，即每张影像仅进行一个深度图生成。按常规航向 70% 重叠度，旁向 30 重叠度计算，每张影像至少有 6 度重叠，则效率至少提升 3 倍左右。

（2）由于直接基于物方空间进行重叠，无需进行核线立体像对生成和不同影像视差图的融合，流程中大大简化。

（3）精度和完整性提高：一方面，由于充分利用了多视影像的冗余观测信息，因此可以得到最高的精度；另一方面，通过设定深度采样间隔（如 0. 25 倍 GSD），能够获取亚像素级别的匹配精度。

（4）SSIM 代价的性能优越，当仅采用 SSIM 局部最优模式时，仍然能够获取较好的结果，且内存占用量远远低于全局 SGM 优化，适用于对效率要求很高但精度不要求最高的情形。

（5）由于直接在物方进行深度重建，能够扩展至多传感器/多平台影像数据的三维重建。

下面详细介绍 OSSIM 算法的各个步骤。

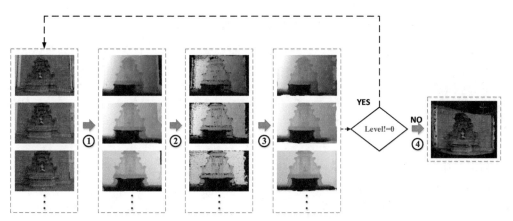

①OSGM-SSIM算法进行单视深度图生成；②基于物方的深度图一致性检验；
③物方融合后的深度图优化；④由深度图恢复物方点云

图 4.33　OSGM-SSIM 算法整体流程图

1. 物方深度锁定影像生成

将摄影测量领域的物方铅垂线（Vertical Line Locus，VLL）算法（Behan，2010）由世界坐标系改为主视图影像所在的像空间坐标系，如图 4.34 所示。根据区域网平差阶段获取的连接点信息可以得到主视图影像所在的物方空间深度搜索起点，即 startDepth 和深度范围 depthRange，按照主视图影像对应的地面 GSD 设定深度采样补偿 depthStep，则深度采样 d 所在的深度值为：

$$D_d = \text{startDepth} + d \cdot \text{depthStep} \tag{4-46}$$

令主视图影像的相机参数为 K_m，R_m，t_m，候选匹配影像 i 的相机参数为 K_i，R_i，t_i，则主视图影像到匹配影像的相对旋转和平移参数按下式求解：

$$\begin{cases} R = R_i \cdot \boldsymbol{R}_m^{\mathrm{T}} \\ t = t_i - R_i \cdot R_m^t \cdot t_m \end{cases} \tag{4-47}$$

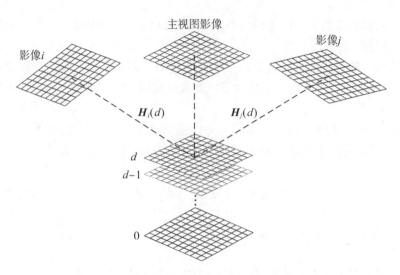

图 4.34　基于主视图影像的物方多视铅垂线算法示意图

对于给定深度索引 d 所在的平面 $\boldsymbol{\pi} = (\boldsymbol{n}^{\mathrm{T}}, d)$，其中 $\boldsymbol{n} = (0, 0, -1.0)$ 为平面所在的法向量，则由匹配影像上的像素 x_i 到主视图影像的对应像素 x_m 的单应变换矩阵 $\boldsymbol{H}_i(d)$ 满足下式

$$\boldsymbol{H}_i(d) = K_i \cdot \left(R - \frac{t \cdot \boldsymbol{n}^{\mathrm{T}}}{d} \right) K_m^{-1} \tag{4-48}$$

利用上述单应变换矩阵 $\boldsymbol{H}_i(d)$ 将所有候选匹配影像 I_i 纠正到主视图影像得到 I_i^d，则深度锁定影像（Depth Locus Image，DLI）可通过下式计算获得：

$$\begin{cases} I_i^d(x, y) = \boldsymbol{H}_i(d) \cdot I_i(x, y) \\ \mathrm{DLI}_d(x, y) = \displaystyle\sum_{i=0}^{k} I_i^d(x, y) \end{cases} \tag{4-49}$$

式中，DLI_d 即为深度索引 d 所在的深度锁定影像。如图 4.35 所示，当目标对象位于非正确深度处时，由于在匹配影像上对应位置不一致，使得对应的深度锁定影像上出现"重影"现象；反之，当目标对象位于正确的深度处时，则对应的深度锁定影像上会出现"聚焦"效果，此时深度锁定影像最清晰且与主视图影像具有最大的相似度。

2. 深度空间影像 SSIM 代价计算

结构相似性指标（Structural Similarity Index，SSIM）基于人类视觉系统（HVS）高度依赖于结构信息的假设，从图像中提取结构信息来检测图像质量的好坏，是一种全参考（Full Reference）的客观图像质量评价方法，被广泛应用于数字电视、电影、数字影像、视频等领域。

给定两个匹配窗口（大小为 $r \times r$），则 SSIM 相似性测度综合考虑了图像间的亮度、对比度和结构三部分信息，其计算如下：

$$\mathrm{SSIM}(x, y) = \frac{(2 u_x u_y + C_1)(2 \sigma_{xy} + C_2)}{(u_x^2 + u_y^2 + C_1)(\sigma_x^2 + \sigma_y^2 + C_2)} \tag{4-50}$$

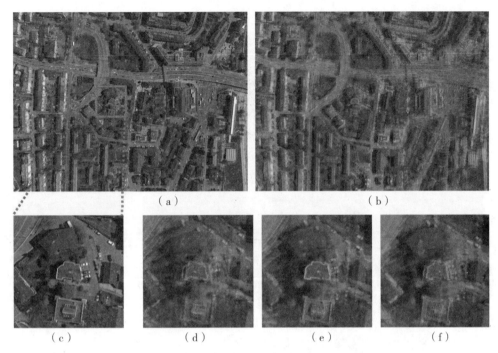

（a）（b）分别为主视图影像与深度锁定影像，（c）为主视图对应子区域，

（d）（e）（f）为不同深度下的深度锁定影像对应区域影像

图 4.35 主视图影像与深度锁定影像示意图

式中，μ_x，μ_y 分别代表两幅影像的均值，反映图像的亮度信息；σ_x，σ_y 分别代表两幅影像的标准差，反映了图像的对比度信息；σ_{xy} 表示两幅影像间的协方差，反映了图像间的结构对比信息。为了克服 SSIM 响应图的窗口效应，应用归一化后的圆形对称高斯加权函数 $w = \{ w_i \mid i = 1,\ 2,\ \cdots,\ N \}$（满足 $\sum\limits_{i}^{N} w_i = 1$），则相关变量的计算公式如下：

$$\begin{cases} u_x = \sum\limits_{i=1}^{N} w_i\, x_i,\ u_y = \sum\limits_{i=1}^{N} w_i\, y_i, \\[2mm] \sigma_x = \Big(\sum\limits_{i=1}^{N} w_i\, (x_i - u_x)^2 \Big)^{1/2},\ \sigma_y = \Big(\sum\limits_{i=1}^{N} w_i\, (y_i - u_y)^2 \Big)^{1/2} \\[2mm] \sigma_{xy} = \sum\limits_{i=1}^{N} w_i (x_i - u_x)(y_i - u_y) \end{cases} \tag{4-51}$$

该方法将多视影像间的匹配问题转换为深度锁定影像 DLI 的全参考图像质量评价问题，利用结构相似性测度 SSIM 作为匹配代价：当对象的预测深度越接近正确深度时，图像清晰度越高，SSIM 匹配代价值越大。图 4.36 给出了不同深度下的 SSIM 匹配代价响应图，从图中可以明显地看出地物的深度分布情况，当地物接近真实深度时在响应图上表现为高亮区域。

在计算整个深度空间 SSIM 代价时，由于相似度最大时匹配代价最小，此时需要对

$d=80$　　　　　　　$d=150$　　　　　　　$d=220$

图 4.36　不同深度处的 SSIM 匹配代价响应图

SSIM 测度进行取反，即

$$\text{Cost}_{\text{SSIM}} = 1 - \text{SSIM} \tag{4-52}$$

　　金字塔层级匹配策略中，在进行深度代价空间的初次计算时，需要利用整幅深度锁定影像与参考影像计算 SSIM 匹配代价；在低层级的匹配代价计算时，由于深度搜索空间仅被约束在一个有限范围内，因此不再适用整幅影像计算，该算法采用逐像素的计算代价方式。

　　3. 物方 SGM 深度空间影像全局优化

　　与传统的 SGM 算法相比，将视差空间影像（Disparity Space Image，DSI2）替换为深度视差空间影像 DSI1，其目标是估计主视图影像的深度图，确保全局代价函数最小化。

　　在该过程中使用的全局代价函数与 SGM 的代价函数形式一致和，主要差异在于用主视图影像的深度图取代原始 SGM 采用的参考影像的视差影像，同时在相似性测度方面用 SSIM 替代了传统的互信息测度。

　　4. 物方多视一致性检验与优化

　　传统的基于立体像对的密集匹配算法通常采取交换左右核线影像分别获取两者对应的视差图，并利用左右一致性检验来剔除误匹配视差值。而该算法采用物方深度锁定的密集匹配仅获取主视图影像对应的深度图，无法进行左右一致性检验，因此设计了一种基于物方的深度图一致性检验策略。其主要思路如下：

　　令主视图影像 I_0 的相机参数为 K_m，R_m，t_m，则对于影像上任意一点 $p(x_p, y_p)$，根据其在深度图上的深度值 d 可算得对应的物方点坐标 $P(X_p, Y_p, Z_p)$，计算公式如下：

$$\begin{pmatrix} X_p \\ Y_p \\ Z_p \end{pmatrix} = D \cdot \boldsymbol{R}_m^{\text{T}} \begin{pmatrix} \dfrac{\bar{x_p}}{f} & \dfrac{\bar{y_p}}{f} & 1 \end{pmatrix}^{\text{T}} + C_m \tag{4-53}$$

　　其中，$(\bar{x_p}, \bar{y_p})$ 为归一化后的像点坐标，$C_m = -\boldsymbol{R}_m^{\text{T}} t_m$ 为主视图影像的相机位置，D 为根据公式(4-46)求出的真实深度值。将 P 投影至与主视图影像重叠的第 i 张匹配影像 I_i 上，得到预测点 $P_i(x_i, y_i)$，同理，根据其对应深度值可计算出物方点坐标 $P_i(X_i, Y_i, Z_i)$，计算 P 与 P_i 的欧氏距离，统计距离少于指定阈值(默认取 5 倍 GSD)的有效匹配点数目 N，当 $N \geqslant 2$ 时则认为当前深度值有效。

　　当所有影像的物方一致性检验完成后，存在部分影像的深度图出现空洞或无效值区域，因此在金字塔层级匹配过程中为了给下一层级提供更优的深度图初值，将每张影像的深度图物方点云与所有重叠的匹配影像的三维点云融合后重投影至当前影像获取更加完整的深度图结果。一方面，由于重投影过程中得到的像素坐标为浮点型，取最邻近像素并设置其深度为三维点计算得到的深度，当同一像素对应不同深度值时，取离相机最近的最小深度值；另一方面，由于点云的离散特性，重投影后的深度图会存在一些空洞，采用斑块提取和导向中值滤波来完成内插。

5. 高分辨率影像金字塔匹配策略

在对高分辨率影像进行物方多视密集匹配时，采用由粗到精的金字塔匹配策略：低分辨率的金字塔影像的密集匹配深度图作为下一层级金字塔影像密集匹配的深度初值，用于减少深度空间的搜索范围，如图 4.37 所示。

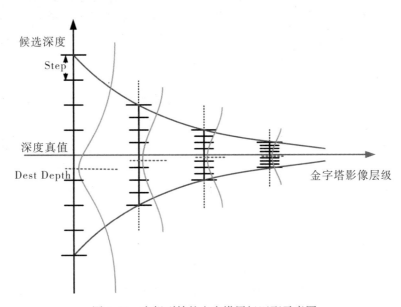

图 4.37　由粗到精的金字塔层级匹配示意图

设 D^l 作为影像金字塔层级 l 的深度图结果，对于每个像素 x_b 新的搜索范围由对应深度 $D^l(x_b)$ 邻域内的有效视差来确定：如果当前像素匹配成功，则最小深度索引 d_{min} 和最大深度索引 d_{max} 的视差通过一个邻域 7×7 的窗口获得并分别存储在影像 R^l_{min} 和 R^l_{max} 中；如果当前像素匹配失败，在更大的邻域 31×31 窗口内搜索 d_{min} 和 d_{max}，并且当前像素的深度估计 $d(x_b)$ 由搜索邻域窗口内所有视差的中值来代替。限制金字塔层级 l 的有效、无效匹配点的视差搜索范围分别为 16、32 像素，R^l_{min} 和 R^l_{min} 定义了下一金字塔层级 $l-1$ 的深度搜索范围。由于采用动态搜索空间，使得单个像素的深度搜索范围与邻域像素的深度搜索范围可能部分重叠或无重叠，因此公式修改如下：

$$\text{if } d > d_{max}(x_b - r_i) \text{ or } d < d_{min}(x_b - r_i):$$

$$\bar{L}_{r_i}(x_b, \ d) = C_{r_i}(x_b, \ d) + P_2$$

else

$$\overline{L}_{r_i}(x_b,\ d) = L_{r_i}(x_b - r_i,\ d) \tag{4-54}$$

采用金字塔匹配粗略一方面能够减小 SGM 算法的内存占用量，另一方面可大大缩短深度空间影像的 SSIM 匹配代价计算耗时，因此适用于高分辨率影像的物方多视密集匹配。需要注意的是，在初始层级金字塔影像的 DSI 匹配代价计算时，可以先生成整幅深度锁定影像再计算 SSIM 匹配代价。但当采用金字塔匹配粗略后，每个像素的候选搜索深度不再位于同一起点，而与 d_{min} 定义的最小深度索引有关，因此在构建 DSI 匹配代价时需要逐像素地生成邻域窗口的深度锁定影像，然后再计算 SSIM 代价。

由于在计算深度空间影像的过程中已经考虑到多视影像间的冗余观测值信息，且主视图影像的每个像素所对应的深度信息均存在，在 SGM 全局优化的过程中不存在遮挡或无效区域，因此获取的深度图具有很好的完整性，仅在局部移动目标或光照不一致区域重现一些噪声。本研究利用 OpenCV 中的斑块提取算法（Bradski，2000）获取噪声区域，并利用导向中值滤波（Ma 等，2013）内插完成上述区域的填补。

在获取不同视角下的一致性检验的点云后，需要进行多视点云间的融合来得到最终完整的重建结果。由于直接融合的结果点云含有大量冗余重复点云且仍然存在一定的粗差点，本研究采用 SURE 软件中的迭代中值滤波来去除粗差点和冗余点。其主要思路如下：遍历点云中所有的点，计算其邻域范围内的局部法向量，并沿着法向量方向进行中值滤波，剔除在局部法向量方向上偏差较大的点。经过上述的迭代中值滤波后，大部分的粗差点得以剔除，能够有效提高最终重建点云的精度。

6. 基于 Ransac 的匹配粗差剔除

1）Ransac 算法基本原理

Ransac（Random Sample Consensus）是由 Fischler 和 Bolles 于 1981 年引入的鲁邦估计方法（1981）。最初用于三点确定摄像机姿态的估计。

假设要利用 N_m 个样本构建一个数学模型 M^*，其中至少 m 个样本就能组成一个合理的模型 M，需要剔除错误样本。Ransac 算法给出两个重要的参数：

（1）选定样本集中每一个样本相对于模型 M^* 的最大允许误差 err_tol；

（2）允许错误概率 P_{bad}（即 Ransac 算法选择到错误样本的概率，通常设成一个很小的值）。

Ransac 算法的思想就是大量随机选择最少数量的样本，以此计算假设数学模型，然后验证在当前模型条件下的满足误差限差的样本数量，取样本数最多的一组样本子集作为最终结果，算法中用到一个重要的概率公式：

$$p = \left[1 - \left(\frac{in\_max}{N_m} \right)^m \right]^k \tag{4-55}$$

其中，in_max 是已经找到的最多符合模型的样本数量，m 是最小建模数量，k 是随机选择次数。p 实际上是 Ransac 算法迭代 k 次，找到 in_max 个符合模型的样本时出现错误的概率，$p < P_{bad}$ 是算法迭代结束的重要条件。

2）Ransac 算法剔除误匹配点

　　假设正确的匹配同名点满足事先设定的模型约束关系，比如计算机视觉领域常用的基础矩阵约束或单应矩阵约束，可以通过同名点对来估算模型，由此完成匹配粗差点的剔除，在估算之后，错误的匹配点会被划分到外集中，从而大大提高了匹配的精度。

　　估算的具体过程如下：

　　(1)随机抽取两幅影像的特征匹配点对，建立初始"匹配点对集合"；

　　(2)计算当前样本匹配点对构建的模型参数 F，利用该 F 回代求解满足一致性的匹配点对的数目；

　　(3)重复步骤(1)(2)，选取匹配点对数目最多的模型参数 F 为最优解，将满足上述最优匹配的点对保存为内点，剔除不满足的匹配点对；

　　(4)根据上述内点集合的所有匹配点对，重新计算模型参数 F。

第5章　无人机影像几何处理

5.1　相机标定

无人机通常搭载非量测单反数码相机，为了满足高精度测量要求，必须测定相机的内方位元素和畸变差等相机参数，摄影测量界称这个过程为相机检校，而计算机视觉界称之为相机标定(下文统称为相机标定)。相机标定通常有两种方式，一种是利用已知参考对象进行事先测定，得到相机参数之后用于高精度测量任务；一种是在测量过程中同时测定相机参数，称之为自标定或自检校。随着摄影测量与计算机视觉技术的发展，事先的相机标定已经不是必要环节，当前技术和软件系统更多地采用自标定方式实现较高精度测量。尽管如此，测量前的高精度相机标定仍然是非常重要的。

下面从成像几何模型、参考对象、畸变差模型和经典解算方法等几个方面进行简要介绍，并重点描述基于纯平液晶显示器(Liquid Crystal Display，LCD)的两种便携式高精度标定方法。

5.1.1　成像几何模型

1. 线性模型(谢文寒，2004)

相机的线性成像模型指的是不考虑成像畸变的理想针孔相机模型，如图5.1所示，它是三维世界到影像面的透视变换。为方便描述，下面以计算机视觉中的常用公式描述，其中空间点坐标和像点坐标均以齐次坐标表达。

如图5.1所示，空间点 I 可以通过一个 3×4 的投影矩阵 P 映射到其对应的影像点 x_i 上：$x_i = PI$，其中投影矩阵 P 可分解为：

$$P = KTG = K \begin{bmatrix} 1 & 0 & 0 & 0 \\ 0 & 1 & 0 & 0 \\ 0 & 0 & 1 & 0 \end{bmatrix} \begin{bmatrix} R & t \\ 0^T & 1 \end{bmatrix} = K[R \vdots t] \tag{5-1}$$

式中，G 是由世界坐标 X_w 到相机坐标 X_c 的变换，包含6个外方位参数(R 为旋转矩阵，t 为平移矢量)；T 为从 P^3 到 P^2 的投影；而 K 是相机标定矩阵，是从相机坐标 X_c 到影像点 x_i 的映射。

若考虑相机物理像元的比例尺不一致性 ds 以及两坐标轴的不垂直性 $d\beta$，则相机标定矩阵 K 包含相机的5个内参数，具体表达成：

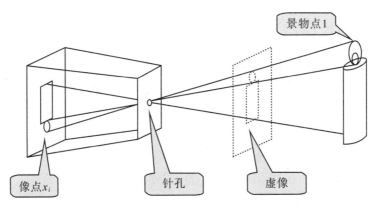

图 5.1　理想针孔模型

$$\boldsymbol{K} = \begin{bmatrix} f_x & f_y\tan(\mathrm{d}\beta) & x_0 \\ 0 & f_y & y_0 \\ 0 & 0 & 1 \end{bmatrix} \tag{5-2}$$

式中，f_x、f_y 为相机主距，$f_y = f_x/(1+\mathrm{d}s)$，$(x_0, y_0)$ 为相机像主点坐标。

从上式可以看出，空间点到像点的线性变换模型中共有11个独立参数，包括6个外方位元素和5个相机内参数。而若假设CCD两坐标轴相互垂直（$\mathrm{d}\beta = 0$），并且像元为正方形（$\mathrm{d}s = 0$），则 $f_y\tan(\mathrm{d}\beta) = 0$，$f_x = f_y = f$，此时 $\boldsymbol{K}$ 可表示成：

$$\boldsymbol{K} = \begin{bmatrix} f & 0 & x_0 \\ 0 & f & y_0 \\ 0 & 0 & 1 \end{bmatrix} \tag{5-3}$$

那么，线性模型包含9个独立参数。

根据文献（冯文灏，2002）可知，摄影测量中与图5.2中的线性成像模型相对应的公式可以利用共线方程进行描述：

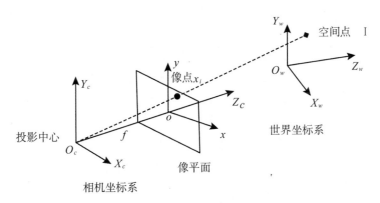

图 5.2　线性成像模型

$$
\begin{cases}
0 = (x - x_0) + (1 + \mathrm{d}s)\sin(\mathrm{d}\beta)(y - y_0) \\
\quad + f_x \dfrac{a_1(X - X_S) + b_1(Y - Y_S) + c_1(Z - Z_S)}{a_3(X - X_S) + b_3(Y - Y_S) + c_3(Z - Z_S)} \\
0 = (y - y_0) + \left[(1 + \mathrm{d}s)\cos(\mathrm{d}\beta) - 1\right](y - y_0) \\
\quad + f_x \dfrac{a_2(X - X_S) + b_2(Y - Y_S) + c_2(Z - Z_S)}{a_3(X - X_S) + b_3(Y - Y_S) + c_3(Z - Z_S)}
\end{cases}
\tag{5-4}
$$

上式同样包含 11 个独立参数，其中，x，y 是像点坐标；x_0，y_0，f 是相机的主点坐标和主距；X_S，Y_S，Z_S 为摄站点的物方空间坐标；X，Y，Z 为空间点的物方空间坐标；a_i，b_i，c_i 为影像三个外方位角元素组成的 9 个方向余弦。

2. 非线性模型(詹总谦等，2007)

大量实验表明，线性模型不能准确地描述相机成像几何关系，尤其在使用广角镜头时，远离图像中心处会有很大的畸变。而对于普通数码相机而言，畸变主要包含镜头畸变、CCD 不平性误差以及 CCD 电学功能引起的误差等，其中镜头畸变最为关键。一般来说，数码相机镜头的非线性光学畸变有三种：径向畸变(Radial Distortion)、偏心畸变(Decentering Distortion)和薄棱镜畸变(Prism Distortion)(Wang，1990)。

径向畸变模型为：

$$
\begin{cases}
\Delta x_r = (x - x_0)(K_1 \cdot r^2 + K_2 \cdot r^4 + K_3 \cdot r^6 + O[r^8]) \\
\Delta y_r = (y - y_0)(K_1 \cdot r^2 + K_2 \cdot r^4 + K_3 \cdot r^6 + O[r^8])
\end{cases}
\tag{5-5}
$$

式中，$r^2 = (x - x_0)^2 + (y - y_0)^2$，$(x_0, y_0)$ 为像主点坐标。

径向畸变一般是由镜头形状缺陷(Imperfect Lens Shape)引起，它只与像点离主点的距离有关，会使成像点沿径向方向偏离其准确理想位置(Weng et al.，1992)。根据系数的正负，又可分为桶形畸变(Barrel Distortion)和枕形畸变(Pincushion Distortion)两类。如图 5.3 所示，实线正方形表示无畸变情况下像素位置，正方形内部的虚线 a 表示桶形畸变引起的误差，除主点外的所有点都向主点收缩，正方形外部的虚线 b 表示枕形畸变引起的误差，除主点外的所有点都远离主点向外扩张。

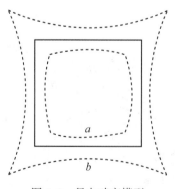

图 5.3 径向畸变模型

偏心(切向)畸变模型如下:

$$\begin{cases} \Delta x_d = P_1(r^2 + 2 \cdot (x - x_0)^2) + 2 \cdot P_2(x - x_0) \cdot (y - y_0) + O[(x - x_0, \ y - y_0)^4] \\ \Delta y_d = P_2(r^2 + 2 \cdot (y - y_0)^2) + 2 \cdot P_1(x - x_0) \cdot (y - y_0) + O[(x - x_0, \ y - y_0)^4] \end{cases}$$

$$(5\text{-}6)$$

薄棱镜畸变模型如下:

$$\begin{cases} \Delta x_p = s_1((x - x_0)^2 + (y - y_0)^2) + O[(x - x_0, \ y - y_0)^4] \\ \Delta y_p = s_2((x - x_0)^2 + (y - y_0)^2) + O[(x - x_0, \ y - y_0)^4] \end{cases} \quad (5\text{-}7)$$

偏心畸变和薄棱镜畸变一般是由镜头制造和安装等误差引起的,它们使成像点沿径向方向和垂直于径向的方向相对其理想位置都发生偏离。一般情况下,标定时只考虑径向畸变的前两项即可,在使用广角镜头时需要考虑第三项的影响。Weng 的实验表明,偏心畸变和薄棱镜畸变所引起的误差总和大约为径向畸变的 $1/7 \sim 1/8$(Weng et al.,1992)。

Tsai 曾指出,引入过多非线性参数进行相机标定,不仅不能提高精度,反而容易引起解的不稳定(1986),但也有人指出,引入较多畸变参数时标定精度有明显改善(马颂德等,1998)。在精度要求很高时,需考虑畸变中心不同于像主点的影响。Clarke 认为,在数字摄影测量中,如果需要 0.01 像素甚至更高的精度,则应该考虑畸变中心与像主点不重合(1998)。而且随着焦距 f 的不同,物镜系统畸变也是变化的(冯文灏,等,2004)。Clarke 同时指出,尽管主点与畸变参数之间的相关性较强,但并不能单纯地固定主点而由畸变参数进行补偿,需要采用很好的图形强度并利用光束法平差进行标定。

在仅考虑径向畸变和切向畸变前两项的情况下(见图 5.4),使用共线方程描述的非线性相机成像模型可以表达成下式:

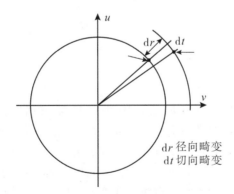

图 5.4 径向畸变和切向畸变模型

$$\begin{cases} x - x_0 - \Delta x = -f \dfrac{a_1(X - X_S) + b_1(Y - Y_S) + c_1(Z - Z_S)}{a_3(X - X_S) + b_3(Y - Y_S) + c_3(Z - Z_S)} \\[3mm] y - y_0 - \Delta y = -f \dfrac{a_2(X - X_S) + b_2(Y - Y_S) + c_2(Z - Z_S)}{a_3(X - X_S) + b_3(Y - Y_S) + c_3(Z - Z_S)} \end{cases} \quad (5\text{-}8)$$

其中:

$$\begin{cases} \Delta x = (x - x_0)(K_1 \cdot r^2 + K_2 \cdot r^4) + P_1(r^2 + 2 \cdot (x - x_0)^2) + 2 \cdot P_2(x - x_0) \cdot (y - y_0) \\ \Delta y = (y - y_0)(K_1 \cdot r^2 + K_2 \cdot r^4) + P_2(r^2 + 2 \cdot (y - y_0)^2) + 2 \cdot P_1(x - x_0) \cdot (y - y_0) \end{cases}$$

$$(5\text{-}9)$$

式中，(x_0, y_0, f) 为相机的内方位元素；(X_S, Y_S, Z_S) 为摄站坐标；(X, Y, Z) 为物方空间坐标；(x, y) 为相应的像点坐标；$\{a_i, b_i, c_i, i = 1, 2, 3\}$ 为摄影测量中常用的旋转角 $(\varphi, \omega, \kappa)$ $(Y$ 为主轴$)$ 构成的旋转矩阵。

5.1.2　参考对象

相机标定通常都需要使用某些特定的参考对象，不同的发展阶段、不同的环境以及不同的精度可以采用不同的参考对象。本小节对几个主要的参考对象进行介绍，如图 5.5 所示。

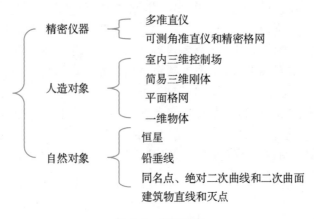

图 5.5　参考对象

1. 精密仪器

1）多准直仪（multi-collimator）

使用准直仪进行相机标定最早是在 1910 年由 Field 提出的，1950 年美国制造出了由多台准直仪组成的相机标定装置（Clarke et al.，1998），如图 5.6 所示。这种方法适用于无穷远焦距的标定，多台准直仪被安置在相机前面的一些已知位置上，并且使得所有准直仪交会于相机镜头的前点（Front node），而且保证相机成像面垂直于中间准直仪的光轴。这样，通过照明使准直仪上的十字丝在相机成像面的感光片上成像，然后通过量测十字丝像点和相应的计算即可获取主距和畸变差等（冯文灏，2002）。

2）可测角准直仪和精密格网

这种方法同样仅适用于调焦至无穷远的相机标定。它使用一个可以绕相机镜头前点旋转的准直仪，如图 5.7 所示（Clarke et al.，1998）。1960 年 Hallert 使用了一种叫 goniometer 的方法：首先将一个间隔约为 10mm 的精密格网放置在相机成像面上，并通过照明将它的蚀刻图形（etched pattern）经过相机镜头投影出来；然后，将可测角准直仪放置在镜头前面，并让准直仪绕相机镜头前点旋转，依次测出每个格网点投影出来的角度。测定每个格

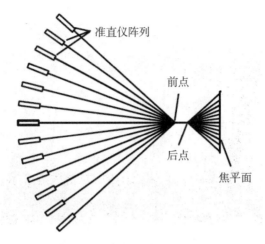

图 5.6 多准直仪相机标定装置

网点角度的方法是，使每个格网点通过镜头严格投影到准直仪镜头的校准标志(collimating mark of the telescope)上，对准后准直仪中心轴与相机主光轴的夹角即为所要测定的角度 α 。这样，利用每个格网点投影出来的角度以及格网自身的大小就可以估计出相机的内参数。

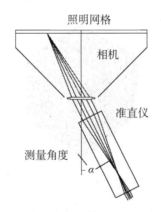

图 5.7 由可测角准直仪和精密格网组成的标定装置

2. 人造对象

1) 室内三维控制场

室内三维控制场由一些已知高精度空间坐标的标志点构成，图 5.8 是武汉大学遥感信息工程学院冯文灏教授建立的高精度室内三维控制场。控制场标志点的坐标通过高精度的经纬仪以交会方式进行测定，控制点的点位精度达到 0.2mm。

利用控制场进行相机标定通常采用带畸变差参数的单片空间后方交会、多片后方交会或者三维直接线性变换。这种标定方法的优点是精度非常高，缺点是不太方便，要建立专门的控制场。

图 5.8　高精度室内三维控制场

2）简易三维刚体

如图 5.9 所示，这种人造三维刚体多为立方体，在立方体的各个面上都绘制了已知坐标的格网点（Qiu et al.，1995）。一般情况下，通过立方体上的格网点进行标定，有时候也会利用立方体三组互相垂直的边进行标定。前者采用一般的标定方法，而后者则是利用灭点理论进行标定。

图 5.9　简易的人造三维刚体（立方体）

3）平面格网

如图 5.10（a）所示，基于平面格网的标定方法最早于 1998 年由张正友提出。这种方法只要利用相机在不同的角度拍摄两幅以上的影像即可进行标定，而相机和平面格网板可以自由移动，解算方法采用基于最大似然法的非线性优化（马颂德等，1998）。

2002 年，武汉大学张永军提出一种基于二维直接线性变换和平面格网的标定方法，如图 5.10（b）所示。

4）一维物体

如图 5.11 所示，2002 年张正友提出基于一维物体进行标定的方法。他通过分析指

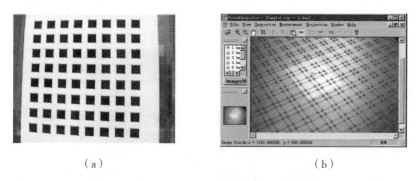

（a）　　　　　　　　　　　　　　（b）

图 5.10　张正友和张永军使用的平面格网

出，若已知一直线上三个及三个以上的点及其点间距离，则在保证其中一个点固定不动的前提下，其余点可绕固定点进行转动（转动直线杆），并拍摄一序列影像，就能够对相机进行标定（Zhang，2002）。

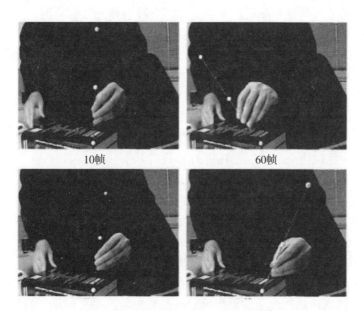

图 5.11　张正友提出的一维参考对象

3. 自然对象

1）恒星（the stellar calibration method）

这种方法是利用恒星准确的已知方位和可重复性进行标定的，标准恒星的位置误差少于 0.4s，而且可以在一幅影像上最多成像出 2420 颗恒星（Clarke et al.，1998）。由于存在大量的观测值，因此可以采用最小二乘法进行平差。考虑的相机内参数可以包含调焦至无穷远的主距，像主点坐标以及径向和切向畸变等。

操作方法具体如下：夜间，在已知点位的观测墩上将调焦至无穷远的被标定相机对准星空，使其长时间曝光；在坐标仪上量测出已知方位的恒星的像点坐标；按照专用程序计算各种相机内参数(冯文灏，2002)。

这种标定方法的缺陷是：仅仅适用于标定调焦至无穷远的相机；必须识别出大量恒星，非常耗时；必须对大气折射和昼夜偏差进行补偿。

2)铅垂线(Plumb-Line)

基于铅垂线的标定方法最早是在 1971 年由 Brown 教授提出(Duane，1971)的。根据透视变换原理，在不存在任何畸变差的情况下，一条直线在影像中的成像也应该是一条直线。也就是说，空间直线在影像上成像的不直性可以用于描述相机镜头的径向畸变和切向畸变等。Brown 根据这个原理提出了基于直线影像的测定镜头畸变的数学模型。这种方法具备很多优点：数学模型非常简单，很容易在计算机上实现；控制场很容易建立，不需要特殊的量测设备，而且通过相机旋转90°，可以得到垂直和水平的两组线，从而可以更好地控制像幅以获得更准确的镜头畸变。对于大城市地区，各种高楼提供了大量的铅垂线，因此更加方便标定。这种方法的缺点在于，像主点确定不太容易，而像主点与畸变差又是相关的，因此像主点的误差将严重影响畸变差的测定。在这种情况下，有必要使用实验室技术或者自检校光束法平差，测定事先像主点或者减弱相关性的影响。除此之外，通过纯旋转摄影也可以减小相关性，提高标定的精度。

铅垂线法可以描述如下：在极坐标系下，每条直线会引入两个附加参数 (ρ, θ)，这两个参数与畸变差的关系可以描述成：

$$(x + d_x)\sin\theta + (y + d_y)\cos\theta = \rho \tag{5-10}$$

式中，x，y 是直线端点像点坐标，d_x，d_y 是对应像点畸变差。

通过泰勒展开式可以获取上式对应的线性化公式，在拍摄大量垂直和水平直线的情况下，可以通过非线性优化或最小二乘法进行解算。

3)同名点、绝对二次曲线和绝对二次曲面等

利用同名点、绝对二次曲线和绝对二次曲面等进行标定的方法一般称为自标定。计算机视觉中需要直接或者间接地解算 Kruppa 方程，下面对基于 Kruppa 方程进行自标定的原理进行详细描述(谢文寒，2004)。

假设摄像机的模型是常用的针孔模型。从三维空间点 $X = (x, y, z, 1)^T$ 到二维影像点 $m = (u, v, 1)^T$ 的成像关系可以表示为：$m \cong K[R \mid t]X$。式中，K 是摄像机的内参数矩阵，R、t 是摄像机坐标系相对于世界坐标系的旋转矩阵与平移向量，符号"$\cong$"表示在相差一个比例因子意义下的相等。

给定在两个不同位置上所拍摄的两幅影像(假设摄像机的内参数保持不变)，根据两幅影像中绝对二次曲线的像(IAC)之间的对极几何关系(见图 5.12)，可以推导出如下公式：

$$FCF^T = s[e']_\times C[e']_\times^T \tag{5-11}$$

上式便是矩阵形式的 Kruppa 方程，其中 $C = KK^T$，s 是未知的正比例因子，F 和 e' 是两幅影像间的基本矩阵以及第二幅影像中的极点。矩阵 $[t]_\times$ 则是对应于向量 $t = (t_1, t_2, t_3)^T$ 以如下形式定义的反对称矩阵：

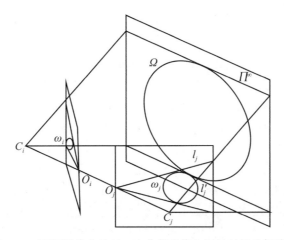

图 5.12 两幅影像中绝对二次曲线的像之间的对极几何关系

$$[\boldsymbol{t}]_\times = \begin{bmatrix} 0 & -t_3 & t_2 \\ t_3 & 0 & -t_1 \\ -t_2 & t_1 & 0 \end{bmatrix} \tag{5-12}$$

通过消去其中的比例因子 s ，可以得到如下的等比方程：

$$\frac{(\boldsymbol{FCF}^{\mathrm{T}})_{11}}{([\boldsymbol{e}']_\times \boldsymbol{C}[\boldsymbol{e}']_\times^{\mathrm{T}})_{11}} = \frac{(\boldsymbol{FCF}^{\mathrm{T}})_{12}}{([\boldsymbol{e}']_\times \boldsymbol{C}[\boldsymbol{e}']_\times^{\mathrm{T}})_{12}} = \frac{(\boldsymbol{FCF}^{\mathrm{T}})_{13}}{([\boldsymbol{e}']_\times \boldsymbol{C}[\boldsymbol{e}']_\times^{\mathrm{T}})_{13}} = \frac{(\boldsymbol{FCF}^{\mathrm{T}})_{22}}{([\boldsymbol{e}']_\times \boldsymbol{C}[\boldsymbol{e}']_\times^{\mathrm{T}})_{22}}$$
$$= \frac{(\boldsymbol{FCF}^{\mathrm{T}})_{23}}{([\boldsymbol{e}']_\times \boldsymbol{C}[\boldsymbol{e}']_\times^{\mathrm{T}})_{23}} = \frac{(\boldsymbol{FCF}^{\mathrm{T}})_{33}}{([\boldsymbol{e}']_\times \boldsymbol{C}[\boldsymbol{e}']_\times^{\mathrm{T}})_{33}} \tag{5-13}$$

传统的基于 Kruppa 方程的标定方法大多是利用上述等比方程所提供的对 $\boldsymbol{C}$ 矩阵元素的非线性约束来进行标定的。

另一方面，利用基本矩阵的 SVD 分解，可以得到更为简化的 Kruppa 方程。令基本矩阵 $\boldsymbol{F}$ 的 SVD 分解为 $\boldsymbol{F} = \boldsymbol{UDV}^{\mathrm{T}} = \sum_{i=1}^{2} \sigma_i^F \boldsymbol{u}_i \boldsymbol{v}_i^{\mathrm{T}}$ ，其中 σ_i^F 是 $\boldsymbol{F}$ 的第 i 个奇异值，$\boldsymbol{u}_i$ 和 $\boldsymbol{v}_i$ 是相应的左右奇异向量。由于 $\boldsymbol{e}' \cong \boldsymbol{u}_3 \cong U(0 \quad 0 \quad 1)^{\mathrm{T}}$ ，相应地有 $[\boldsymbol{e}']_\times \cong \boldsymbol{UMU}^{\mathrm{T}}$ ，其中 $\boldsymbol{M} = \begin{bmatrix} 0 & -1 & 0 \\ 1 & 0 & 0 \\ 0 & 0 & 0 \end{bmatrix}$ 。因此，Kruppa 方程可改写成 $\boldsymbol{FCF}^{\mathrm{T}} = s'\boldsymbol{UMU}^{\mathrm{T}}\boldsymbol{CUM}^{\mathrm{T}}\boldsymbol{U}^{\mathrm{T}}$ ，通过代入 $\boldsymbol{F}$ 的 SVD 分解形式可以进一步简化为

$$\boldsymbol{DV}^{\mathrm{T}}\boldsymbol{CVD}^{\mathrm{T}} = s'\boldsymbol{MU}^{\mathrm{T}}\boldsymbol{CUM}^{\mathrm{T}} \tag{5-14}$$

将上式两端乘开，便可以得到简化的 Kruppa 方程：

$$\begin{bmatrix} (\sigma_1^F)^2 \boldsymbol{v}_1^{\mathrm{T}}\boldsymbol{C}\boldsymbol{v}_1 & \sigma_1^F \sigma_2^F \boldsymbol{v}_1^{\mathrm{T}}\boldsymbol{C}\boldsymbol{v}_2 & 0 \\ \sigma_1^F \sigma_2^F \boldsymbol{v}_2^{\mathrm{T}}\boldsymbol{C}\boldsymbol{v}_1 & (\sigma_2^F)^2 \boldsymbol{v}_2^{\mathrm{T}}\boldsymbol{C}\boldsymbol{v}_2 & 0 \\ 0 & 0 & 0 \end{bmatrix} = s \begin{bmatrix} \boldsymbol{u}_1^{\mathrm{T}}\boldsymbol{C}\boldsymbol{u}_1 & -\boldsymbol{u}_1^{\mathrm{T}}\boldsymbol{C}\boldsymbol{u}_2 & 0 \\ -\boldsymbol{u}_2^{\mathrm{T}}\boldsymbol{C}\boldsymbol{u}_1 & \boldsymbol{u}_2^{\mathrm{T}}\boldsymbol{C}\boldsymbol{u}_2 & 0 \\ 0 & 0 & 0 \end{bmatrix} \tag{5-15}$$

相应地，上式变为：

$$\frac{(\sigma_1^F)^2 \, \boldsymbol{v}_1^{\mathrm{T}} C \, v_1}{\boldsymbol{u}_1^{\mathrm{T}} C \, u_1} = \frac{\sigma_1^F \, \sigma_2^F \, \boldsymbol{v}_1^{\mathrm{T}} C \, v_2}{-\boldsymbol{u}_1^{\mathrm{T}} C \, u_2} = \frac{(\sigma_2^F)^2 \, \boldsymbol{v}_2^{\mathrm{T}} C \, v_2}{\boldsymbol{u}_2^{\mathrm{T}} C \, u_2} \tag{5-16}$$

由上式可以看出，一个基本矩阵最多可以提供关于矩阵 C 的 5 个未知元素的两个独立约束。因此，至少需要 3 幅影像，即 3 个基本矩阵才可以求解 C。而确定了 C 之后，通过 Cholesky 分解，即可很容易地确定摄像机的内参数矩阵 K。

针对如何利用来自 Kruppa 方程的约束来确定 C 的问题，人们提出了很多方法。Luong 与 Faugeras 等给定对应于 3 个基本矩阵的 Kruppa 方程，可以得到 6 个二次多项式约束。为了求解内参数，从中每次任意取出 5 个方程，并利用"homotopy continuation"方法求解，余下的一个方程则被用来验证解的正确性。由于每个方程的次数均是 2 次，所以每次所选出的 5 个方程最多可以有 32 个解，而所有解集组合中的公共解将被选作最终的真实解。这种方法的缺点是计算复杂，对初值选取的要求较高，稳健性较差。

4) 建筑物垂直线和灭点

荷兰 Delft 大学的 Heuvel 教授多年来专门从事基于建筑物垂直线和灭点理论进行摄影测量方面的研究（Van Den Heuvel，1997；Heuvel，1998；Vander Heuvel，1999），图 5.13 是他利用单幅影像进行建筑物重建的示意图。

图 5.13　Heuvel 的单像建模

剑桥大学的 Roberto Cipolla 提出了应用严格的物方几何条件（平行条件、垂直条件）来标定相机的内外方位元素（Cipolla et al.，1998；Cipolla et al.，1990），并恢复每个视点的部分几何模型；他所在工作组开发了一套软件——PhotoBuilder，该软件可对从任意视点拍摄的未标定影像进行建筑物的三维建模，并生成可交互操作的虚拟现实模型（VRML）。

以上基于单像灭点的标定方法在理论上是可行的，然而实验表明，这种方法只能对相机进行弱定标。因为采用这种方法虽然对相机焦距能获得较好效果，但像主点对灭点误差的敏感性非常强（Wu et al.，2001）。因此，在很多情况下简单地假定像主点位于影像中心。这种假定大大降低了标定的精度。谢文寒对基于多像灭点的相机标定进行了深入研究

（2004），从标定结果来看，精度仍有待进一步提高。

5.1.3 畸变差模型

不同的发展阶段、不同的环境和不同的要求都有可能影响畸变差模型（或者误差补偿方法）的选择，下面将对几个重要的畸变差模型（或者误差补偿方法）进行描述，如图5.14所示。

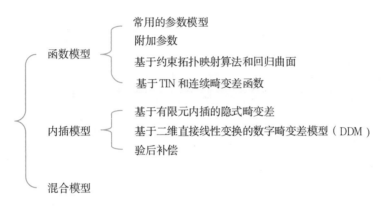

图 5.14　畸变差模型

1. 函数模型

1）常用的参数模型

常用的参数模型（Parameter Distortion Model，PM）指利用几个简单的参数来描述镜头的径向畸变、切向畸变和薄棱镜畸变等。对应的数学模型为式(5-5)、式(5-6)和式(5-7)，通常情况下采用式(5-9)。这是目前较常用的畸变模型，它能很好地描述镜头的大部分畸变。但是，对胶片影像而言，它忽视了胶片压平误差、冷热伸缩误差和数字扫描误差等；对于数码相机影像而言，它忽视了CCD成像面的不平性以及电学功能引起的误差等。这种不足对一般的相机和普通测量而言，影响不是太大，但对于特殊的镜头（如超广角镜头和鱼眼镜头）或者高精度的测量来说，就有可能存在不足。

2）附加参数

基于附加参数的方法最早是由Brown教授于1965年提出，这种方法是通过若干附加参数描述胶片影像的系统误差，然后在区域网光束法平差中将其作为自由未知数或者带权观测值进行平差，摄影测量中称之为带附加参数的自检校光束法平差（李德仁等，2006）。

由于系统误差可以方便地表示成像点坐标的函数，因此一般可以表示成：

$$\left.\begin{array}{l}\Delta x = f_1(x,\ y)\\ \Delta y = f_2(x,\ y)\end{array}\right\} \tag{5-17}$$

或者

$$\left.\begin{array}{l}\Delta x = g_1(r,\ a)\\ \Delta y = g_2(r,\ a)\end{array}\right\} \tag{5-18}$$

式中，(x, y) 和 (r, a) 是像点以像主点为坐标原点的直角坐标系或极坐标系中的坐标。

由于这种函数关系很难得知，在 1972 年到 1980 年期间，各国学者都研究出不同的附加参数选择方案。其中，Brown 从引起系统误差的物理因素出发，提出包含四类改正项共 21 个参数的模型：

$$
\left.
\begin{aligned}
\Delta x &= a_1 x + a_2 y + a_3 xy + a_4 y^2 + a_5 x^2 y + a_6 x y^2 + a_7 x^2 y^2 \\
&+ \frac{x}{f}\left[a_{13}(x^2 - y^2) + a_{14} x^2 y^2 + a_{15}(x^4 - y^4) \right] \\
&+ x\left[a_{16}(x^2 + y^2) + a_{17}(x^2 + y^2)^2 + a_{18}(x^2 + y^2)^3 \right] \\
&+ a_{19} + a_{21}\left(\frac{x}{f}\right) \\
\Delta y &= a_8 xy + a_9 x^2 + a_{10} x^2 y + a_{11} x y^2 + a_{12} x^2 y^2 \\
&+ \frac{y}{f}\left[a_{13}(x^2 - y^2) + a_{14} x^2 y^2 + a_{15}(x^4 - y^4) \right] \\
&+ y\left[a_{16}(x^2 + y^2) + a_{17}(x^2 + y^2)^2 + a_{18}(x^2 + y^2)^3 \right] \\
&+ a_{20} + a_{21}\left(\frac{y}{f}\right)
\end{aligned}
\right\}
\tag{5-19}
$$

式中，$a_1 \sim a_{12}$ 这一组参数主要反映不可补偿的软片变形和非径向畸变，它们几乎是正交的，而且与 $a_{13} \sim a_{18}$ 也近似正交。$a_{13} \sim a_{15}$ 表示压平板不平引起的附加参数，它并不严格取决于径距，而且还包含了不规则畸变的径向分量。至于压片板不平的非对称影响可用 $a_5 x^2 y$ 和 $a_{11} x y^2$ 两项的组合作用来补偿。$a_{16} \sim a_{18}$ 这 3 个参数表示对称的径向畸变和对称的径向压平误差的影响。系数 $a_{19} \sim a_{21}$ 相当于内方位元素误差，通常不予考虑，只有当地形起伏很大时才有必要列入。

在这组附加参数中 $a_{13} \sim a_{18}$ 之间存在着一些强相关，而且它们与地面坐标未知数之间可能也强相关，所以必须通过统计检验和附加参数可靠性分析来适当地选取参数。

也可以从纯数学角度建立系统误差模型，此时不强调附加参数的物理含义，而只关心它们对系统误差的有效补偿。此时可采用一般多项式，包含傅里叶系数的多项式或由球谐函数导出的多项式，但人们更喜欢采用正交多项式的附加参数，因为它能保证附加参数之间相关很小而利于解算。

最典型的正交多项式附加参数组是由德国的 Ebner 教授提出的，含 12 个附加参数，其形式如下：

$$
\left\{
\begin{aligned}
\Delta x &= b_1 x + b_2 y - b_3(2 x^2 - 4 b^2/3) + b_4 xy + b_5(y^2 - 2 b^2/3) + b_7 x(y^2 - 2 b^2/3) \\
&+ b_9(x^2 - 2 b^2/3)y + b_{11}(x^2 - 2 b^2/3)(y^2 - 2 b^2/3) \\
\Delta y &= - b_1 y + b_2 x + b_3 xy - b_4(2 y^2 - 4 b^2/3) + b_6(x^2 - 2 b^2/3) + b_8(x^2 - 2 b^2/3)y \\
&+ b_{10} x(y^2 - 2 b^2/3) + b_{12}(x^2 - 2 b^2/3)(y^2 - 2 b^2/3)
\end{aligned}
\right.
$$

$$
\tag{5-20}
$$

该误差模型是考虑到每幅影像有 9 个标准配置点的情况，如果每幅影像分布 5×5 个标准点，则还可得到包含 44 个附加参数的正交多项式，这主要用于高精度地籍加密中。

3)基于约束拓扑映射算法和回归曲面

这种方法由 Qiu 等提出(1995),它假设每个像元具备两个畸变差 Δu, Δv。根据约束拓扑映射算法可以认为,若给定两个训练样本 $(u_i, v_i, \Delta u_i)$ 和 $(u_i, v_i, \Delta v_i)$,则由整幅影像畸变差构成的回归曲面(regression surface)可以被估计,这相当于在三维样本空间中的一个二维拓扑映射。Qiu 以人造立方体作为参考对象,如图 5.15 所示。立方体上的圆点坐标都是已知的,通过控制点可以获取影像参数,并且控制点被当作训练样本对整幅影像的畸变差进行估计。图 5.15 是利用该法进行标定得到的畸变差分布图。其中(a)表示像平面上实际成像点与对应的理想成像点的位移差,(b)表示通过训练学习得到的畸变模型,(c)表示通过畸变模型得到的每个成像点的位移差,(d)表示在经过畸变模型纠正后的成像点残差。

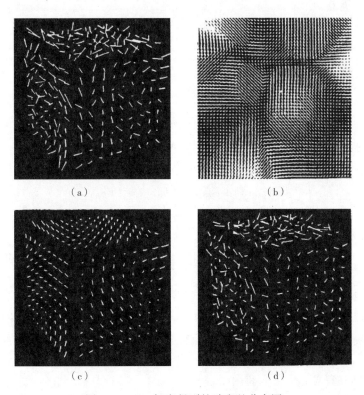

(a)　　　　　　　　　　　(b)

(c)　　　　　　　　　　　(d)

图 5.15　Qiu 标定得到的畸变差分布图

4)基于 TIN 和连续畸变差函数

1996 年 Stevenson 提出了一种类似于铅垂线法的标定方法(Stevenson et al.,1996),这种方法具有四个特点:第一,使用球体影像而不是直线影像;第二,影像畸变差纠正通过球面变换(Stereographic)而不是一般的透视变换;第三,考虑 CCD 比例尺不一致因子;第四,使用非参数畸变差模型(non-parameter distortion model)。这种方法适用于中等精度,但镜头畸变非常大的相机,如广角相机(用于监视、移动机器人和电视等)、便宜普通相机(家用、残疾人辅助等)。

使用球面投影有三个优点：能确保直线投影的弯曲最小；球体经过球面投影的成像是圆形；它是保形的，这样一个物体无论在哪个视角都能够保持与实际物体形状一致。这些特性使得它更加适合用于鱼眼镜头等广角镜头的标定。其中第二点是 Stevenson 法最重要的理论依据，类似于基于铅垂线的标定方法，球体经过球面投影而不成像为圆形的误差代表相机的各种成像畸变。

Stevenson 法中另外一个重要的理论是使用一个连续的畸变差函数 D，这个函数通过仿射变换函数进行分段局部拟合。在存在畸变的影像中，一个球体的成像是一个椭圆，根据它应该是圆形的理论进行局部仿射变换，要求局部仿射变换之间保持连续。

该方法的处理步骤包括椭圆提取、构三角网等，对应的原始影像和标定后的纠正影像如图 5.16 所示，其中图(a)表示纠正前带畸变的影像，图(b)表示通过畸变纠正后的影像。具体的处理步骤如下：

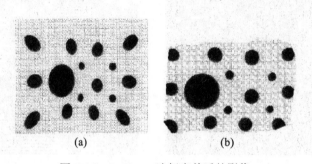

图 5.16　Stevenson 法标定前后的影像

(1)椭圆提取：

要求球体影像分布均匀，并且尽量落在影像的边缘附近，然后通过阈值分割、四邻域连接和椭圆拟合来获取球体的椭圆影像边缘。

(2)构三角网：

取每个椭圆中心为三角网离散点进行带约束条件的 Delaunay 三角网构建，由于边缘上仍然会出现狭长三角形，因此必须通过后处理去除这些三角形，避免在纠正时带来不良影响。

(3)三角形变形(Warping each triangle)：

这个步骤是计算每个三角形的纠正比例尺。假设已知一个三角形的三个顶点 A、B、C，以及以 A 为中心的椭圆。那么，可以该椭圆的短轴方向为准进行仿射变换，使长轴和短轴相等，即将椭圆纠正成圆形，根据这个仿射变换就可以计算得到 B、C 对应的新点 B'、C'，也就是决定了三角形三边的长度。

(4)整个三角网变形(Warping triangulation)：

利用每个三角形的纠正比例尺，可以对整个三角网进行变形纠正，要求保持整个三角网拓扑结构的完整性。

2. 内插模型

1)基于有限元内插的隐式畸变差

Munjy 于 1986 年首次提出基于有限元内插的相机标定方法，并通过理论分析和实际数据证明了该方法的有效性(Munjy，1986)，这里简单介绍它的主要思想和数学模型。

该方法的基本思想是：由于存在各种成像畸变差，它假设在影像中的每个像元都具有不同的主距值，也就是说影像成像几何可以描述成关于主距的函数。那么，通过假设每个像元具有不同的主距不仅可以消除镜头具有的径向畸变、切向畸变和薄棱镜畸变等，还可以补偿由于像片冷热伸缩和不平度造成的误差。

根据有限元理论，可以将成像面划分成三角形有限元和矩形有限元，它们的数学模型存在微小的差异，下面进行详细描述，所用公式符号与原文献一致。

(1)基于三角形有限元：

基于三角形有限元的共线方程如下所示：

$$\left.\begin{array}{l} x_{ij} - x_{pi} = f_{ij}\left(\dfrac{X'}{Z'}\right)_{ij} \\[2mm] y_{ij} - y_{pi} = f_{ij}\left(Y'/Z'\right)_{ij} \end{array}\right\} \tag{5-21}$$

其中，

$$\begin{bmatrix} X' \\ Y' \\ Z' \end{bmatrix} = \boldsymbol{M}_i \begin{bmatrix} X_j - X_i^c \\ Y_j - Y_i^c \\ Z_j - Z_i^c \end{bmatrix} \tag{5-22}$$

式中，x_{pi}，y_{pi} 是第 i 幅影像对应的像主点坐标；f_{ij} 是第 i 幅影像第 j 个点对应的主距；x_{ij}，y_{ij} 是第 i 幅影像第 j 个点对应的像点坐标观测值；X_j，Y_j，Z_j 是第 j 个点对应的物方空间坐标；X_i^c，Y_i^c，Z_i^c 是第 i 幅影像对应的投影中心位置；$\boldsymbol{M}_i$ 是第 i 幅影像对应的由 9 个方向余弦构成的正交矩阵。

假定符号 $\dot{u}_i$ 表示第 i 幅影像外方位元素以及像主点坐标(X^c，Y^c，Z^c，ω，φ，κ，x_p，y_p)；符号 $\ddot{u}_i$ 表示第 i 幅影像第 $j(f_{ij})$ 个点对应的主距；符号 $\dddot{u}_j$ 表示第 j 个点对应的物方空间坐标。从式(5-21)可以看出，共线方程中不包含各种畸变差参数。通过泰勒公式展开可以得到式(5-21)对应的线性化公式，其矩阵形式可以描述成如下形式：

$$\boldsymbol{V} + \dot{\boldsymbol{B}}\,\dot{\delta} + \ddot{\boldsymbol{B}}\ddot{\delta} + \dddot{\boldsymbol{B}}\dddot{\delta} = \boldsymbol{\varepsilon} \tag{5-23}$$

式中，$\dot{\delta}$ 表示参数 $\dot{u}_i$ 对应的改正数；$\ddot{\delta}$ 表示参数 $\ddot{u}_i$ 对应的改正数；$\dddot{\delta}$ 表示参数 $\dddot{u}_j$ 对应的改正数；$\dot{\boldsymbol{B}}$ 表示对应参数 $\dot{u}_i$ 的偏导数系数矩阵；$\ddot{\boldsymbol{B}}$ 表示对应参数 $\ddot{u}_i$ 的偏导数系数矩阵；$\dddot{\boldsymbol{B}}$ 表示对应参数 $\dddot{u}_j$ 的偏导数系数矩阵；$\boldsymbol{V}$ 表示像点坐标残差矢量；$\boldsymbol{\varepsilon}$ 表示误差矢量。

式(5-22)就是基于有限元内插的隐式畸变差和光束法平差的相机标定数学模型。

(2)基于矩形有限元：

对于矩形有限元而言，有限元内部像点对应的主距可以表达成矩形有限元 4 个节点主距的简单函数，那么式(5-21)可以改写成：

$$\left.\begin{array}{l} x_{ij} - x_{pi} = g(f)\left(\dfrac{X'}{Z'}\right)_{ij} \\[2mm] y_{ij} - y_{pi} = g(f)\left(Y'/Z'\right)_{ij} \end{array}\right\} \tag{5-24}$$

使用双线性内插方法，则有：

$$g(f) = [1 - x/a,\ x/a] \begin{bmatrix} f_{i,j},\ f_{i+1,j} \\ f_{i,j+1},\ f_{i+1,j+1} \end{bmatrix} \begin{bmatrix} 1 - y/b \\ y/a \end{bmatrix} \tag{5-25}$$

式中，$f_{i,j}$、$f_{i+1,j}$、$f_{i,j+1}$、$f_{i+1,j+1}$ 表示矩形有限元 4 个节点的主距；a，b 表示矩形有限元内像点相对当前有限元左下角节点的标准化距离。

图 5.17 是通过平差后得到的像幅面主距等值线图，有关矩形有限元内插法的原理和数学模型将在后文进一步描述。

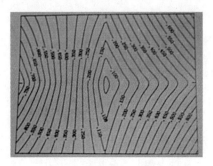

图 5.17　像幅面主距等值线图

2）基于二维直接线性变换的数字畸变差模型（DDM）

2004 年武汉大学冯文灏教授提出基于二维直接线性变换的数字畸变模型（Digital Distortion Model，DDM）（冯文灏，2004），意图采用线性内插的方法改正影像的畸变，从而避免由于函数模型误差对结果的影响。

DDM 的概念是：其平面坐标为 CCD 芯片像素的行列号，像元属性值为该像素的畸变。该畸变不仅包含了镜头的畸变，CCD 组件引起的电学误差，而且包括环境影响造成的误差（如介质引起的影像畸变）等所有系统和偶然误差的总和。摄影机在给定调焦距和摄影条件的情况下，建立的 DDM 是用于逐点描述目标像点坐标的综合误差，为了改正相同条件下目标影像的畸变，在校正处理时，直接使用畸变模型的改正值修正目标影像相应像点的坐标。

该方法基于二维直接线性变换原理，其基本的作业流程是：①建立高精度二维控制场；②获取二维控制场影像；③假设影像上 4 个角隅点的畸变差为零；④利用 4 个角隅点的像点坐标及其二维空间坐标计算 8 个直接线性变换系数；⑤按照直接线性变换系数，计算所有二维控制点对应的理想像点坐标；⑥理想的像点坐标与实际像点的坐标差（对应于同一空间点）即为该像点处的总体畸变；⑦利用所有二维控制点对应的畸变差可以内插得到像幅中任一像点的畸变值，从而获取整个像幅对应的数字畸变模型。

从实际影像的畸变差分布来看，这种认为像幅 4 个角隅点的畸变差等于 0 的假设值需进一步探讨。图 5.18 显示的是 DDM 的初级模型。

3）验后补偿

这种补偿系统误差的方法最先是由法国学者 Masson D' Autuml 提出的。该方法不改变

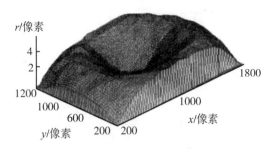

图 5.18　DDM 初级模型

原来的平差程序，而是通过对平差后残差大小及方向的分析来推算影像系统误差的大小及特征。然后在观测值上引入系统误差改正。利用改正后的影像坐标重新计算一遍，从而使平差结果得到改善。

广义的验后补偿法还包括根据控制点在平差后的坐标残差，进行最小二乘配置法的滤波和推估，从而消除和补偿地面控制网中产生的所谓应力，使摄影测量网更好地纳入到大地坐标系统。

基于验后补偿的系统误差补偿方法在提高航空摄影测量胶片相机测量精度中发挥着一定的作用，若与其他的系统误差补偿方法相结合，则可以获得更好的效果（李德仁，等，1992）。通常情况下，这种方法被用于航空摄影测量的自检校光束法平差，而很少用于数码相机的事先标定。

3. 混合模型

2001 年、2002 年 Luhmann 和 Hastedt 等提出一种基于有限元的混合畸变差模型，它的理论依据与基于有限元内插的隐式畸变差基本一样，最大的区别在于它们的假设和采用的数学模型不太一样（Tecklenbury et al.，2001；Hastedt，2002）。这种方法认为影像的成像畸变分成两部分：一部分是可以通过常用参数畸变差模型进行描述的畸变；另一部分则是不能通过常用参数畸变差模型进行描述的畸变，而这部分则可以通过有限元内插模型进行描述。

如图 5.19 所示，可以将 CCD 传感器划分成矩形有限元，每个矩形有限元的 4 个节点都具备两个不同的畸变差数值 Δx_{ij}，Δy_{ij}。如同基于有限元的隐式畸变差一样，每个矩形内部的像点畸变差可以通过矩形的 4 个节点畸变差内插得到，这与基于有限元内插的 DEM 内插方法是一致的。

混合畸变差模型的数学模型描述如下：

$$\begin{cases} x' = {x'}_0 - c\dfrac{r_{11}(X_p - X_0) + r_{21}(Y_p - Y_0) + r_{31}(Z_p - Z_0)}{r_{13}(X_p - X_0) + r_{23}(Y_p - Y_0) + r_{33}(Z_p - Z_0)} + \mathrm{d}x' \\ y' = {y'}_0 - c\dfrac{r_{12}(X_p - X_0) + r_{22}(Y_p - Y_0) + r_{32}(Z_p - Z_0)}{r_{13}(X_p - X_0) + r_{23}(Y_p - Y_0) + r_{33}(Z_p - Z_0)} + \mathrm{d}y' \end{cases} \tag{5-26}$$

进一步表示为：

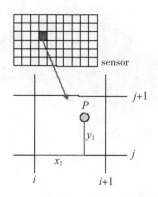

图 5.19　CCD 传感器有限元划分及内插示意图

$$
\begin{cases}
x' = (x)_0' + \Delta x_i' - (c + \Delta c_i)\,\dfrac{r_{11}(X_p - X_0) + r_{21}(Y_p - Y_0) + r_{31}(Z_p - Z_0)}{r_{13}(X_p - X_0) + r_{23}(Y_p - Y_0) + r_{33}(Z_p - Z_0)} + \mathrm{d}x' \\[3mm]
y' = (y_0' + \Delta y_i') - (c + \Delta c_i)\,\dfrac{r_{12}(X_p - X_0) + r_{22}(Y_p - Y_0) + r_{32}(Z_p - Z_0)}{r_{13}(X_p - X_0) + r_{23}(Y_p - Y_0) + r_{33}(Z_p - Z_0)} + \mathrm{d}y'
\end{cases}
$$

(5-27)

式中，x'，y' 是像点观测值坐标；x_0'，y_0' 是像主点坐标；$\Delta x_i'$，$\Delta y_i'$ 是每幅影像像主点坐标的改正数；c 是每幅影像的主距，Δc_i 是每幅影像对应的主距的改正数；r_{mn} 是每幅影像对应的 9 个方向余弦；(X_p, Y_p, Z_p) 是空间点物方坐标；(X_0, Y_0, Z_0) 是每幅影像投影中心的坐标；$\mathrm{d}x'$，$\mathrm{d}y'$ 是每个像点对应的畸变差改正数。

　　式(5-27)的畸变差 $\mathrm{d}x'$，$\mathrm{d}y'$ 包含参数畸变差和有限元内插畸变差两部分(Behrens et al.，2004)，前者由常用参数畸变差模型(5-5)表示，而后者则利用式(5-25)和有限元的 4 个节点畸变差进行描述，具体参考本书第 5 章的详细描述。

　　显然，利用式(5-27)进行光束法平差所包含的未知数有：每幅影像的 9 个内外方位元素 ΔX_0，ΔY_0，ΔZ_0，$\Delta \varphi$，$\Delta \omega$，$\Delta \kappa$，$\Delta x_i'$，$\Delta y_i'$，Δc；若干个畸变差参数(如 k_1，k_2，k_3 等)的改正数；$2 \times m \times n$ 个有限元格网节点畸变差数值 Δx_{ij}，Δy_{ij}（m 和 n 是有限元格网节点行列数)。

　　图 5.20 是 Luhmann 和 Hastedt 采用的简易三维控制场。

5.1.4　经典解算方法

　　本节就几种经典的方法(图 5.21)进行描述，目的在于对摄影测量与计算机视觉相机标定的解算方法有一个大概了解。

　　1. 计算机视觉方法

　　1) Tsai 两步法

　　Tsai 采用的是典型的两步法(1987)。先用径向准直约束(Radial Alignment Constraint)求解模型参数中的大部分(影像外方位元素中的角元素和位置元素中的 X_s 和 Z_s 等)，然后再用非线性搜索法求解畸变系数、有效焦距及一个平移参数。这种方法计算量不大，精度

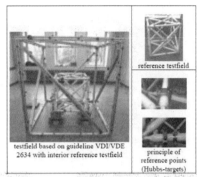

图 5.20 Luhmann 和 Hastedt 采用的简易三维控制场

计算机视觉方法 ┤ Tsai 两步法
张正友的平面格网法

摄影测量方法 ┤ 基于二维直接线性变换（2D-DLT）
基于三维直接线性变换（3D-DLT）
基于共线方程的光束法平差

图 5.21 几种典型的解算方法

适中，是计算机视觉中通常采用的标定方法。但此方法的主点需要通过其他方法进行预标定，而且只考虑径向畸变，当切向畸变较大时不适用。另外，在他提出的非共面标定方法中，求解出的旋转矩阵不满足正交条件。

2）张正友的平面格网法

1998 年张正友在参考 Triggs 和 Zisserman 提出的方法的基础上，提出了完全依靠平面格网板的相机标定方法，并给出了较好的实验结果，主要从使用平面格网进行标定的基本约束、标定流程、指出平面格网标定失败的特殊情况和实验结果这几个方面进行了说明。

这种方法的参数解算主要分三步进行，具体的标定流程如下：

（1）制造平面格网板装置；

（2）通过移动格网板或者相机，在不同角度拍摄格网板，获取若干张标定影像；

（3）格网点提取；

（4）估计内外方位元素初值(不包含畸变差)；

（5）通过最小二乘法估计畸变差参数；

（6）使用最大似然估计获取所有参数的精确值。

利用该方法可以获取较高精度相机参数并进行目标三维重建，原始影像及其重建结果如图 5.22 所示。

2. 摄影测量方法

1）基于三维直接线性变换(3D-DLT)

该方法最早由 Abde-Aziz 等提出(1971)，它是摄影测量和计算机视觉界的连接桥梁，

图 5.22   原始影像及其重建结果

两个领域中都可以使用(Tsai, 1987)。

前文提到只含线性误差改正数的共线条件方程式为(5-4)，该式可以改写成：

$$
\begin{cases}
0 = (x - x_0) + (1 + \mathrm{d}s) \sin(\mathrm{d}\beta) (y - y_0) + f_x \dfrac{a_1 X + b_1 Y + c_1 Z + \gamma_1}{a_3 X + b_3 Y + c_3 Z + \gamma_3} \\[3mm]
0 = (1 + \mathrm{d}s) \cos(\mathrm{d}\beta) (y - y_0) + f_x \dfrac{a_2 X + b_2 Y + c_2 Z + \gamma_2}{a_3 X + b_3 Y + c_3 Z + \gamma_3}
\end{cases}
\tag{5-28}
$$

对式(5-28)进行代数演绎可以导出直接线性变换(DLT)的基本关系式，若考虑像点坐标的非线性改正(主要是光学畸变差改正，Δx，Δy)，并且存在多余观测，即引入像点坐标观测值改正数(v_x，v_y)时，DLT 可以表达成：

$$
\begin{cases}
0 = (x - v_x) + \Delta x + \dfrac{l_1 X + l_2 Y + l_3 Z + l_4}{l_9 X + l_{10} Y + l_{11} Z + 1} \\[3mm]
0 = (y - v_y) + \Delta y + \dfrac{l_5 X + l_6 Y + l_7 Z + l_8}{l_9 X + l_{10} Y + l_{11} Z + 1}
\end{cases}
\tag{5-29}
$$

式中，系数 $l_i (i = 1 \sim 11)$ 是影像内外方位元素以及像元比例尺不一致性因子 $\mathrm{d}s$ 和不垂直性因子 $\mathrm{d}\beta$ 的函数，因此可以从这些系数中分解出内外方位元素等。

显然，在不考虑畸变差的情况下，直接线性变换可以通过线性方式求解，它建立了像点坐标仪坐标与物方空间坐标的直接关系。对于考虑畸变差的情况下，也可以对直接线性变换公式进行线性化，然后通过迭代求解，其初值则是通过直接线性变换的线性求解方式获得。因此可以很好理解，直接线性变换解法相当于常规航空摄影测量中的后方交会-前方交会法，精度也基本相似。所以，在很多情况下不一定要从 11 个独立参数中分解出影像内外方位元素，而是依靠这些系数直接求解空间坐标。这就避免了进行内定向，也不需要通过其他方式获取影像外方位元素初值，从而大大方便了测量，因此在近景摄影测量中得到广泛的使用。

2）基于二维直接线性变换（2D-DLT）（张永军，等，2002）

利用二维直接线性变换进行求解主要是考虑到物方控制点是平面的，并且通常只用于获取影像内外方位元素的初值。若要用于测量，则必须通过后方交会获取更加准确的参数。2002 年，张永军对基于二维直接线性变换的相机标定方法进行了详细推导和说明，具体描述如下：

二维 DLT 是三维 DLT 在物方空间坐标 Z 等于零的情况下的一种特殊表达式：

$$\begin{cases} x = \dfrac{h_1 X + h_2 Y + h_3}{h_7 X + h_8 Y + 1} \\ \\ y = \dfrac{h_4 X + h_5 Y + h_6}{h_7 X + h_8 Y + 1} \end{cases} \tag{5-30}$$

式中，$H = \{h_i, \ i = 1, \ 2, \ \cdots, \ 8\}$ 为变换参数，X，Y 为平面控制点空间坐标，x，y 为相应的像点坐标。当控制点大于 4 个时，可以首先将式（5-30）化成线性方程（分母左乘），进而通过线性方程求解获取变换参数；然后利用式（5-30）的泰勒展开式进行最小二乘方法迭代求解。

和三维 DLT 一样，二维 DLT 的各种参数也是影像内外方位元素的函数，可以从 8 个变换参数中分解出影像内外方位元素的初值。下面首先介绍变换参数与影像内外方位元素的关系。

物方空间坐标 Z 为零时，摄影测量中的共线方程可以表示成：

$$\begin{cases} x - x_0 = -f \dfrac{a_1(X - X_s) + b_1(Y - Y_s) + c_1(-Z_s)}{a_3(X - X_s) + b_3(Y - Y_s) + c_3(-Z_s)} \\ \\ y - y_0 = -f \dfrac{a_2(X - X_s) + b_2(Y - Y_s) + c_2(-Z_s)}{a_3(X - X_s) + b_3(Y - Y_s) + c_3(-Z_s)} \end{cases} \tag{5-31}$$

式（5-31）可转化成与式（5-30）类似的形式：

$$\begin{cases} x = \dfrac{\left(f\dfrac{a_1}{\lambda} - \dfrac{a_3}{\lambda} x_0\right) X + \left(f\dfrac{b_1}{\lambda} - \dfrac{b_3}{\lambda} x_0\right) Y + \left(x_0 - \dfrac{f}{\lambda}(a_1 X_s + b_1 Y_s + c_1 Z_s)\right)}{-\dfrac{a_3}{\lambda}X - \dfrac{b_3}{\lambda}Y + 1} \\ \\ y = \dfrac{\left(f\dfrac{a_2}{\lambda} - \dfrac{a_3}{\lambda} y_0\right) X + \left(f\dfrac{b_2}{\lambda} - \dfrac{b_3}{\lambda} y_0\right) Y + \left(y_0 - \dfrac{f}{\lambda}(a_2 X_s + b_2 Y_s + c_2 Z_s)\right)}{-\dfrac{a_3}{\lambda}X - \dfrac{b_3}{\lambda}Y + 1} \end{cases} \tag{5-32}$$

其中 $\lambda = (a_3 X_s + b_3 Y_s + c_3 Z_s)$，比较式（5-30）和式（5-32）可知：

$$\begin{cases} h_1 = f\dfrac{a_1}{\lambda} - \dfrac{a_3}{\lambda}x_0 \\[2mm] h_2 = f\dfrac{b_1}{\lambda} - \dfrac{b_3}{\lambda}x_0 \end{cases} \tag{5-33}$$

$$\begin{cases} h_4 = f\dfrac{a_2}{\lambda} - \dfrac{a_3}{\lambda}y_0 \\[2mm] h_5 = f\dfrac{b_2}{\lambda} - \dfrac{b_3}{\lambda}y_0 \end{cases} \tag{5-34}$$

$$\begin{cases} h_3 = x_0 - \dfrac{f}{\lambda}(a_1 X_s + b_1 Y_s + c_1 Z_s) \\[2mm] h_6 = y_0 - \dfrac{f}{\lambda}(a_2 X_s + b_2 Y_s + c_2 Z_s) \end{cases} \tag{5-35}$$

$$\begin{cases} h_7 = -\dfrac{a_3}{\lambda} \\[2mm] h_8 = -\dfrac{b_3}{\lambda} \end{cases} \tag{5-36}$$

由式(5-34)、式(5-35) 和式(5-36) 得：

$$\begin{cases} \dfrac{(h_1 - h_7 x_0)}{f} = \dfrac{a_1}{\lambda} \\[2mm] \dfrac{(h_2 - h_8 x_0)}{f} = \dfrac{b_1}{\lambda} \end{cases} \tag{5-37}$$

$$\begin{cases} \dfrac{(h_4 - h_7 y_0)}{f} = \dfrac{a_2}{\lambda} \\[2mm] \dfrac{(h_5 - h_8 y_0)}{f} = \dfrac{b_2}{\lambda} \end{cases} \tag{5-38}$$

$$\begin{cases} - h_7 = \dfrac{a_3}{\lambda} \\[2mm] - h_8 = \dfrac{b_3}{\lambda} \end{cases} \tag{5-39}$$

将式(5-37)、式(5-38) 和式(5-39) 中的上下两式分别相乘并相加，顾及 $a_1 b_1 + a_2 b_2 + a_3 b_3 = 0$，得

$$\frac{(h_1 - h_7 x_0)\cdot(h_2 - h_8 x_0)}{f^2} + \frac{(h_4 - h_7 y_0)\cdot(h_5 - h_8 y_0)}{f^2} + h_7 h_8 = 0 \tag{5-40}$$

则有：

$$f = \sqrt{\frac{-(h_1 - h_7 x_0)\cdot(h_2 - h_8 x_0) - (h_4 - h_7 y_0)\cdot(h_5 - h_8 y_0)}{h_7 h_8}} \tag{5-41}$$

将式(5-37)、式(5-38) 和式(5-39) 中的上下两式分别自乘并相加，顾及 $a_1^2 + a_2^2 + a_3^2 = 1$ 和 $b_1^2 + b_2^2 + b_3^2 = 1$ 并消去 λ 得：

$$\frac{(h_1 - h_7 x_0)^2 - (h_2 - h_8 x_0)^2 + (h_4 - h_7 y_0)^2 - (h_5 - h_8 y_0)^2}{f^2} + (h_7^2 - h_8^2) = 0$$

$$(5\text{-}42)$$

当主点 (x_0, y_0) 已知或通过某种方法求得后，即可通过式(5-41)或式(5-42)求得主距 f。

利用式(5-40)和(5-42)消去主距 f 即可得：

$$F_h = (h_1 h_8 - h_2 h_7)(h_1 h_7 - h_7^2 x_0 + h_2 h_8 - h_8^2 x_0)$$
$$+ (h_4 h_8 - h_5 h_7)(h_4 h_7 - h_7^2 y_0 + h_5 h_8 - h_8^2 y_0) = 0 \tag{5-43}$$

不考虑镜头畸变影响时，摄像机的实际未知数为 9 个，即 $(f, x_0, y_0, \phi, \omega, \kappa, X_s, Y_s, Z_s)$，而二维DLT共有8个参数，则必然无法唯一分解出摄像机的9个未知参数。事实上，在给定二维DLT的8个参数时，主点 (x_0, y_0) 可在主纵线上自由移动，从而造成外方位元素分解的不唯一性(张永军，等，2002)。

解算出主点 (x_0, y_0) 及主距 f 后，便可进行外方位元素的分解。将式(5-39)分别代入式(5-37)、式(5-38)可得：

$$\begin{cases} \dfrac{a_1}{a_3} = -\dfrac{(h_1 - h_7 x_0)}{f h_7} \\[2mm] \dfrac{b_1}{b_3} = -\dfrac{(h_2 - h_8 x_0)}{f h_8} \\[2mm] \dfrac{a_2}{a_3} = -\dfrac{(h_4 - h_7 y_0)}{f h_7} \\[2mm] \dfrac{b_2}{b_3} = -\dfrac{(h_5 - h_8 y_0)}{f h_8} \end{cases} \tag{5-44}$$

由 $b_1^2 + b_2^2 + b_3^2 = 1$，可得 $b_3^2 = \dfrac{1}{1 + \dfrac{(h_2 - h_8 x_0)^2}{f^2 h_8^2} + \dfrac{(h_5 - h_8 y_0)^2}{f^2 h_8^2}}$。在 Y 为主轴的转角系

统下，$\tan\kappa = \dfrac{b_1}{b_2}$，由式(5-44)知，$\tan\kappa = \dfrac{b_1}{b_2} = \dfrac{h_2 - h_8 x_0}{h_5 - h_8 y_0}$，由此式可唯一确定 κ 角。

在求解 ω 角时，b_3 的值在开平方后首先取正号，并将已确定的 κ 角与通过 b_3 求得的 b_1、b_2 算出的 κ' 相比较，若 $\kappa! = \kappa'$ 则说明 b_3 应取负号，然后重新计算 b_1、b_2 的值。通过 $\sin\omega = -b_3$ 即可计算出 ω 角。

根据旋转矩阵的正交性可得：

$$\begin{pmatrix} c_1 \\ c_2 \\ c_3 \end{pmatrix} = \begin{pmatrix} a_1 \\ a_2 \\ a_3 \end{pmatrix} \times \begin{pmatrix} b_1 \\ b_2 \\ b_3 \end{pmatrix} = \begin{pmatrix} a_2 b_3 - a_3 b_2 \\ a_3 b_1 - a_1 b_3 \\ a_1 b_2 - a_2 b_1 \end{pmatrix} \tag{5-45}$$

因为 $\tan\varphi = -\dfrac{a_3}{c_3} = \dfrac{a_3}{a_1 b_2 - a_2 b_1} = \dfrac{1}{\dfrac{a_1}{a_3} b_2 - \dfrac{a_2}{a_3} b_1}$，$b_1$、$b_2$ 已在求 ω 角时确定，而 $\dfrac{a_1}{a_3}$ 和 $\dfrac{a_2}{a_3}$

可由式(5-44)确定，因而 ϕ 角也可唯一确定。

可以看出，在求解 ϕ、ω、κ 角时，并没有计算整个旋转矩阵中的所有 9 个元素，因而在计算 X_S、Y_S、Z_S 的初值时，需利用如上计算出的 ϕ、ω、κ 角，重新计算旋转矩阵的各元素。由式(5-37)、式(5-38)和式(5-39)求平均可得到 λ，则 X_S，Y_S，Z_S 的初值可通过解如下线性方程组获得：

$$\begin{cases} h_3 = x_0 - \dfrac{f}{\lambda}(a_1 X_s + b_1 Y_s + c_1 Z_s) \\ h_6 = y_0 - \dfrac{f}{\lambda}(a_2 X_s + b_2 Y_s + c_2 Z_s) \\ \lambda = (a_3 X_s + b_3 Y_s + c_3 Z_s) \end{cases} \tag{5-46}$$

通过上述各式可以利用二维 DLT 获取每幅影像对应的外方位元素初值，包括相机的主距初值等，在有些情况下也可利用空间后方交会获取更加准确的参数，进而用于光束法平差整体求解。

3) 基于共线方程的光束法平差

基于共线方程(5-8)的光束法平差是摄影测量中进行相机标定和测量的最严密解法。由于它是一种非线性求解方法，因此需要获取各种参数的初始值。若同时考虑径向和切向畸变差 k_1，k_2，p_1，p_2，并且认为像点的向径为 $r'^2 = (x - x_0)^2 + (f_x^2/f_y^2)(y - y_0)^2$，共线方程的线性化公式可以表示成(李德仁，等，1992)：

$$\begin{bmatrix} v_x \\ v_y \end{bmatrix} = \begin{bmatrix} a_{11} & a_{12} & a_{13} & a_{14} & a_{15} & a_{16} \\ a_{21} & a_{22} & a_{23} & a_{24} & a_{25} & a_{26} \end{bmatrix} \begin{bmatrix} \Delta X_S \\ \Delta Y_S \\ \Delta Z_S \\ \Delta \phi \\ \Delta \omega \\ \Delta \kappa \end{bmatrix} + \begin{bmatrix} b_{11} & b_{12} & b_{13} & b_{14} \\ b_{21} & b_{22} & b_{23} & b_{24} \end{bmatrix} \begin{bmatrix} f_x \\ f_y \\ x_0 \\ y_0 \end{bmatrix}$$

$$+ \begin{bmatrix} c_{11} & c_{12} & c_{13} & c_{14} \\ c_{21} & c_{22} & c_{23} & c_{24} \end{bmatrix} \begin{bmatrix} k_1 \\ k_2 \\ p_1 \\ p_2 \end{bmatrix} + \begin{bmatrix} d_{11} & d_{12} & d_{13} \\ d_{21} & d_{22} & d_{23} \end{bmatrix} \begin{bmatrix} \Delta X \\ \Delta Y \\ \Delta Z \end{bmatrix} - \begin{bmatrix} x - (x) \\ y - (y) \end{bmatrix} \tag{5-47}$$

式(5-47)可以写为 $V = Bx - l$ 的形式，是典型的间接平差模型，下面直接给出误差方程式中的各项改正数的系数。其中，外方位线元素改正数的系数为：

$$\begin{cases} \dfrac{\partial x}{\partial X_s} = \dfrac{1}{\overline{Z}}(a_1 f_x + a_3(u - u_0 - \Delta u)) \\ \dfrac{\partial x}{\partial Y_s} = \dfrac{1}{\overline{Z}}(b_1 f_x + b_3(u - u_0 - \Delta u)) \\ \dfrac{\partial x}{\partial Z_s} = \dfrac{1}{\overline{Z}}(c_1 f_x + c_3(u - u_0 - \Delta u)) \end{cases} \quad \begin{cases} \dfrac{\partial y}{\partial X_s} = \dfrac{1}{\overline{Z}}(a_2 f_y + a_3(v - v_0 - \Delta v)) \\ \dfrac{\partial y}{\partial Y_s} = \dfrac{1}{\overline{Z}}(b_2 f_y + b_3(v - v_0 - \Delta v)) \\ \dfrac{\partial y}{\partial Z_s} = \dfrac{1}{\overline{Z}}(c_2 f_y + c_3(v - v_0 - \Delta v)) \end{cases} \tag{5-48}$$

外方位角元素改正数的系数为：

$$
\begin{cases}
\dfrac{\partial x}{\partial \kappa} = (y - y_0 - \Delta y) \\[2mm]
\dfrac{\partial y}{\partial \varphi} = -(x - x_0 - \Delta x)\sin\omega \\[2mm]
\qquad - \left\{ \dfrac{(y - y_0 - \Delta y)}{f_y}[(x - x_0 - \Delta x)\cos\kappa - (y - y_0 - \Delta y)\sin\kappa] - f_y\sin\kappa \right\}\cos\omega \\[3mm]
\dfrac{\partial y}{\partial \omega} = -f_y\cos\kappa - \dfrac{(y - y_0 - \Delta y)}{f_y}\{(x - x_0 - \Delta x)\sin\kappa + (y - y_0 - \Delta y)\cos\kappa\} \\[3mm]
\dfrac{\partial y}{\partial \kappa} = -(x - x_0 - \Delta x) \\[2mm]
\dfrac{\partial x}{\partial \varphi} = (y - y_0 - \Delta y)\sin\omega \\[2mm]
\qquad - \left\{ \dfrac{(x - x_0 - \Delta x)}{f_x}[(x - x_0 - \Delta x)\cos\kappa - (y - y_0 - \Delta y)\sin\kappa] + f_x\cos\kappa \right\}\cos\omega \\[3mm]
\dfrac{\partial x}{\partial \omega} = -f_x\sin\kappa - \dfrac{(x - x_0 - \Delta x)}{f_x}\{(x - x_0 - \Delta x)\sin\kappa + (y - y_0 - \Delta y)\cos\kappa\}
\end{cases}
\tag{5-49}
$$

主距改正数的系数为：

$$
\begin{cases}
\dfrac{\partial x}{\partial f_x} = \dfrac{(x - x_0) - \Delta x}{f_x} \\[3mm]
\dfrac{\partial x}{\partial f_y} = 0
\end{cases}
\qquad
\begin{cases}
\dfrac{\partial y}{\partial f_x} = 0 \\[3mm]
\dfrac{\partial y}{\partial f_y} = \dfrac{(y - y_0) - \Delta y}{f_y}
\end{cases}
\tag{5-50}
$$

像主点改正数的系数为：

$$
\begin{cases}
\dfrac{\partial x}{\partial x_0} = 1 - k_1 r'^2 - k_2 r'^4 - (x - x_0)^2(2k_1 + 4k_2 r'^2) - 6p_1(x - x_0) - 2p_2(y - y_0) \\[3mm]
\dfrac{\partial x}{\partial y_0} = -(x - x_0)(y - y_0)(2k_1 + 4k_2 r'^2)\dfrac{f_x^2}{f_y^2} - 2p_1(y - y_0)\dfrac{f_x^2}{f_y^2} - 2p_2(x - x_0) \\[3mm]
\dfrac{\partial y}{\partial x_0} = -(x - x_0)(y - y_0)(2k_1 + 4k_2 r'^2) - 2p_2(x - x_0)\dfrac{f_y^2}{f_x^2} - 2p_1(y - y_0) \\[3mm]
\dfrac{\partial y}{\partial y_0} = 1 - k_1 r'^2 - k_2 r'^4 - (y - y_0)^2(2k_1 + 4k_2 r'^2)\dfrac{f_x^2}{f_y^2} - 6p_2(y - y_0) - 2p_1(x - x_0)
\end{cases}
\tag{5-51}
$$

畸变系数改正数的系数为：

$$\begin{cases}\dfrac{\partial x}{\partial K_1} = (x - x_0) \cdot r'^2 \\[2mm] \dfrac{\partial x}{\partial K_2} = (x - x_0) \cdot r'^4 \\[2mm] \dfrac{\partial x}{\partial P_1} = 3\,(x - x_0)^2 + (y - y_0)^2 \dfrac{f_x^2}{f_y^2} \\[2mm] \dfrac{\partial x}{\partial P_2} = 2(x - x_0)\,(y - y_0)\end{cases} \quad \begin{cases}\dfrac{\partial y}{\partial K_1} = (y - y_0) \cdot r'^2 \\[2mm] \dfrac{\partial y}{\partial K_2} = (y - y_0) \cdot r'^4 \\[2mm] \dfrac{\partial y}{\partial P_1} = 2(x - x_0)\,(y - y_0) \\[2mm] \dfrac{\partial y}{\partial P_2} = 3\,(y - y_0)^2 + (x - x_0)^2 \dfrac{f_y^2}{f_x^2}\end{cases} \tag{5-52}$$

物方坐标改正数的系数为：

$$\begin{cases}\dfrac{\partial x}{\partial X} = -\dfrac{1}{\bar{Z}}(a_1 f_x + a_3(x - x_0 - \Delta x)) \\[2mm] \dfrac{\partial x}{\partial Y} = -\dfrac{1}{\bar{Z}}(b_1 f_x + b_3(x - x_0 - \Delta x)) \\[2mm] \dfrac{\partial x}{\partial Z} = -\dfrac{1}{\bar{Z}}(c_1 f_x + c_3(x - x_0 - \Delta x))\end{cases} \quad \begin{cases}\dfrac{\partial y}{\partial X} = -\dfrac{1}{\bar{Z}}(a_2 f_y + a_3(y - y_0 - \Delta y)) \\[2mm] \dfrac{\partial y}{\partial Y} = -\dfrac{1}{\bar{Z}}(b_2 f_y + b_3(y - y_0 - \Delta y)) \\[2mm] \dfrac{\partial y}{\partial Z} = -\dfrac{1}{\bar{Z}}(c_2 f_y + c_3(y - y_0 - \Delta y))\end{cases} \tag{5-53}$$

显然,若认为 $f_x = f_y = f$,则可将 f 代入式(5-48)～式(5-53)中得到相应的改正数系数。

5.1.5　基于单 LCD 的相机标定

纯平液晶显示器(completely flat Liquid Crystal Display，LCD)作为计算机的一种新型外设，在今天已经进入千家万户。由于当今的纯平液晶显示器制造工艺已经比较成熟，其几何精度和视觉效果也相当优秀。所以，在基于平面格网的相机标定的基础上，希望使用目前比较普及的 LCD 代替人造的高精度平面格网和三维刚体等，从而解决难以获取高精度标定参考对象的问题。由于通过编制程序可以在纯平液晶显示器上绘制更加灵活的平面格网，而多个显示器则可以构成较高精度的三维控制场，因此基于 LCD 的平面或者三维控制场将更加满足相机标定方便和灵活的要求，从而为研制出一套精度高、实用方便的相机标定系统奠定坚实的基础。

1. 纯平液晶显示器(LCD)

1) LCD 工作原理

自 1971 年液晶开始被用作显示媒介以来，随着液晶显示技术的不断完善和成熟，其应用已经日趋广泛。到目前为止，它已涉及微型电视、数码照相机、数码摄像机以及电脑显示器等多个领域。自 1985 年世界上第一台笔记本电脑诞生以来，LCD 液晶显示屏就一直是笔记本电脑的标准显示设备。但是随着液晶显示技术的不断进步和价格的降低，LCD 液晶显示器已经成为了普通家庭购买台式电脑的标配。

根据物理结构分类，液晶显示器包含扭曲向列型(TN-Twisted Nematic)、超扭曲向列型(STN-Super TN)、双层超扭曲向列型(DSTN-Dual Scan Tortuosity Nomograph)、薄膜晶体管型(TFT-Thin Film Transistor)。其中 TFT 属于三端有源矩阵型，具有屏幕反应速度快，对比度好，亮度高，可视角度大，色彩丰富等特点，比其他三种类型更具优势，是当前液晶显示器的主流设备(黄子强，2006)。下面简单介绍 TFT 液晶显示器的工作原理。

TFT 液晶显示器也称为主动矩阵薄膜晶体管液晶显示器(Active Matrix TFT LCD)，它是通过 TFT 来控制每一个像素的通光量来显示图形的。所谓液晶其实就是一种介于液体和晶体之间的物质，它的奇妙之处是可以通过电流来改变它的分子结构，从而可以为液晶加上不同的工作电压，让它控制光线的通过量，进而显示变化万千的图像。液晶本身并不会发光，因此所有的液晶显示器都需要背光照明。一般来说背光源就是多个冷阴极灯管。背光灯管在液晶显示器打开的同时就一起被点亮。而为了控制透光率，人们把液晶单元放在两片偏振玻璃片之间(偏振方向相互垂直)。如图 5.23 所示，当液晶单元没有加上电压的时候，处于初始状态，这样背光在通过时就会被液晶单元的特殊分子结构所极化，光线被扭曲 90°，并通过前面的偏振玻璃被人们所感知。同理，当液晶单元被加上电压之后，它的分子结构会被改变，这样光线的角度并不会被扭曲，于是光被显示器前面的偏振玻璃所阻隔，无法被人们所感知。

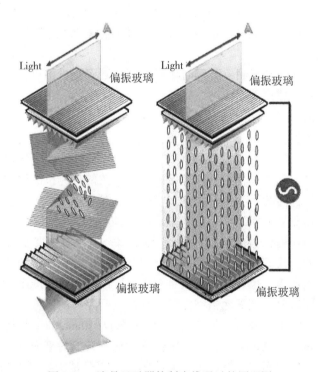

图 5.23　液晶显示器控制光线通过的原理图

为了表现颜色，面板必须被分割且制造成一个个的小门或开关来让光通过，并且需要为每个像素安上滤色片，这样背光透过之后就会有了各种不同的颜色。由于三原色可以构成我们所需要的各种其他颜色，于是液晶面板上的每个像素都被再次分成红、绿、蓝三种颜色，如图 5.24 所示。

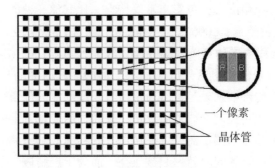

图 5.24　TFT 液晶显示器晶体管阵列

2）使用 LCD 进行标定的优缺点

从相机标定的角度考虑，LCD 具有以下几个优点：

第一，其机身小巧、便携，而且各大厂商正大力开发更薄、更轻、更大面幅的 LCD；

第二，几何变形趋近完美。首先，具有完全的纯平面，并且由于屏幕玻璃非常薄，几乎不存在折射现象。其次，LCD 显示屏幕的每个显示基元独立开关，因此在标准分辨率下显示图形图像时，保真性能好。最后，显示晶体管耐热性强，不存在 CRT 显示器常见的伸缩和扭曲等现象；

第三，无闪烁，每个基元独立且同时显示，利于数码相机拍摄；

第四，价格便宜，使用普及。

2. LCD 平面格网圆点绘制与精确提取

1）LCD 平面格网圆点的绘制

在了解了液晶显示器的工作原理和优点之后，可以为相机标定编写一个"准确"的平面格网圆点绘制程序。关于屏幕绘制原理可以参考相关的计算机图形学资料，这里重点说明如何绘制满足相机标定的平面格网圆点。根据摄影测量原理可知，在没有实际物方控制信息的情况下，摄影测量可以建立一个相对精度较高（如物方任意两段距离之比与实际情况完全吻合）的可缩放的物方模型。反过来，若已知一个相对精度非常高的物方模型，那么通过带相机参数的自检校光束法平差同样可以获取精确的相机参数和与相对模型比例尺一致的影像外方位元素等。也就是说，满足相机标定的平面格网间距并不需要知道其对应的精确几何尺寸，而只要保证平面格网内任意两圆点间距离的比值与实际几何尺寸的比值完全一致即可。举个例子来说，本来是要求绘制间距为 10mm 的平面格网的，我们却可以绘制成间距为 9.5mm 或者 8mm 等的任一长度的平面格网，甚至是 2mm 等的任一长度的平面格网，而这种比例尺缩放不会对最后标定得到的相机参数产生任何影响，它们只是影响最终的影像外方位元素。当然，为了更好地反映标定的实际误差，要求尽量采用接近实际几何尺寸的间距绘制格网。

基于以上结论，在编写绘制程序的时候，绘制单位采用像素，并且保证绘制长度为整数个像素，这样可以避免整除余差带来的误差。例如要绘制间距为 10mm 的平面格网时，首先将 10mm 换算成以像素为单位的数值，然后取整，最后以该整数为间隔绘制平面格网即可。由于一英寸等于 25.4mm，因此平面格网间隔和圆点半径的计算方法如图 5.25 所示。

图 5.25　平面格网间隔和圆点半径的计算方法

为了确定平面格网的坐标系，需要在屏幕中心位置绘制三个关键圆点，以三种不同颜色进行标识，作为坐标系的基准点(图 5.26 是利用平面格网绘制程序绘制的平面格网)。另外，平面格网绘制程序的格网间距和圆点半径是可调节的，必须根据不同的相机以及不同的拍摄距离设置不同的数值。

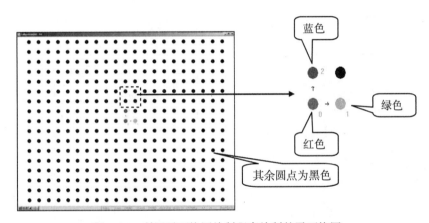

图 5.26　利用平面格网绘制程序绘制的平面格网

2)平面格网圆点的精确提取

平面格网圆点的精确提取对相机标定具有非常重要的影响，因此必须设计一套可行的精确提取算法(由于圆在影像上的成像为椭圆，因此圆点提取实际上也是椭圆提取，而前者为后者的特例)。图 5.27 和图 5.28 是本研究采取的单个圆点和整个平面格网圆点的提取算法流程图，本节将根据这两个流程说明几个重要的理论和相关公式，最后给出圆点提取的相关结果。

3)关键圆点初始位置的确定

关键圆点(三个基准点)初始位置的确定可以通过两种方式进行：利用用户交互的方式，通过鼠标按顺序点击三个关键圆点的初始位置；根据三个关键圆点的颜色信息，利用程序自动搜索三个关键圆的初始位置。实验表明，通过颜色识别可能无法自动识别关键圆的初始位置；由于某些相机必须通过设置特殊的光圈和景深才能拍摄到清晰的影像，此时关键圆的颜色会出现异常；由于拍摄距离较远，LCD 的成像较小，此时 LCD 外界的颜色可能影响自动识别。该问题可以通过编码标志点及其自动识别技术解决。

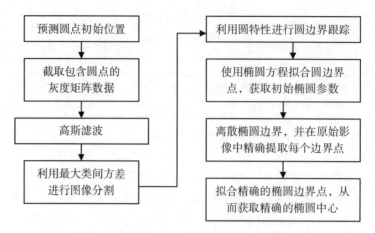

图 5.27 单个圆点的精确提取算法流程图

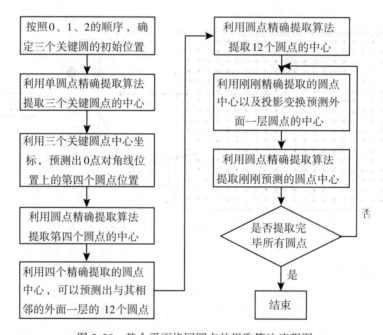

图 5.28 整个平面格网圆点的提取算法流程图

4)高斯滤波

高斯滤波的目的是有效去除噪声,因此又被称为高斯平滑算子 $G(x, y)$,它可以被描述如下:

$$G(x, y) = e^{-\frac{x^2+y^2}{2\sigma^2}} \tag{5-54}$$

其中 x , y 是图像坐标, σ 是关联的概率分布的标准差,有时用带有规范化因子的公式来表达:

$$G(x, y) = \frac{1}{2\pi \sigma^2} \mathrm{e}^{-\frac{x^2+y^2}{2\sigma^2}} \text{或 } G(x, y) = \frac{1}{\sqrt{2\pi} \sigma^2} \mathrm{e}^{-\frac{x^2+y^2}{2\sigma^2}} \tag{5-55}$$

由于高斯滤波与所考虑的图像无关，因此它可以通过离散化被解释出来，通常情况下以模板方式表现。

5）利用最大类间方差进行分割

最大类间方差法用于阈值分割最早是在 1979 年由 Ostu 提出的，它利用类别方差作为依据，选取类间方差最大的灰度值作为最佳阈值。它是在最小二乘法原理的基础上推导出来的，其基本思想是将图像的直方图逐一以该图像集合中某一灰度为阈值，将图像分成两个子集(两类)，分别统计两个子集的平均值、类内方差和类间方差，比较所有类间方差值，当被分成的两个类之间的类间方差最大时，该灰度阈值即为最佳阈值，可以用于分割图像。这种阈值计算方法被认为是最优的阈值自动选取方法。但经过对多种图像的具体实验发现，Osttu 法致命的缺陷是当目标物与背景灰度相差不明显时，会出现大块黑色区域，甚至会丢失整幅图像的信息，同时它对噪声和目标大小十分敏感，因此仅对类间方差是单峰的图像有较好效果(杜奇等，2003；张玲，等，2005)。由于相机标定中的圆点灰度图像基本上不存在这些情况，所以可以直接使用最大类间方差进行阈值分割，试验结果表明该方法非常有效。

最大类间方差的相关公式描述如下：

设灰度数据块中的灰度级数为 m 个，记灰度为 i 的像素总数 n_i，则总的像素数为 $N = \sum_{i=1}^{m} n_i$，每个灰度值对应的概率为：$p_i = \frac{n_i}{N}$。

若当前取灰度值 t 为阈值，将灰度数据块所有灰度值分成两个子集(类别)，分别表示成 $C_1\{1, 2, \cdots, t\}$ 和 $C_2\{t + 1, t + 2, \cdots, m\}$。

则这两个子集分别对应的总的概率为：

$$w_1 = \frac{\sum_{i=1}^{t} n_i}{N} = \sum_{i=1}^{t} p_i \text{和 } w_2 = \frac{\sum_{i=t+1}^{m} n_i}{N} = \sum_{i=t+1}^{m} p_i = 1 - w_1 \tag{5-56}$$

两个子集分别对应的平均灰度为：

$$\mu_1 = \frac{\sum_{i=1}^{t} n_i \cdot i}{\sum_{i=1}^{t} n_i} = \frac{\sum_{i=1}^{t} p_i \cdot i}{w_1} \quad \text{和 } \mu_2 = \frac{\sum_{i=t+1}^{m} n_i \cdot i}{\sum_{i=t+1}^{m} n_i} = \frac{\sum_{i=t+1}^{m} p_i \cdot i}{w_2} \tag{5-57}$$

灰度数据块所对应的总灰度平均值为：$\mu = \sum_{i=1}^{m} p_i \cdot i$

那么，以上的类内平均值、类内概率以及总灰度平均值之间存在以下关系：

$$\mu = w_1 \cdot \mu_1 + w_2 \cdot \mu_2 \tag{5-58}$$

则两个子集间的类间方差为：

$$\sigma = w_1 (\mu - \mu_1)^2 + w_2 (\mu - \mu_2)^2 \tag{5-59}$$

将总灰度平均值代入类间方差得到以下计算公式：

$$\sigma = w_1\, w_2\, (\mu_1 - \mu_2)^2 \tag{5-60}$$

计算类间方差的流程可以描述如下：首先，统计灰度数据块每个灰度值对应的像素总数；然后，从 1 到 m 逐个取出一个灰度，将灰度数据块分成两个子集，计算两个子集对应类间方差，并保存每个方差值；最后，通过比较，找到最大类间方差对应的灰度值，该灰度值即为最佳分割阈值。

6) 二次曲线

圆(椭圆)的拟合方程采用一般二次曲线方程：

$$x^2 + 2Bxy + C\, y^2 + 2Dx + 2Ey + F = 0 \tag{5-61}$$

根据二次曲线的性质有以下几个公式：

二次曲线不变量

$$\boldsymbol{D}^0 = \begin{vmatrix} 1 & B & D \\ B & C & E \\ D & E & F \end{vmatrix}, \ \boldsymbol{\delta} = \begin{vmatrix} 1 & B \\ B & C \end{vmatrix} = C - B^2, \ S = 1 + C \tag{5-62}$$

上面三式代表二次曲线的不变量，即经过坐标变换后，这些量是不变的。

椭圆中心计算公式：

当 $\delta \neq 0$ 时，二次曲线存在唯一中心，并且当且仅当 $\delta > 0$，$D^0 \neq 0$ 和 $D^0 \cdot S < 0$ 时，二次曲线为椭圆，其对应中心为：

$$x_0 = \frac{BE - CD}{C - B^2}, \ y_0 = \frac{BD - E}{C - B^2} \tag{5-63}$$

过边界一点 $(x_0,\ y_0)$ 的法向量方程为：

$$\frac{(x - x_0)}{(x_0 + B \cdot y_0 + D)} = \frac{(y - y_0)}{(B x_0 + C \cdot y_0 + E)} \tag{5-64}$$

上式可以化简成一般直线方程的形式：$ax + by + c = 0$，其中，$a = (B x_0 + C \cdot y_0 + E)$，$b = -(x_0 + B \cdot y_0 + D)$，$c = -b \cdot y_0 - a \cdot x_0$。

7) 椭圆拟合与粗差剔除

由于分割得到的椭圆边缘点可能存在少量的粗差点，因此必须通过带粗差剔除功能的最小二乘法拟合，最终得到较好的椭圆方程。通常情况下，我们会对椭圆(二次曲线)方程(5-61)引入虚拟观测值，从而得到平差方程：

$$G = x^2 + 2Bxy + C\, y^2 + 2Dx + 2Ey + F \tag{5-65}$$

一般情况下，为了剔除可能存在的粗差点，可以将每个参加拟合的边缘点坐标代入拟合得到的椭圆方程(5-65)，并根据 G 是否大于 3 倍平差得到的单位权中误差来判断当前边缘点是否为粗差点。实验证明，这种方法是不可行的，因为即使当前边缘点非常靠近拟合得到的椭圆边缘，代入式(5-65)后得到的 G 也可能非常大。

可行的粗差剔除方法描述如下：通过拟合得到椭圆方程之后，计算椭圆中心和当前边缘点连线与椭圆的交点，然后计算交点到当前边缘点的距离，代表当前边缘点的拟合误差；计算每个边缘点对应的拟合误差，然后通过统计方法剔除可能存在的边缘粗差点。

如图 5.29 所示，O 是拟合椭圆的中心，A 是当前边缘点，A' 是直线 OA 与椭圆的交点，dA 是当前边缘点对应的拟合误差。

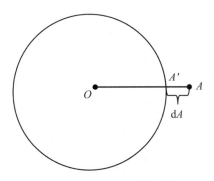

图 5.29　椭圆拟合误差示意图

8）椭圆精确提取

利用分割得到的边缘点进行拟合只能得到格网圆点的粗略位置，要获取精确的椭圆中心，必须以粗略的椭圆为初值在原始影像中获取更加准确的边缘，提取流程如图 5.30 所示。

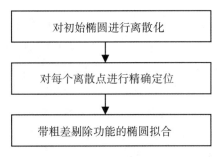

图 5.30　椭圆精确提取流程图

下面对其中两个关键问题进行详细描述，带粗差剔除的椭圆拟合方法参考前文第 5 点。

（1）椭圆离散化：

如图 5.31 所示，类似上述粗差剔除方法，椭圆离散化的方法可以描述如下：首先，确定椭圆要划分的等份数 n（偶数）；然后，以水平方向为起始方向，经过椭圆中心 O 可以确定一条直线，该直线与椭圆存在两个交点，这就是开始的两个离散点；将直线以椭圆中心为旋转中心进行逆时针旋转，每次旋转的角度为 $360°/n$，共旋转 $n/2 - 1$ 次，这样就可以得到直线与椭圆相交的 n 个交点，这些点就是所需的椭圆离散点。

（2）离散点精确定位：

如图 5.31 所示，椭圆经过离散化之后，必须对每个离散点进行精确定位，定位方法如下：首先计算椭圆在当前离散点 A 上的法向量方向；然后沿着法向量方向对以 A 为中心的一定区间 ab 内的灰度进行重采样，采样间隔可以为 0.5 个像素，这样可以获得一灰度序列；最后，计算灰度序列的梯度，并采用抛物线拟合计算极值点或者通过梯度加权方

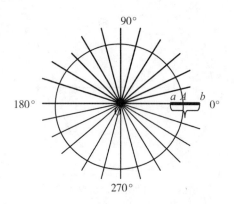

图 5.31　椭圆离散化示意图与采样区间

式获取梯度最大的点作为最佳边缘点。按照上述方法可以获取每个离散点对应的最佳边缘点，然后通过带粗差剔除功能的椭圆拟合就可以获取最终的椭圆及其中心。下面对抛物线拟合和梯度加权两种边缘点定位方法进行描述。

①抛物线拟合。

如图 5.32 所示，$g(s)$ 是沿法向量方向采样得到的灰度序列，它描述了圆点边缘的断面模型；$g'(s)$ 是对应的梯度序列(一阶差分)，它描述了边缘灰度的变化情况；$g''(s)$ 是对应的二阶差分。从一阶差分曲线上可以看出，采样灰度的梯度可以通过抛物线进行拟合，而抛物线的极值点就是最佳边缘点。因此，在获取边缘点一定区间内的灰度序列后，首先利用抛物线方程(5-66)拟合灰度序列对应的梯度序列，然后计算抛物线方程的极值点，如式(5-67)，最后通过极值点在区间中的坐标和法向量方向可以计算得到当前离散点对应的最佳边缘点在图像中的精确位置。

$$y = a x^2 + bx + c \tag{5-66}$$

$$x = -\frac{b}{2a} \tag{5-67}$$

②梯度加权。

黄桂平在其论文中对梯度加权方法有详细描述(2005)，由于沿法向量方向采样后得到的灰度序列为一维向量，因此这里只需考虑一维加权即可，公式如下：

$$\Delta d = \frac{\sum_{i=1}^{n} \Delta g_i \cdot \Delta d_i}{\sum_{i=1}^{n} \Delta g_i} \tag{5-68}$$

式中，Δd_i 为梯度点 i 离区间中心点的距离，Δg_i 为梯度点 i 的梯度值，Δd 为梯度加权得到的距离值，代表最佳边缘点离区间中心的距离。

黄桂平(2005)在其研究中采用回光反射材料制作圆形回光反射标志，通过模拟和实际实验得出上述算法的精度约为 0.02 个像素。

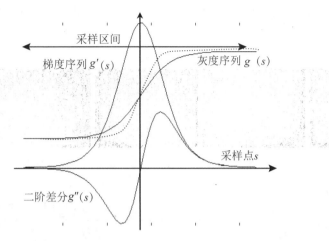

图 5.32　边缘断面模型与抛物线拟合最佳边缘点示意图

9)格网圆点提取结果

图 5.33 是其中一个圆点采用上述提取方法得到的中间结果和最终结果。

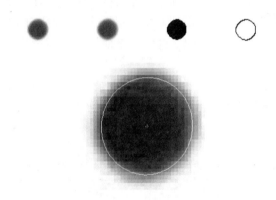

(上面四幅图分别代表：圆点的原始图像、高斯滤波结果、最大类间方差分割结果以及边缘跟踪结果；下面一幅图为放大 10 倍的圆点提取结果)

图 5.33　圆点精确提取结果

3. 影像拍摄方式

影像拍摄方式可以分成两种：一种是简单的拍摄方式，另一种是旋转拍摄方式，它稍微复杂，但实验证明更加适用。

1)简单拍摄方式

2002 年 Noma 在基于打印纸张平面格网的相机标定方法中，对拍摄方法进行了详细描述。他指出，可以在平面格网前面 5 个不同位置上(前方左上、前方右上、前方左下、前方右下、正前方)交向拍摄 5 幅影像，要求平面格网尽量占满整个像幅，然后进行标定。

图 5.34 是利用 Casio EX-Z750 数码相机(见图 5.35)并按照该方法获取的 5 幅影像，表 5.1 是对应的相机参数。

图 5.34　按 Noma 提出方法拍摄的 5 幅影像

图 5.35　Casio EX-Z750

表 5.1　　　　Casio EX-Z750 数码相机参数

参　数	数值
焦距	7.9mm
像素物理大小	约 2.3μm
像幅大小(高/度)	2304×3072

这种方法要求待标定相机在 5 个不同位置上都能清晰地拍摄到 LCD 格网点，并且所有 LCD 的成像基本占满整个像幅。此时，平面控制点对影像的控制较好，影像同名点交会角也较大。

实验证明，这种方法是有效的，精度也较高。如表 5.2 所示，标定精度通过检查点的前方交会误差的均方根来说明(下面涉及的实际误差均指均方根误差)，称为检查点精度，它与平均深度的比即为相应的相对精度。

表 5.2　　　Casio EX-Z750 相机标定的检查点精度(误差和深度的单位为：毫米)

精度 相机	单位权中误差(像素)	平面精度		深度精度		平均深度	平均交会角(度)
		实际误差(DX/DY)	相对精度(分母)	实际误差(DZ)	相对精度(分母)		
CASIO	0.2078	0.0122/0.0113	23512	0.0424	9203	390.3642	44

2)旋转拍摄方式

对于某些相机而言，通常很难保证 LCD 的成像既清晰又占满整个像幅(这是普遍问题)。此时，相机必须远离显示器，从而使得 LCD 成像变小。显然，若按照上述简单方法仅拍摄 5 幅影像，则平面控制点很难控制好各幅影像，标定结果也不会可靠。

严格的方法如下：与 Noma 提出的方法一样，在液晶显示器前面 5 个不同的位置上(前方左上、前方右上、前方左下、前方右下、正前方)拍摄影像(如图 5.36 中的星形标记，S1~S5）；由于不能保证 LCD 在拍摄的每幅影像中占满像幅，此时在每个位置上必须通过左右旋转或者俯仰相机分别获取若干幅影像，确保 LCD 有规律地、均匀地分布在像幅的不同角落；每个拍摄位置的影像数取决于 LCD 在影像上的成像大小，因此显示器成像越小影像数就越多；另外，要求 LCD 的成像不能太小。一般情况下，必须保证 LCD 成像的高或宽与像幅的高或宽之比不小于 1/5。

例如，如图 5.36 所示，由于 LCD 成像约占整个像幅的 1/5，因此可以将像幅划分成左上、右上、左下、右下和中间 5 个区域；然后在每个拍摄位置上拍摄时，通过左右旋转和俯仰相机拍摄 5 幅影像，保证每幅影像分别落在划分好的 5 个不同区域即可。若有 5 个拍摄位置，则共需拍摄 25 幅影像。

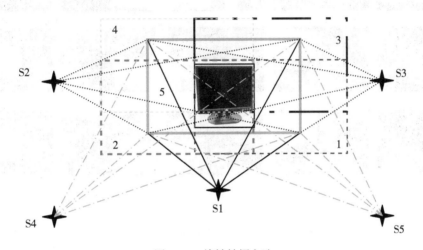

图 5.36　旋转拍摄方法

实际拍摄中，拍摄位置和每个位置上的影像数是不需要严格按照上述方法执行的，原则上保证具有三个以上相距较远的位置，并且保证在每个位置上的 LCD 成像均匀分布在像幅的不同位置即可。前者是为了保证同名点具有足够大的交会角以及足够多的重叠数，从而提高标定的精度。后者是为了保证 LCD 对像幅各个部位进行有效的控制，以获取更加可靠的畸变差参数等。图 5.38 是采用 Kodak DC290 数码相机(见图 5.37)，并按照新方法拍摄的一组影像，有四个拍摄位置，共 20 幅。Kodak DC290 数码相机参数见表 5.3。

图 5.37　Kodak DC290

另外，每个位置上可以通过相机绕光轴旋转 90° 获取一些旋转影像，目的是削弱像主点、主距和畸变差的相关性等，以进一步提高标定精度。图 5.39 是每个摄站增加 4 幅旋转 90° 影像后的一组标定影像，共 36 幅影像(每个摄站分别拍摄 9 幅影像)。

拍摄过程中还必须注意一个问题，相机的拍摄位置是比较随意的，因此应该尽量避免出现临界移动序列，否则相机标定将出现病态问题（张永军等，2002）。

图 5.38　Kodak DC290 相机拍摄的 20 幅标定影像（4 个摄站）

表 5.3　　　　　　　　　　　　　　Kodak DC290 数码相机参数

参　数	数　值
焦距	7.8mm
像素物理大小	约 2.5μm
像幅大小（高/宽）	1500×2240

4. 实验结果分析

通过半自动或自动平面格网圆点提取算法获取 LCD 平面控制点之后，就可以利用二维 DLT 和光束法平差进行相机标定。具体的标定流程如图 5.40 所示。

实际数据采用 Kodak DC290 数码相机拍摄，共有 8 组数据。实验数据中，1~6 组数据均采用上节介绍的方法进行拍照，分别具有 4 个摄站，但是相机不绕主光轴旋转 90°拍摄；数据 7~8 是分别在数据 5~6 的基础上增加旋转 90°的影像，目的是说明旋转 90°拍摄对精度的影响。另外，为了保证标定影像中圆点的清晰度，受 LCD 自身可视能力的限制，每组数据对应的控制点的平均交会角不能太大，约为 50°。为了验证标定精度，将平面格网点分成控制点和检查点，后者用于检查标定精度。8 组实际数据的标定精度（检查点精度）见表 5.4。

图 5.39 Kodak DC290 相机拍摄的 36 幅标定影像(4 个摄站,包含旋转 90°的影像)

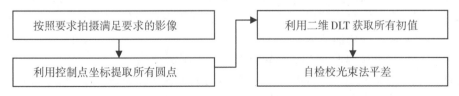

图 5.40 基于单 LCD 平面格网的相机标定流程图

表 5.4　　　　　　　　　**Kodak DC290 相机的标定精度（误差和深度的单位为：mm）**

精度 / 组别	影像数	单位权中误差（像素）	平面精度		深度精度		平均深度	平均交会角(度)
			实际误差（DX/DY）	相对误差（分母）	实际误差（DZ）	相对误差（分母）		
数据 1	25	0.105	0.0088/0.0108	61587	0.0534	16052	856.807	49.5
数据 2	28	0.092	0.0060/0.0088	88256	0.0493	19156	943.907	49.6
数据 3	24	0.111	0.0115/0.0160	50247	0.0633	15625	989.512	44.3
数据 4	26	0.098	0.0106/0.0117	65637	0.0539	19223	1036.134	45.3
数据 5	22	0.106	0.0116/0.0091	65643	0.0547	17682	966.477	50.4
数据 6	23	0.099	0.0099/0.0103	73011	0.0657	15884	1043.380	49.9
数据 7	38	0.109	0.0076/0.0077	90265	0.0580	16740	971.762	53.9
数据 8	47	0.106	0.0073/0.0082	94771	0.0642	16212	1041.267	52.8

从表 5.4 可以看出，标定精度达到 0.1 个像素左右，深度相对精度在 1/15000 以上，而平面相对精度则在 1/50000 以上。对比后面四组标定结果可以看出，旋转相机拍摄对相机标定非常有效，虽然单位权中误差稍微降低了，但是平面精度有非常明显的提高，而深度精度相差不大。

5.1.6　基于双 LCD 的相机标定

由于目前液晶显示器的尺寸还相当有限，使得相机不能远离显示器拍摄，否则 LCD 成像太小，从而不太适用于某些景深近点距离较远的相机。在相同距离拍摄的情况下，LCD 控制范围越大，则每个摄站拍摄的像片数也就越少；另外，单个显示器上的控制点处在一个平面上，不存在深度信息，这就造成相机标定结果中的主距值存在一定的偏差。本节将介绍一种基于双 LCD 的相机标定方法，并给出实验结果。

从基于单 LCD 相机标定派生出基于双 LCD 标定方法需要解决以下问题：双 LCD 的坐标系确定与标定模型推导、双 LCD 格网圆点的提取与初值获取、精度分析等。

1. 基于双 LCD 的相机标定模型

1）双 LCD 三维控制场及其坐标系

图 5.41 给出了由两个 LCD 构成的三维控制场，它包含两部分：第一部分是硬件部分，包括两个 DELL 公司生产的 17 寸纯平液晶显示器 E173FP，它们被放置在一起，并且保证两个显示器平面不处在一个平面内（具有深度信息）；第二部分是两个平面格网坐标系。

如图 5.41 所示，假设左边平面格网坐标系为主坐标系（$O\text{-}XYZ$），对应格网点为主平面格网点；右边平面格网坐标系为辅坐标系（$O'\text{-}X'Y'Z'$），对应格网点为辅平面格网点。由于每个平面格网坐标系内的格网点坐标是精确知道的，因此可以认为辅坐标系仅仅相对于主坐标系作了一个空间相似变换，如图 5.42 所示，也就是说辅坐标系可以通过主坐标系的平移（ΔX，ΔY，ΔZ）、旋转（Φ，Ω，K）和缩放（λ）来确定。

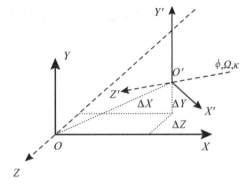

图 5.41　双 LCD 三维控制场和平面格网坐标系　　　图 5.42　双 LCD 间的绝对定向关系

图 5.43 是主辅平面格网示意图。与单 LCD 相机标定方法一样，主辅格网的基准点以彩色表示和区分，并且可以更改。另外，格网间距和圆点半径也是可调节的，必须根据不同的相机以及不同的拍摄距离设置不同的数值。

2）基于双 LCD 标定的数学模型

由摄影测量知识可知，双 LCD 控制场包含的绝对定向（空间相似变换）可以描述成如下形式：

$$\begin{bmatrix} X \\ Y \\ Z \end{bmatrix} = \lambda \begin{bmatrix} A_1 & A_2 & A_3 \\ B_1 & B_2 & B_3 \\ C_1 & C_2 & C_3 \end{bmatrix} \begin{bmatrix} X' \\ Y' \\ Z' \end{bmatrix} + \begin{bmatrix} \Delta X \\ \Delta Y \\ \Delta Z \end{bmatrix} = \lambda \begin{bmatrix} X'' \\ Y'' \\ Z'' \end{bmatrix} + \begin{bmatrix} \Delta X \\ \Delta Y \\ \Delta Z \end{bmatrix} \tag{5-69}$$

其中，$\begin{bmatrix} X'' \\ Y'' \\ Z'' \end{bmatrix} = \begin{bmatrix} A_1 & A_2 & A_3 \\ B_1 & B_2 & B_3 \\ C_1 & C_2 & C_3 \end{bmatrix} \begin{bmatrix} X' \\ Y' \\ Z' \end{bmatrix}$；$\Delta X$，$\Delta Y$，$\Delta Z$ 表示辅坐标系原点相对主坐标系原点的平移量；X'，Y'，Z' 是辅坐标系下平面格网点的坐标（$Z'=0$）；A_i，B_i，C_i 是由辅坐标系相对主坐标系的 3 个旋转角度构成的 9 个方向余弦；λ 为辅坐标系相对主坐标系的比例尺缩放因子。

将式（5-69）化简如下：

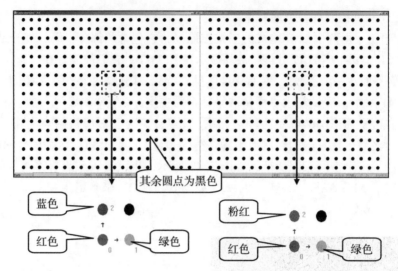

图 5.43　平面格网绘制程序绘制的主(左)辅(右)平面格网

$$\begin{cases} X = \lambda\,(A_1 X' + A_2 Y' + A_3 Z') + \Delta X = \lambda X'' + \Delta X \\ Y = \lambda\,(B_1 X' + B_2 Y' + B_3 Z') + \Delta Y = \lambda Y'' + \Delta Y \\ Z = \lambda\,(C_1 X' + C_2 Y' + C_3 Z') + \Delta Z = \lambda Z'' + \Delta Z \end{cases} \tag{5-70}$$

由于主坐标系下控制点对应的带畸变差的共线方程为：

$$\begin{cases} x - x_0 - \Delta x = -f\dfrac{a_1(X - X_S) + b_1(Y - Y_S) + c_1(Z - Z_S)}{a_3(X - X_S) + b_3(Y - Y_S) + c_3(Z - Z_S)} \\[3mm] y - y_0 - \Delta y = -f\dfrac{a_2(X - X_S) + b_2(Y - Y_S) + c_2(Z - Z_S)}{a_3(X - X_S) + b_3(Y - Y_S) + c_3(Z - Z_S)} \end{cases} \tag{5-71}$$

那么，将式(5-70)代入式(5-71)就可以得到辅坐标系格网点在主坐标系下的共线方程：

$$\begin{cases} x - x_0 - \Delta x = -f\dfrac{\begin{array}{l} a_1\big(\,[\lambda\,(A_1 X' + A_2 Y' + A_3 Z')] + \Delta X] - X_S\big) + \\ b_1\big(\,[\lambda\,(B_1 X' + B_2 Y' + B_3 Z') + \Delta Y] - Y_S\big) + \\ c_1\big(\,[\lambda\,(C_1 X' + C_2 Y' + C_3 Z') + \Delta Z] - Z_S\big) \end{array}}{\begin{array}{l} a_3\big(\,[\lambda\,(A_1 X' + A_2 Y' + A_3 Z') + \Delta X] - X_S\big) + \\ b_3\big(\,[\lambda\,(B_1 X' + B_2 Y' + B_3 Z') + \Delta Y] - Y_S\big) + \\ c_3\big(\,[\lambda\,(C_1 X' + C_2 Y' + C_3 Z') + \Delta Z] - Z_S\big) \end{array}} \\[12mm] y - y_0 - \Delta y = -f\dfrac{\begin{array}{l} a_2\big(\,[\lambda\,(A_1 X' + A_2 Y' + A_3 Z') + \Delta X] - X_S\big) + \\ b_2\big(\,[\lambda\,(B_1 X' + B_2 Y' + B_3 Z') + \Delta Y] - Y_S\big) + \\ c_2\big(\,[\lambda\,(C_1 X' + C_2 Y' + C_3 Z') + \Delta Z] - Z_S\big) \end{array}}{\begin{array}{l} a_3\big(\,[\lambda\,(A_1 X' + A_2 Y' + A_3 Z') + \Delta X] - X_S\big) + \\ b_3\big(\,[\lambda\,(B_1 X' + B_2 Y' + B_3 Z') + \Delta Y] - Y_S\big) + \\ c_3\big(\,[\lambda\,(C_1 X' + C_2 Y' + C_3 Z') + \Delta Z] - Z_S\big) \end{array}} \end{cases} \tag{5-72}$$

李德仁等（1992）给出了式（5-69）以及式（5-71）对应的线性化误差方程，因此可以方便地推导出式（5-72）对应的线性化误差方程，若考虑辅平面格网点的空间坐标误差，那么具体的线性化方程可以表示成以下形式：

$$v_x = \frac{\partial x}{\partial X_S}dX_S + \frac{\partial x}{\partial Y_S}dY_S + \frac{\partial x}{\partial Z_S}dZ_S + \frac{\partial x}{\partial \varphi}d\phi + \frac{\partial x}{\partial \omega}d\omega + \frac{\partial x}{\partial \kappa}d\kappa + \frac{\partial x}{\partial \Delta X}d\Delta X + \frac{\partial x}{\partial \Delta Y}d\Delta Y$$

$$+ \frac{\partial x}{\partial \Delta Z}d\Delta Z + \frac{\partial x}{\partial \Phi}d\Phi + \frac{\partial x}{\partial \Phi}d\Omega + \frac{\partial x}{\partial K}dK + \frac{\partial x}{\partial \lambda}d\lambda + \frac{\partial x}{\partial X}dX + \frac{\partial x}{\partial Y}dY + \frac{\partial x}{\partial Z}dZ + \frac{\partial x}{\partial f}df$$

$$+ \frac{\partial x}{\partial x_0}dx_0 + \frac{\partial x}{\partial k_1}dk_1 + \frac{\partial x}{\partial k_2}dk_2 + \frac{\partial x}{\partial p_1}dp_1 + \frac{\partial x}{\partial p_2}dp_2 - l_x = \frac{\partial x}{\partial X_S}dX_S + \frac{\partial x}{\partial Y_S}dY_S$$

$$+ \frac{\partial x}{\partial Z_S}dZ_S + \frac{\partial x}{\partial \phi}d\phi + \frac{\partial x}{\partial \omega}d\omega + \frac{\partial x}{\partial \kappa}d\kappa + \frac{\partial x}{\partial X}\frac{\partial X}{\partial \Delta X}d\Delta X + \frac{\partial x}{\partial Y}\frac{\partial Y}{\partial \Delta Y}d\Delta Y + \frac{\partial x}{\partial Z}\frac{\partial Z}{\partial \Delta Z}d\Delta Z$$

$$+ \left(\frac{\partial x}{\partial X}\frac{\partial X}{\partial \Phi} + \frac{\partial x}{\partial Y}\frac{\partial Y}{\partial \Phi} + \frac{\partial x}{\partial Z}\frac{\partial Z}{\partial \Phi}\right)d\Phi + \left(\frac{\partial x}{\partial X}\frac{\partial X}{\partial \Omega} + \frac{\partial x}{\partial Y}\frac{\partial Y}{\partial \Omega} + \frac{\partial x}{\partial Z}\frac{\partial Z}{\partial \Omega}\right)d\Omega$$

$$+ \left(\frac{\partial x}{\partial X}\frac{\partial X}{\partial K} + \frac{\partial x}{\partial Y}\frac{\partial Y}{\partial K} + \frac{\partial x}{\partial Z}\frac{\partial Z}{\partial K}\right)dK + \left(\frac{\partial x}{\partial X}\frac{\partial X}{\partial \lambda} + \frac{\partial x}{\partial Y}\frac{\partial Y}{\partial \lambda} + \frac{\partial x}{\partial Z}\frac{\partial Z}{\partial \lambda}\right)d\lambda + \frac{\partial x}{\partial X}dX$$

$$+ \frac{\partial x}{\partial Y}dY + \frac{\partial x}{\partial Z}dZ + \frac{\partial x}{\partial f}df + \frac{\partial x}{\partial x_0}dx_0 + \frac{\partial x}{\partial k_1}dk_1 + \frac{\partial x}{\partial k_2}dk_2 + \frac{\partial x}{\partial p_1}dp_1 + \frac{\partial x}{\partial p_2}dp_2 - l_x$$

$$v_y = \frac{\partial y}{\partial X_S}dX_S + \frac{\partial y}{\partial Y_S}dY_S + \frac{\partial y}{\partial Z_S}dZ_S + \frac{\partial y}{\partial \varphi}d\phi + \frac{\partial y}{\partial \omega}d\omega + \frac{\partial y}{\partial \kappa}d\kappa + \frac{\partial y}{\partial \Delta X}d\Delta X + \frac{\partial y}{\partial \Delta Y}d\Delta Y$$

$$+ \frac{\partial y}{\partial \Delta Z}d\Delta Z + \frac{\partial y}{\partial \Phi}d\Phi + \frac{\partial y}{\partial \Omega}d\Omega + \frac{\partial y}{\partial K}dK + \frac{\partial y}{\partial \lambda}d\lambda + \frac{\partial y}{\partial X}dX + \frac{\partial y}{\partial Y}dY + \frac{\partial y}{\partial Z}dZ + \frac{\partial y}{\partial f}df$$

$$+ \frac{\partial y}{\partial y_0}dy_0 + \frac{\partial y}{\partial k_1}dk_1 + \frac{\partial y}{\partial k_2}dk_2 + \frac{\partial y}{\partial p_1}dp_1 + \frac{\partial y}{\partial p_2}dp_2 - l_y = \frac{\partial y}{\partial X_S}dX_S + \frac{\partial y}{\partial Y_S}dY_S$$

$$+ \frac{\partial y}{\partial Z_S}dZ_S + \frac{\partial y}{\partial \phi}d\phi + \frac{\partial y}{\partial \omega}d\omega + \frac{\partial y}{\partial \kappa}d\kappa + \frac{\partial y}{\partial X}\frac{\partial X}{\partial \Delta X}d\Delta X + \frac{\partial y}{\partial Y}\frac{\partial Y}{\partial \Delta Y}d\Delta Y + \frac{\partial y}{\partial Z}\frac{\partial Z}{\partial \Delta Z}d\Delta Z$$

$$+ \left(\frac{\partial y}{\partial X}\frac{\partial X}{\partial \Phi} + \frac{\partial y}{\partial Y}\frac{\partial Y}{\partial \Phi} + \frac{\partial y}{\partial Z}\frac{\partial Z}{\partial \Phi}\right)d\Phi + \left(\frac{\partial y}{\partial X}\frac{\partial X}{\partial \Omega} + \frac{\partial y}{\partial Y}\frac{\partial Y}{\partial \Omega} + \frac{\partial y}{\partial Z}\frac{\partial Z}{\partial \Omega}\right)d\Omega$$

$$+ \left(\frac{\partial y}{\partial X}\frac{\partial X}{\partial K} + \frac{\partial y}{\partial Y}\frac{\partial Y}{\partial K} + \frac{\partial y}{\partial Z}\frac{\partial Z}{\partial K}\right)dK + \left(\frac{\partial y}{\partial X}\frac{\partial X}{\partial \lambda} + \frac{\partial y}{\partial Y}\frac{\partial Y}{\partial \lambda} + \frac{\partial y}{\partial Z}\frac{\partial Z}{\partial \lambda}\right)d\lambda + \frac{\partial y}{\partial X}dX$$

$$+ \frac{\partial y}{\partial Y}dY + \frac{\partial y}{\partial Z}dZ + \frac{\partial y}{\partial f}df + \frac{\partial y}{\partial y_0}dy_0 + \frac{\partial y}{\partial k_1}dk_1 + \frac{\partial y}{\partial k_2}dk_2 + \frac{\partial y}{\partial p_1}dp_1 + \frac{\partial y}{\partial p_2}dp_2 - l_y$$

$$(5-73)$$

式中，影像外方位元素、相机参数以及控制点坐标对应的系数公式可以参考相关文献（李德仁，1992），下面给出绝对定向参数改正数对应的系数计算公式：

$$\frac{\partial x}{\partial \Delta X} = \frac{\partial x}{\partial X}\frac{\partial X}{\partial \Delta X} = -\frac{1}{Z}(a_1 f_x + a_3(x - x_0 - \Delta x))$$

$$\frac{\partial x}{\partial \Delta Y} = \frac{\partial x}{\partial Y}\frac{\partial Y}{\partial \Delta Y} = -\frac{1}{Z}(b_1 f_x + b_3(x - x_0 - \Delta x))$$

$$\frac{\partial x}{\partial \Delta Z} = \frac{\partial x}{\partial Z}\frac{\partial Z}{\partial \Delta Z} = -\frac{1}{Z}(c_1 f_x + c_3(x - x_0 - \Delta x))$$

$$\frac{\partial y}{\partial \Delta X} = \frac{\partial y}{\partial X}\frac{\partial X}{\partial \Delta X} = -\frac{1}{Z}(a_2 f_y + a_3(y - y_0 - \Delta y))$$

$$\frac{\partial y}{\partial \Delta Y} = \frac{\partial y}{\partial Y}\frac{\partial Y}{\partial \Delta Y} = -\frac{1}{Z}(b_2 f_y + b_3(y - y_0 - \Delta y))$$

$$\frac{\partial y}{\partial \Delta Z} = \frac{\partial y}{\partial Z}\frac{\partial Z}{\partial \Delta Z} = -\frac{1}{Z}(c_2 f_y + c_3(y - y_0 - \Delta y))$$

$$\tag{5-74}$$

$$\frac{\partial x}{\partial \Phi} = \left(\frac{\partial x}{\partial X}\frac{\partial X}{\partial \Phi} + \frac{\partial x}{\partial Y}\frac{\partial Y}{\partial \Phi} + \frac{\partial x}{\partial Z}\frac{\partial Z}{\partial \Phi}\right)$$

$$= \left(-\frac{1}{Z}(a_1 f_x + a_3(x - x_0 - \Delta x))\right)\cdot(-\lambda Z'') + \left(-\frac{1}{Z}(c_1 f_x + c_3(x - x_0 - \Delta x))\right)\cdot(\lambda X'')$$

$$\frac{\partial x}{\partial \Omega} = \left(\frac{\partial x}{\partial X}\frac{\partial X}{\partial \Omega} + \frac{\partial x}{\partial Y}\frac{\partial Y}{\partial \Omega} + \frac{\partial x}{\partial Z}\frac{\partial Z}{\partial \Omega}\right) = \left(-\frac{1}{Z}(a_1 f_x + a_3(x - x_0 - \Delta x))\right)\cdot(-\lambda Y''\sin(\Phi))$$

$$+ \left(-\frac{1}{Z}(b_1 f_x + b_3(x - x_0 - \Delta x))\right)\cdot(\lambda X''\sin(\Phi) - \lambda Z''\cos(\Omega))$$

$$+ \left(-\frac{1}{Z}(c_1 f_x + c_3(x - x_0 - \Delta x))\right)\cdot(\lambda X'')$$

$$\frac{\partial x}{\partial K} = \left(\frac{\partial x}{\partial X}\frac{\partial X}{\partial K} + \frac{\partial x}{\partial Y}\frac{\partial Y}{\partial K} + \frac{\partial x}{\partial Z}\frac{\partial Z}{\partial K}\right)$$

$$= \left(-\frac{1}{Z}(a_1 f_x + a_3(x - x_0 - \Delta x))\right)\cdot(-\lambda Y''\cos(\Phi)\cos(\Omega) - \lambda Z''\sin(\Omega))$$

$$+ \left(-\frac{1}{Z}(b_1 f_x + b_3(x - x_0 - \Delta x))\right)\cdot(\lambda X''\cos(\Phi)\cos(\Omega) + \lambda Z''\sin(\Phi)\cos(\Omega))$$

$$+ \left(-\frac{1}{Z}(c_1 f_x + c_3(x - x_0 - \Delta x))\right)\cdot(\lambda X''\sin(\Omega) - \lambda Y''\sin(\Phi)\cos(\Omega))$$

$$\tag{5-75}$$

$$\frac{\partial y}{\partial \Phi} = \left(\frac{\partial y}{\partial X} \frac{\partial X}{\partial \Phi} + \frac{\partial y}{\partial Y} \frac{\partial Y}{\partial \Phi} + \frac{\partial y}{\partial Z} \frac{\partial Z}{\partial \Phi} \right)$$

$$= \left(-\frac{1}{Z}(a_2 f_y + a_3 (y - y_0 - \Delta y)) \right) \cdot (-\lambda Z'') + \left(-\frac{1}{Z}(c_2 f_y + c_3 (y - y_0 - \Delta y)) \right) \cdot (\lambda X'')$$

$$\frac{\partial y}{\partial \Omega} = \left(\frac{\partial y}{\partial X} \frac{\partial X}{\partial \Omega} + \frac{\partial y}{\partial Y} \frac{\partial Y}{\partial \Omega} + \frac{\partial y}{\partial Z} \frac{\partial Z}{\partial \Omega} \right) = \left(-\frac{1}{Z}(a_2 f_y + a_3 (y - y_0 - \Delta y)) \right) \cdot (-\lambda Y'' \sin(\Phi))$$

$$+ \left(-\frac{1}{Z}(b_2 f_y + b_3 (y - y_0 - \Delta y)) \right) \cdot (\lambda X'' \sin(\Phi) - \lambda Z'' \cos(\Omega))$$

$$+ \left(-\frac{1}{Z}(c_2 f_y + c_3 (y - y_0 - \Delta y)) \right) \cdot (\lambda X'')$$

$$\frac{\partial y}{\partial K} = \left(\frac{\partial y}{\partial X} \frac{\partial X}{\partial K} + \frac{\partial y}{\partial Y} \frac{\partial Y}{\partial K} + \frac{\partial y}{\partial Z} \frac{\partial Z}{\partial K} \right)$$

$$= \left(-\frac{1}{Z}(a_2 f_y + a_3 (y - y_0 - \Delta y)) \right) \cdot (-\lambda Y'' \cos(\Phi) \cos(\Omega) - \lambda Z'' \sin(\Omega))$$

$$+ \left(-\frac{1}{Z}(b_2 f_y + b_3 (y - y_0 - \Delta y)) \right) \cdot (\lambda X'' \cos(\Phi) \cos(\Omega) + \lambda Z'' \sin(\Phi) \cos(\Omega))$$

$$+ \left(-\frac{1}{Z}(c_2 f_y + c_3 (y - y_0 - \Delta y)) \right) \cdot (\lambda X'' \sin(\Omega) - \lambda Y'' \sin(\Phi) \cos(\Omega))$$

$$(5-76)$$

$$\frac{\partial x}{\partial \lambda} = \left(\frac{\partial x}{\partial X} \frac{\partial X}{\partial \lambda} + \frac{\partial x}{\partial Y} \frac{\partial Y}{\partial \lambda} + \frac{\partial x}{\partial Z} \frac{\partial Z}{\partial \lambda} \right) = \left(-\frac{1}{Z}(a_1 f_x + a_3 (x - x_0 - \Delta x)) \right) \cdot X''$$

$$+ \left(-\frac{1}{Z}(b_1 f_x + b_3 (x - x_0 - \Delta x)) \right) \cdot Y'' + \left(-\frac{1}{Z}(c_1 f_x + c_3 (x - x_0 - \Delta x)) \right) \cdot Z''$$

$$\frac{\partial y}{\partial \lambda} = \left(\frac{\partial y}{\partial X} \frac{\partial X}{\partial \lambda} + \frac{\partial y}{\partial Y} \frac{\partial Y}{\partial \lambda} + \frac{\partial y}{\partial Z} \frac{\partial Z}{\partial \lambda} \right) = \left(-\frac{1}{Z}(a_2 f_y + a_3 (y - y_0 - \Delta y)) \right) \cdot X''$$

$$+ \left(-\frac{1}{Z}(b_2 f_y + b_3 (y - y_0 - \Delta y)) \right) \cdot Y'' + \left(-\frac{1}{Z}(c_2 f_y + c_3 (y - y_0 - \Delta y)) \right) \cdot Z''$$

$$(5-77)$$

2. 双 LCD 摆放方式与影像拍摄

本节对双 LCD 摆放方式和影像拍摄方式两个问题进行详细介绍。

1) 双 LCD 摆放方式

如图 5.44 所示，辅 LCD 平面与主 LCD 平面之间以"V"字形摆放，如图 5.44(a)所示。夹角约为 145°，这种摆放方式如同常见的一些人造三维控制场，实验证明这种摆放方式是可行的。但是，由于要保证所拍摄影像具有较大的交会角度，在拍摄时，势必会造成其中一个 LCD 上控制点的成像光线与 LCD 的法向量夹角(称为控制点入射角)过大。如图 5.44(a)所示,对相机 S2 而言,辅 LCD(L2)上最大的控制点入射角 θ 要比主 LCD(L1)上的最大控制点入射角大很多,因此 L2 上的控制点成像质量相应地较差(受 LCD 可视角度影响)。基于这种考虑,双 LCD 的另外一种摆放方式如图 5.44(b)所示,让两个 LCD 近似平行摆放(存在夹角,但较小,10°左右),但是辅 LCD 相对主 LCD 在 Z 方向上存在一定的深度差别,即避免两个 LCD 处在同一平面上。这种摆放方式可以在两个 LCD 之间取得成像光线入射角的平衡。

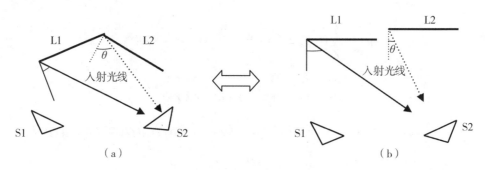

图 5.44　双 LCD 的两种不同摆放方式

2)影像拍摄方式

基于双 LCD 的影像拍摄方法与基于单 LCD 的拍摄方法一致。但是,由双 LCD 三维控制场的特点可知,实际上只有主平面格网上的控制点才是真正的控制点,而辅平面格网上的控制点仅仅是相对控制条件,它与相应的绝对定向参数有关。基于这种考虑,在每个位置上拍摄时,通过相机绕主光轴旋转 180°拍摄影像,使得主平面格网上的控制点可以落在像幅的另一部分,希望以此加强标定的控制条件。本节将通过实际数据对这三种拍摄方法(不旋转、旋转 90°、旋转 180°)进行比较分析,图 5.45 是利用 Kodak DC290 相机和上述三种方法获取的四组不同影像(部分影像)。

3. 实验结果分析

根据上述数学模型,基于双 LCD 的标定算法主要包括双 LCD 格网圆点自动或半自动提取、影像和相机参数初始值计算、绝对定向参数初始值获取以及基于双 LCD 标定模型的自检校光束法平差。流程如图 5.46 所示。

实验数据同样采用 Kodak DC290 数码相机拍摄,共有 8 组数据。它们拍摄方式如下:① 数据 1 和数据 2:双 LCD 以"V"字形摆放,相机不旋转拍摄,分别是 12 张和 17 张影像;② 数据 3 和数据 4:双 LCD 以"V"字形摆放,增加旋转 180°的影像,分别是 24 张和 21 张影像;③ 数据 5 和数据 6:双 LCD 近似平行摆放,相机不旋转拍摄,分别是 27 张和 19 张影像;④ 数据 7 和数据 8:双 LCD 近似平行摆放,增加旋转 90°的影像,分别是 41 张和 37 张影像。其中,数据 7 和数据 8 只是在数据 5 和数据 6 的基础上增加了部分旋转影像。8 组实际数据的标定结果见表 5.5。

双LCD以"V"字形摆放、不旋转相机拍摄的影像

双LCD以"V"字形摆放，并旋转180°拍摄的影像

双LCD近似平行摆放，不旋转相机拍摄的影像

双LCD近似平行摆放，并旋转90°拍摄的影像

图 5.45　基于双 LCD 标定的 4 组不同的标定影像

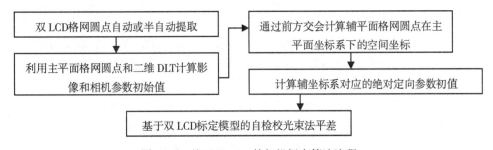

图 5.46　基于双 LCD 的相机标定算法流程

双 LCD 格网圆点自动或半自动提取

利用主平面格网圆点和二维 DLT 计算影像和相机参数初始值

通过前方交会计算辅平面格网圆点在主平面坐标系下的空间坐标

计算辅坐标系对应的绝对定向参数初值

基于双 LCD 标定模型的自检校光束法平差

表 5.5　　　　　　　　　基于双 **LCD** 标定的结果（检查点相对精度）

精度 组别	影像数	单位权中误差（像素）	主 LCD		辅 LCD	
			平面	深度	平面	深度
数据 1	12	0.150	**43464**	**12614**	41714	10127
数据 2	17	0.142	**46333**	**16241**	39028	14942
数据 3	24	0.162	**39965**	**12601**	53170	16324
数据 4	21	0.150	**53704**	**12338**	52767	15167
数据 5	27	0.101	**82824**	**16213**	67370	19988
数据 6	19	0.098	**73055**	**14681**	52280	17968
数据 7	41	0.100	**107265**	**16807**	89707	22881
数据 8	37	0.097	**94486**	**15710**	69527	21306

从表 5.5 可以看出：双 LCD 近似平行摆放时，标定的单位权中误差比其他拍摄方式要小，约为 0.1 个像素，说明 LCD 格网点对应影像质量和提取精度更高；而从精度上看，双 LCD 近似平行摆放的标定结果要比"V"字形摆放的结果好；相机旋转 180°拍摄影像对标定精度影响不大，而旋转 90°拍摄则非常有效，精度提高非常明显；与基于单 LCD 的标定精度相比较，基于双 LCD 的精度与其相当。

5.2　空中三角测量

5.2.1　全自动空中三角测量

摄影测量学相关教材已经详细介绍了基于独立模型法、航带法、光束法、GPS/POS 辅助的区域网空中三角测量等方法，它们都是实现无人机影像全自动空中三角测量区域网平差的理论基础和技术支撑。本节主要介绍一种针对无人机影像的更稳健的全自动空中三角测量技术路线及其关键技术。

如图 5.47 所示，全自动空中三角测量（简称空三）首先输入影像、相机参数和 POS 信息等，必要时可以输入控制点信息；在利用影像匹配和空三转点实现影像自由网构建的过程中，主要采用常规的基于 POS 的转点方式。但是在 POS 精度存在问题的情况下，需要考虑更先进的基于图像检索和 SFM（Structure From Motion）的技术（无序影像空三）。为了进一步提高空三的精度和可靠性，可采用基于空三逐步精化的策略，该策略能高精度处理高海拔落差等复杂场景影像数据。空三的最关键步骤是采用区域网平差，根据情况可支持基于 POS、控制点、无控制点等各类自由网平差，包括带相机参数未知数的自检校光束法区域网平差。为了进一步提高空三精度，可采用空三编辑进行粗差剔除以提升连接点精度；在满足平差精度的情况下，可输出空三成果及精度报告。

下面对几个重要的关键技术进行详细描述：

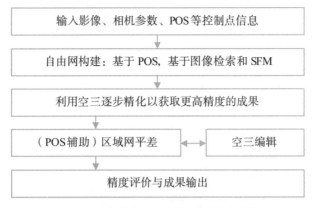

图 5.47 全自动空中三角测量技术路线

1. 基于随机 K-D 森林算法的图像快速检索

在无 POS 辅助或无明确空间与时间关系下获取得到的影像，需要首先解决影像重叠关系问题，以进行影像匹配，并实现空三转点及区域网平差。该问题可归结为图像检索问题，本节介绍一种基于随机 K-D 森林的图像快速检索方法。

1) 构建随机 K-D 森林

一般地，K-D 树算法对于低维的数据集具有良好的检索效率和检索精度。当数据集的特征维度较大时，查询点需要对每一个特征维度的每一个节点都进行一遍回溯处理，从而降低了 K-D 树检索的效率。Silpaana 等提出的最优搜索法可以完成快速最临近检索，然而，为了获得维度较大查询点的最临近数据点，需要检索大数量的临近数据点，因此影响检索效率和精度。Muja M 等使用随机 K-D 森林方法对高维数据集进行了匹配实验，并利用不同维度的影像特征对该方法进行了验证，该方法在处理这些影像特征时具有高效性、高检索精度等特点。本研究基于他们的方法，改进了一种无序影像集相似度及影像关系快速确定的方法。首先，在构建随机 K-D 森林时，遵循以下几点规则：

(1) 为了保证在不同的 K-D 树上进行查询点搜索时，树与树之间是独立的，每棵树应该有各自的结构；

(2) 所有 K-D 树都是用最优搜索算法进行的，为了提高效率，可同时在每一棵树上进行查询点搜索，每棵树返回 n 个最临近节点，则搜索完成以后将会有 $m \times n$ 个节点；

(3) 利用主成分分析法 (PCA) 对原始数据集进行旋转处理，对处理后的数据进行 K-D 树构建。

基于 Silpaana 等的研究，如图 5.48 所示，通过在构建 K-D 树时设置不同的参数来构建随机 K-D 森林。对于不同的 K-D 树，在其构建过程中设置不同的分割阈值，最终得到查询点的最临近节点及其顺序都是不同的。根据随机设定分割参数的原理，生成不同结构的 K-D 树。本技术采用随机选择某些特定维数的数据进行协方差计算，然后确定分割界线。

分析图 5.48，可以直观地得出随机 K-D 森林算法提高搜索效率的原理。在图 5.48(a)

149

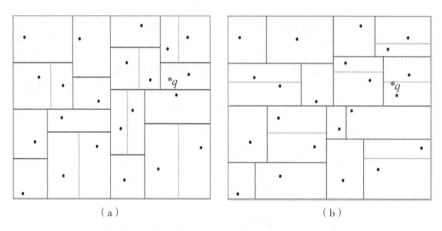

图 5.48　两棵随机 K-D 树构成随机 K-D 森林

中，q 点落在其当前 K-D 树结构的特定超平面内，最优搜索法得到一定数量跟该特定超平面临接超平面的节点，这些节点即是由当前 K-D 树得到的查询点临近点集合，从图中可以看出位于 q 点超平面的节点并不是 q 点最临近的点，同理可以获得图 5.48(b) K-D 树得到的查询点临近点集合。由图 5.48(b) 可以看出，q 点落在的超平面对应的节点刚好是其最临近的节点。所以，由不同结构 K-D 树构成的随机 K-D 树森林可以提高查询点所在超平面对应的节点就是其最临近节点的概率，即便最终结果不是其最临近节点，但其搜索圆的半径也不会很大，从而提高了回溯搜索的效率。

2) 影像相似度确定及其关系确定方法

根据上述原理，首先提取无序影像集的 SIFT 特征点，并构建相应的随机 K-D 森林；然后，根据随机 K-D 森林结构遍历查询每个特征点与其最临近的 K 个特征点及其相应距离；最后，根据影像相似度确定方法检索无序影像的相互关系，实现有序化。实验中采用的影像相似度计算方法描述如下：

(1) 根据构建的随机 K-D 森林，依次检索目标影像 i（遍历所有无序影像）上的所有特征点的最临近 k 个特征点（匹配点），并存储这些匹配点对应的影像序号信息。可以统计出与目标影像 i 匹配得最多的前 n 幅影像及其匹配点数 $\{P_{ij}: j=1,2,\cdots,n\}$。

(2) 根据其获得的最临近 k 个特征点与目标点距离的信息，将属于同一对匹配影像的最临近点距离进行累加，得到 $\{D_1,D_2,\cdots,D_n\}$，D_j 表示第 j 张匹配影像和目标影像匹配点之间距离的累加；

(3) P_j 值越大则影像匹配点越多，说明与目标影像相似度就越大，一般地，P_j 大于 20；另一方面，D_j 值越小说明匹配点之间相似性越大，所以，本研究计算目标影像 i 与第 j 张匹配影像之间的相似度为 $S_{i,j}=\lg P_j \cdot \left(\dfrac{1}{\mathrm{e}}\right)^{\frac{D_j}{P_j}}$。

由于不是所有的 SIFT 特征点都存在匹配点，为了提高检索精度和可靠性，可以根据影像之间相似度 S 以及选定某一阈值 T 来判断影像之间是否相关。即两两计算出影像之间

的 S，将每幅影像的 S 值从小到大排序，取前 n 幅影像作为相关影像。

简单地取前 n 张影像作为目标影像的相似影像，可能还存在噪声影像。为了去除这些噪声影像，可用小于 2 倍中误差来平滑影像关系图，具体过程如下：

(1) 假设影像重叠度 C，所以取 S 最小前 C 幅影像的为标准，求其平均值：$\bar{S} = \left(\dfrac{S_1 + S_2 + \cdots + S_C}{C} \right)$，求其标准差 $\sigma = \sqrt{\dfrac{(S_1 - \bar{S})^2 + (S_2 - \bar{S})^2 + \cdots + (S_C - \bar{S})^2}{C}}$。

(2) 若 $|S_i - \bar{S}| \leqslant 2\sigma (i = C + 1, \cdots, n)$，则第 i 张与目标影像相关，且将其 S 值代入步骤(1)重新计算平均值和标准差，否则第 i 张影像不与目标影像相关。

重复上述第(2)步，直到对所有影像作出判断，最终获得影像相关信息，即完成图像的快速检索。

3) 实验分析

使用的影像集为 120 张 6000×4000 的无人机影像，每幅影像至少有 6 张影像与其有重叠区域，所以其重叠度为 6。图 5.49 是 24 张实验影像的样本。

图 5.49 实验目标影像样本

根据上述无序影像相似度算法，可以得出如图 5.50(a) 即试验影像之间的相似度图，相似度值被归一化为 1 至 0，白色代表 1，黑色代表 0。根据确定最终影像相互关系的方法，由图 5.50(a)可以得到该实验数据最终的影像相互关系图，如图 5.50(b)所示。白色像素对应的横、纵向索引的影像对是相关的，反之，如果是黑色的，则不是相关的。

考虑到分析算法的效率，将实验数据分成 30~120 幅一共 10 组大小不同的数据集进行实验，对这 120 幅影像分别进行 SIFT 特征提取，每张影像上提取 1000 个特征点。

图 5.51 对比了枚举匹配法、基于 GPU 多影像词汇树以及随机 K-D 森林三种方法的时间效率，可以看出，总体上随机 K-D 森林算法所采用算法的时间效率是最高的，且远高于其他两种算法，而枚举匹配法是效率最低的。

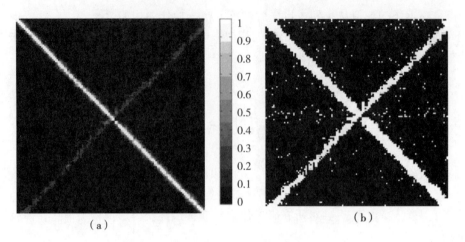

图 5.50　影像相似度归一化图和相关关系图

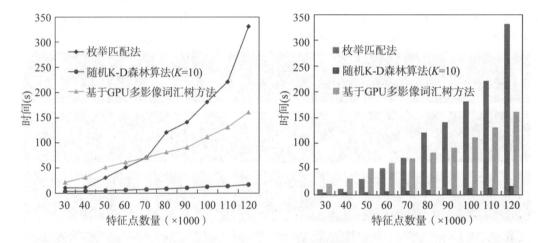

图 5.51　不同算法的时间效率对比

2. 增量式 SFM

SFM 算法是一个离线的通过收集到的无序图像集解算相机位姿并重建三维稀疏点云的算法。SFM 算法按照重建方式的不同一般可分为三类：增量式 SFM、层级式 SFM 和全局式 SFM，本方案采用增量式 SFM（ISFM）。

增量式 SFM 的原理可以分成两个阶段：一致性搜索与增量式重建阶段。其中，一致性搜索阶段是利用图像检索技术搜索有重叠场景的影像，从而获取图像间重叠关系，构建场景图结构的阶段；增量式重建阶段则是根据构建的场景图，依次将图像加入模型进行重建的阶段。算法流程简单描述如下：

1）特征提取

增量式 SFM 中的特征提取算子一般使用 SIFT 特征提取算子，具体原理见第 4 章 4.1 节描述。

2）特征匹配

SIFT 特征的匹配采用矢量欧氏距离作为相似性度量。对于 SIFT 特征提取算子丰富的信息量而言，暴力匹配的计算量即使是高性能计算机也难以承担，可以直观地表现为大量的运算时间。增量式 SFM 中通过构建树结构和词袋模型来优化搜索进程。

其中，词袋模型使用较多，并且效果较好。具体的算法描述如下：将图像的特征聚类看作词袋模型中的词汇；然后统计图像中各词汇的个数，构造出一个 K 维向量，以该向量作为图像的特异性表达形式与其他图像进行比较；最后认为向量相近的两张图像相似。具体的算法流程如下：

（1）提取视觉词汇，训练单词表。利用 SIFT 算子从各类图像中提取词汇，利用 K 均值算法对词汇进行分类，作为单词表中的基础词汇。

（2）特征提取。利用 SIFT 算子从待检索图像与数据库图像中提取特征点。

（3）向量表示。统计单词在待检测图像中出现的次数，将图像表示为 K 维数值向量。

（4）对待检索图像与数据库图像的 K 维向量的相似性进行打分，得分高的两张图像相似度更高，同时可以得到匹配点。

3）连接成图

对于匹配成功的像对，以匹配点为边信息，将两种图像连成图结构。对于这样的匹配点对，需要符合"一张图像上的一个特征点只能同时匹配另一张图像上一个特征点"的要求，"一对多"的匹配点需要进行择优判断和删除。另外，当边包含的匹配点过少时，这样的边也应该删除，因为这样的像对不够稳定，容易在重建环节产生较大误差。

4）模型初始化

模型初始化的关键在于寻找合适的像对，对合适的初始像对的基本要求主要有：基线足够长，匹配点足够多。一个不合适的初始像对所初始化的模型结构很不稳定，在下一步骤的优化平差计算中容易产生不收敛的结果。像对之间的匹配点数目可以在一致性搜索阶段建立的场景图的边信息中读取，因此确定最佳初始像对的主要问题在于求取像对之间的基线长度。计算机视觉中一般采用 RANSC 算法来估计像对之间的本质矩阵 E，通过 SVD 分解本质矩阵 E 可以获得像对之间的旋转矩阵 R 与平移矩阵 t。因此，在获得基线长度的同时还能获得像对之间的旋转关系，为初始化模型提供条件。

RANSAC 算法又叫随机样本一致性算法，是一种鲁棒模型参数估计算法，可以在包括的不正常的数据的样本集中计算对应于数据的模型参数。其主要思想是用少量数据模拟模型，用多数数据检验模型；在检验过程中设置阈值，一定存在阈值外的数据和阈值内的数据，如果模拟出来的模型能让大多数数据落在阈值内，就认为这次估计的模型参数接近正确模型参数。

如图 5.52 所示，本质矩阵 E 描述了三维空间内两个相机间的旋转关系 R 与平移关系 t，可以将左相机所成图像上的点的相机坐标与右相机所成同一点的相机坐标关联在一起。一对匹配点的像坐标 (p_a, p_b) 与本质矩阵 E 可以列出如下等式：

$$p_a^T E p_b = 0 \tag{5-78}$$

设图像 a、b 之间的旋转矩阵为 R，平移矩阵为 t，则本质矩阵 E 可表示为

$$E = R^T \hat{t} \tag{5-79}$$

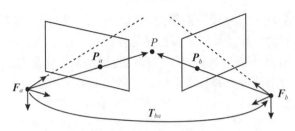

图 5.52　双像立体像对

令

$$p_i = \frac{1}{z_i} \boldsymbol{\rho}_i, \ \boldsymbol{\rho}_i = \begin{bmatrix} x_i \\ y_i \\ z_i \end{bmatrix}, \ i = a, \ b \tag{5-80}$$

由旋转矩阵 $\boldsymbol{R}$ 和平移矩阵 $\boldsymbol{t}$ 的定义得

$$\boldsymbol{\rho}_a = \boldsymbol{R}^{\mathrm{T}}(\boldsymbol{\rho}_b - \boldsymbol{t}) \tag{5-81}$$

综合上述各式可得：

$$\boldsymbol{p}_a^{\mathrm{T}} \boldsymbol{E} \boldsymbol{p}_b = \frac{1}{z_a z_b} \boldsymbol{\rho}_a^{\mathrm{T}} \boldsymbol{E} \boldsymbol{\rho}_b = \frac{1}{z_a z_b}(\boldsymbol{\rho}_b - \boldsymbol{t})^{\mathrm{T}} \boldsymbol{R} \boldsymbol{R}^{\mathrm{T}} \hat{\boldsymbol{t}} \boldsymbol{\rho}_b = \frac{1}{z_a z_b}(-\boldsymbol{\rho}_b^{\mathrm{T}} \hat{\boldsymbol{\rho}}_b \boldsymbol{t} - \boldsymbol{t}^{\mathrm{T}} \hat{\boldsymbol{t}} \boldsymbol{\rho}_b) = 0 \tag{5-82}$$

运用 RANSAC 算法估计本质矩阵 $\boldsymbol{E}$ 的常用方法是八点法。本质矩阵 $\boldsymbol{E}$ 可以看成自由度为 8 的矩阵，每对匹配点可以为本质矩阵 $\boldsymbol{E}$ 列一个方程，因此 8 对匹配点可以构成满秩方程组，确定唯一的本质矩阵 $\boldsymbol{E}$。

找到最佳初始像对后需要进行初步的重建，初步重建使用上述方法求解出的旋转矩阵 $\boldsymbol{R}$ 与平移矩阵 $\boldsymbol{t}$ 进行像对三角化，也就是摄影测量中的立体像对前方交会，获得空间三维点坐标。

5）增量式重建

模型初始化完成后进入图像增量重建阶段，该阶段以一致性搜索中构建的场景图为依据，将相关图像一张张地加入模型重建。模型重建的实质是求解图像的位置姿态参数，然后根据图像的位置姿态信息与像点坐标进行三角化，获得三维点坐标。在摄影测量中一般通过单像空间后方交会获取图像的位置姿态信息。在已知物方点坐标、图像内方位元素的基础上，观测像点坐标，以共线条件方程为数学模型，建立误差方程，通过最小二乘平差求解出图像的外方位元素，也就是位置姿态信息。这样的问题在计算机视觉中被称为 PnP 问题，求解方式有很多种，例如 P3P、DLT、EPnP、UPnP 等。

6）平差优化

在初步重建与每一次增量重建的最后都需要进行非线性平差优化，待优化的参数包含旋转平移参数、相机焦距以及空间三维坐标，观测值是点的像坐标。摄影测量光束法平差的一般解法是通过线性化将上面的非线性方程化为线性方程，随后通过赋予较好的初值并迭代计算最小二乘法求解，获取最终结果。在增量式 SFM 中，也可采用非线性优化问题解算工具 Ceres Solver 库。

增量式重建与平差优化不断反复进行，各像片的位姿参数不断得到求解，模型中的三维点数量也在不断扩增，直至所有像片加入模型，并获取所有像片的位姿参数和场景的稀疏点云。

上述方法可以获取较高精度的影像外方位元素和场景稀疏点云，为高精度空三逐步精化和平差奠定基础。

5.2.2 基于逐步精化策略的复杂影像自动空中三角测量

1）原理与流程

针对复杂场景无人机影像变形较大、尺度不一致等问题，在传统空三或 SFM 方法的基础上，引入顾及局部相对几何变形改正（Correction of Local Relative Geometric Distortion，CLRGD）的单点精确匹配算法，并采用逐步精化的迭代方式实现高精度空中三角测量。算法流程如图 5.53 所示，具体步骤如下：

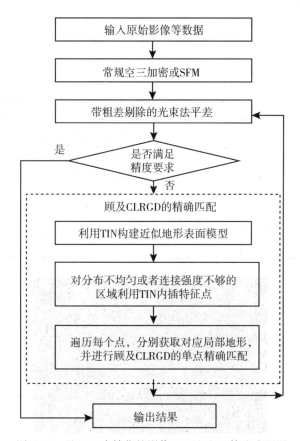

图 5.53　基于逐步精化的影像匹配和空三算法流程图

（1）完成初始空三之后，利用带粗差剔除和可靠性分析功能的光束法平差，获取较准确的影像姿态参数及加密点坐标。

（2）若平差精度满足要求，则终止处理并输出结果，否则继续执行步骤（3）~（6）。

（3）利用 TIN 技术和加密点构建概略地面模型。

(4)根据 TIN 节点疏密程度、连接强度情况和定向要求，利用 TIN 数据模型内插均匀分布的模型点。为了有利于单点精确匹配，模型点应尽量选择在特征明显的位置。

(5)遍历每个模型点(加密点和内插点)，根据 TIN 获取以该点为中心的局部地形表面，然后进行顾及局部相对几何变形改正的单点精确匹配。

(6)当所有模型点完成精确匹配后，转入步骤(1)重新进行光束法平差，从而获得更准确的影像姿态参数和加密点坐标。

由上述流程可知，顾及影像局部相对几何变形改正的精确匹配是建立在定向平差的基础上，而匹配的结果又反过来影响到定向的精度，它们相辅相成，通过多次迭代逐步精化得到最终的高精度空三成果。

运用上述算法流程中顾及局部相对几何变形改正的单点精确匹配方法，需要在进行单点精确匹配之前，预先估计每幅影像的大致覆盖范围，具体做法是：首先根据每幅影像包含的模型点坐标，估计该影像对应的平均高程面；接着将每幅影像的 4 个角点投影到高程面上，获取影像对应的覆盖范围(四边形)。

图 5.54 是顾及局部相对几何变形改正的单点精确匹配算法示意图，假设当前模型点为 P_0，该算法具体描述如下：

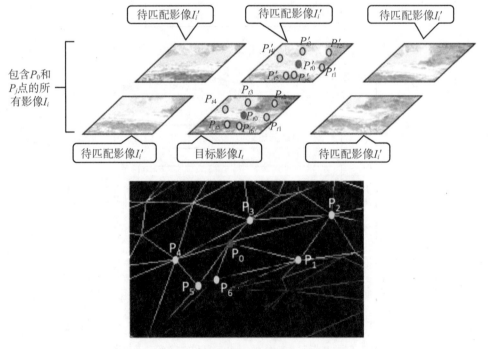

图 5.54　单点精确匹配算法示意图

(1)利用 P_0 模型坐标和影像覆盖范围快速确定 P_0 可能成像的所有影像 $I_i(i = 1, 2, \cdots, m)$。

(2)以 P_0 为中心，根据 TIN 检索邻近若干模型点 $P_j(j = 1, 2, \cdots, n; n \geqslant 4)$。为确

保有效的相对几何变形改正，要求 P_j 覆盖的范围大于匹配的搜索范围。一般情况下该范围的大小与姿态参数精度和地形变形大小有关，最终影响到匹配的效率和可靠性。

（3）利用共线条件方程将 P_0 和 P_j 反投到影像 I_i，像点记为 p_{i0} 和 p_{ij}。需要注意的是，若该影像存在 P_0 对应的未被平差剔除的像点观测，则不反投而直接取该像点观测。该点一般为特征点，有利于影像匹配。

（4）以 p_{i0} 最接近影像中心为判别准则，确定其中一幅影像作为目标影像 I_t，对应像点记为 p_{t0}，其余的 P_0 像点记为 p'_{i0}；I_t 之外的影像称为待匹配影像 $I'_i(i = 1, 2, \cdots, m, i \neq t)$，$P_j$ 对应的反投像点记为 p'_{ij}。若 p_{t0} 为本次反投像点，则可利用特征点提取算子，在 p_{t0} 附近确定最佳目标点，替换 p_{t0}。

（5）以 p_{t0} 为重心，对 p_{ij} 进行重心化，并根据多项式变换公式，建立 I_t 和 I'_i 之间以 p_{t0} 为中心的局部区域的正反变换关系：

$$X' = X + At \tag{5-83}$$

式中，X 为变换前坐标，X' 为变换后坐标，A 为变换矩阵，t 为变换参数。采用投影变换公式，其线性化表达式如式（5-84）所示：

$$A = \begin{bmatrix} 1 & 0 & x & 0 & y & 0 & xy & x^2 \\ 0 & 1 & 0 & x & 0 & y & y^2 & xy \end{bmatrix} \tag{5-84}$$

（6）遍历像片 I'_i，进行步骤（7）~（8）操作。

（7）利用局部变换关系，将 I_t 的局部区域影像纠正到 I'_i，并且以 p_{t0} 为中心重采样获取纠正后的目标窗口（即经过相对几何变形改正）。

（8）以目标窗口为匹配模板，选取以 p'_{i0} 为中心的适当搜索范围，采用影像相关和单点最小二乘匹配方法获取精确的匹配点。其中最小二乘法可以考虑辐射畸变改正。

（9）遍历所有 I'_i 后，即可得到该模型点对应的更加精确的多视同名像点，进而作为原始观测值用于下次平差解算。

2）实验分析

图 5.55 是选自某无人机航空摄影的 8 幅影像（上下航带各 4 幅），该地区海拔落差较大、植被覆盖密集，属于空三处理较困难地区。其中，图 5.55（a）是精化处理前常规初始空三加密得到的航带内同名像点（红色点）。由于航向立体像对的相对变形较小，匹配的像点数量较多，分布较好。而航带间立体像对的相对变形较大，在没有使用 ASIFT 的情

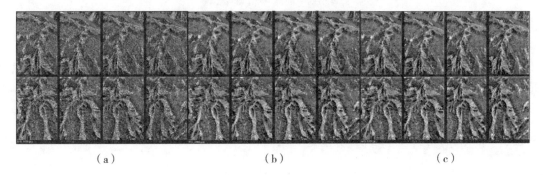

（a）　　　　　　　　（b）　　　　　　　　（c）

图 5.55　处理前后连接点分布情况

况下航带间的连接点数为 0(未单独表示)。图 5.55(b)是处理后单独显示的航带间连接点，图 5.55(c)是 8 幅图像的公共同名像点，像点数量较多，分布均匀。根据平差报告可知，除个别像点的观测值改正数略大于 1 个像素外，其余像点的改正数均小于 0.5 个像素。图 5.56 是其中两种代表性特征的同名像点点位示意图。

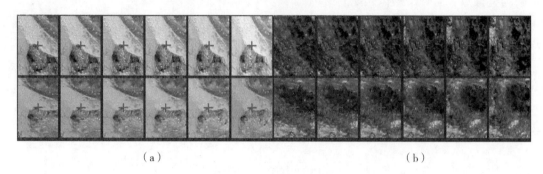

（a）　　　　　　　　　　　　　　（b）

图 5.56　本方法得到的同名像点点位

图 5.57 是处理前后连接点对应像点观测数分布对比图，横轴代表像点观测个数，纵轴代表连接点个数。从图中可看出，处理后的连接点观测数大大增加，尤其是 8 个像点观测以上的连接点数量有较大幅度提高，这对提高区域网连接强度和空三可靠性具有重要作用。

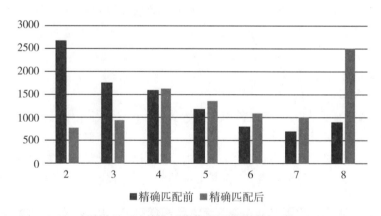

■精确匹配前　■精确匹配后

图 5.57　连接点对应像点观测数分布对比

图 5.58 是处理前后连接点最大交会角分布示意图，横轴代表交会角(单位为度)，纵轴代表连接点个数。从图 5.58 中可看出，连接点最大交会角有明显提高，同样有利于提高区域网连接强度和空三可靠性。

5.2.3　POS 辅助稀少/无控高精度平差

近年来，轻型化的无人机载高精度 POS 系统及其位姿解算技术已经日益成熟，通过系统集成可构建北斗/GNSS 辅助航空摄影测量系统。由于相机曝光时间与北斗/GNSS 采

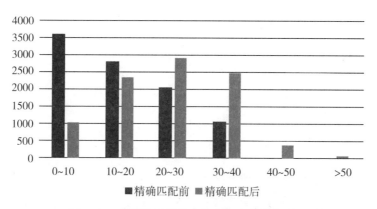

图 5.58 处理前后连接点最大交会角分布对比

样时间存在一定的时间延迟，这是无控高精度处理的关键问题。当前新型热靴技术已经可以在一定程度上减少时间延迟误差，而控制场标定方式和考虑系统误差补偿的平差技术则可以更好地解决这个问题。如果将北斗/GNSS 观测数据当作观测值进行摄影测量区域网联合平差，则形成北斗/GNSS 辅助空中三角测量，可用于稀少/无地面控制点的高精度航空遥感对地观测和产品制作。如图 5.59 所示，（a）图为集成系统的传感器位置关系，（b）图为实际系统的集成外观。

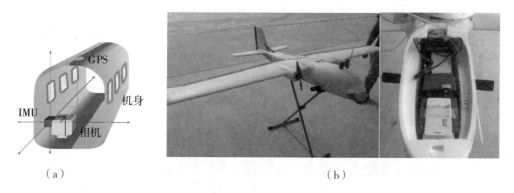

图 5.59 POS 航空摄影测量系统集成

图 5.59 显示了飞机、GPS/IMU 和相机之间的基本关系，POS 辅助空中三角测量的平差模型描述如下：

在考虑 GPS/IMU 漂移的情况下，GPS 点坐标 $\begin{bmatrix} X_{GPS} \\ Y_{GPS} \\ Z_{GPS} \end{bmatrix}$ 与对应影像外方位元素 $\begin{bmatrix} X_S \\ Y_S \\ Z_S \end{bmatrix}$ 之间存在以下关系：

$$\begin{bmatrix} X_{\text{GPS}} \\ Y_{\text{GPS}} \\ Z_{\text{GPS}} \end{bmatrix} = \begin{bmatrix} X_S \\ Y_S \\ Z_S \end{bmatrix} + R_I, \; R_{\varepsilon} \cdot \begin{bmatrix} U \\ V \\ W \end{bmatrix} + \begin{bmatrix} a_X \\ a_Y \\ a_Z \end{bmatrix} + (t - t_0) \cdot \begin{bmatrix} b_X \\ b_Y \\ b_Z \end{bmatrix} \tag{5-85}$$

其中：

$R_{I'} = R(\varphi + a_{\varphi} + \Delta t \cdot b_{\varphi}, \; \omega + a_{\omega} + \Delta t \cdot b_{\omega}, \; k + a_k + \Delta t \cdot b_k)$；

$R_{\varepsilon} = R(\varphi_{\varepsilon}, \; \omega_{\varepsilon}, \; k_{\varepsilon})$；

a_X，a_Y，a_Z，b_X，b_Y，b_Z 是 6 个位置漂移误差参数；

a_{φ}，a_{ω}，a_k，b_{φ}，b_{ω}，b_k 是 6 个姿态漂移误差参数；

U，V，W 是 GPS 对应的 3 个偏心分量；

φ_{ε}，ω_{ε}，k_{ε} 是 IMU 对应的 3 个偏心角。

按照泰勒展开式进行线性化，并考虑常规摄影测量光束法平差模型，则 POS 辅助空中三角测量的平差模型可以表示如下：

$$\left. \begin{aligned} V_X &= A_t + B_X + C_C - l_X & E \\ V_C &= E_X X - l_C & P_C \\ V_s &= E_c c - l_s & P_s \\ V_g &= \bar{A} t + Rr + Dd - l_g & P_g \\ V_t &= E_c t - l_t & P_t \end{aligned} \right\} \tag{5-86}$$

式中，V_X 代表像点观测方程；V_C 代表像控点带权观测方程；V_s 代表附加参数(镜头畸变等像点系统误差)带权观测；V_g 代表 GPS 带权观测；V_t 是对某个摆扫周期内的影像进行带权约束。t 是外方位元素的 6 个改正数；X 是物方点坐标的 3 个改正数；r 是 3 个偏心分量和 3 个偏心角的改正数；d 是 12 个偏移参数改正数。

根据摄影测量、测量平差和误差处理相关原理，可以在上述方程的基础上引入相机参数作为未知数，得到自检校光束法平差误差方程。对上述误差方程进行平差解算和误差分析等处理，即可获取高精度影像外方位元素。为了提高效率，一般采用基于稀疏矩阵技术的快速平差解算方法。

5.2.4　POS 辅助连接点自动提取的倾斜影像区域网平差

倾斜影像空三作为倾斜影像数据产品生产的关键步骤之一，主要涉及连接点提取和光束法区域网平差两个环节。由于区域网平差的相关理论和算法都已经比较成熟，倾斜影像空三的难点在于多视影像间的连接点自动提取。大部分传统的摄影测量商业软件在进行连接点提取时都使用标准的影像匹配技术，如归一化相关系数匹配(NCC)和最小二乘匹配(LSM)，但这些方法仅仅适用于影像尺度一致的垂直摄影情形。由于倾斜影像具备多角度、大倾角的特点，传统匹配方法无法解决立体匹配中的遮挡、几何变形、几何断裂、影像大幅旋转等瓶颈问题，同时斜轴透视的场景深度变化带来基高比剧烈变化，都使得倾斜影像间的转点变得更加困难。部分近景摄影测量匹配技术能够处理仿射变形影像匹配(如 ASIFT、MSER 等)，但算法效率较低，无法适用于高分辨率倾斜影像匹配问题。另外，由于倾斜多视影像数量庞大，且影像间的重叠关系复杂，如何快速地确定序列影像间的公共连接点也是一个问题。

Rupnik 等(2013，2014)提出了一种影像串联算法，通过 GNSS/IMU 给定的外方位初值约束相关影像间的特征提取，在相对定向过程中引导影像的串联。由于使用 Apero 软件进行区域网平差，文中算法连接点提取采用的是一种增量式重建思路，并未充分利用 POS 的先验信息，增加了算法的处理时间，且采用无控制点区域网平差，没有利用检查点对结果进行精度评定。Gerke 等(2009)提出在区域网平差过程中添加场景约束信息(如水平、垂直、直角条件)，在有效减少地面控制点数目的同时提高平差和相机自检校的可靠性，但文中算法需要人工提取场景中的约束信息，不利于倾斜影像全自动空三的实现。文献指出充分利用 POS 的先验信息能够有效提高连接点的匹配成功率和效率，但文中算法主要针对传统垂直摄影航带间的转点问题，无法直接用于倾斜影像间的连接点自动提取。

针对倾斜影像区域网平差问题，下面将介绍一种 POS 辅助连接点自动提取的倾斜影像区域网平差方法：首先利用 POS 信息进行影像匹配像对预测，并对倾斜影像纠正消除因大倾角引起的仿射变形，通过 SIFT 匹配和特征追踪自动获取匹配连接点；然后回顾最小二乘平差，并给出倾斜多视影像空三的两种平差模型；最后，利用三种典型的倾斜相机数据进行空三试验，并给出相关试验结果。

1. 倾斜影像连接点自动提取

SIFT 算法因其尺度、旋转不变性并能克服一定程度仿射变形和光照变化的优点在影像匹配领域得到广泛应用。同方向倾斜立体像对由于拍摄角度一致，所以仿射变形小，SIFT 算法能够成功匹配，但无法应用于不同方向倾斜像对间的匹配问题。ASIFT 算法具有完全的仿射不变性，其通过在经度和纬度方向进行视角变化采样，模拟各个仿射变化下的影像，进而利用 SIFT 算法进行特征提取和匹配，但由于其使用穷举匹配策略，在实际应用中受到很大限制。目前的倾斜摄影系统(Pictometry、UltraCam、SWDC-5 等)都配备了 GPS/IMU 设备，在获取影像数据的同时能够得到高精度的 POS 数据。借鉴 ASIFT 仿射不变特征算法思想，首先利用 POS 信息进行斜视影像纠正，消除因大倾角与旋转角引起的影像几何变形；然后利用 Wu(2007)研究中的 SIFT 算法对纠正后影像进行特征提取并归算至原始影像，再利用 SIFT 描述符完成特征匹配；最后，利用 Moulon 等(2012)研究中的特征追踪算法实现倾斜多视影像间连接点对应关系的快速确定。

1)斜视影像纠正

给定影像的外方位元素初值和设计航高，根据共线条件方程能够得到影像在地面上的投影四边形"轨迹"。

$$
\left.
\begin{aligned}
X &= X_s + (\bar{Z}_g - Z_s)\,\frac{a_1 x + a_2 y - a_3 f}{c_1 x + c_2 y - c_3 f} \\
Y &= Y_s + (\bar{Z}_g - Z_s)\,\frac{b_1 x + b_2 y - b_3 f}{c_1 x + c_2 y - c_3 f}
\end{aligned}
\right\}
\tag{5-87}
$$

式中，X_s，Y_s，Z_s 为外方位线元素初值，a_1，a_2，$\cdots$，c_3 为旋转矩阵元素，f 为焦距，$\bar{Z}_g$ 为由所有影像的外方位线元素均值与设计航高计算得到的平均高程面，$(x，y)$ 为以像主点为原点的像平面坐标，$(X，Y)$ 为像点投影到平均高程面上的地面坐标。给定影像 4 个角点像素坐标及其对应的地面坐标后，可求解原始影像与纠正后影像间的单应变换矩阵 $\boldsymbol{H}$：

$$[x'\quad y'\quad z']^{\mathrm{T}} = \boldsymbol{H}\,[x\quad y\quad 1]^{\mathrm{T}} \tag{5-88}$$

式中，$(x,\ y,\ z)$，$(x',\ y',\ z')$ 分别表示原始影像像点和纠正后影像对应点的坐标，利用数字微分纠正即可获取纠正后的影像，斜视影像纠正效果如图 5.60 所示。从纠正结果可以看出，影像间由于大倾角和大旋转角引起的变形已经基本消除，只剩下由于地形起伏引起的像点位移。由于倾斜多视影像间公共的连接点一般都位于平坦地区，建筑物上的连接点较少（少数点位于建筑物顶部），而这些区域在经过上述斜视纠正后基本上消除了仿射变形的影响，因此能够利用 SIFT 算法匹配到公共特征点。

图 5.60　斜视影像纠正结果（下视、斜视、纠正后斜视）

2）特征提取与匹配

由于大范围倾斜影像空三处理涉及的影像数目庞大，且倾斜影像间重叠关系复杂，倾斜影像的匹配策略对算法效率影响显著，本研究首先根据初始 POS 数据及倾斜相机配置信息确定满足条件的候选匹配像对，主要依据如下：

（1）重叠率：根据 POS 信息计算每张影像在地面的投影多边形"轨迹"，依据"轨迹"间的重叠率来判断，剔除小于指定阈值 $\mathrm{THR}_{\mathrm{overlap}}$（默认取 0.30）的匹配像对；两多边形的重叠率按下式计算：$\mathrm{THR}_{\mathrm{overlap}} = S_{\mathrm{overlap}}/\min\,(S_1,\ S_2)$，式中 S_1，S_2 分别代表两个多边形的面积，S_{overlap} 代表两个多边形的重叠面积。

（2）相机配置：对于同测站下视与斜视有重叠度的倾斜相机系统，不考虑重叠率大小，保留下视与斜视匹配像对。

获取满足条件的候选匹配像对后，首先利用 SIFT 特征进行初始匹配，由于倾斜影像分辨率较高，在特征提取时对纠正后的斜视影像进行分块（如：1600×1600）特征提取，并将特征点坐标归算至原始影像；然后基于核线约束和单应约束采用随机一致性估计算法（RANSAC）对匹配特征进行粗差剔除。

3）特征追踪

特征追踪是指在序列影像中跟踪同一物方点的位置。利用图论的思想，将每个影像上的特征点作为独立节点，同名像点对应关系作为边，由此序列影像间的多视对应关系搜索可以转换为整个图中有几条连通分支的问题，利用并查集算法可以有效处理。

下面以一个有效特征追踪 a1-b1-c1-d1 为例来阐述特征追踪原理（如图 5.61 所示）：

（1）遍历所有影像上的特征点，在图中创建对应的节点，即 a1，a2，a3，…，d3。

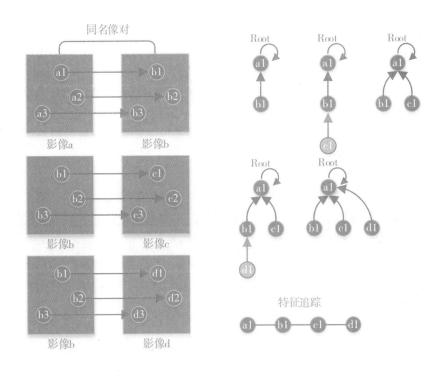

图 5.61　并查集算法实现特征追踪原理

（2）遍历所有的同名像点匹配列表，首先执行影像 a-b 同名像对时，连接 a1 和 b1 节点，取 a1 作为根节点；添加影像 b-c 同名像对，连接 c1 和 b1 节点，执行并查集算法的 Find 操作，判断两者的根节点是否属于同一节点。如果不是，则执行并查集算法中的 Join 操作，将 c1 节点的根节点修改为 b1 节点的根节点；否则，直接跳过；类似地，继续添加影像 b-d 同名像对，连接 d1 和 b1 节点，判断二者的根节点是否相同，如果不是，修改 d1 节点的根节点为 b1 节点的根节点。

（3）执行完毕，即可得到一个有效的特征追踪 a1-b1-c1-d1。

经过上述过程，可以获取初始的特征追踪结果。设定每张影像上有效的连接点数目阈值 THRNtrPerImg（默认取 20）及每个连接点的重叠度阈值 THRNipPerTr（默认取 3），剔除不满足上述阈值的影像及连接点。当 POS 初始精度较差时，可以通过提高重叠度阈值来剔除误匹配点，获取一个较高精度外定向结果后，再降低阈值以获取更多的连接点数目。

4）多片前方交会

多片前方交会有两方面的作用：一方面为区域网平差提供一个良好的物方点初值；另一方面，由于倾斜影像空三物方连接点对应的可见影像数目远高于传统垂直摄影情形，最高可达几十度重叠，因此可以利用观测值的一致性检验来进一步剔除残留的粗差点。

由 Rupnika 等研究（2013）可知，当倾斜影像空三的连接点中含有大量的粗差点时，平差的收敛性会受到极大影响，甚至无法收敛。多片前方交会过程中的粗差剔除分为两个阶段：

（1）前方交会：

计算所有像点的平均反投影误差 σ_0' 及每个连接点对应像点的最大反投影误差 $\mathrm{err}(i)$，设定阈值 $\mathrm{THR_{reproj}} = 3\,\sigma_0'$，剔除最大反投影误差不满足 $|\mathrm{err}(i)| \leqslant \mathrm{THR_{reproj}}$ 的连接点。

（2）高程滤波：

经过上述步骤获取的连接点依然存在少量噪声点，需要利用高程滤波加以剔除。计算所有连接点的平均高程 H_{overlap} 及高程的方差 σ_H，考虑到倾斜摄影的研究对象为陆地表面且连接点高程分布相对集中，一般将大于 3 倍中误差以上的连接点视为粗差点，剔除高程不满足 $|H_i - H_{\mathrm{overlap}}| \leqslant 3\,\sigma_H$ 的连接点。

2. 倾斜影像区域网平差

与传统摄影测量区域网平差相比，倾斜影像空三在数学模型上基本一致，主要不同点在于像点观测值数目远远多于传统垂直摄影情形，本文采用带附加参数的自检校区域网平差（李德仁等，2002），将自检校参数、控制点坐标及外方位元素视为带权观测值，平差的基本误差方程为

$$
\begin{cases}
\boldsymbol{V}_1 = \boldsymbol{A}_1\,\boldsymbol{X}_1 + \boldsymbol{A}_2\,\boldsymbol{X}_2 + \boldsymbol{A}_3\,\boldsymbol{X}_3 + \boldsymbol{A}_4\,\boldsymbol{X}_4 \quad - \boldsymbol{L}_1, & \boldsymbol{P}_1 \\
\boldsymbol{V}_2 = \qquad\quad \boldsymbol{E}_2\,\boldsymbol{X}_2 \qquad\qquad\qquad - \boldsymbol{L}_2, & \boldsymbol{P}_2 \\
\boldsymbol{V}_3 = \qquad\qquad\qquad \boldsymbol{E}_3\,\boldsymbol{X}_3 \qquad\quad - \boldsymbol{L}_3, & \boldsymbol{P}_3 \\
\boldsymbol{V}_2 = \qquad\qquad\qquad\qquad\qquad \boldsymbol{E}_4\,\boldsymbol{X}_4 - \boldsymbol{L}_4, & \boldsymbol{P}_4
\end{cases}
\tag{5-89}
$$

式中，$\boldsymbol{X}_1$ 为加密点坐标的改正数向量，$\boldsymbol{L}_1$ 为像点观测值向量，$\boldsymbol{P}_1$ 为像点观测值的权；$\boldsymbol{X}_2$ 为控制点坐标的改正数向量，$\boldsymbol{P}_2$ 为控制点坐标观测值的权；$\boldsymbol{X}_3$ 为外方位元素改正数向量，$\boldsymbol{P}_3$ 为外方位元素观测值的权，$\boldsymbol{X}_4$ 为自检校参数向量，$\boldsymbol{P}_4$ 为自检校参数观测值的权，$\boldsymbol{A}_1$，$\boldsymbol{A}_2$，$\boldsymbol{A}_3$，$\boldsymbol{A}_4$ 为对应误差方程式的系数矩阵。上式可简化为

$$
\boldsymbol{V} = \boldsymbol{A}\boldsymbol{X} - \boldsymbol{L}, \quad \boldsymbol{P}
\tag{5-90}
$$

法方程为

$$
(\boldsymbol{A}^{\mathrm{T}}\boldsymbol{P}\boldsymbol{A})\,\boldsymbol{X} = \boldsymbol{A}^{\mathrm{T}}\boldsymbol{P}\boldsymbol{L}, \quad \boldsymbol{P}
\tag{5-91}
$$

在倾斜多视影像区域网平差中，可以采用以下两种模型：

1）附加约束参数模型

假设整个倾斜成像系统满足刚性不变条件，考虑同一测站下视与斜视相机间的约束关系，采用 6 个偏心参数来描述两者之间的变换。同一测站下视和斜视相机的外方位线元素分别记为 C_N，C_O、旋转矩阵记为 $\boldsymbol{R}_N$，$\boldsymbol{R}_O$，斜视相机相对于下视相机的相对定向元素记为 $\Delta\boldsymbol{T}_{NO}$，$\Delta\boldsymbol{R}_{NO}$，则有：

$$
\begin{cases}
\boldsymbol{R}_O = \boldsymbol{R}_N \cdot \Delta\boldsymbol{R}_{NO} \\
\boldsymbol{C}_O = \boldsymbol{C}_N + \boldsymbol{R}_N \cdot \Delta\boldsymbol{T}_{NO}
\end{cases}
\tag{5-92}
$$

2）独立模型

同一测站下视与斜视影像间的外方位元素相互独立，基于共线条件方程整体求解所有影像的内外方位元素：

$$\begin{cases} x - x_0^n = -f_n \dfrac{(X - X_0^i)\,R_{11}^i + (Y - Y_0^i)\,R_{21}^i + (Z - Z_0^i)\,R_{31}^i}{(X - X_0^i)\,R_{13}^i + (Y - Y_0^i)\,R_{23}^i + (Z - Z_0^i)\,R_{33}^i} \\[4mm] y - y_0^n = -f_n \dfrac{(X - X_0^i)\,R_{12}^i + (Y - Y_0^i)\,R_{22}^i + (Z - Z_0^i)\,R_{32}^i}{(X - X_0^i)\,R_{13}^i + (Y - Y_0^i)\,R_{23}^i + (Z - Z_0^i)\,R_{33}^i} \end{cases} \tag{5-93}$$

式中，x_0^n，y_0^n，f_n 为第 n 个相机的主点和焦距，X_0^i，Y_0^i，Z_0^i 为第 i 张影像的外方位线元素，R_{11}^i，R_{12}^i，$\cdots$，R_{33}^i 为第 i 张影像的旋转矩阵元素，(x, y) 为像点观测值的像平面坐标，(X, Y, Z) 为对应物方点坐标。

在附加参数模型中，整个航飞过程中同测站下视与斜视相机间的偏心参数保持不变，以 1+4 型相机配置为例：假设有 N 个测站，则外方位元素未知参数的个数为 $6N+6\times5$ 个，而采用独立模型的外方位元素未知参数的个数为 $6N\times5$ 个。当测站数目庞大时，采用附加参数模型可以有效减少影像外方位元素未知参数数目，但同时由于忽略了倾斜相机间的非刚性变形和相机曝光的不同步性，会引入一定的系统误差。在 POS 精度较差时，可先对下视影像进行空三并利用偏心参数获取斜视相机优化的外方位元素初值。独立模型虽然增加了未知参数的数目，平差解算的系统内存占用更高，但是由于采用最严格的数学模型，可以获得最高的精度，本文采用独立模型进行区域网平差解算。

3. 试验分析

试验组装倾斜成像系统采用 1+4 相机配置方式，相机型号为 Cannon EOS 5D，同一测站下视相机与斜视相机有重叠，测区范围为 2.2km×1.4km，共飞行 5 条航带，测区中均匀分布有 14 个控制点，其中下视与倾斜影像（包括下视）的重叠关系及控制点分布如图 5.62 所示。

（a）下视　　　　　　　　　　　（b）倾斜

图 5.62　组 1 试验测区影像重叠关系及控制点分布图

分别对仅用下视影像和倾斜影像采用独立模型进行不同控制点数目的区域网平差试验，其中控制点数目为 0 代表无控制点区域网平差。连接点提取耗时包括特征提取、特征匹配、特征追踪三部分耗时，利用像点的平均反投影误差 σ_r 与检查点的实际精度两项指标进行精度评定，其结果见表 5.6。

表 5.6　　　　　　　　　　不同控制点数目和平差模型的区域网平差结果

控制方案	影像数据	GSD/cm	检查点数	连接点提取耗时/min	平差耗时/min	像点数目	连接点数	平均反投影误差/pixel	实际精度/m	
									平面	高程
0 控制点	下视倾斜	4.0	14	5.48/0.12/0.02	0.183	78162	25440	0.463	0.1598	1.9831
				39.38/9.13/0.55	2.18	681155	153379	0.786	0.1102	1.0409
1 中心点	下视倾斜	4.0	13	5.48/0.12/0.02	0.22	78162	25440	0.463	0.2477	0.2141
				39.38/9.13/0.55	2.33	681155	153379	0.786	0.0897	0.0996
2 对角点	下视倾斜	4.0	12	5.48/0.12/0.02	0.20	78162	25440	0.463	0.1451	0.2779
				39.38/9.13/0.56	2.37	681155	153379	0.786	0.0755	0.1145
3 角点	下视倾斜	4.0	11	5.48/0.12/0.02	0.20	78162	25440	0.463	0.1580	0.2868
				39.38/9.13/0.53	1.93	681155	153379	0.786	0.0312	0.0905
4 角点	下视倾斜	4.0	10	5.48/0.12/0.02	0.20	78162	25440	0.463	0.1110	0.2584
				39.38/9.13/0.55	1.93	681155	153379	0.786	0.0308	0.0803

注：(1)像点的平均反投影误差计算公式 $\sigma_r = \sqrt{[(x'-x)^2 + (y'-y)^2]/n}$，式中 (x, y) 为原始像点观测值，(x', y') 为利用平差后物方点反投影到原始影像的像点坐标。

(2)实际精度是由 n 个检查点的计算坐标与其野外测量坐标的较差 $\Delta_i(i = X, Y, Z)$ 计算的平差中误差，即 $\mu_i = \sqrt{\sum \Delta_i^2/n}$；$\mu_{平面} = \sqrt{\mu_X^2 + \mu_Y^2}$。

由上述结果可得到以下结论：

(1)倾斜影像空三精度优于传统下视影像空三精度。由图 5.63 分析可知，在各种控制方案下，倾斜影像空三的水平和垂直精度都要高于下视影像空三结果，且精度提高 2~3

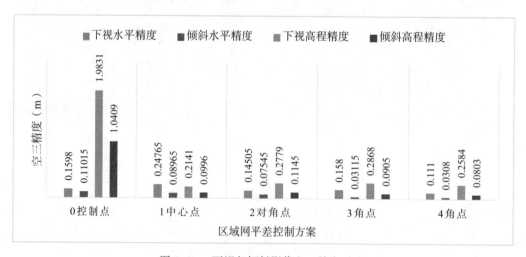

图 5.63　下视与倾斜影像空三精度对比

倍，这是因为在倾斜影像空三过程中引入了斜视影像上的像点观测值，增加了多余观测值数目，提高了匹配的可靠性：一方面，可以解决诸如相似纹理、遮挡等困难区域匹配的多义性和误匹配问题；另一方面，较大的匹配冗余有利于匹配粗差的自动定位和剔除。倾斜影像空三的连接点数目约为下视影像空三连接点数目的 6 倍，像点观测值数目约为 9 倍。倾斜影像空三可以达到水平方向 0.75GSD，高程方向 2.0GSD。

(2)在无控制点的情况下，将 POS 获取的外方位元素作为带权观测值参与平差不能有效提高区域网平差的精度。图 5.64 是无控制点区域网平差的残差分布图，可以看出检查点定位结果存在明显的系统误差，说明 POS 数据含有一定的系统误差。当含有一个中心点时，倾斜空三的精度能够得到显著提高。因此，在倾斜影像空三处理时，要发挥 POS 精度的潜力依然需要少量的外业控制点。

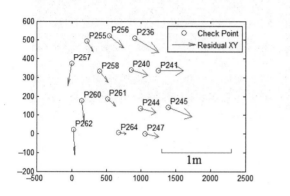
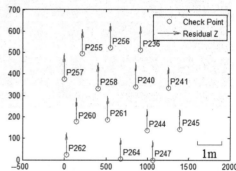

图 5.64　无控制点区域网平差的残差分布图

(3)控制点数目对倾斜影像空三的精度影响与对传统下视影像空三精度的影响一致。当使用 3 个角点的控制方案时，区域网平差的精度已经达到一个较好的水平，再增加控制点数目对精度的提高十分有限。因此，在实际的倾斜影像外业控制点布设时，一般只需 3 个角点。倾斜影像空三的高程精度低于平面精度，当采用 1 个中心点时，倾斜影像空三的高程精度与平面精度相当，增加控制点数目时，水平精度仍可得到进一步的提高，高程精度提升不明显。

(4)控制点的引入不影响区域网平差的像点平均反投影误差精度，这是因为平均反投影误差反映的是像点残差的内符合精度，控制点的引入不会影响平差收敛程度，只是相当于对连接点物方坐标进行绝对定向，将其纳入控制点所在的坐标系统下。

下视影像空三与倾斜影像空三试验结果如图 5.65 所示。空三外方位元素放大图如图 5.66 所示。

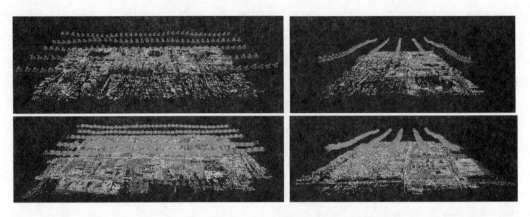

图 5.65　下视影像空三与倾斜影像空三试验结果视图(上：下视，下：倾斜)

图 5.66　下视影像与斜视影像空三外方位元素放大图

5.3　DSM 生成

5.3.1　基于密集匹配点云的 DSM 建模技术

针对机载航空多视影像密集匹配得到的原始点云存在大量的噪声和空洞，难以直接应用于城市数字表面模型重建的问题，研究并提出一种结合增强点云进行法向量优化的泊松表面重建方法。首先通过反投影误差约束和点云距离分布统计分析方法剔除尽可能多的噪声，并通过 k 邻域均值采样填补点云空缺，得到增强点云，再采用固定视点法简化法向量一致化过程。针对重建表面数据冗余的问题，在保持特征的前提下，引入最短边准则剔除大量的狭长三角形。实验结果表明，该方法相比二维 Delaunay 算法和快速三角化方法，在表面重建效果上具有明显改进，是一种有效的 DSM 重建方法。整体流程图如图 5.67 所示。

1. 冗余点云剔除

1) 反向投影误差约束点云去噪

反向投影表示三维空间点与二维图像平面上的基本几何图元的投影对应关系，针对图像平面上具体的某一点，且该点在多视影像中可见，根据相机针孔成像原理，相机中心、

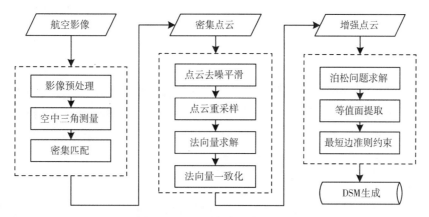

图 5.67　DSM 自动生成流程图

图像点及三维空间点分布在一条射线上，可以依据不同相机各自的投影矩阵，表示图像平面点与三维空间点的映射关系，反投影误差具体计算公式可参见式(4-43)、式(4-44)。

通过反投影将立体匹配得到的三维点反算到图像像点坐标，并与原始影像像点坐标比较，以此误差作为点云精度的衡量指标，能够在很大程度上验证立体匹配算法的精度和鲁棒性，反投影误差对于点云噪声的探测则更为敏感。

2) 基于距离的统计分析点云去噪

基于距离的统计分析点云去噪方法属于密度分析方法，通过分析点云邻域的分布特征确定一定的去噪准则，再进行噪声的检测，采用 KD 树作为 k 近邻搜索的数据结构。该算法在室内激光扫描点云的稀疏离群点(可以认为是孤立噪声)检测中取得了不错的实验效果，针对摄影测量点云中的多类型噪声分布，进一步探讨该算法的适应性，并结合反投影误差约束，采取两步去噪的方式，验证分析点云去噪策略的可靠性。

基于概率统计的基本思路，将点云的噪声分布近似地看作高斯正态分布，并以点与点之间的距离作为统计量进行分析。为了便于描述，定义基本单元球形表示，所包含的点数为 N，并设置 KD 树近邻搜索点数为 k，通过比较基本单元内每个点的 k 邻域平均距离和单元所有点的邻域平均距离之平均值的差异，判断是否为噪声点。具体步骤如下：

(1)计算基本单元内每个点 $P_i(i = 1, 2, \cdots, N)$ 与 k 近邻搜索点中第 $j(j = 1, 2, \cdots, k)$ 个点的距离 d_{ij}，并求取距离的平均值 d_{p_i}，称为单点邻域平均距离；

$$d_{p_i} = \sum_{j=1}^{k} d_{ij}/k \tag{5-94}$$

(2)计算基本单元内所有点的单点邻域平均距离的平均值，称为基本单元平均距离 $\bar{d}$，并针对基本单元内所有点，求解单点邻域平均距离和基本单元平均距离的标准差 σ；

$$\text{sum} = \sum_{i=1}^{N} d_{p_i} \tag{5-95}$$

$$\bar{d} = \sum_{i=1}^{N} d_{p_i}/N \tag{5-96}$$

$$\sigma = \sqrt{\dfrac{\left(\sum\limits_{i=1}^{N} d_{p_i} \cdot d_{p_i} - \text{sum. sum}/N \right)}{(N-1)}} \tag{5-97}$$

（3）基本单元内邻域点的距离分布可以认为近似高斯正态分布，噪声分布通过距离分布表征，服从分布 (u, σ)，$u = \bar{d}$。由高斯正态分布性质，数据分布位于均值的 3 倍标准差范围内时，有 99.64% 的几率认为数据正常，因此在去噪时，根据点云噪声分布设置 $n(n = 1, 2, 3)$ 倍标准差，定义噪声判断阈值为 d_t，当 $d_{p_i} \geqslant d_t$ 时，判断该点属于噪声。

$$d_t = \bar{d} + n\sigma \tag{5-98}$$

图 5.68 选取桥梁区域点云数据作为去噪实验分析，图 5.69 给出去噪前后所选区域的点云分布比较，并在图 5.70 给出两步去噪的中间结果，经过反投影误差约束后能够剔除大部分的簇状噪声，再基于距离的统计分析对孤立噪声进行检测，两步去噪的策略设计对于密集匹配点云的噪声剔除能够达到较好的效果。

（a）　　　　　　　　　　　　　（b）

图 5.68　桥梁区域点云分布

（a）点云去噪前　　　　　　　　　　　（b）点云去噪后

图 5.69　桥梁区域原始点云和去噪结果

（a）第一步去噪　　　　　　　　　　　（b）第二步去噪

图 5.70　放大后的区域原始点云和去噪结果

3）法向量引导下的中值滤波改进

在多视图立体匹配过程中，影像之间存在一定的重叠度，每一张影像均可以作为主影像与其他影像进行立体匹配，生成对应的单视密集匹配点云，由于影像间重叠度的存在，不同的单视密集匹配点云的融合能够弥补单一视角匹配下的点云空洞，使点云总体分布趋于完整，但是由于每一次立体匹配的精度难以保持严格一致，因此融合后的点云在重叠区域会形成一定的厚度，造成点云数据冗余。

虽然多次立体匹配的精度有所差异，但单次立体匹配的精度具有一定的系统误差，导致具有厚度的点云结构近似于逐层叠加，不同层次之间具有相似的分布趋势，尤其是建筑平面的点云分布。基于上述点云分布特征，结合二维图像中应用中值滤波进行图像去噪的思想，针对三维点云重叠区域冗余数据的剔除，提出一种法向量引导下的中值滤波改进算法，主要包括法向量估计和中值滤波准则判别，基本流程如图 5.71 所示。

（1）局部空间几何体的定义。

中值滤波器的实质是非线性滤波，在二维图像中，通过在指定窗口大小内对数据进行排序，获取中间数值作为最终结果，具有一定的平滑特性，但能够保持边缘特征。在三维点云进行中值滤波时同样具有类似的特征，但需要指定合适的操作单元，为了区别于二维图像的窗口单元，在三维空间中采用局部空间几何体表示。

一方面，密集点云的局部分布具有一定的趋势性，尤其是城市建筑区域通常以平面结构为主，局部点云趋向平面分布，点法向量计算较为准确，因此考虑采用柱体结构的几何体作为中值滤波的几何单元，以目标点位为柱体中心，法向量为柱体指向，使柱体与点云分布趋势面大致垂直，在针对具有厚度的点云薄化时，能够保证薄化处理前后的点云分布趋势不会出现显著的变化。特别地，目标点的法向量估计与邻域点数设置相关，存在不确定性，不能准确反映邻域范围内趋势面法向量指向，因此柱体的指向通过柱体内部所有点的法向量求和得到，参考图 5.72，顾及所有邻域点的法向量对柱体指向的影响，能够在一定程度上提高算法的鲁棒性。

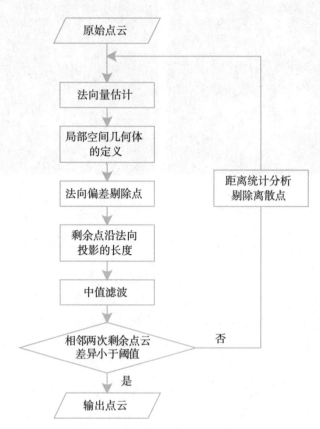

图 5.71　法向量引导的中值滤波改进算法

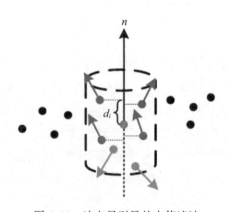

图 5.72　法向量引导的中值滤波

　　另一方面，顾及点云数量庞大，快速有效地找到空间几何体内的点集是三维点云中值滤波的关键环节。为了避免耗时、频繁地判断点集是否位于柱体内，选择空间圆柱体作为局部空间几何体。采用空间 KD 树进行目标点(图 5.72 中红色点)的 K 近邻搜索，通过设置搜索半径 R，首先获取以目标点为球心，半径为 R 的球体内所有的邻域点(图 5.72 中绿色和蓝色点）。由于圆柱体底面为圆形，因此可以通过求解邻域点与目标点构成的矢量与柱体指向的夹角，进一步得到邻域点到柱体指向的垂直距离，从而判断点是否位于圆柱体内部。

$$\begin{cases} \varphi_i = \dfrac{(V_i - V_o) \cdot \boldsymbol{n}}{|V_i - V| \cdot |\boldsymbol{n}|}, & (i = 1, 2, \cdots, k) \\ d_V = |V_i - V| \cdot \sin \varphi_i \end{cases} \tag{5-99}$$

（2）基于法向偏差剔除及投影距离的中值滤波。

由于点云在局部邻域范围内分布相对平滑，但由于点云噪声残余，邻域点法向量的计算指向难以保持严格一致，在对圆柱体内所有点的法向量求和确定圆柱体的指向过程中，有必要考虑所有邻域点的法向量指向偏差的影响。通过比较圆柱体指向与邻域点法向量指向的差异，设置两个向量的夹角阈值，如果指向偏差超出设置的夹角阈值，则剔除该邻域点，并且不再参与中值滤波，如图 5.72 所示，其中绿色点表示法向量偏差较大的邻域点。

对于保留下来的邻域点（图 5.72 中蓝色点），根据式（5-100）计算得到邻域点在圆柱体指向上的投影点与目标点之间的距离，并对距离值进行排序，选取排序后的距离中值所对应的邻域点作为圆柱体的代表点保留。

$$d_H = |V_i - V| \cdot \cos \varphi_i \tag{5-100}$$

采用循环迭代的形式，比较相邻两次的中值滤波结果，如果相邻两次输出的点云数量差异超出所设置的阈值范围或者没有达到设定的迭代次数，那么重复执行上述步骤，并考虑通过加入距离统计分析方法来剔除离散点，直至点云的数量差异满足一定的阈值条件。图 5.73 给出法向量引导的中值滤波点云薄化效果对比，截取点云横断面宽度为 0.1m，接近一倍 GSD，迭代次数分别设置为 0，1，2，点云薄化效果差异较为明显。在多次实验过程中，对于多视航空影像密集匹配点云，迭代次数设置为 1 时能够基本剔除厚度冗余点云，保留完整的点云分布特征，但仍存在少量的噪声点。

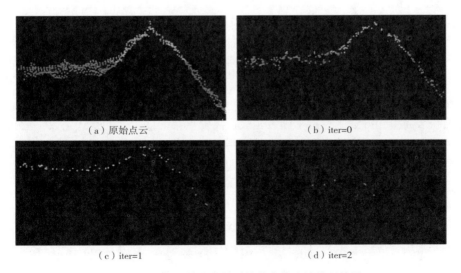

（a）原始点云　　　　　　　　　　（b）iter=0

（c）iter=1　　　　　　　　　　（d）iter=2

图 5.73　局部区域法向量引导的中值滤波处理结果

2. 点云重采样

密集匹配点云数量巨大，分布密集，且由于城市区域纹理通常以团块状分布为主，纹理结构的差异导致所生成的点云团块之间的密度分布极其不均匀，甚至存在大量的点云空洞或点云拓扑缺失，对基于点云的表面重建算法带来了很大的挑战。针对数字表面模型的应用需求，现有的数字表面模型精度普遍不高，且以 2.5 维的模型表示为主，基于此，本实验采用格网采样的方式，根据数字表面模型分辨率的要求对区域进行格网划分，实验数据设置采样格网大小为一倍 GSD（地表分辨率），采样后将使点云的数量大幅度减少，对于格网点高程值的确定分别依据邻域点高程分布的中值、均值、反投影误差最小等采样准则执行，由于密集匹配生成的点云保留了反投影误差信息，因此，也可以将邻域点的反投影误差作为采样准则确定格网点的高程。具体步骤如下：

（1）在双层四叉树划分后的分块点云基础上，将原始地形点云数据投影到 *XY* 平面，获取二维平面点集的外包矩形及最小多边形轮廓，最小多边形轮廓求解参考 OpenCV 中的图像二维点凸壳多边形实现。

（2）设定采样分辨率，对外包矩形进行格网划分，格网点即对应的平面采样点，且平面坐标已知。遍历格网点，通过数学几何算法判断格网点是否位于最小多边形内。

（3）剔除不在最小多边形内的点，避免内插点云数据冗余，针对位于多边形内的点，采用不同的内插准则确定其高程值作为最后内插值。

点云分布的均匀特性及拓扑正确与否，对于大多数表面重建算法而言至关重要。图 5.74 给出了利用不同采样准则得到的点云重采样结果，基于均值准则的采样比反投影误差最小准则和中值采样准则的点云分布更为均匀，尤其是在局部立面区域，在与商业软件处理结果对比中，后者所得到的点云较为密集，但在局部区域出现较大的变形分布，基于均值采样得到的点云立面分布均匀，但相对稀疏，后续实验中表面在均值采样的基础上进行泊松表面重建同样能够取得较好的效果。

3. DSM 生成

泊松表面重建是一种针对离散点云数据的隐函数曲面表示方法，具有对离散点集的全局和局部最优拟合特性，一般的复杂曲面拟合需要通过分段或分片的局部拟合，泊松重建方法则一次性考虑所有点集的拟合，能够获得均匀平滑的表面，但与径向基函数全局拟合不同，泊松重建采用层次结构基函数进行离散化求解泊松问题，支持局部表面拟合运算，并将泊松问题简化为稀疏矩阵求解。

在泊松表面重建方法中，指示函数是表征离散点集曲面拟合的隐式函数，定义模型表面边界为指示函数的求解域，在边界内部，指示函数为 1，边界外部则为 0，对于边界上的指示函数梯度则等同于离散点集法向量，朝向边界内。在某种程度上，可以认为指示函数与矢量场（这里指点集法向量场）存在一定的关联性，即采用最小化问题描述：指示函数的梯度与样本点集的法向量之间近似程度最小，见如下公式：

$$\min_{\chi} \| \nabla \chi - V \| \tag{5-101}$$

由于向量场为离散表示，不能直接进行积分求解 $\nabla \chi$，通过引入散度算子，将上式的变分求解问题转换为标准的泊松方程问题，表示成拉普拉斯算子，得到公式：

$$\Delta \chi \equiv \nabla \cdot \nabla \chi = \nabla \cdot V \tag{5-102}$$

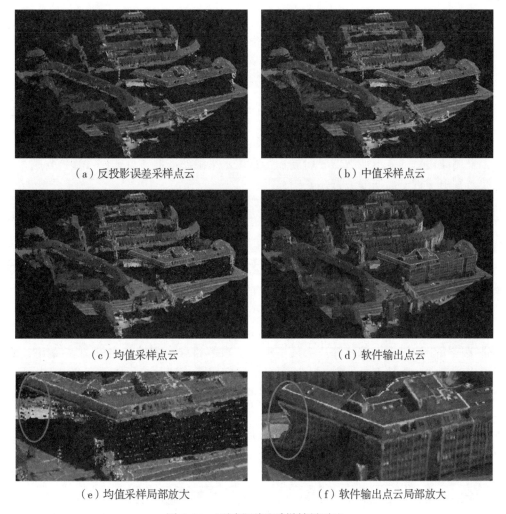

（a）反投影误差采样点云   （b）中值采样点云

（c）均值采样点云   （d）软件输出点云

（e）均值采样局部放大   （f）软件输出点云局部放大

图 5.74　不同准则重采样结果对比

为了便于说明，需要将向量场转换为法向量的数学表示形式，再进行泊松问题求解。

1）离散化求解

泊松方程离散问题的求解需要指定合适的函数空间，比较常见的是对点云所在三维空间进行均匀网格划分，采用八叉树数据结构进行存储和处理，但是均匀分布难以完整地反映重建表面细节。自适应八叉树根据点云的分布进行网格划分，点云距离重建表面越近，其所在的局部空间八叉树划分就会更精细，分辨率会更高，符合指示函数在表面附近的准确表示。

自适应八叉树与常规八叉树一样，父节点对应八个子节点，每个节点代表一个立方体体元，但划分层次不一样。定义自适应八叉树为 ϑ ，点云 S 被逐个划分到最大树深为 D 对应的叶子节点中，所构成的树为最小八叉树，将函数空间划分为多尺度层次结构。每个节点存在一个节点函数 $F_o(q)$ ，见式（5-103），$o.c$ 和 $o.w$ 分别表示节点体元的中心和边长：

$$F_o(q) \equiv F\left(\frac{q - o.c}{o.w}\right)\frac{1}{o.w^3} \qquad (5\text{-}103)$$

定义基函数 F 使向量场可以精确有效地表示为节点函数 F_o 的线性求和，基函数选取如下：

$$F(q) = \widetilde{F}\left(\frac{q}{2^D}\right) \qquad (5\text{-}104)$$

其中采样间隔为 $1/2^D$ ，与树的深度有关，考虑平滑滤波器近似于方差为 $1/2^D$ 高斯滤波器，采用简化后的方形滤波器 n 阶卷积函数表示平滑滤波器，见式(5-105)，n 越大，平滑滤波器则更接近于高斯滤波器。

$$F(x, y, z) = (B(x)B(y)B(z))^{*n}, \quad B(u) = \begin{cases} 1, & |u| < 0.5 \\ 0, & \text{other} \end{cases} \qquad (5\text{-}105)$$

2）泊松重建的改进

泊松重建方法中指示函数的向量场通过点云的法向量表示，因此点云法向量估算的精度及指向分布直接影响了指示函数的求解质量，关系到后续等值面提取的表面是否能够最佳拟合原始点云，避免拟合表面相对点云分布趋势存在拓扑变形的现象。

PCA 法向量求解方法能够较为准确地估计点法向量，但由于法向量的指向分布不一致，直接应用于泊松表面重建算法会使指示函数求解错误，容易产生模型表面拓扑变形。由于摄影测量点云为地形分布数据，所得到的数字表面模型并未形成闭合曲面，因此采用固定视点法进行法向量一致化求解，首先获取点集外包盒中心坐标为 (x_0, y_0, z_0) ，并将 Z 坐标设置为无穷远，记为 z ，得到视点 $View$ 的坐标为 (x_0, y_0, z) ，令样本点 p_i 到视点 V 的向量与点法向量之间夹角为 θ ，当 θ 大于 90°时，点法向量的指向需要反转，通过向量点积进行判断：

$$\boldsymbol{n} \cdot (V - p_i) > 0 \qquad (5\text{-}106)$$

其次采用 Marching Cubes 进行等值面提取时，容易产生冗余的狭长三角面元。针对狭长三角面元冗余问题，提出三角形最短边准则约束法。在保持局部特征的前提下，一次性遍历所有的三角面片，折叠不满足条件的短边，保存处理后的三角面片，再重复上述操作，迭代直到所有三角面片不包含狭长三角形。定义最小角小于 20°的三角形为狭长三角形，通过余弦定理反推最长边与最短边为 n 倍关系，三角网格模型中的狭长三角形满足以下关系：

$$n \cdot E_{\min} \leqslant E_{\max} \qquad (5\text{-}107)$$

其中 n 取 3，$E_{\min}$ 是最短边长，$E_{\max}$ 是最长边长。

图 5.75 给出法向量一致化前后的泊松表面重建效果对比，法向量一致化后的法向量场求解得到的指示函数能够准确地拟合离散点云数据，因此不会产生如图 5.75(a)中出现的红色圆圈处的凸包，从而造成模型几何变形及拓扑结构错误。

4. 基于密集匹配点云的 DSM 重建实验

选取倾斜下视航空影像作为试验数据。算法使用 vs2010 实现，运行环境：Window7系统，Intel i7-3540M 3.00GHz，16G 内存。考虑到点云的数据量比较大，一次性处理会占

（a）法向量一致化前

（b）法向量一致化后

图 5.75 法向量一致化前后的泊松重建

用过多的内存和时间，采用四叉树网格划分的方法对摄影测量点云进行分块处理。

本节以倾斜下视航空影像处理为例，来说明获取摄影测量点云的方法。在点云预处理的基础上，得到用于表面重建的初始点云数量为 1460543 个。表 5.7 列出了使用不同算法对摄影测量点云进行表面重建的各项特性对比结果。

表 5.7　　　　　　　　　　　不同算法的特性对比结果

方法	网格顶点	三角面片数	数据冗余	抗噪	流型表面	空洞	多分辨率模型	特征保持
快速三角化	1460543	1816602	√			√		
二维 Delaunay	1460543	2912856	√					√
泊松重建	1870111	3736587	√	√	√	√	√	
本方法	975769	1948754		√	√		√	√

其中快速三角化算法是将局部点集投影到切平面，在三维空间进行频繁的局部搜索会占用大量的时间，另外局部范围参数设置单一，对于不严格均匀分布的点云，容易产生数量庞大的离散面片，形成过多的空洞。二维 Delaunay 算法将点集投影到二维平面进行 Delaunay 三角剖分，避免了在三维空间中进行 Delaunay 三角剖分耗时的顶点搜索，速度最快，但是将点集投影到二维平面确定点的拓扑连接，并对应到三维空间时，拓扑关系与实际不符，导致非流形表面和边界几何结构错误。在泊松表面重建和课题研究方法中，八叉树深度均设置为 10，相比原始泊松表面重建算法，所研究方法经过法向量一致化后得到合适的指示函数，能够较好地拟合点云，使得重建表面更接近真实地表。重建后的表面能够保持良好的局部特征，但存在过多的狭长三角形。在保持模型细节特征的前提下，使用最短边准则剔除冗余的狭长三角面片，但会耗费少量的时间。

针对上述的倾斜下视影像的 DSM 自动生成，图 5.76 给出了快速三角化、二维 Delaunay 三角化和本方法的表面重建结果对比。结果显示本方法能够保持局部特征和避免空洞，说明本方法能够较好地应用于倾斜下视影像的 DSM 制作。

（a）快速三角化重建表面

（b）二维Delaunay重建表面

（c）本书研究方法重建表面

图 5.76　不同算法的 DSM 对比

5.3.2 DSM 自动滤波

DSM 自动滤波可以提高 DEM 生产效率，也是快速制作 DOM 的重要环节。在过去的 20 年里，学者们提出了很多经典的滤波算法。按照基于滤波策略的不同，主要分为基于坡度滤波、插值法滤波、数学形态学滤波和聚类分割法滤波。有研究学者对 8 种滤波算法的性能进行了实验比较，其中基于插值法的不规则三角网（Triangular Irregular Network，TIN）渐进加密算法（Progressive TIN Densification，PTD）性能最好，对于各种地形均有良好表现，但其在边界和地形复杂区域容易过度侵蚀地面，并且对极低异常值十分敏感，容易将低位地物点与极低异常值误判为地面点。针对以上问题，有研究者以法向量和残差作为依据进行点云分割，完善了初始 TIN 的构建，同时结合传统 PTD 方法进行滤波，有效抑制了地面侵蚀问题。此外，还有的学者将数学形态学方法与 PTD 方法相结合，即首先使用形态学中的开运算获得候选种子点，然后利用法向量和残差属性去除其中的非地面噪点，获取最终种子点，最后使用 PTD 滤波，在森林地区可有效去除植被并保存地形细节。然而，地形地物往往是尺度多样的，上述大多数算法仅仅在单一尺度下构建 TIN，不能在保留地形细节和去除地物之间达成平衡，在复杂地形环境下难以获得理想的地面模型。

1. 基于表面拟合的多尺度区域生长点云滤波方法

针对经典的迭代三角网加密算法过度侵蚀地形、误差累积的问题，本节介绍一种基于区域生长的多尺度滤波方法，该方法通过引入金字塔策略来建立不同层次的点云结构，以上层种子点为基准对下层种子点进行处理：先通过不规则三角网滤除非地面点，然后依据局部地形设置动态阈值，以表面拟合区域生长算法增长受侵蚀的地面种子点，循环迭代逐渐逼近真实地面。通过对 ISPRS 提供的 15 个基准数据集进行测试，第 Ⅰ、Ⅱ 类误差以及总误差分别为 2.40%、3.67%、2.84%，Kappa 系数为 93.74%，结果表明，该算法具有更强的性能，可以获得理想的地面模型。

相较于传统算法，本算法的提升主要集中在三个方面：①使用了数据金字塔策略，以不同尺寸的虚拟格网组织点云，由低分辨率到高分辨率地构建点云金字塔，不断逼近真实地面；②扩展虚拟格网，插值虚拟种子点，使 TIN 完全覆盖点云区域，可有效补充边界区域；③采取"向上""向下"的区域生长策略，补全受侵蚀地形，完善地形细节。

下面将对去除异常值、构建点云金字塔、PTD 滤波、种子点生长和算法流程 5 个内容进行详细介绍。

1）去除异常值

由于匹配误差等干扰因素的影响，生成的点云数据往往会存在极低异常值，这些异常值通常数量较少，离散分布。传统 PTD 中选择最大尺寸格网下的最低种子点构建初始 TIN，极低异常值的存在使得初始 TIN 与真实地面差异巨大，造成局部滤波失败。基于异常值的特性，本方法选取半径滤波器去除极低异常值，首先构建 KD-树组织点云，遍历整个点云，搜索每个点在指定范围内的邻近点数，若邻近点数小于给定阈值，则判定为异常值并去除。

2）构建点云金字塔

点云数据包含大量拥有独立三维信息的离散点，将点云整合成有序的排列组合对于后续处理非常重要。这里使用虚拟格网的概念，其基本思想来自图像处理中像素的概念，通过设置格网尺寸，将水平面分割成相同大小的正方形方格。基于地面点往往低于非地面点的基本假设，将格网内最低点作为种子点，以种子点来代表整个格网，形成由种子点构成的"像素"矩阵，其有序紧密的结构很方便进行邻域检索以及计算。为保证参与初次 PTD 滤波的种子点均为地面点，应保证格网尺寸的初始设置值大于最大建筑物尺寸。在每一次迭代过程中，格网尺寸变为原本的 1/2，重新构建的虚拟格网获得了更高的分辨率，显示出更加丰富的地形特征。随着格网尺寸不断变小，生成的虚拟格网分辨率也由低到高，组成了点云金字塔。

3）PTD 滤波

获得地面种子点之后，便可以进行 PTD 滤波，具体过程包括：

步骤一：利用地面种子点构建 TIN。

步骤二：选择一个未分类点，寻找该点所在的三角形。

步骤三：计算该点到三角形平面的距离 s 和该点与三角形三个角点的夹角，并选出最大角度 θ，具体几何意义可参考图 5.77(c)。

步骤四：对于最大迭代距离 s_{thr} 和最大迭代角度 θ_{thr}，若满足下式则将该点加入地面点：

$$s \leqslant s_{thr} \wedge \theta \leqslant \theta_{thr} \tag{5-108}$$

步骤五：重复步骤二到步骤四，直至所有未分类点都判别完毕。

然而在上述过程中会产生如下问题：受最大建筑尺寸影响，初始地面种子点往往十分稀疏，使得初始 TIN 无法完全覆盖整个点云区域，部分靠近边界的未分类点无法寻找到对应的三角形，从而导致边界区域成片缺失。为此可以在点云测区的 4 个角添加模拟角点辅助构建 TIN，如图 5.77(a) 所示，这在一定程度上解决了问题，但是在边界生成了狭长三角形，在模拟角点高程相差较大的情况下，极易将非地面点误判为地面点，并在迭代过程中不断造成误差累积。

本方法针对以上问题对构建 TIN 的方式做出以下改进：对参与构网的种子点向外扩展延伸，具体做法如图 5.77(b) 所示，从当前格网的 4 个边界各向外扩展一层新格网，在每个扩展格网中心内插一个虚拟种子点，搜索虚拟种子点的邻近格网，确定其中的地面种子点；假设地面种子点数为 $n(n \leqslant 3)$，地面种子点的高程为 $h_i(i = 1, 2, \cdots, n)$，地面种子点与虚拟种子点的距离为 d_i，d_i 之和为 d，可由下式计算虚拟种子点的高程 h_s：

$$h_s = \sum_1^n \frac{d_i}{d} h_i \text{。}$$

4）种子点生长

PTD 算法可以有效地剔除非地面点，但地形凸包、陡坡等复杂地形在滤波过程中受到了过度侵蚀，使得部分地面点被误判为非地面点。如图 5.78(a) 所示，由于 P_1，P_2 存在较大高差，造成三角面倾斜，此时地面点 P_3 与三角面的角度明显超过阈值。针对此问题，本方法对 PTD 的分类结果进行二次处理，提取已经获得的地面点，并将非地面点重新判定为未分类点，以基于表面拟合的区域生长算法再次分类。整个生长过程分为向下生长和向上生长两个阶段。

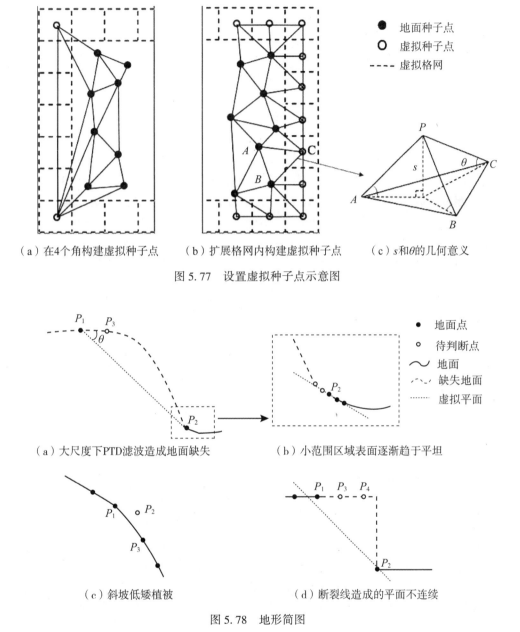

（a）在4个角构建虚拟种子点　　（b）扩展格网内构建虚拟种子点　　（c）s和θ的几何意义

图 5.77　设置虚拟种子点示意图

● 地面点
○ 待判断点
〜 地面
〜 缺失地面
⋯ 虚拟平面

（a）大尺度下PTD滤波造成地面缺失　　　　（b）小范围区域表面逐渐趋于平坦

（c）斜坡低矮植被　　　　（d）断裂线造成的平面不连续

图 5.78　地形简图

（1）向下生长：

点云滤波中存在一个基本规律：同一片区域中的点，高程越低，地面点的可能性越大。研究采取点云金字塔组织数据，获取的种子点本身为格网范围内高程最低点，假设已知某种子点为地面点，若邻近格网的种子点高程更低，则基本可以判定该点也是地面点。然而存在某些例外情况，例如位于斜坡上的低矮植被点，如图 5.78（c）所示，植被点 P_2 比部分邻近种子点 P_1 高程低，但是根据地形与自身的特性，P_2 都必须依托于更低的地面

点 P_3。基于此判断，我们拓展出向下的生长策略：对未分类点周围的 8 个格网进行统计，确定其中的地面种子点，比较未分类点与地面种子点的高程，记高程大于未分类点的地面点数为 n_{higher}，高程低于未分类点的地面点数为 n_{lower}，若满足下式则将未分类点加入地面点集：

$$n_{higher} > 0 \wedge n_{lower} \leqslant 2 \tag{5-109}$$

（2）向上生长：

PTD 滤波的基本假设是当分辨率足够高时，局部地形可近似为一个平面。基于此假设，本研究采用平面拟合的方式生长受侵蚀的地面种子点：利用已知的地面点，使用最小二乘法拟合平面，通过动态高差阈值对未分类点进行分类。在点云金字塔的单一层内，点云以虚拟格网的形式排列，每个种子点仅有 8 个邻近点，因此在生长区域边界，未分类点的邻近地面种子点数普遍小于等于 3，且分布于未分类点的同一侧。考虑到必须避免参与拟合的地面点排列近似一条直线的情况，本研究将拟合的范围定为以未分类点为中心的 5×5 区块，在区块内已知地面种子点数大于等于 6 时，可进行平面拟合。

平面的方程可以写成如下形式：

$$Z = aX + bY + c \tag{5-110}$$

式中，(X, Y, Z) 为点的三维坐标，a、b、c 为平面参数。多点共面时，其矩阵形式可以写作：

$$\begin{pmatrix} Z_1 \\ \vdots \\ Z_n \end{pmatrix} = \begin{pmatrix} X_1 & Y_1 & 1 \\ \vdots & \vdots & 1 \\ X_n & Y_n & 1 \end{pmatrix} \begin{pmatrix} a \\ b \\ c \end{pmatrix} \tag{5-111}$$

上式的乘积形式为：$Z = AX$，根据正规方程求解拟合参数，经过转化可得：$X = (A^T A)^{-1} A^T Z$。

最终得到的 X 即为最小二乘解，代入平面方程公式中，即可获得所求平面。

根据我们拟合出的平面，可以计算出未分类点与平面之间的距离 d，通过与阈值 d_{thr} 的对比可进行判断：d 小于阈值 d_{thr} 的点为地面点，否则为非地面点。

对于平面拟合而言，大尺度时平面覆盖范围大，平面描述地形的能力较弱，宜采用固定小阈值，本文采用 PTD 滤波时的最大迭代角度 s_{thr}；而当覆盖范围逐渐减小，平面所展示的地形细节越来越丰富，单一阈值往往难以满足所有分类需求。为了更好地适应不同的地形，本研究采取动态阈值设置方法，得到拟合的平面后，计算每个参与拟合的地面种子点到该平面的距离，经过统计可以获得均值 d_{mean} 以及标准中误差 d_{std}，进而计算动态阈值。在格网尺寸 l 下，动态阈值 d_{thr} 计算如下：

$$d_{thr} = \begin{cases} s_{thr}, & l > 5m \\ d_{mean} + 2 \times d_{std}, & l < 5m \end{cases} \tag{5-112}$$

因此，在整个循环迭代中，首先是大平面获得了生长，随着格网尺寸的减小，小范围拟合面逐渐趋于平坦，如图 5.78(b) 所示，凸包等复杂地形逐渐补全。然而上述方法遇到断裂线时，其表现往往不尽人意，如图 5.78(d) 所示，地形断裂造成地面的不连续现象，地面点 P_1、P_2 产生较大高差，使得拟合面与真实地面不符，断裂线边缘处地面点 P_3、P_4

超出阈值被误判为非地面点。针对此问题补充以下判断法则：若 d 大于 d_{thr}，搜索该未分类点的八邻域，确定其中的地面点，计算该未分类点与这些地面点的坡度，并与 PTD 最大迭代角度 θ_{thr} 进行比较，统计坡度小于 θ_{thr} 的地面点数 n_{flat} 和坡度大于 θ_{thr} 的地面点数 n_{slope}，则满足以下条件的点也被识别为地面点：

$$\begin{cases} n_{slope} = 0 \wedge n_{flat} \geq 3 \\ n_{slope} > 0 \wedge n_{flat} \geq 2 \end{cases} \tag{5-113}$$

5）滤波算法流程

本算法是一个迭代处理过程，经过预处理之后，对整个区域构建点云金字塔，然后迭代循环滤波，整个滤波分为内循环和外循环两个层次，外循环针对整个点云金字塔，而内循环则针对点云金字塔特定的一层。如图 5.79 所示，其主要步骤描述为：

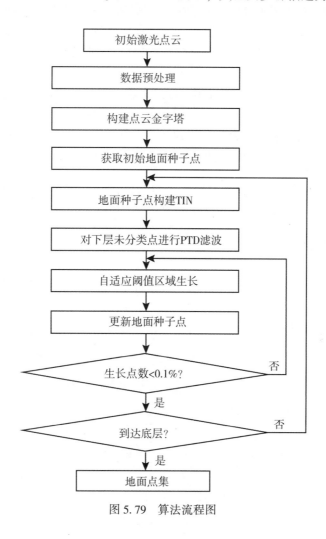

图 5.79　算法流程图

步骤一：数据预处理，仅保留由末次回波生成的点云，并通过半径滤波器去除异常值。

步骤二：最大格网尺寸对应金字塔最上层，按照格网尺寸减半的原则，由上自下构建点云金字塔，在每一层的虚拟格网中选取最低点作为种子点，可获得最上层的初始地面种子点以及其他层面的未分类点。

步骤三：以当前地面种子点构建 TIN，对下层格网未分类点进行 PTD 滤波处理。

步骤四：将 PTD 滤波得到的非地面点重新设置为未分类点，遍历所有未分类点，以基于动态阈值的区域生长算法进行生长，实时更新地面种子点。

步骤五：若生长的点数大于总点数 0.1%，返回步骤四。

步骤六：若未到达点云金字塔底层，则返回步骤三。

步骤七：滤波结束。

2. 实验分析

为了客观评价算法的滤波性能，采用 ISPRS 委员会第三小组于 2003 年提供的基准数据集来进行检验。数据共计 15 个参考样本，这些样本经过半自动滤波与目视判别修正，已将所有点精准地划分为地面点与非地面点。另外，采用三个精度指标定量分析算法精度，其中包括Ⅰ类误差（地面点误分为非地面点）、Ⅱ类误差（非地面点误分为地面点）和总误差（Ⅰ、Ⅱ类误差点数占总点数的比例），Ⅰ类误差反映算法保留地面点的性能，Ⅱ类误差反映算法去除非地面点的性能，总误差则整体反映算法的平衡性和实用性。同时，本研究还计算了 Kappa 系数，此系数可以对比参考数据与实验数据的一致性，是一种比简单百分比更稳健的测度。以上精度指标具体计算公式见表 5.8。

表 5.8　精度指标公式

| | | 实验数据 | | 点云总数 e | Ⅰ 类误差 | Ⅱ 类误差 | 总误差 | P_σ | P_e | Kappa 系数 |
		地面点	非地面点							
参考数据	地面点	a	b	$a+b+c+d$	$\dfrac{b}{a+b}$	$\dfrac{c}{c+d}$	$\dfrac{b+c}{e}$	$\dfrac{a+d}{e}$	$\dfrac{(a+b)(a+c)}{e^2}+\dfrac{(c+d)(b+d)}{e^2}$	$\dfrac{P_a-P_c}{1-P_c}$
	非地面点	c	d							

表 5.9 显示了 15 个测区的地形特征和参数设置情况，同时列出了本算法获得的各项误差指数以及 Kappa 系数。

表 5.9　ISPRS 测试集的设置参数、误差以及 Kappa 系数

样本集	地形特征	格网间距(m)	角度阈值	距离阈值(m)	Ⅰ类误差(%)	Ⅱ类误差(%)	总误差(%)	Kappa 系数(%)
samp11	陡坡上的植被和建筑物	40	0.3	1	10.89	4.69	8.25	83.36
samp21	狭窄的桥梁	20	0.25	1	0.40	3.41	1.06	96.89
samp22	大桥（西南）舷梯（东北）	40	0.4	1.4	2.21	6.02	3.40	92.06

续表

样本集	地形特征	格网间距(m)	角度阈值	距离阈值(m)	Ⅰ类误差(%)	Ⅱ类误差(%)	总误差(%)	Kappa 系数(%)
samp23	复杂大型建筑，不连续地形	20	0.3	1.4	4.10	4.65	4.36	91.26
samp24	坡道	25	0.25	1.4	1.82	8.41	3.63	90.82
samp31	不连续地形，极低异常值	30	0.1	1	0.69	1.16	0.90	98.19
samp41	低点簇(多路径误差)	30	0.3	1.4	4.07	2.84	3.46	93.11
samp42	高低起伏的地物	35	0.3	1.4	0.77	0.64	0.68	98.38
samp51	斜坡上低矮植被	30	0.15	1	1.04	4.44	1.78	94.78
samp52	低矮植被、山脊断层	20	0.6	1.4	1.57	17.95	3.29	82.15
samp53	断层	5	0.6	1.4	1.45	34.56	2.79	64.00
samp54	低分辨率建筑	15	0.2	1.4	2.33	2.81	2.59	94.82
samp61	陡峭山脊、沟渠	8	0.4	1.4	0.54	8.46	0.82	88.14
samp71	大桥	40	0.3	1.4	1.04	8.25	1.85	90.78
平均值					2.40	3.67	2.84	93.74

另外，将本算法与 ISPRS 测试中的部分经典算法以及近年来学者们提出的算法进行了对比，其中最低的总误差和最高的 Kappa 系数用红色加粗表示，具体结果如图 5.80 和图 5.81 所示。

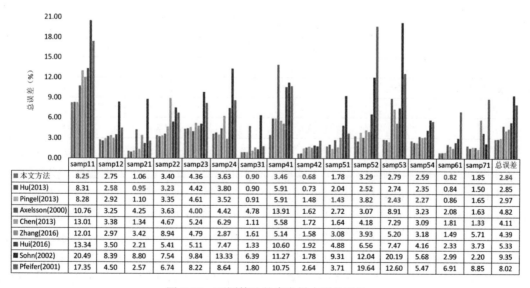

图 5.80　不同算法的参考样本误差对比

185

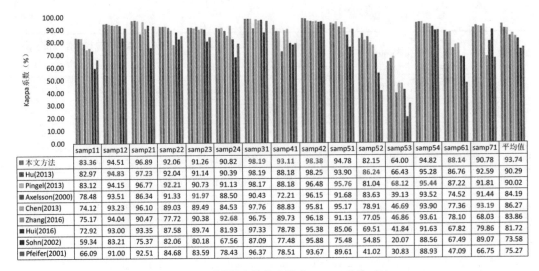

	samp11	samp12	samp21	samp22	samp23	samp24	samp31	samp41	samp42	samp51	samp52	samp53	samp54	samp61	samp71	平均值
■ 本文方法	83.36	94.51	96.89	92.06	91.26	90.82	98.19	93.11	98.38	94.78	82.15	64.00	94.82	88.14	90.78	93.74
■ Hu(2013)	82.97	94.83	97.23	92.04	91.14	90.39	98.19	88.18	98.25	93.90	86.24	66.43	95.28	86.76	92.59	90.29
▨ Pingel(2013)	83.12	94.15	96.77	92.21	90.73	91.13	98.18	96.48	96.48	81.04	68.12	95.44	87.22	91.81	90.02
■ Axelsson(2000)	78.48	93.51	86.34	91.33	91.97	88.50	90.43	72.21	96.15	91.68	83.63	39.13	93.52	74.52	91.44	84.19
▨ Chen(2013)	74.12	93.23	96.10	89.03	89.49	84.53	97.76	88.83	95.81	95.17	78.91	46.69	93.90	77.36	93.19	86.27
▨ Zhang(2016)	75.17	94.04	90.47	77.72	90.38	92.68	96.75	89.73	96.18	91.13	77.05	46.86	93.61	78.10	68.03	83.86
■ Hui(2016)	72.92	93.00	93.35	87.58	89.74	81.93	97.33	78.78	95.38	85.06	69.51	41.84	91.63	67.82	79.86	81.72
■ Sohn(2002)	59.34	83.21	75.37	82.06	80.18	67.56	87.09	77.48	95.88	75.48	54.85	20.07	88.56	67.49	89.07	73.58
▨ Pfeifer(2001)	66.09	91.00	92.51	84.68	83.59	78.43	96.37	78.51	93.67	89.61	41.02	30.83	88.93	47.09	66.75	75.27

图 5.81　不同算法的参考样本 Kappa 系数对比

从上述结果可以看出，在单一样本的实验结果里，本文算法展现出良好的滤波性能，可以有效地平衡Ⅰ、Ⅱ类误差。根据不同算法对比可以看出，本节算法在其中 5 个样本中获得了最好的滤波效果，并获得了所有统计样本下最小的总误差(2.84%)以及最大的 Kappa 系数(93.74%)。相对于传统 PTD 算法，本文算法虽然在生长地形时不可避免地增加了部分Ⅱ类误差，却有效降低了Ⅰ类误差，使得整体精度获得了较大提升，最终总误差降低幅度为 41%，Kappa 系数提高了 9.5%。

5.4　正射影像生成

数字正射影像(DOM)具有地图的几何特征和影像特征。由于其具有直观易读、信息量丰富、获取快捷等特点，已经越来越广泛地应用于国民经济、国防建设、社会发展和人民生活等领域，并发挥着越来越重要的作用。数字正射影像是由 DEM 进行微分纠正获取的，因此 DEM 的质量直接决定了 DOM 的质量。其次对于航空摄影测量获取的影像片幅小的问题，要获取一定范围的正射影像，来进行影像镶嵌和匀光匀色。

随着硬件的不断发展以及新的软件算法的不断涌现，全自动数据加工处理成为迫切需求。德国 Inpho 公司推出的 OrthoVista 软件，由于正射镶嵌影像的色彩处理效果较为理想，正射影像镶嵌的自动化程度较高，在国内外得到了较为广泛的应用，但是对于城市地区建筑物林立的情况，其拼接线也需要大量的人工调整和修测。Leica 公司开发的 ERDAS IMAGING 软件和 PCI 公司开发的 GEOMATICA 软件等侧重于利用遥感影像来制作正射影像图，其影像拼接线的路径选择主要依靠手工调整。由于城市地区的数字影像上人工建筑物没有经过有效的微分纠正，正射影像图上存在建筑物向不同方向倾斜的问题，这种倾斜必然带来地物遮挡现象严重，尤其是高大建筑物带来的遮挡问题更是突出，这对正射影像图上影像信息的判读带来了不少阻碍。

数字正射影像，是对所有影像经过数字微分纠正后，将所有影像进行匀光匀色处理，然后对匀色后的单片纠正的影像进行镶嵌所形成的影像。数字微分纠正是根据有关参数与数字地面模型，利用相应的构像方程式或按一定的数学模型对控制点进行解算，从原始非正射投影的数字影像获取正射影像，这种过程是将影像化为很多微小的区域逐一进行纠正，使用的是数字方式处理。通过坐标计算、灰度内插、灰度赋值等完成数字微分纠正之后，接着通过选择标准模板，依据模板的色调对所有影像匀光匀色，目的是达到整体色调一致的效果，最后利用微分纠正后的影像坐标对匀光匀色后的影像完成自动镶嵌拼接，得到数字正射影像。传统的处理过程是分步处理，而正射影像制作是将正射纠正、匀光匀色、镶嵌等步骤统一在集群计算机上并行处理，处理速度快。

DOM 的制作经常包括两大部分，一是集群环境下的自动 DOM 生产，二是以数据库为支撑的协同编辑。首先要通过工程设计器创建工程，然后进行模型设计，模型设计中包括流程制定和参数设置，可以依据实际应用情况确定流程和参数，系统里提供了多种流程定制模型，可以充分依据实际情况和利用已有历史影像成果，避免重复操作，主要流程一般为正射纠正、匀光匀色、关键点匹配、镶嵌线匹配、镶嵌成图。如果是为了满足应急使用需要，则系统自动获得的数字正射影像就可以直接使用了，否则就需要通过人机交互的方式对自动获取的 DOM 成果进行目视判读并进行适当而必要的编辑。镶嵌网编辑是基于集群式影像处理系统自动化处理成果，提供给作业员对镶嵌网进行编辑的人机交互编辑模块，该模块是以数据库为支撑实现的多机协同编辑，允许管理员以图幅为单位进行任务分派，从而实现镶嵌网的人机交互编辑，确保 DOM 的无缝镶嵌和色彩过渡。编辑完成后，需要基于更新后的镶嵌网重新进行镶嵌成图，生成最终的 DOM 成果。

5.4.1 色彩一致性处理

在摄影测量过程中，正射影像是由多幅原始影像拼接而成的。摄影时的多种因素会引起影像间亮度和色调的差异，具体包括成像方式的不同、光学透镜的不均匀性、相机参数设置不同、曝光时间长短、影像获取时间差异、摄影角度差异，以及云层或阴影引起的光照条件不同和大气条件不同等（李德仁等，2006）。亮度分布的不均匀性和色彩差异将直接影响正射影像成果的质量，影响目视判读解译。因此，在拼接前须要进行影像色彩均衡处理，消除影像的亮度不均匀和色调差异。

常用的影像色彩一致性处理方法包括 Wallis 滤波、直方图匹配和协方差均衡等。Wallis 滤波器是一种功能较为特殊的滤波器，不同于一般的高通滤波和低通滤波，它可以在增大影像的反差的同时抑制噪声。Wallis 滤波器的原理是将局部或整体影像的灰度均值和方差映射到特定的灰度均值和方差参考值，使影像不同位置或不同影像的灰度均值和方差达到近似一致。随着灰度均值和方差值的变化，影像原本反差小的区域的反差得到增强，原本反差大的区域的反差得到减弱，从而实现影像反差的均衡效果（张力等，1999；王智均，2000）。Wallis 变换既可以处理多幅影像间的色彩一致性问题，也可以处理单幅影像内部的色彩不一致问题。

直方图匹配也称直方图规定化（Salem et al.，2005），是指对影像的灰度进行一定的变换后，使影像呈现规定的直方图形式，一般取某一参考影像的直方图作为标准直方图。

影像直方图匹配后的直方图与参考影像的直方图具有大致相同的分布，从而具有一致的亮度和色彩。直方图匹配的步骤是对灰度进行两两映射，对灰度级进行平移或合并，使其尽可能与参考直方图具有一致的结构分布。由于灰度的映射并非严格意义上的对等，且映射灰度的四舍五入都会造成信息损失，可能造成灰度过于集中或灰度不连续现象。同时由于直方图匹配是通过试凑的过程进行，当影像直方图与参考直方图差异较大时，一次匹配难以达到效果，可能需要多次匹配。协方差均衡与直方图匹配的算法思想一致，都是设置一幅参考影像，对其他影像进行转换，使其达到与参考影像一致的特征（蒋红成，2004）。假设待均衡影像的灰度函数 $f(i, j)$ ，其对应的均值和方差分别为 m_f 、σ_{ff} ，参考影像的灰度函数为 $g(i, j)$ ，二者的协方差为 σ_{fg} 。协方差均衡的原理是引入两个系数（乘性系数 a 和加性系数 b ）对原始影像进行纠正，使其与参考影像的灰度差距最小：

$$Q = \sum_i \sum_j \left[af(i, j) + b - g(i, j) \right]^2 = \min \tag{5-114}$$

协方差均衡通过影像的方差、协方差，将影像变换至与参考影像灰度最相近的状态，其处理流程较为简单，只需要用乘性系数和加性系数对待处理影像的灰度进行线性变换即得到色彩均衡的结果影像。协方差均衡的本质是约束两两对应的灰度差值最小，这一要求只有同名像点能够满足，因此可以将相邻影像的重叠区域作为操作对象计算变换参数，再对整幅影像进行灰度变换。

无人机影像的成像高度相比传统航摄影像更低，较大范围的摄影角度导致摄影目标差异较大。即使相同高度的目标地物，在不同摄影角度的影像上会体现出较大的内容差异性。同时，较低的摄影高度使影像对人工建筑和水面等镜面反射介质更为敏感，容易引起不同影像上同一地物在亮度和色彩上的差异性，甚至表现为亮斑。此外，由于无人机影像的摄影面积小，由不同光照引起的云雾、阴影和亮斑等在影像上占大幅面积，给影像的亮度和色调一致性处理带来挑战。因此，无人机影像的色彩均衡处理需要普适性更高的方法。

航空摄影测量中往往采用区域网平差的思想，即在一个包含一条或多条航带、拥有多幅影像（少则几十幅，多则几千幅）的测区内采用较少数量的控制点，按照一定的数学模型平差解算出测区内所有加密点或待定点的坐标，以及像片的外方位元素。受此启发，在区域内多幅航摄影像进行色彩均衡处理时，运用区域网平差的思想，即对测区内的影像按照一定的模型平差解算出测区内所有影像的色彩变换函数（张剑清等，2009）。图 5.82 为测区内航空影像的航带分布图，影像数量为 W ，影像横向为航向方向，纵向为旁向方向，对影像标记序列号 0，1，2，…，$W-1$ ，即第一条航带为影像 0 到 $i-1$ ，第二条航带为影像 i 到 L ，最后一条航带为影像 j 到 $W-1$ 。每幅影像都与其他影像存在重叠区域，其中绿色部分表示航向重叠区域，黄色部分表示旁向重叠区域（灰色为多度重叠区域）。重叠区域是指连续摄影过程中，同一地物目标成像在两张或两张以上的影像上，这样的地物目标在不同影像上形成的区域即为影像之间的重叠区域。理论上同一地物目标的色彩信息恒定，即不同影像间的重叠区域应具有一致的色彩。但是在实际航空影像摄影时由于多项因素影响，导致重叠区域在不同影像上的色彩呈现不一致现象。此时可以对影像建立恰当的模型进行灰度校正，使重叠区域的色彩恢复一致。

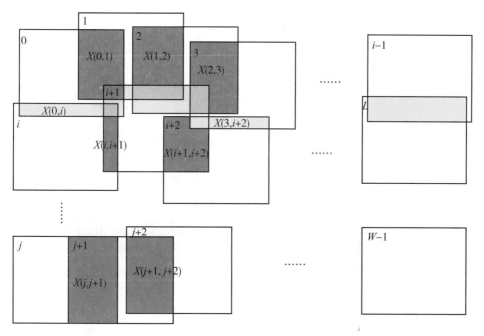

图 5.82　测区航空影像航带分布

假设变换函数为 G，影像 i 和影像 j 具有重叠区域 Q，影像 i 在重叠区域处的灰度为 X_i^Q，影像 j 在重叠区域处的灰度为 X_j^Q，进行变换后得到的结果影像应满足式(5-115)。

$$F = G(X_i^Q) = G(X_j^Q) \tag{5-115}$$

对于每个重叠区域都应满足式(5-115)，因此一个测区可以建立一系列重叠区域灰度变换方程组。在实际计算过程中，$G(X_i^Q)$ 和 $G(X_j^Q)$ 无法达到完全相等，对二者的差值进行最小二乘约束，可以得到最优解。因此，可以利用区域网平差解求每幅影像对应的变换函数 G，再对整幅影像进行变换，即得到色彩均衡的结果影像。

确定式(5-115)中影像的变换函数 G，是利用区域网平差进行色彩均衡的基础，选取合理的变换模型，成为色彩均衡的关键。导致影像间色彩不一致性的因素众多，如成像方式、相机参数设置、曝光时间、影像获取时间、摄影角度，以及云层或阴影引起的不同光照条件和大气条件等。因此，一般采用二次函数表示色彩均衡前灰度与色彩均衡后灰度之间的关系。可以将 R、G、B 联合起来构成二次函数关系，也可以选择三通道分开处理，因此运用在色彩均衡模型中的变换函数 G 见式(5-116)的形式。

$$G(X) = a X^2 + bX + c \tag{5-116}$$

其中，X 为影像灰度值，a、b 和 c 分别为灰度变换的二阶系数、一阶系数和常数项。每幅影像均存在三个变换系数，当 X 定义为重叠区域的灰度值时，每一个重叠关系均存在式(5-117)所示的关系：

$$a_i X_{ij}^2 + b_i X_{ij} + c_i = a_j X_{ji}^2 + b_j X_{ji} + c_j \tag{5-117}$$

其中，下标 i，j 分别表示影像序号，X_{ij} 表示影像 i 与影像 j 的重叠区域在影像 i 上的灰度，X_{ji} 表示影像 i 与影像 j 的重叠区域在影像 j 上的灰度，等式两边分别代表两幅影像各自进行色彩均衡变换后的灰度。

由于误差的存在，导致式（5-117）中的等式不能严格成立，因此可以列出误差方程（5-118）。

$$v_{ij} = (a_i X_{ij}^2 + b_i X_{ij} + c_i) - (a_j X_{ji}^2 + b_j X_{ji} + c_j) \tag{5-118}$$

将误差方程写成矩阵的形式，得到公式（5-119）：

$$\boldsymbol{V} = \boldsymbol{BX} - \boldsymbol{L} \tag{5-119}$$

通过最小二乘约束 $\boldsymbol{V}^{\mathrm{T}}\boldsymbol{PV} = \min$，解求得未知数为 $\boldsymbol{X} = (\boldsymbol{B}^{\mathrm{T}}\boldsymbol{PB})^{-1}\boldsymbol{B}^{\mathrm{T}}\boldsymbol{PL}$，$\boldsymbol{P}$ 为权值矩阵。用解求所得变换系数 a、b 和 c 对每幅影像进行整体纠正，即得到色彩均衡的结果影像。

可见，光束法区域网平差运用于空中三角测量的数学模型是共线方程，即摄影中心点、像点、物方点三点共线，平差单元是每个摄影光线束，原始观测值是像点坐标，未知数是每幅影像的外方位元素和待定点的坐标。在航空影像色彩均衡中，区域网平差的数学模型约束条件是重叠区域的灰度值相等，平差单元是每个重叠区域，原始观测值是重叠区域的灰度值，未知数是每幅影像的灰度变换系数。

测区内影像色彩均衡需要对影像重叠区域中完全重合的有效像素进行筛选，作为有效的灰度参考信息，筛选的方法是必须在纹理特征上去除辐射的影响（Ding 等，2008）。选取有效像素在某种程度上仍然是同名点的匹配问题，可以利用诸如 SIFT 等匹配方法获得。

在式（5-117）给出的方程中，X 代表影像在重叠区域的灰度，通常取作灰度均值，具体来说，取每一块重叠区域内有效像素的灰度均值作为这一区域的灰度值。航空影像中通常航向方向的重叠度大于旁向重叠度。对不同的重叠区域，面积大小有所区别，如图 5.82 中所示。重叠区域面积的大小代表了两幅影像的连接强度，决定了其对整个测区的影响力：重叠区域的面积越大，对整个测区的约束力越强，重叠区域的面积越小，对整个测区的约束力越弱。因此，可以根据重叠区域面积的大小对不同的观测值赋予权值，以得到更为可靠的结果。

影像区域面积的大小可以通过像素的数量来表征，这里应该用上一节中选取的重叠区域中有效像素的数量来表示。观测值是每幅影像与其他任意影像的重叠区域内的有效像素的灰度均值 X_{kl}，对应的权矩阵为公式（5-120）。

$$\boldsymbol{P} = \begin{bmatrix} p_{01} & & & & & & & & \\ & p_{02} & & & & & & & \\ & & \cdots & & & & & & \\ & & & p_{0,\,W-1} & & & & & \\ & & & & p_{12} & & & & \\ & & & & & p_{13} & & & \\ & & & & & & \cdots & & \\ & & & & & & & p_{1,\,W-1} & \\ & & & & & & & & \cdots \end{bmatrix} \tag{5-120}$$

式中，$p_{kl} = \left(\sum\limits_{|R_{kl}-1|<\varepsilon} 1\right)\Big/\left(\sum\limits_{k,\,l}\sum\limits_{|R_{kl}-1|<\varepsilon} 1\right)$，即影像 k 与影像 l 的重叠区域内有效像

素的数量除以测区内所有重叠区域的有效像素的总数量。

公式(5-117)给出了方程的基本形式，在具体运用时，对影像分 R、G、B 三个通道分别进行解算，方程的实际形式如下：

$$\left.\begin{array}{l} a_i R_{ij}^2 + b_i R_{ij} + c_i - a_j R_{ji}^2 - b_j R_{ji} - c_j = 0 \\ a_i G_{ij}^2 + b_i G_{ij} + c_i - a_j G_{ji}^2 - b_j G_{ji} - c_j = 0 \\ a_i B_{ij}^2 + b_i B_{ij} + c_i - a_j B_{ji}^2 - b_j B_{ji} - c_j = 0 \end{array}\right\} \tag{5-121}$$

其中，R_{ij}、G_{ij}、B_{ij} 分别表示影像 i 与影像 j 的重叠区域在影像 i 上 R、G、B 三个通道的灰度均值，R_{ji}、G_{ji}、B_{ji} 分别表示影像 i 与影像 j 的重叠区域在影像 j 上 R、G、B 三个通道的灰度均值，二者均通过统计的有效像素计算得到；$i = 0$，1，2，$\cdots$，$W - 1$，$j = i + 1$，$i + 2$，$\cdots$，$W - 1$，W 为影像总数量。例如 $W = 4$ 时，假设所有影像均存在两两重叠的关系，在 R 通道上的误差方程为：

$$\left\{\begin{array}{l} v_{01} = R_{01}{}^2 a_0 + R_{01} b_0 + c_0 - R_{10}{}^2 a_1 - R_{10} b_1 - c_1 \\ v_{02} = R_{02}{}^2 a_0 + R_{02} b_0 + c_0 - R_{20}{}^2 a_2 - R_{20} b_2 - c_2 \\ v_{03} = R_{03}{}^2 a_0 + R_{03} b_0 + c_0 - R_{30}{}^2 a_3 - R_{30} b_3 - c_3 \\ v_{12} = R_{12}{}^2 a_1 + R_{12} b_1 + c_1 - R_{21}{}^2 a_2 - R_{21} b_2 - c_2 \\ v_{13} = R_{13}{}^2 a_1 + R_{13} b_1 + c_1 - R_{31}{}^2 a_3 - R_{31} b_3 - c_3 \\ v_{23} = R_{23}{}^2 a_2 + R_{23} b_2 + c_2 - R_{32}{}^2 a_3 - R_{32} b_3 - c_3 \end{array}\right. \tag{5-122}$$

上式的矩阵形式为：$\boldsymbol{V} = \boldsymbol{B}\boldsymbol{X} - \boldsymbol{L}$，其中：

$$\boldsymbol{B} = \begin{bmatrix} R_{01}^2 & R_{01} & 1 & -R_{10}^2 & -R_{10} & -1 & 0 & 0 & 0 & 0 & 0 & 0 \\ R_{02}^2 & R_{01} & 1 & 0 & 0 & 0 & -R_{20}^2 & -R_{20} & 0 & 0 & 0 & 0 \\ R_{03}^2 & R_{01} & 1 & 0 & 0 & 0 & 0 & 0 & 0 & -R_{30}^2 & -R_{30} & -1 \\ 0 & 0 & 0 & R_{12}^2 & R_{12} & 1 & -R_{21}^2 & -R_{21} & -1 & 0 & 0 & 0 \\ 0 & 0 & 0 & R_{13}^2 & R_{13} & 1 & 0 & 0 & 0 & -R_{31}^2 & -R_{31} & -1 \\ 0 & 0 & 0 & 0 & 0 & 0 & R_{23}^2 & R_{23} & 1 & -R_{32}^2 & -R_{32} & -1 \end{bmatrix} \tag{5-123}$$

$$X = \begin{bmatrix} a_0 & b_0 & c_0 & a_1 & b_1 & c_1 & a_2 & b_2 & c_2 & a_3 & b_3 & c_3 \end{bmatrix}^{\mathrm{T}}$$

$$L = O$$

按照最小二乘原理 $\boldsymbol{V}^{\mathrm{T}}\boldsymbol{P}\boldsymbol{V} = \min$，$\boldsymbol{P}$ 为非奇异，得到法方程见公式(5-124)，其中，$\boldsymbol{N} = \boldsymbol{B}^{\mathrm{T}}\boldsymbol{P}\boldsymbol{B}$，$\boldsymbol{W} = \boldsymbol{B}^{\mathrm{T}}\boldsymbol{P}\boldsymbol{L}$。

$$\boldsymbol{N}\hat{x} = \boldsymbol{W} \tag{5-124}$$

根据影像数量为 4 的观测方程可知，未知数个数为 12，即 $u = 12$，误差方程的系数阵的秩为 $t = R(B) = 6$，此时，法方程(5-124)的系数阵 $\boldsymbol{R}(N) = R(\boldsymbol{B}^{\mathrm{T}}\boldsymbol{P}\boldsymbol{B}) = \boldsymbol{R}(B) = t < u$，即 N 奇异，法方程具有无穷多组解。

扩展到一般情况，对影像数量为 W 的测区，一般影像的航向重叠度为 3，旁向重叠度为 2，即一幅影像与 3 幅影像存在重叠区域，考虑到两两重复，一共可建立 $3W/2$ 个重叠关系：$t = 3W/2$，而对 W 幅影像，每幅影像有 3 个变换参数，即 $3W$ 个待求未知数；$u =$

$3W$。显而易见，$t < u$，存在秩亏现象。如果网中不存在必要的起始数据或不设置基准约束条件，则存在秩亏自由网平差问题（Zhang 等，2012）。

为了在秩亏自由网中解算得到未知参数的唯一解，必须引入一定的基准约束条件（崔希璋等，2009）。同时，对测区多幅影像进行色彩均衡处理时需要设置色彩参考，一般选择以一幅或多幅影像作为基准影像，对其他影像进行纠正，使其色彩向基准影像的色彩靠近。

对于每幅基准影像，由于不需要改正，其对应的灰度变换系数的值是已知的，即 $a = c = 0$，$b = 1$。误差方程（5-122）中存在确定的未知数，此时可以在矩阵中添加条件方程来控制解算，见公式（5-125）。

$$\begin{bmatrix} \boldsymbol{B} \\ \boldsymbol{C} \end{bmatrix} \boldsymbol{X} = \begin{bmatrix} \boldsymbol{L} \\ \boldsymbol{L}_C \end{bmatrix} \tag{5-125}$$

当影像 k 是基准影像时，对应的 $\boldsymbol{C}_k$ 为 3×3 的单位阵，$\boldsymbol{L}_{C_k} = \begin{bmatrix} 0 & 1 & 0 \end{bmatrix}$。

5.4.2　镶嵌线自动生成

镶嵌线又称为拼接线，是正射影像镶嵌过程中必须首先完成的重要步骤，它将大范围正射影像划分成为相互独立的多边形区域，每个多边形区域对应一幅独立的正射影像，并且表示了相邻影像之间的重叠关系。

1. 基于 Voronoi 图的镶嵌线自动生成

顾及重叠的面 Voronoi 图允许面之间具有重叠，是对重叠区域归属的重新划分，且这种划分是没有冗余的、无缝的，满足无人机低空影像镶嵌的需求，因此将其应用于大范围影像镶嵌处理所需要的接缝线网络的自动生成中，这种接缝线网络的自动生成方法可对各影像覆盖范围进行有效的划分，形成每幅影像的有效镶嵌多边形，可保证镶嵌处理的灵活性与效率，避免中间结果的产生，处理结果也与影像的顺序无关。

顾及重叠的面 Voronoi 图拼接线网络生成主要包括四个步骤：首先需要获取各正射影像的有效范围，形成一个面集；接着生成该面集的顾及重叠的面 Voronoi 图，得到各正射影像范围的 Voronoi 多边形；然后求出各 Voronoi 多边形之间的公共边，即每段接缝线，各段接缝线彼此相互连接就构成了初始的接缝线网络；最后，在生成初始的接缝线网络之后还需要对其进行优化，以获得更好的镶嵌处理效果。具体描述如下：

1）获取正射影像有效范围

获取的影像数据在进行正射纠正的过程中会有一定的旋转，但是由于影像必须按矩形存储，旋转之后没有影像数据的地方一般用小的灰度级或大灰度级填充（对于 8 位影像，即用 0 或者 255 来进行填充）。如果不限定正射纠正的范围，对获取的整幅影像进行纠正的话，这样得到的正射影像的范围并不代表实际的有效范围，四周会存在一些无效像素区域，即没有被影像内容覆盖的区域。这些无效像素区域包含在正射影像的范围内，会对接缝线的生成造成影响。如果生成的接缝线落入某幅正射影像的无效像素区域，则该正射影像的有效镶嵌多边形中也会存在这样的无效像素区域，这会使获得的镶嵌结果中也存在一些不被影像内容所覆盖的无效像素区域，并使镶嵌结果不能反映地物的真实情况。但实际上这些区域在其他一些影像上并不是无效像素区域，也就是说，存在覆盖这些区域的影像内容，只是由于影像中无效像素区域的影响，生成的接缝线落入了这些无效的像素区域。因此在进行接缝线网络生成之前，首先需要确定每幅影像的有效范围，将因正射纠正引入的无效像素区域排除。考虑到正射影像边缘部分可能会存在没有影像值的无效区域，本研究采用四边形来近似地表示正射影像的有效范围（矩形是特例）。又由于无效像素区域只可能位于影像四周的外围区域，因此首先采用边界跟踪的方法获得影像有效范围的外轮廓点集，然后采用 Hough 变换的方法检测外轮廓的直线边缘，再根据直线边缘获得影像有效范围的近似四边形。实际上，在实际应用中采用四边形能够很好地对影像的有效范围近似，误差可以忽略不计，同时又极大地减少了 Voronoi 多边形生成时的计算量。

图 5.83 显示了一个正射影像有效范围确定的例子。图 5.83(a)是一幅含有无效像素区域的正射影像，图 5.83(b)是该影像采用边界跟踪方法获得的有效范围的外轮廓示意图，图 5.83(c)是基于跟踪得到的有效范围的外轮廓点集，采用 Hough 变化得到的有效范围的四边形的示意图。

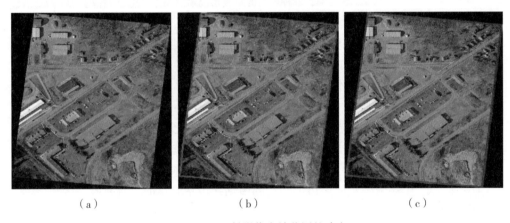

（a）　　　　　　　　　（b）　　　　　　　　　（c）

图 5.83　正射影像有效范围的确定

2）顾及重叠的面 Voronoi 多边形的生成

根据顾及重叠的面 Voronoi 图的定义，Voronoi 图的生成首先需要计算每两个重叠影像间的平分线，然后据此计算各正射影像范围的 Voronoi 多边形。

（1）计算重叠影像间的平分线。

考虑到航空影像是沿航带顺序获取的，所获取的影像范围排列比较规则，各幅影像的大小也大致相当，故相邻影像有效范围的重叠情况也较为简单，因此假定各种相邻影像有效范围的重叠情况如图 5.84 所示，即重叠区域分别为三角形、四边形或者五边形。

这种假定在正射影像产品生成过程中总是可以满足的，因为航空影像都是按航带获取的，纠正之后得到的正射影像有效范围的大小以及排列都比较规则，相邻影像间的重叠情况也较为简单。对于其他应用中的影像镶嵌处理，如果相邻影像有效范围的重叠情况比较复杂，需要将其分解为几个多边形之间简单重叠的组合，保证相邻多边形的边的交点只有2个，然后再按下面的方法分别计算多边形之间的平分线。根据顾及重叠的面 Voronoi 图的定义知，重叠影像间的平分线上的点到两影像非重叠部分的距离相等。由于两影像非重叠部分的边界也就是重叠区域的边界，因此这样的点实际上是属于重叠区域边界的中轴，也就是说重叠影像间的平分线是重叠区域多边形的中轴的一部分。

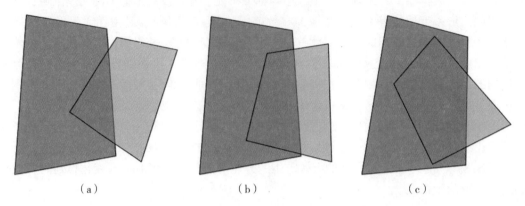

图 5.84　各种可能的重叠情况示意图

多边形中轴的定义为到多边形两边或两边以上的距离相等的点的轨迹。即中轴上的点是至少与多边形的两条边相切的圆的圆心。图 5.85 给出了两个多边形的中轴示意图，多边形内部的虚线即为中轴，其中图 5.85(a)是一个矩形的中轴的例子，图 5.85(b)是一个 7 个顶点的凸多边形的例子。中轴具有三个特点：

①中心性：中轴必须在多边形内部的中间，是到多边形两条或两条以上边距离相等的点轨迹；

②连续性：如果多边形本身是连通的，那么中轴线必须是连续的；

③唯一性：对于一个确定的多边形，它的中轴线也是确定的，且是唯一的。

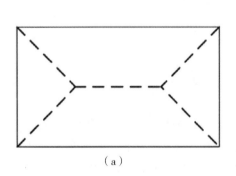
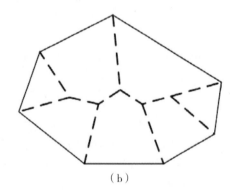

图 5.85　中轴示意图

显然，根据中轴的定义，重叠影像间的平分线是重叠区域多边形的中轴的一部分。因此本项目参考凸多边形中轴的计算方法，给出了重叠影像间的平分线的计算方法，图 5.86 是基于中轴的重叠影像间平分线计算的示意图，具体步骤如下：

① 对多边形的顶点逆时针编号为 P_0，P_1，$\cdots$，P_N，作出各顶点角的角平分线，P_0、

P_1 角平分线的交点记为 q_1，P_1、P_2 角平分线的交点记为 q_2，依次类推，P_N、P_0 角平分线的交点记为 q_N；

② 依次计算 $q_i(i=0,1,2,\cdots,N)$ 到其对边（即 $P_i P_{i+1}$）的距离 d_1，d_2，$\cdots$，d_N；

③ 计算 $d=\min(d_1,d_2,\cdots,d_N)$，令 $d=d_1$，即将顶点按逆时针方向重新排序，使得 q_1 到对边的距离短。当小者不止一个时，可任选一个作为 d_1；

④ 从顶点 P_0 开始，令 $\mathrm{axis}=P_0$；$m=l$，$n=N$；分别求 P_i 的角平分线与顶点角 P_m 与 P_n 角分线的交点 Point_m，Point_n；

⑤ 如果距离 $d(\mathrm{Point\_m},\mathrm{axis})\leqslant d(\mathrm{Point\_n},\mathrm{axis})$，则 $\mathrm{axis}=\mathrm{Point\_m}$，$m++$；如果距离 $d(\mathrm{Point\_m},\mathrm{axis})>d(\mathrm{Point\_n},\mathrm{axis})$，则 $\mathrm{axis}=\mathrm{Point\_n}$，$n--$；记录中轴的折点 axis，对其编号 R_1，R_2，$\cdots$，R_N；在记录中轴的折点时，将与其相连的各顶点号也相应记录下来，如 R_1 对应 P_1、P_2，R_2 至 R_{N-1} 各对应一个顶点，R_N 对应两个顶点。计算线段 $P_m P_{m+1}$，$P_n P_{n-1}$ 夹角的角平分线 teml（如果 $n=N$，则 $n-1=0$），计算角平分线 teml 和顶点角 p_{m+1}，p_n 角分线的交点记为 Point_m，Point_n；

⑥ 循环执行步骤⑤，直至 $m=n$，即得到所有折点；

⑦将相邻影像有效范围的多边形的边之间的两个交点分别记为 startPoint 和 endPoint；

⑧对各折点对应的顶点号遍历，找出 startPoint、endPoint 对应的折点 R_i，R_j，若 $i=j$，则平分线就是 startPoint，Ri，endPoint 的连线；若 $i<j$，则平分线就是 startPoint，R_i，R_{j+1}，$\cdots$，R_j，endPoint 的连线；若 $i>j$，则平分线就是 startPoint，R_i，R_{j+1}，$\cdots$，R_j，endPoint 的连线。如图 5.86 所示，其中 startPoint 到 endPoint 之间的虚线所示的折线段即为所求的平分线。

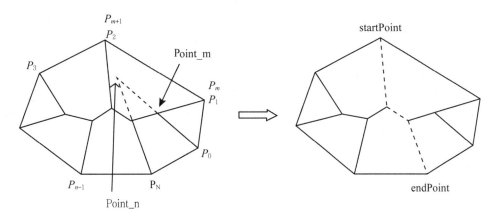

图 5.86　基于中轴的重叠影像间的平分线计算示意图

（2）生成 Voronoi 多边形。

得到每两个重叠正射影像间的平分线之后，还需要在此基础上生成各正射影像所属的 Voronoi 多边形，形成 Voronoi 图，以对所有正射影像的有效范围进行划分。对每幅正射影像，在生成其所属的 Voronoi 多边形时，需要根据与其具有重叠的正射影像间的平分线，依次对其有效范围进行划分，具体生成过程如下：

①依次计算重叠正射影像间的平分线。

②对一幅正射影像，依次用与其具有重叠的正射影像间的平分线去裁剪其有效范围。每次裁剪结果作为下一次裁剪操作的输入数据。这样一幅正射影像的有效范围就被不断地划分成一个多边形，即该正射影像所属的 Voronoi 多边形。

③对每幅正射影像都按上一步的操作进行裁剪处理，计算出每幅正射影像所属的 Voronoi 多边形，这样就形成了整个区域的 Voronoi 图，所有正射影像的有效范围就被分割成互不重叠的 Voronoi 多边形。在 Voronoi 多边形的生成过程中，第②步用重叠正射影像间的平分线去裁剪正射影像的有效范围时，裁剪操作参考多边形裁剪算法，其主要思想是：对某一正射影像有效范围的多边形，用其与相邻影像间的平分线对其进行裁剪时，以重叠区域为参考来确定出点和入点，出点和入点成对出现，由入点开始沿平分线追踪，当遇到出点时跳转至影像有效范围的多边形继续追踪，如果再次遇到入点则跳转至平分线继续追踪。重复以上过程，直至回到起始入点，即完成了裁剪操作，追踪到的点即为裁剪结果多边形。裁剪过程用到以下相关的几个定义：a. 多边形的边的方向与内外区域的关系——多边形边的方向就是多边形顶点的输入顺序，如果多边形的边的方向是顺时针的（即多边形的顶点是以顺时针的顺序输入的），则在沿着多边形的边走时，右侧区域为多边形的内部；相反，如果多边形的边的方向是逆时针的，则在沿着多边形的边走时，左侧区域为多边形的内部。b. 入点和出点的定义——设 I 是多边形 S 和 C 的一个交点，如果 S 沿着 S 的边界的方向在 I 点从 C 的外部进入 C 的内部，则称 I 为对于 C 的一个入点。反之，如果 S 在 I 点从 C 的内部出到 C 的外部，则称 I 为对于 C 的一个出点。

④ 入点和出点的判定。假设多边形 S 的一条边 S_iS_{i+1} 与另一多边形 C 有交点，当点 S_i 是 C 的外点时，则沿着 S 的走向，边 S_iS_{i+1} 与 C 的第一个交点 I 必是 C 的入点；而当 S_i 是 C 的内点时，I 必是 C 的出点。由于沿着 S 的边界对于 C 的入点和出点是交替出现的（两多边形的边重合或者两多边形在顶点处相交的情况除外），所以只需判断第 1 个交点是入点还是出点，其他交点的进出性则可依次确定。

平分线裁剪影像范围的示意图如图 5.87 所示。图中影像 A 和影像 B 的有效范围为矩形，矩形中点的顺序为顺时针方向，a 和 d 点是两个影像有效范围的矩形的交点，折线段

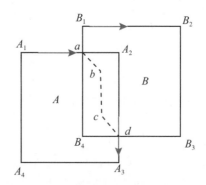

图 5.87　平分线裁剪影像有效范围的示意图

abcd 是两影像间的平分线。当用平分线去裁剪影像 A 的有效范围时，对重叠区域 $a-A_2-d-B_4$ 而言，a 点是入点，d 点是出点。从入点 a 开始追踪，沿平分线 $a \to b \to c \to d$，由于 d 点是出点，转至影像的有效范围的多边形继续追踪，$d \to A_3 \to A_4 \to A_1 \to a$，回到初始的入点 a，追踪结束，得到裁剪结果多边形 $a \to b \to c \to d \to A_3 \to A_4 \to A_1 \to a$。同理，当平分线 *abcd* 去裁剪影像 B 的有效范围时，可得裁剪结果多边形为 $a \to b \to c \to d \to B_3 \to B_2 \to B_1 \to a$。

Voronoi 多边形的生成示意图如图 5.88 所示。图 5.88(a)左侧为三幅影像 A、B、C 的影像范围排列示意图，三幅影像之间相互重叠，虚线 S_{AB} 为影像 A、B 之间的平分线，S_{AC} 为影像 A、C 之间的平分线，S_{BC} 分别为影像 B、C 之间的平分线。图 5.88(a)右侧为这三幅影像生成的 Voronoi 多边形的示意图。图 5.88(b)是影像 A 所属的 Voronoi 多边形的生成过程。生成影像 A 所属的 Voronoi 多边形需要影像 A、B 之间的平分线 S_{AB} 和影像 A、C 之间的平分线 S_{AC}。影像 A 的有效范围首先被 S_{AB} 裁剪，得到的结果多边形再被 S_{AC} 裁减，就得到了影像 A 所属的 Voronoi 多边形。对于影像 B、C，可采用同样的方法得到其所属的 Voronoi 多边形。

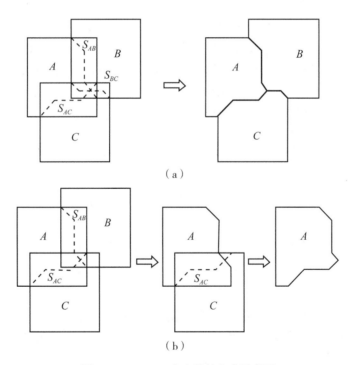

图 5.88　Voronoi 多边形的生成示意图

(3)生成初始接缝线网络。

接缝线网络是各单独的接缝线相互连接而形成的网络。接缝线网络一方面起到了划分所有正射影像覆盖范围的作用，另一方面它是随后进行的羽化和色彩过渡处理的基础。在生成 Voronoi 多边形之后，计算每两个相邻的 Voronoi 多边形的公共边，就得到每一段接缝线。各段接缝线彼此相连就构成了初始的接缝线网络，它实际上是所有 Voronoi 多边形中除开影像有效范围边界的 Voronoi 边的集合。在获得初始的接缝线网络之后，还需在此基础上同时构建每段接缝线与 Voronoi 多边形(也就是有效镶嵌多边形)、影像以及重叠区域之间的拓扑关系、从属关系，即确定每段接缝线相邻的有效镶嵌多边形，每个有效镶嵌多边形所属的影像，以及每段接缝线所属的重叠区域，每个重叠区域相关的影像等，为后续的接缝线网络优化和镶嵌处理奠定基础，使得在进行接缝线网络和镶嵌处理时可以方便地获得相关的影像、重叠区域、接缝线以及有效镶嵌多边形。由于采用了这种顾及重叠的面 Voronoi 图，这些接缝线与 Voronoi 多边形(也就是有效镶嵌多边形)、重叠区域，以及影像之间的拓扑关系、从属关系等都变得很容易构建。不过，这样获得的接缝线网络是从几何意义上对整个镶嵌范围进行的划分，就每一段接缝线而言，它们没有考虑到场景的内容，并不是优的接缝线。在相邻正射影像的重叠区域内，没有被包含在 DTM 中的目标或者错误建模的目标在不同的正射影像中会出现在不同的位置，即存在几何差异，同时也存在辐射差异，这些都会给镶嵌处理带来困难。优的接缝线应该位于辐射差异小的部分，并且避免穿越存在几何差异的目标。因此，对于初始的接缝线网络，还需要进行优化调整。

3)接缝线网络的优化

基于顾及重叠的面 Voronoi 图生成的初始接缝线网络只是基于几何信息生成的粗略的接缝线，还需要根据重叠区影像的内容来进行优化。接缝线网络的优化是为了使生成的接缝线能够避免穿越影像重叠部分差异较大的区域。优化内容包括 Voronoi 顶点(也就是多条单独的接缝线的交点)的优化和单独的接缝线的优化。

Voronoi 顶点的优化在相应的多度重叠区域内进行，寻找多幅影像间差异小的像素。假定 Voronoi 顶点位于 n 度重叠区域 A，也就是说存在 n 幅($n \geq 3$)影像，它们具有共同的重叠区，像素 (x, y) 是 n 度重叠区域中的一个像素，则该像素处 n 幅影像间的差异定义为：

$$D(x, y) = \max_{i, j=1, \cdots, n, i \neq j} D_{ij}(x, y) \tag{5-126}$$

式中，$D_{ij}(x, y)$ 是影像 i 和影像 j 在像素 (x, y) 处的差异，其定义如下：

$$D_{ij}(x, y) = \max_{k=1, \cdots, n} |F_i^k(x, y) - F_j^k(x, y)| \tag{5-127}$$

式中，k 是影像的序号。优化后的 Voronoi 顶点为：

$$V(x, y) = \min_{(x, y) \in A} D(x, y) \tag{5-128}$$

单独的接缝线的优化在影像的重叠区域内进行。本研究采用 bottleneck 模型来解决这个问题。它实际上是一个从起点到终点的路径寻找问题。一条路径就是一条简单的从起点到终点的路径，每条接缝线的优化就是寻找一条影像间差异尽可能小的路径。设影像 i 为左影像，影像 j 为右影像，则每条路径的代价定义为：

$$f(PS) = \max D_{ij}(x, y)(x, y) \in PS \tag{5-129}$$

接缝线的优化就是寻找一条能使 $f(PS)$ 小化的路径。其中 $D_{ij}(x, y)$ 是影像 i 和影像 j 在像素 (x, y) 处的差异。

为了提高搜索具有小代价的路径的效率，采用二分算法。设搜索路径代价的上限值和下限值分别为 g 和 h(对于 8 位的影像数据，糟糕的情况取值分别为 0 和 255)，当前搜索

值 z 是搜索区间的中点，即 $z = (g + h)/2$。首先依据起点和终点，在左右影像的重叠区域内寻找代价为 z 的路径是否存在。如果存在，则搜索路径代价的上限值变为 z；如果不存在，则搜索路径代价的下限值变为 $z + 1$。搜索的次数不会超过 $\log_2(h - g)$，对于 8 位的影像数据，搜索不会超过 8 次即可找到具有小代价的路径。通常搜索获得的路径并不简单，某些像素具有两个以上的相邻像素，而且这样的路径是在栅格形式下获取的，当将其转换为矢量形式的时候，太多的点会增加镶嵌处理的负担。因此本研究采用 Douglas-Peuker 算法对搜索获得的路径进行简化。这样就完成了接缝线的优化，此时相应的 Voronoi 多边形，也就是有效镶嵌多边形也应该同时被更新。采用这种方式生成接缝线网络，便于构建无缝的镶嵌影像。对于每幅正射影像，根据其有效镶嵌多边形，将有效镶嵌多边形内的像素写入镶嵌结果影像中的相应位置，丢掉有效镶嵌多边形之外的像素。然后沿着接缝线进行平滑处理，消除明显的接缝，就可以获得无缝的镶嵌影像。如果影像间存在明显的几何差异，还需要在镶嵌时沿着接缝线进行局部几何改正处理；如果影像间存在明显的辐射差异，还需要在镶嵌之前进行色彩一致性处理，以减小这种差异，在不同影像间实现色彩平衡。

图 5.89(a) 是采用上述无优化方法得到的镶嵌线自动生成效果图，而图 5.89(b) 包含优化处理的镶嵌线自动生成效果图。

（a）

（b）

图 5.89　基于 Voronoi 图的拼接线网络生成

2. 基于图割方法的正射影像镶嵌线生成

基于图割理论进行拼接线搜寻的方法，首先利用数字表面模型辅助建立重叠区域影像的能量图，再建立图并利用图割算法对图进行优化，最终从图割的标记图上获得镶嵌线。

1）图割方法概述

图割作为一种基于图论的组合优化技术，是计算机视觉领域研究的热点之一。该方法能在能量函数上收敛至全局最小，且具有较强的鲁棒性，被广泛应用于影像分割、影像恢复、目标识别等领域。图割通过将图像映射为网络，利用最大流最小割算法求网络的最大流量，并同时对网络中的节点进行标号，以此得到分割结果。最大流最小割算法能保证最终的割为网络中的最小割，也就是得到目标函数的最小值。假设有一张能量影像 I，可以将其映射为有向非负权边图 $G = (V，E)$，其中 $V = P \cup S \cup T$，代表图 G 中的顶点，P 代表影像 I 中的像素点，S 和 T 分别代表源点和汇点。E 代表图中的边界，其中包含两类，一类边界 E_P 表示相邻节点 P 直接的连接边，另一类边界 E_D 代表 P 节点与源点 S 和汇点 T 之间的连接边。图割的目标就是从图 G 中找出最小割 C_{min}，使得被割断的边界 E_P 间的权重之和最小。L. Ford 和 D. Fulkerson 证明网络中的最小割和最大流相等，由此该问题转化为求网络流中的最大流问题。如图 5.90 所示，图(a)中绿色节点 S 代表源点，红色节点 T 代表汇点，灰色节点代表普通像素点。绿色的边为像素节点与源点连接，红色的边代表像素节点与汇点的连接，黑色的边代表像素节点之间的连接。通过最大流最小割算法，可以寻找出代价最小的割 C_{min}（如图(b)中蓝色虚线所示），并在算法过程中对像素进行标记，得到最终的分割结果。

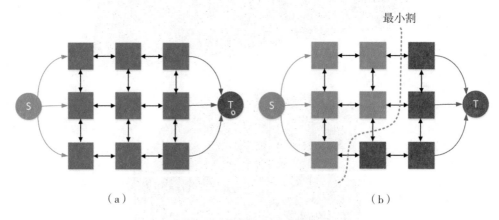

（a）　　　　（b）

图 5.90　图割算法示意图

本方法尝试着联合影像色彩信息和 DSM 高程信息建立能量图，并利用图割算法计算拼接线，旨在提高正射影像镶嵌的自动化程度。算法分为三个部分，首先介绍相邻正射影像重叠区域的能量图生成，然后介绍图的构建策略，最后利用图割算法对图进行分割标记，通过矢量化标记图即可得到拼接线。

2）镶嵌的原理和方法

(1) 正射影像重叠区域能量图计算。

　　高于地面的地物会在不同视角下拍摄的影像上会形成视差，在正射影像的生产中使用的数字高程模型不包含建筑物等地物的高程信息，因此，在正射影像重叠区域往往会产生纹理差异。纹理差异在大部分情况下会造成伴随着色差，但是当建筑物侧面和顶部色彩没有明显区别时，重叠区域影像的色差并不明显，因此仅考虑影像色彩差异的拼接线搜索算法并不可靠。为了尽可能客观地描述正射影像重叠区域的差异，本文综合考虑了色差、梯度差和高程梯度因素。对于重叠区域的每一个像素，定义如下能量公式：

$$E = \alpha D_c + \beta D_g + \gamma H_g \tag{5-130}$$

式中，D_c 表示归一化的重叠区域影像色差，D_g 表示归一化的重叠区域影像梯度差，H_g 表示归一化的高程梯度。而 α，β，γ 分别表示三个分量的权重系数。一般情况下，色差和梯度差的权重相同，其权系数取相同值（例如，$\alpha = \beta = 1$）；高程信息对于拼接线绕过建筑物具有较重要的意义，可以取 $\gamma = 2\alpha$，当影像拼接缺少 DSM 辅助时，$\gamma = 0$。如图 5.91 所示，用两张相邻的正射影像和其重叠区域对应的 DSM 可以生成能量图。

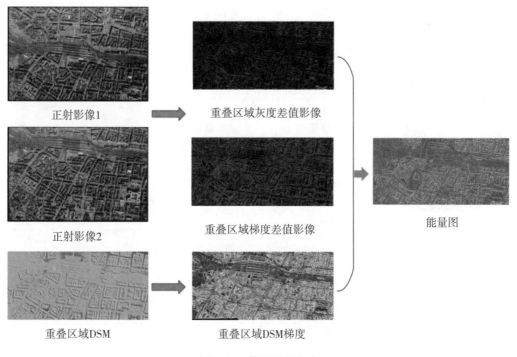

图 5.91　能量图的生成

（2）图的建立。

　　在上节已经介绍，图定义为 $G = (V, E)$，其中包含两类节点和两类边。影像中的每一个像素都可以作为图中的一个像素顶点，而相邻像素顶点直接的连接边权重定义为：

$$W_{i,j} = P_i + P_j \tag{5-131}$$

　　式中，i，j 为相邻像素的索引号，P_i，P_j 表示像素在能量图上的能量值。$W_{i,j}$ 表示由像素 i 到像素 j 的权重，且 $W_{j,i} = W_{i,j}$。

对于一般的图割问题，源点和汇点与像素顶点之间的连接权重需要一定的先验知识，否则无法进行图割优化。但对于正射影像镶嵌而言，并不具有这样的先验知识，因此，本方案采用一种最邻近策略来设定像素顶点与源点和汇点间的连接权重。对于两张相邻的正射影像 I_1 和 I_2，重叠区域为 I_S，假如像素顶点 x 任意不属于 I_s 的四邻域内邻接像素 N_x 都属于 I_1，则源点与 x 的连接边权重为 ∞，否则源点与 x 之间没有连接，即连接权重为 0。假设像素顶点任意不属于 I_s 的四邻域内邻接像素 N_x 都属于 I_2，则汇点与 x 的连接边权重为 ∞，否则连接权重为 0。这样，就确定了图 $G = (V, E)$ 中的所有元素。像素顶点与源点和汇点的连接权重可由下式表述：

$$S(x) = \begin{cases} \infty, & if(\forall N_x \notin I_s, N_x \in I_1) \\ 0, & \text{otherwise} \end{cases}$$

$$T(x) = \begin{cases} \infty, & if(\forall N_x \notin I_s, N_x \in I_2) \\ 0, & \text{otherwise} \end{cases} \tag{5-132}$$

式中，$S(x)$ 表示像素顶点 x 与源点的连接边权重，$T(x)$ 表示像素顶点 x 与汇点的连接边权重，N_x 表示像素顶点 x 在四邻域内的邻接顶点。如图 5.92 所示，图(a)中两个重叠范围的两张正射影像，根据前文介绍的能量计算方法和连接权重计算方法，可以将重叠区域影像映射为图，如图 5.92(b)所示。

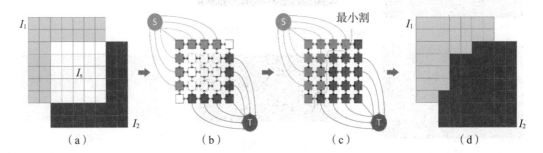

图 5.92　正射影像重叠区域计算镶嵌线过程

(3)图割优化。

在上节中已经建立了待优化的图。基于图割的能量优化目标是寻找使能量函数最小时的标记图，一般情况下，能量函数可以表示为：

$$E(L) = \sum_{x \in I_S} D(L_x) + \sum_{(x, y) \in N} W(L_x, L_y) \tag{5-133}$$

式中，$L = \{L_x \mid x \in I_s\}$ 是重叠影像 I_s 的标记影像，$E(L)$ 为该标记图所产生的代价。函数 $D(\cdot)$ 为标记的代价函数，如图 5.92(b)中，与源点 S 相连的权重为 ∞，如果将这些点标记为源点的子节点，则代价为 0，相反，如果标记为汇点 T 的子节点，则产生的代价为 ∞，也即这些点最终一定会被标记为源点 S 的子节点。$W(\cdot)$ 函数为相邻两节点被标记为具有不同父节点时的代价函数，假设相邻两像素被标记为具有相同的父节点（S 或 T），则产生的代价为 0，否则产生的代价为两个像素顶点的连接权重。

至此，实施图割算法所需的能量函数和图都已建立，利用标准的图割优化算法就可以获取标记影像，如图 5.92(c)所示。按照标记图对重叠区域的像素进行替换，就可以得到镶嵌影像标记图(如图 5.92(d)所示)。对标记图进行边缘跟踪即可求得镶嵌线，在栅格影像上跟踪获取的拼接线节点数量比较大且细碎，因此可以采用矢量压缩算法对镶嵌线结果进行压缩，以获得更加简洁的镶嵌线。

3)实验分析

实验采用的数据集为 ISPRS 标准数据集 Katowice (Poland)数据(已经预处理生成了单片正射影像)，其缩略图如图 5.93 所示，两幅影像大小分别为 6224×4080 和 6208×4071。

图 5.93 测试数据的缩略图

将实验结果和现有的摄影测量专业软件 Inpho 的镶嵌模块 OrthoVista 进行对比，定性的对比结果如图 5.94 所示，其中图 5.94(a)为文中提出的方法结果及部分细节，图 5.94 (b)为 OrthoVista 软件得到的结果及部分细节。从整体而言，本研究提出的方法和 OrthoVista 都很好地绕过了显著地物，镶嵌线都从道路或裸地上面穿过且不存在镶嵌缝。从细节上看，如图中细节 1 和细节 2，本研究提出方法的镶嵌线优于 OrthoVista，未出现镶嵌线穿过房屋的情况。图 5.94(c)为在能量图中不加入 DSM 约束时的效果图，可以看出大部分区域镶嵌线结果与图 5.94(a)一致，这是由于在裸地和道路处，DSM 梯度几乎为 0。但是在一些房屋与地面色彩接近的区域，DSM 对镶嵌线的走向就起到了很好的引导作用，如细节 3 和细节 4 所示，不加入 DSM 约束时，镶嵌线会穿过房屋，而在有 DSM 能量约束的情况下，镶嵌线可以很容易地绕过房屋而从地面上走过。

5.4.3 多分辨率融合

多分辨率融合算法是一种基于塔式结构的颜色融合算法，该算法最早由 Burt 和 Adelson 于 1983 年提出，并首先被应用到两幅图像拼接的平滑处理中，取得了显著效果。其原理是：若两幅图像的带宽为一个倍频程，那么这两幅图像在拼接时的缝合线两边就能实现平滑过渡，而不会出现"鬼影"和曝光差异。将待拼接的原图像先分别分解成一系列带宽近似为一个倍频程的图像(称为拉普拉斯图像)；然后将对应的每一层的拉普拉斯图像进行融合拼接；最后将所有层的融合图像相加重构成一层，便可得到经过多分辨率融合的拼接图像。

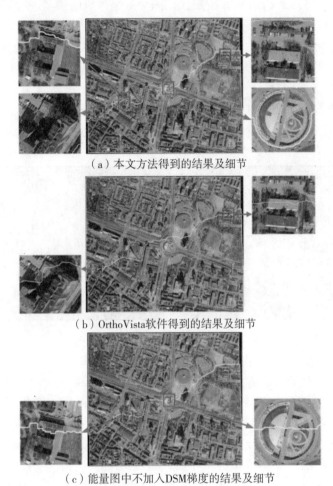

（a）本文方法得到的结果及细节

（b）OrthoVista软件得到的结果及细节

（c）能量图中不加入DSM梯度的结果及细节

图 5.94　算法效果细节对比

1. 算法原理和步骤

1）构造拉普拉斯金字塔（Laplacian Pyramid）图像

拉普拉斯金字塔图像的构造过程包括以下几步：

（1）图像的高斯塔分解。

对原图像采用高斯滤波器进行低通滤波和降采样，得到一系列分辨率和尺寸都逐级变小的高斯金字塔（Gaussian Pyramid）图像。将原始图像作为高斯金字塔的第 0 层（底层），高斯金字塔其余层的生成，按照下式：

$$G_l(i, j) = \sum_{m=-2}^{2} \sum_{n=-2}^{2} w_{m,n} G_{l-1}(2i + m, 2j + n) \qquad (5\text{-}134)$$

式中，$0 < l \leqslant N$，$G_l(i, j)$ 为第 l 层高斯金字塔图像；N 为分解层数；i、j 为图像的行列数；w 是一个 5×5 具有低通特性的窗口函数，也叫权函数或生成核，具体大小为

$$w = \frac{1}{256} \begin{bmatrix} 1 & 4 & 6 & 4 & 1 \\ 4 & 16 & 24 & 16 & 4 \\ 6 & 24 & 36 & 24 & 6 \\ 4 & 16 & 24 & 16 & 4 \\ 1 & 4 & 6 & 4 & 1 \end{bmatrix} \qquad (5\text{-}135)$$

（2）由高斯金字塔生成拉普拉斯金字塔。

从高斯塔的第 l 层开始，将 $G_l(i, j)$ 进行插值放大，得到与 $G_{l-1}(i, j)$ 在尺寸上大小一样的插值图像 $G'_l(i, j)$，所采用的插值函数为

$$G'_l(i, j) = 4 \sum_{m=-2}^{2} \sum_{n=-2}^{2} w_{m, n} G_l \left[(i+m)/2, \ (j+n)/2 \right] \qquad (5\text{-}136)$$

虽然 G'_l 与 G_{l-1} 尺寸一样大小，但是二者并不相等，G'_l 的像素值是由 G_l 的像素值经过加权平均得到的，G_l 又是由 G_{l-1} 低通滤波得到的，所以 G'_l 包含的细节信息要少于 G_{l-1}，二者之间是有差别的。将 G_{l-1} 与 G'_l 作差便得到了拉普拉斯金字塔的第 L_{l-1} 层图像，即

$$\left. \begin{aligned} L_l &= G_l - G'_{l+1} \quad 0 \leqslant l \leqslant N \\ L_N &= G_N \end{aligned} \right\} \qquad (5\text{-}137)$$

（3）由拉普拉斯图像重建原图像。

从拉普拉斯金字塔最顶层开始自上至下，将拉普拉斯图像内插放大到与下一层图像一样大小，然后累计相加便可重构原图像。

2）基于拼接线（镶嵌线）的多分辨率融合

基于 Voronoi 图拼接线网络，进行多分辨率融合，步骤如下：

（1）以拼接后图像的大小为尺寸，生成一幅模板图像 M，将拼接线一侧填充 0，另一侧填充 255，形成一幅黑白模板图像。

（2）将经过配准和几何模型变换后的图像 A、B 扩展到拼接后图像的大小，扩展部分填充 0。

（3）生成模板 R 的高斯图像 G_R，以及经扩展的 A、B 的拉普拉斯图像。L_A、L_B 层数相同。

（4）在每一层上分别进行融合，求得融合后的拉普拉斯图像 L_{fusion}，像素值计算公式为

$$L_{\text{fusion}} = \left(G_{R_l}(i, j) L_{A_l}(i, j) + \left[255 - G_{R_l}(i, j) \right] L_{B_l}(i, j) \right)/255 \qquad (5\text{-}138)$$

式中，L 代表第几层；(i, j) 代表像素点坐标。

（5）对于融合后的拉普拉斯图像 L_{fusion}，从最高层开始插值扩展，并与其下一层图像相加，重复此过程直至与最后一层图像相加完为止，就得到了最终需要的基于最佳缝合线的多分辨率融合图像。

2. 基于 GPGPU 的并行化多分辨率融合

GPU 并行任务描述主要包含单幅影像正射纠正与融合两部分内容：

（1）前者可利用每帧图像对应的像点及其模型点坐标关系，采用投影变换公式进行坐

标变换，并利用间接法进行灰度重采样。其中，通用计算子任务包括每个像元对应的坐标变换及其灰度重采样中的双线性插值等计算。由于对每个像元来说，这两步计算采用的数学模型是完全一致的，是重复调用子函数的过程，因此可以利用 GPU 并行处理技术来实现。

（2）对于图像融合而言，通过分析多分辨率融合算法可知，它的核心算法是重复计算每个纠正图像及其对应权矩阵的高斯金字塔和拉普拉斯金字塔。其中涉及的基本算法则是缩小算法（REDUCE）和扩张算法（EXPAND），它们都是重复利用高斯卷积核进行卷积运算，非常适合采用 GPU 并行计算。

图 5.95 是采用本方法得到的正射影像融合效果对比图，右下角的融合效果明显优于左上角的效果。

图 5.95　多分辨率融合前后效果对比

5.5　无人机摄影测量软件

近年来，随着数字摄影测量与计算机视觉技术的不断发展，市场上不断涌现出越来越多的非常成熟、自动化程度极高的无人机数据处理软件系统。

表 5.10 列举了目前国内外广泛使用的知名软件系统，软件功能主要包括 4D 产品制作、实景三维自动重建、实景模型编辑、单体化建模等。

表 5.10 国内外主要软件系统

软件名称	国别	主要功能
PixelFactory/Streefactory	法国	DEM/DSM/DOM、实景三维等
Smart3D(CC)	法国/美国	实景三维
ERDAS LPS	美国	DEM/DSM/DOM/DLG 等
Skyline PhotoMesh	美国	实景三维
Inpho	德国/美国	DEM/DSM/DOM/DLG 等
Pix4D	瑞士	DEM/DSM/DOM、实景三维等
PhotoScan	俄罗斯	近景目标、实景三维等
PHOTOMOD	俄罗斯	DEM/DSM/DOM/DLG 等
测科院 PixelGrid	中国	DEM/DSM/DOM 等
武大 DPGrid	中国	DEM/DSM/DOM/DLG 等
航天远景 MapMatrix 序列	中国	DEM/DSM/DOM/DLG、实景三维等
讯图天工 GodWork	中国	DEM/DSM/DOM 等
智觉空间 SVS 序列	中国	DEM/DSM/DOM/DLG、实景模型编辑、单体化建模等
天际航 DP 序列	中国	实景三维及 DLG 采集、单体化建模等
中海达 OSketch	中国	单体化模型
清华山维 EPS	中国	基于实景三维的 DLG 采集
迪奥普 SV360	中国	基于实景三维的 DLG 采集
中海达 IData-3D	中国	基于实景三维的 DLG 采集

5.5.1 SVSDPA 软件

武汉大学研制的面向无人机低空遥感、航空倾斜摄影的摄影测量软件 SVSDPA，可通过摄影测量技术快速完成普通数码相机高精度标定、多视影像自动化匹配、全自动空中三角测量、GPS/POS 辅助区域网平差、稀少/无控高精度测图、全景影像图快速拼接、密集点云匹配、DSM/DEM/DOM 快速制作、地形三维建模等操作。软件适用于灾害应急测绘、大比例尺地形图测绘、文物数字化、数字城市建设与规划、自然资源调查等领域。

软件具有以下特点：

(1)高效、全自动的空中三角测量；

(2)人性化的空三交互编辑；

(3)自主知识产权的区域网平差模块，支持高精度 GPS/IMU 辅助平差；

(4)高密集、高精度的 DSM 点云生成模块，采用逐像素 DSM 匹配，可以获得比 LiDAR 更密集的真彩色点云；

（5）DEM/DOM 联动编辑模块，DOM 视图上编辑 DEM，DOM 实时更新，所见即所得；

（6）多核并行的 DOM 纠正模块；

（7）智能化的 DOM 镶嵌模块，拼接线自动绕过房屋、道路等地物，有效地减少人工编辑工作量；

（8）自动化的 DOM 裁切模块；

（9）三维模型 LOD 细节层次模型生成模块，DOM 和 DSM/DEM 叠加三维显示并实现简单的量测功能；

（10）三维地形浏览模块，提供地形和建筑物的三维场景浏览。

1）相机标定模块

相机标定模块主要包括 LCD 平面格网绘制程序（见图 5.96）和标定解算程序两部分，支持基于单/双 LCD（见图 5.97）、室内高精度三维控制场（见图 5.98）几种方式，可快速、方便地获取较高精度的相机参数，主要包括像主点坐标、主距值、径向和切向畸变差、比例尺不一致性和坐标轴不垂直性因子等。

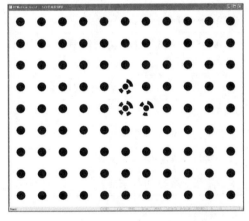

图 5.96　LCD 平面格网绘制程序

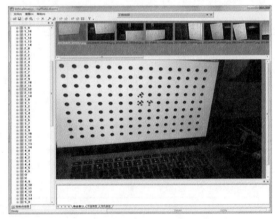

图 5.97　基于单 LCD 的相机标定

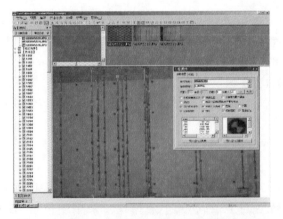

图 5.98　基于室内高精度三维控制场的相机标定

208

2）空中三角测量模块

空中三角测量模块主要用于工程创建及管理、全自动影像匹配和空三转点、区域网平差、空三编辑等。该模块支持海量影像的 GPS/POS 辅助空三转点和平差（见图 5.99），具备粗差自动剔除和人性化交互编辑功能（见图 5.100），提供自检校平差功能（见图 5.101），可输出空三成果质量报告等。

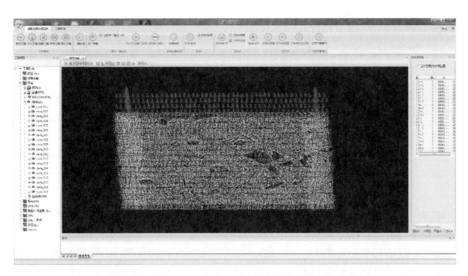

图 5.99　空中三角测量转点界面

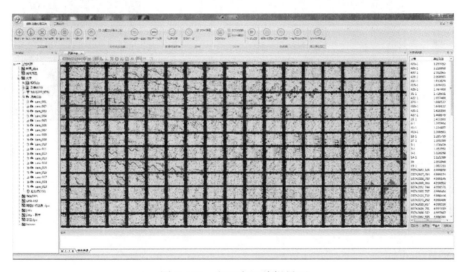

图 5.100　空三交互编辑界面

3）DSM 生成模块

DSM 生成模块主要用于密集点云匹配、DSM/DEM 生成（见图 5.102）、自动滤波和交互式编辑等。该模块支持 CPU-GPU 协同并行处理，可生成稀疏或逐像素密集点云数据，

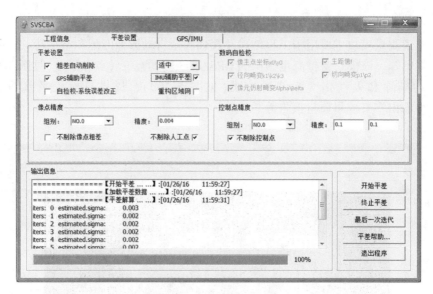

图 5.101　区域网平差界面

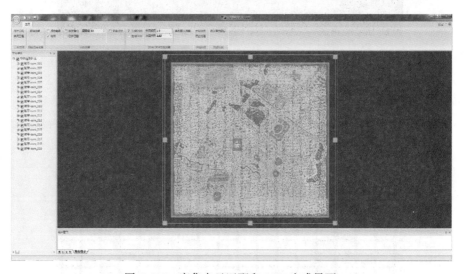

图 5.102　密集点云匹配和 DSM 生成界面

可通过自动滤波、DSM/DEM/DOM 可视化联动编辑方式生成高质量 DSM/DEM 产品等(见图 5.103)。

4)DOM 纠正模块

DOM 纠正模块主要用于单幅 DOM 影像的数字微分纠正,具备 CPU-GPU 协同并行处理和自动抽片能力,可设置纠正分辨率(GSD)和采样方法等(见图 5.104)。

5)DOM 镶嵌模块

DOM 镶嵌模块主要用于实现多幅正射影像的自动镶嵌,输出大范围测区正射影像图,具备镶嵌线自动生成、镶嵌线编辑、影像融合等功能(见图 5.105)。

图 5.103 DSM/DEM/DOM 联动编辑界面

图 5.104 DOM 纠正界面

6)图幅裁切模块

图幅裁切模块主要用于标准化、自定义和任意图幅分幅及裁切(见图 5.106、图 5.107)。

5.5.2 PhotoScan 软件

PhotoScan 是一款基于影像自动生成高质量三维模型的软件,其特点是高度的自动化。PhotoScan 无须设置初始值,无须相机检校,它根据多视图三维重建技术,可对任意照片

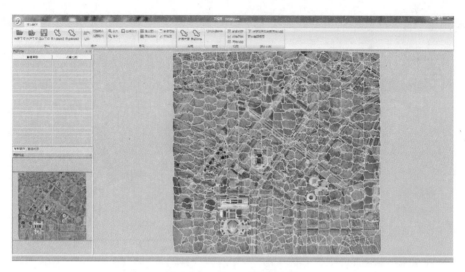

图 5.105　DOM 镶嵌界面

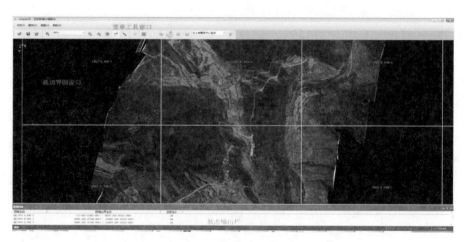

图 5.106　图幅裁切界面

进行处理，无需控制点，而通过控制点则可以生成真实坐标的三维模型。照片的拍摄位置是任意的，无论是无人机航摄照片还是高分辨率数码相机拍摄的影像都可以使用。整个工作流程无论是影像定向还是三维模型重建过程都是完全自动化的。PhotoScan 可生成高分辨率真正射影像(使用控制点可达 5cm 精度)及带精细色彩纹理的 DEM 模型。完全自动化的工作流程，即使非专业人员也可以在一台电脑上处理无人机影像，生成专业级别的摄影测量数据。

　　PhotoScan 软件处理无人机影像的基本流程如下：

　　(1)打开 PhotoScan 软件后，单击"新建"建立新的未命名工作空间，需要单独进行保存操作。所有的工作流程依照 Workflow 菜单下的内容依次进行(注意：每执行一步应随时保存；若空三步骤重做，后续已做运算自动清空，需要注意额外保存项目进程)。首先单

图 5.107　标准化和自定义分幅参数设置界面

击"Add Photos..."或"Add Folder...."，添加需要的图片，如图 5.108 所示。

图 5.108　PhotoScan 导入图片

（2）点击"Align Photos"进行全自动空三处理，如图 5.109 所示。

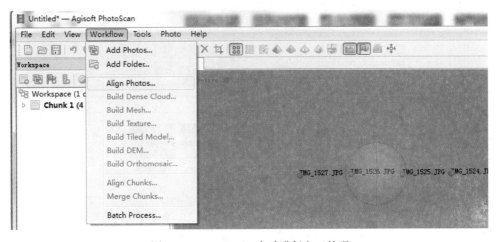

图 5.109　PhotoScan 自动进行空三处理

（3）可在空三处理前对影像导入 pose 信息文件、空三处理后导入像控点坐标文件。打开 Reference 界面(绿色方框)，点击导入(蓝色方框)，pose 信息要求文件中第一列的文件名带有格式扩展名，如"IMG_1524.JPG"，如图 5.110 所示。

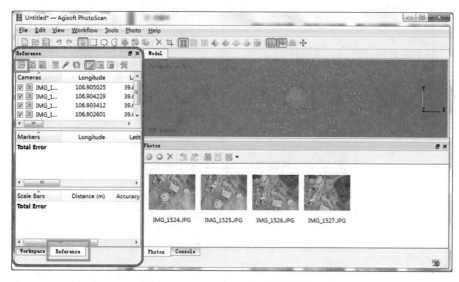

图 5.110　PhotoScan 导入位姿数据

（4）空三处理结束后选取像控点，选点前另存为空三结果工程，避免因控制点错误、进行平差后参数更新导致模型产生不可逆转的错误而需要重新进行空三处理。可以先对部分点进行刺点操作，然后优化，观察刺点及更新模型精度，刺点操作结束后，点击"优化"进行平差(红色方框)，如图 5.111 所示。

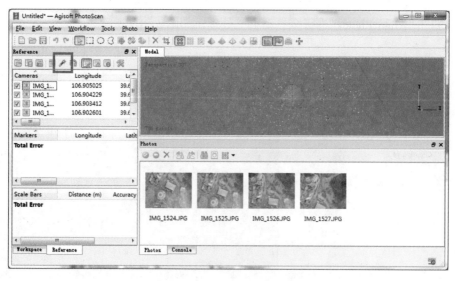

图 5.111　PhotoScan 刺点操作

（5）点击"Build Dense Cloud"生成密集点云，如图5.112所示。

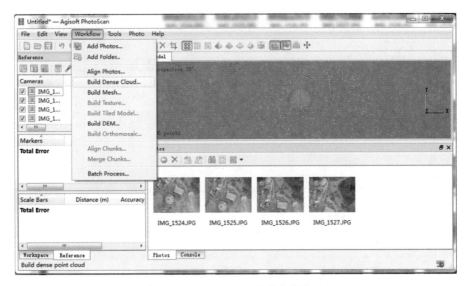

图5.112　PhotoScan生成密集点云

（6）单击"Build Mesh…"生成TIN三角格网，如图5.113所示。

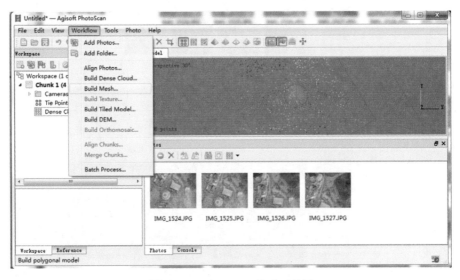

图5.113　PhotoScan构建三角网

（7）单击"Build Texture…"，实现纹理映射，操作如图5.114所示，效果如图5.115所示。

（8）单击"Build Tiled Model…"建立瓦片，如图5.116所示。

（9）单击"Build DEM"生成DEM数字高程模型，如图5.117所示。

（10）单击"Build Orthomosaic"生成正射影像，如图5.118所示。

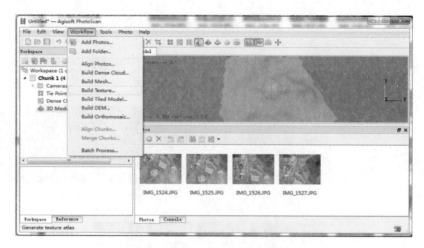

图 5.114　PhotoScan 纹理映射

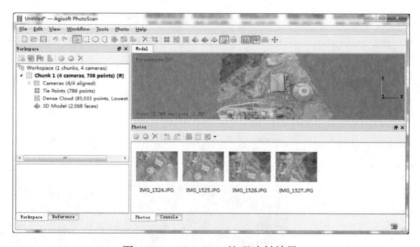

图 5.115　PhotoScan 纹理映射效果

图 5.116　PhotoScan 构建模型瓦片

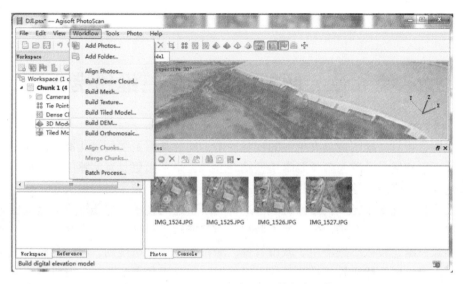

图 5.117 PhotoScan 生成 DEM 数字高程模型

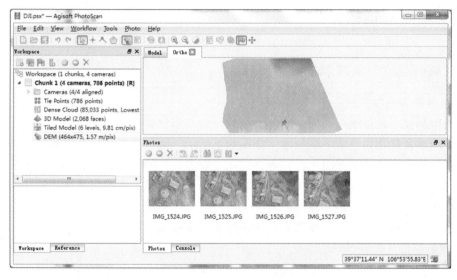

图 5.118 PhotoScan 生成正射影像

第 6 章　倾斜摄影实景三维建模

三维场景相对二维图像具有更强的视觉冲击，同时具有更强的表达能力，通过三维可视化软件可以把场景漫游与各类要素模型结合起来，呈现出更具真实感的虚拟世界。利用三维重建技术生成的三维模型，传统方法需要建模师们花费较多时间做大量工作，倾斜摄影测量技术是一种基于无人机影像对城市进行三维重建的技术，它能够真实地复原城市场景，不仅能够全面清晰准确地展示城市面貌，而且能够进行高精度的测量。因而，倾斜摄影测量实景三维建模被广泛应用于城市管理、城市服务、城市规划、城市分析与决策等重要领域。本章主要阐述实景三维建模的关键技术，包括密集点云重建、三维网格重建和纹理重建三部分。

6.1　密集点云重建

6.1.1　倾斜航空影像获取及几何特性

1. 倾斜影像获取方式

倾斜摄影技术是指通过在同一载体上搭载一台或多台传感器，同步采集多个不同视角影像，获取丰富地物信息的一项技术。如图 6.1 所示，倾斜摄影相机系统通常采用 4 个倾斜相机和 1 个垂直相机来展开飞行作业，以此获取多视角的倾斜影像。相对于传统的垂直影像，倾斜影像能够获取多角度拍摄的地物顶面和里面信息，在数据采集上解决了高层地物侧面纹理缺失的问题。因其独特的数据采集特点，倾斜影像成为了连接传统航空摄影和地面近景摄影的桥梁，是目前城市三维重建的关键数据源。

2. 倾斜影像几何特点

区别于传统的竖直航空摄影方式，倾斜航空摄影从多个角度获取地物信息，从成像角度方式看，倾斜航空影像具有如下特点：

（1）倾斜影像从多个视角成像，能够获取更多的高层地物立面纹理信息，同一地物能够在不同的视角方向进行观测，有助于提高匹配的几何稳定性和精度。

（2）倾斜影像由于拍摄航空较低，具有较高的空间分辨率。重叠度比航空摄影的重叠度要高，多镜头和高重叠确保影像数据庞大且充足。

（3）倾斜相机与垂直相机具有不同焦距，导致覆盖同一地物的多张影像存在较大的尺度差异，从而同一地物在不同影像上具有不同的分辨率。

（4）倾斜成像模式相对于传统的垂直摄影，由于摄影光轴和垂直地面光轴存在大倾角，使得地物遮挡现象更为严重和突出。

图 6.1　多视倾斜摄影相机系统(Zheng et al.，2020)

3. 倾斜影像密集匹配需要解决的关键问题

(1)多视倾斜摄影系统中，倾斜影像拍摄时视点变化较大，与垂直影像成像尺度不一致，会比垂直影像产生更大的如旋转、缩放、仿射等几何畸变。同时由于拍摄角度差异导致影像各部分曝光不均匀，产生影像的辐射畸变，从而造成倾斜影像匹配同名点困难，需要特殊的影像畸变纠正。

(2)多视倾斜摄影覆盖更多更广的地物场景，增加了某些立体像对的基线长度，立体像对的主光轴交会角增大，增加了环境对辐射信息的影响。同时也会存在前背景区域重叠、纹理弱化、局部遮挡严重、阴影、视差断裂及目标移动变化等问题，这给以灰度相似度量函数为匹配标准的密集匹配方法带来巨大考验，不仅会降低密集匹配的鲁棒性，还会影响生成点云的精度。

(3)倾斜摄影系统能够获取多视角高重叠度的影像，并提供多余观测值，保证成像几何结构，提高几何交会的可靠性。但高分辨率高重叠度的影像会造成数据冗余，密集匹配需要对大量不同方向的多余观察影像进行处理，因而增加了匹配的时间复杂度、空间复杂度和计算复杂度。

6.1.2　倾斜影像密集匹配策略

倾斜影像密集匹配是城市三维重建的核心技术，其主要思想是从倾斜影像中逐像素恢复物方三维密集点云。在已知影像内外方位元素的前提下，对于影像中的每一个像素，在待匹配影像中寻找同名点进行匹配，然后通过去噪、过滤、点云融合等手段得到所拍摄场景的物方密集点云。在倾斜密集匹配的过程中，需要利用前文所述的特征匹配和空中三角测量得到倾斜影像的内外方位元素信息作为输入，因此倾斜影像密集匹配的质量也依赖于倾斜影像特征匹配和空三结果的质量。

目前倾斜影像多视密集匹配策略大概可以分为以下两种思路：一种是双视密集匹配策

略，其基本思想是挑选不同视角方向的两两影像对分别进行密集匹配，然后再进行多个匹配深度图的融合，生成物方密集点云。此策略具有代表性的方法为 Hirschmullar(2007) 提出的 Semi-Global-Matching(SGM) 方法，此方法能够对高分辨率倾斜影像进行密集匹配。德国斯图加特大学开发的商业软件 SURE(Rothernel，et al.，2012) 采用了改进的 SGM 方法，对 IGI Quattro DigiCAM 倾斜影像进行处理，得到非常完善的结果。另一种是融合多个方向的影像进行联合密集匹配，在寻找同名像素点的过程中，充分考虑多影像的冗余观测值，同时顾及同名点在物方面元的相似性，根据局部最优贪婪策略来进行邻域深度的约束，最终生成物方密集点云。此策略具有代表性的匹配方法为 Furakawa 提出的 Patch based Multi-view Stereopesis(PMVS) 方法(Furakawa et al.，2010)。接下来本节将分别介绍双视密集匹配策略方法和多视密集匹配策略方法。

1. 双视密集匹配方法

1) 影像对选取

如前所述，双视密集匹配的核线步骤为两两影像的立体密集匹配，如何筛选合适可靠的立体影像对，对参考影像待匹配影像质量进行合理评价，削弱局部透视变化和辐射误差，这对密集匹配算法的稳定性和精度有着一定的影响。具体可以使用以下几个因素作为判断依据：

(1) 影像尺度差异：下视垂直影像与倾斜侧视影像之间存在不同的尺度差异，尺度差异越大，两两之间的匹配质量越低。在选择可靠立体像对时，应考虑参考影像与待匹配影像之间的尺度差异大小，优先选取尺度差异范围较小的影像对。

(2) 影像重叠度：影像重叠度越高，同名点纹理信息更丰富，两两之间的匹配点数量更多。在选择可靠立体像对时，可以通过影像 4 个角点在物方投影多边形的面积来大致确定影像重叠度大小，优先选择影像重叠度大的影像对。

(3) 影像交会角：立体像对的交会角对匹配质量有一定的影响，交会角过大和过小都会造成匹配质量的下降。优先选取合适的交会角大小影像对，能够得到稳定的三维点信息。交会角大小可以通过影像基高比计算得到。

(4) 稀疏匹配点数量：稀疏匹配点的数量同样影响后续影像对的密集匹配质量，在选取影像对时，应避免选择稀疏匹配点数量少的影像对。

2) 核线纠正

为降低密集匹配的复杂度，通常需要对原始影像进行核线纠正，生成核线影像。如图 6.2(a) 所示，将原始立体影像 I_l，I_r 投影到平行于摄影基线 B_0 的虚拟平面上，根据影像内外参数，重采样生成新的核线像对 I'_l，I'_r。核平面与新核线像对的交线为 l'_1，l'_2，且与摄影基线 B_0 平行。这样，同一核线位于两张影像的同一扫描行，左影像上的像素点 x_l 与其在右影像上的对应同名点 x_r 具有相同的行号和不同的列号，从而极大地简化了同名点搜索过程。图 6.2(b) 所示为核线纠正示例图，利用核线纠正，原始双目相机可以看作转换成具有相同焦距的虚拟平行相机。原始立体像对纠正为核线像对，同名像点都位于同一影像扫描行内。

倾斜影像的一个重要特点是具有较大的倾角，因此倾斜影像具有较大的透视变形，在

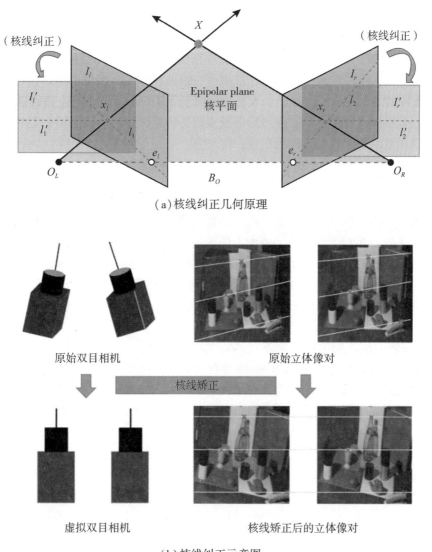

（a）核线纠正几何原理

原始双目相机　　　　　　　　　原始立体像对

核线矫正

虚拟双目相机　　　　　　　核线矫正后的立体像对

（b）核线纠正示意图

图 6.2　核线纠正原理及示例图①

生成核线影像对时，应顾及物方平面特征，生成相对于物方平面透视变形最小的核线影像。除此之外，影像密集匹配还受分辨率和影像质量的影响，还需要生成相对于原始影像分辨率差异最小的核线影像，即相对于原始影像的像平面变形最小的核线影像。Jiancheng Liu 等提出了利用几何变换关系生成透视变形最小的核线影像的方法，最大限度地降低核线采样对密集匹配算子的影响。

2. SGM 立体匹配

半全局密集匹配 SGM 方法最早是由 Hischmuller 提出的一种密集匹配方法，广泛应用

---

① 图片来源：http：//www. vision. deis. unibo. it/smatt/Seminars/StereoVision. pdf

于计算机视觉和摄影测量领域。该方法使用互信息作为匹配代价，采用分片平滑约束的策略来构建能量函数，保证了视差结果的平滑性。在优化能量函数的时候，依旧采用类似于全局匹配方法中基于能量函数最小化的方式进行优化，但只考虑目标像素中心 16 个方向的匹配代价聚集，把二维图像问题简化成多个一维路径问题。相对于局部方法，该方法能够提高匹配精度，相对于全局方法，又极大地降低了时间和计算成本，提高匹配效率。在应用于地面近景倾斜影像、航空倾斜影像及多镜头倾斜影像时，凸显了一定的优势。SGM方法的能量函数由数据项和正则项组成，定义为：

$$E(D) = \sum_{p} C(p, D_p) + \sum_{q \in N_p} P_1 T[\,|D_p - D_q| = 1\,] + \sum_{q \in N_p} P_2 T[\,|D_p - D_q| > 1\,] \quad (6\text{-}1)$$

其中，数据项 $C(p, D_p)$ 表示对于像素 p，当视差为 D_p 时的匹配代价，由互信息计算得到。正则项由两项组成，对视差不连续进行惩罚。当一个像素与邻域像素的视差变化为 1 时加惩罚值 P_1；当一个像素与邻域像素的视差变化大于 1 时加惩罚值 P_2。通过 8 个或者 16 个方向的代价累计得到近似全局最优匹配结果。

SGM 方法为逐像素匹配算法，由于航空倾斜影像的像幅较大，搜索的视差范围较大，对内存的需求也很大。针对倾斜影像的 SGM 立体密集匹配，应采用相应的策略提高内存使用效率，提高影像密集匹配的速度。具体可采用以下两类策略：

(1)金字塔分层匹配策略，即逐层匹配并将匹配结果用于约束下一层的视差搜索范围，从而提高速度和效率。如 Rothermel 等提出的 tSGM 算法，将影像进行金字塔分层，在最顶层也就是低分辨率图像上得到初始视差图，然后将得到的视差图用于金字塔影像的下一层匹配，以此约束视差范围。多层处理策略可减小每一层的视差范围，通过逐层传递的方式，约束每个像素的视差搜索范围。在减少内存需求的同时，可加快密集匹配的速度，由于每一层具有可靠的视差范围，从而减少了匹配的粗差。

(2)采用分块匹配策略减小影像匹配区域，不仅能降低内存需求且能够加快匹配速度。分块的策略是可以对左核线影像先按行分条带，然后对每一个条带区域按列分块。从而进一步约束影像的匹配范围，将匹配区域限定在核线影像对的重叠部分。

3. 深度图融合

两两影像对通过 SGM 立体匹配，生成每一张参考影像的深度图，为得到最终的物方密集点云，需要进行深度图的融合。其融合过程一般分为粗差剔除和最佳深度值生成两个过程。粗差剔除可以通过参考光线聚类进行剔除或者使用 F 检测进行剔除。对于从含有误差的多余观测值中生成最佳深度值，SURE 算法使用在待匹配影像中重投影误差最小的最小二乘方法。针对倾斜影像，在深度融合的过程中，还需要估计物方平面几何特征。如通过物方点法向量和参考平面的夹角进行加权，对不同核线影像对得到的深度图结果进行融合。图 6.3 是深度图融合后生成的密集点云示意图。

6.1.3 多视密集匹配方法

上述章节的双视立体匹配只能两两影像进行匹配，缺乏多余的观测值。而多视密集匹配策略能够在生成物方点的过程中充分考虑多个待匹配影像的多余观测，属于多视观测的紧耦合。其中由 Furakawa 提出的 PMVS 方法为最经典的多视密集匹配方法，如图 6.4 所

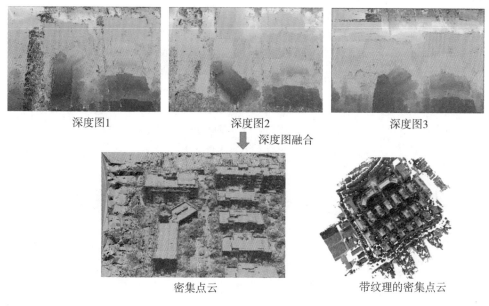

深度图1   深度图2   深度图3

深度图融合

密集点云   带纹理的密集点云

图 6.3　深度图融合

示，其基本思想是在参考影像某一像素对应的物方建立初始的物方面元 patcth，由物方法向量 normal 和物方位置 position 参数唯一确定。patch 是接近于物体表面的局部切平面，用一个正方形区域表示，为了确定物方面元在物方的大小，则需要为每一个物方面元指定唯一的参考影像，在参考影像中指定物方面元的投影窗口大小，例如选定 5×5 或者 7×7 的窗口大小，然后通过参考影像中投影窗口内的采样点光束与物方面元的交点得到物方面元内部采样点的三维坐标。最后，通过最大化平均相关系数优化和更新 patch 的法向量和位置参数，使得物方面元投影至参考影像的局部窗口的内容与投影至所有待匹配影像中的局部窗口内容最相似，即在物方面元中使用相似度量函数完成多余观测值的物方匹配（张卫龙，2019）。

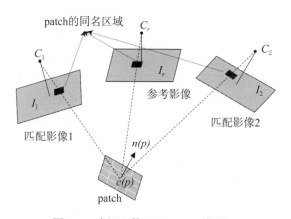

图 6.4　多视立体匹配 PMVS 模型

　　PMVS 算法的匹配思路是先找到可靠的匹配点，然后再按照区域增长的方式进行匹配传播。将种子面元的法向量赋值给扩散面元，作为初始值；新面元的法向量也通过种子点的 patch 插值得到。接下来的步骤与优化种子点相似，即优化物方面元，若相关系数符合要求的匹配像片数量大于阈值，则成功扩散了一个面元，扩散后经过点云滤波就得到了最终结果。其具体匹配流程如图 6.5 所示。

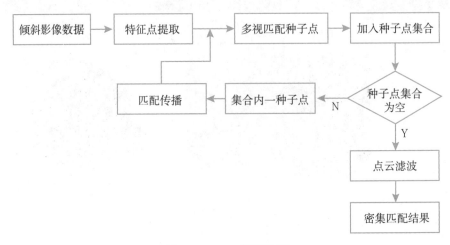

图 6.5　PMVS 匹配流程

　　1. 特征点提取

　　PMVS 算法首先在所有影像上进行特征点提取，通常采用高斯差分 DoG 和 Harris 算子检测每幅图像中的角点特征。将图像划分成大小为 $\beta \times \beta$ 的均匀网格，返回每个网格块中运算子响应最强的 4 个特征点。

　　2. 稀疏匹配

　　对影像集合中特征点，即种子点进行多视稀疏匹配，形成初始的稀疏物方面元集合。

　　3. 初始化面元

　　根据初始的物方面元依次初始化面元的法向量和位置参数、候选可视影像集合、可视影像集合等，并剔除可视信息不足的点。

　　4. 优化更新面元和面元扩散

　　通过面元灰度一致性检测函数的极值迭代求解，优化面元的参数信息。为了减少面元参数的相关性，利用所有物方点都在参考影像光束上的约束可以把目标函数的自由度减少到 3，即法向量的球面角度参数和距离参数一旦优化成功则删除可见影像对应单元中的其他特征点。若相关系数符合要求的匹配像片数量大于阈值，则成功扩散一个面元。

　　5. 点云过滤

　　过滤掉漂浮在真实物方面外的面元，并剔除可视信息不显著、像方与物方邻域关系不一致的面元。虽然 PMVS 融合了多张影像的信息在物方得到了无冗余、带法向量的点云，但是由于缺少了全局最优的约束，匹配结果常常含有较多的噪声。同时对于倾斜影像来说，原始 PMVS 算法对重建面元的位置和法向采用了整体优化的策略，这样会较容易在大场景模型重建中造成重建面元的空间几何形状与其法向不一致，即计算中选择的参考影像的面元法向量初值可能与真实的法向量存在较大误差，这种误差会导致重建面元的位置精度下降。使得其生成的密集点云存在点云密度不足和点云噪声波动严重的问题。针对这些问题，一些研究学者也对 PMVS 方法进行了改进，具体可参考相关文献（Fuhrmann et al.，2014）。

6.2 三维网格重建

网格模型是表达三维实体的应用得最广泛手段，三角形网格模型具有稳定、拓扑连续和易于渲染的特点。在倾斜摄影的技术路线中，多视立体匹配方法的目的是生成稠密的三维场景点云，而网格重建技术是将三维点云进行网格化的技术。多视立体匹配方法生成的稠密的点云虽然可以表达物体表面，但这种表达是不连续的，稀疏的，没有标准拓扑的。网格重建方法生成的三角形网格模型是连续，带有拓扑且水密的物体表面。应用最为广泛的网格重建方法有基于图割的表面重建方法和泊松表面重建方法。本节重点介绍基于图割的表面重建方法，泊松表面重建方法可见前文。

无论是基于图割的表面重建方法还是泊松表面重建方法得到的网格模型，都完全依赖密集点云的质量，而在重建过程没有影像像素信息的约束，重建的网格表面有时并不能很好地保留物体的细节。因此，为提升网格模型的细节和精度，基于影像一致性约束的网格优化算法被提出（Furukaua et al.，2010；Rothermel et al.，2012）。该算法以网格重建的结果作为初值，通过网格模型诱导影像像素间建立匹配关系，并构建影像一致性代价函数，而网格模型的准确程度决定了匹配像素的相似或准确程度，通过网格模型的变形优化影像间的一致性，最终求解得到最符合影像间一致性的网格模型。基于影像一致性约束的网格优化算法能够很好地恢复物体细节和精度，从而获得高质量的网格模型。

6.2.1 基于图割的表面重建方法

基于图割的表面重建方法是将物体表面求解问题转化为空间位置是内表面还是外表面的打标签问题，并由图割算法（Graph Cut）求解该标签问题。相较于泊松重建方法的一个不同之处在于，该方法的输入除了三维点云的空间坐标以外，还需要每个三维点的可视信息或可见信息。可视信息由点云的获取方式决定，对于由多视立体匹配技术生成的点云，每个三维点的可视信息为哪些相机重建（前方交会）了该点。而对于 LiDAR 设备扫描获取的三维点云而言，可视信息为获取了该点的 LiDAR 设备。

1. 基于 Delaunay 四面体的空间划分

待重建的物体表面将空间划分为内和外，而三维密集点云并不具有空间特性，因此，将三维密集点云与相机中心点一同进行 Delaunay 四面体化可实现对三维场景的空间划分。Delaunay 四面体化是 Delaunay 三角化从二维平面到三维空间上的推广，其原理主要是利用 Delaunay 四面体化具有空球特性，即对三维空间中的点云进行凸包剖分，使得同一单形的外接球中不存在其他的点，且该剖分是唯一的。每一个 Delaunay 四面体都占据了一定体积的空间，基于图割的表面重建方法的目的就是将所有四面体标记为内或者外，即完成了对空间的内外划分，而四面体内外划分的边界即为重建的物体表面。需要注意的是，该算法中并不是将所有的点进行 Delaunay 四面体化，而是选择其中具有代表性的点来提升算法的效率。对于点 p 来说，将投影到影像中距离点 p 小于一定像素的点的合集 $S(p)$ 聚合为 p 点，即令 p 点代替 $S(p)$。

2. s-t 图及最小 s-t 割

给定一个有限元有向图 $G = (V, E)$，其中节点集合 V 包括普通节点和终端节点，终端节点又包括源点（source，s）和汇点（sink，t）；有向边集合 E 包括邻接边（neighbor，n）和终端边（terminal，t）。n 边即为两个普通节点间相连的边，t 边即为各个普通节点与任一终端节点间相连的边。终端边又包括从源点到各个普通节点的 ts 边和从各个普通节点到汇点的 t 边。则称这样的有限元有向图为 s-t 图，如图 6.6(a) 所示。

s-t 图的一个割是有向边集合 E 的一个子集。特别地，一个 s-t 割 $C = (S, T)$ 将 V 划分为两个不相交的集合 S 和 T，其中 $s \in S$，$t \in T$，$S \cap T = \varnothing$，$S \cup T = V$，s-t 割亦即从 S 到 T 的边的集合。有向边集合 E 附带有非负权重 w，包括从源点 s 到普通节点 p 的 ts 边的权重 w_{sp}、从普通节点 p 到普通节点 q 的 n 边的权重 w_{pq} 以及从普通节点 p 到汇点 t 的 t 边的权重 w_{pt}。此处边的权重亦可理解为割的代价，则一个 s-t 割的代价 $c(S, T)$ 即为从 S 到 T 的边的权重之和：

$$c(S,T) = \sum_{v_p \in T \setminus \{t\}} w_{sp} + \sum_{\substack{v_p \in S \setminus \{s\} \\ v_q \in T \setminus \{t\}}} w_{pq} + \sum_{v_p \in S \setminus \{s\}} w_{pt} \tag{6-2}$$

如果存在某一个 s-t 割，使割的代价最小，则称其为最小 s-t 割。图 6.6 用边的粗细反映边的权重大小，图 6.6(b) 中绿色虚线即对应为最小 s-t 割，该最小 s-t 割的代价即对应为所割的边的权重之和。Ford-Fulkerson 理论表明最小 s-t 图割问题等价于从源点 s 到汇点 t 的最大流问题，故可通过最大流解得最小割。一般说来，图割可用于解决能量最小化问题，而通过构建合适的 s-t 图并对其求解最小 s-t 割，则可实现对节点的二元标记，下文即借助此策略进行表面重建。

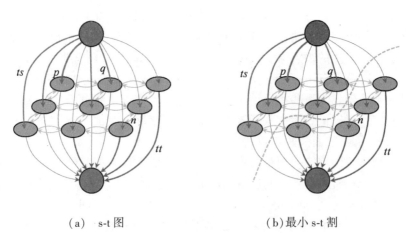

（a）　s-t 图　　　　　　（b）最小 s-t 割

图 6.6　s-t 图及最小 s-t 割示意图

3. *s-t* 图割的表面重建

为了使用图割方法进行表面重建，先对输入点云进行 Delaunay 四面体化，在 Delaunay 四面体化完成之后，将 Delaunay 四面体作为 *s-t* 图的普通节点，相邻两个 Delaunay 四面体的有向公共三角面作为 *s-t* 图的有向邻接边。终端节点 *s* 和 *t* 分别对应为 outside 和 inside 两个标签，即令 *s* 为 ouside，*t* 为 inside。值得注意的是，在输入点云所构成的凸包外部时，还存在无限四面体，无限四面体的一个面位于凸包上，该面所对的顶点位于无限远处。将无限四面体也作为普通节点，使得该表面重建方法适用于户外场景中非闭合表面的重建。与 *s* 相连的四面体被标记为 outside，与 *t* 相连的四面体被标记为 inside。由该最小 *s-t* 图割得到具有不同标记的相邻两个 Delaunay 四面体的公共三角面的集合，该集合即为待重建的网格表面。重建出的表面具有水密性和非自相交的特点。

基于图割的表面重建方法由 Delaunay 四面体构建 *s-t* 图结构，并根据点云的可见信息计算 *s-t* 图边权，包括 *s* 节点边权，*t* 节点边权和四面体之间的边权，最终使用图割算法求解。下文介绍基于可见信息的边权计算，为方便介绍权重计算的示意图如图 6.7 所示。

在初始化阶段，所有边权被设置为 0。

1) 四面体之间的边权计算

首先定义可见性度量 $\alpha_{vis}(p)$：

$$\alpha_{vis}(p) = \sum_{x \in S(p)} N_c(x)$$

式中，$S(p)$ 代表了点周围与点 *p* 接近的点的集合，$N_c(x)$ 代表点 *x* 的可见相机的数量。

$$w(f) = \sum_{c \to p} \alpha_{vis}(p) \cdot \left(1 - e^{\frac{-d^2}{\sigma^2}}\right)$$

边 *f* 为所有相机中心 *c* 与点 *p* 连线所相交的边，$w(f)$ 为该边的边权，$\alpha_{vis}(p)$ 为 *p* 点的可见性度量，距离 *d* 为 *p* 点到 *cp* 线段与三角面 *f* 交点的距离，σ 为常数，在算法中被设置为所有四面体所有边的中值的 2 倍。$w(f)$ 的含义为相机与四面体顶点的连线与被穿越的三角面遮挡的情况。

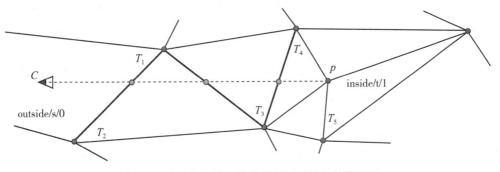

图 6.7 点 *p* 与相机 *C* 连线穿越四面体 T_i 的截面图

2)s 节点边权计算

与相机相连的四面体 s 节点的边权被设置为无穷大，由于相机在默认情况下是属于外部的，因此将其 s 节点的边权设置为无穷大。

3)t 节点边权计算

在 p 点之后 σ 距离内的四面体的 t 节点权重被设置为该四面体所有顶点的 $\sum_1^4 \alpha_{vis}(v_i)$ 之和。v_i 为四面体顶点。由于密集点 p 在计算正确的情况下为物体表面，因此 p 点之后的空间更可能是物体内部，因此在 p 点之后的四面体获得 t 节点的权重。

综上所述，构建 s-t 图并定义图边的权重，通过最小 s-t 图割最小化能量函数，得到全局最优标签解，从而将四面体分为 outside 和 inside 两个部分，则标签相异的相邻四面体间的公共三角面即组成了待重建表面，以此实现表面重建。如图 6.8 所示，(a)图为多视影像重建的密集点云，(b)图为基于图割的网格重建结果。

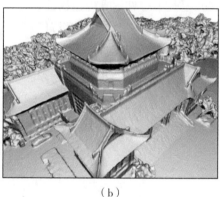

（a）　　　　　　　　　　　　　（b）

图 6.8　基于图割的网格重建结果

6.2.2　基于影像一致性约束的网格优化方法

基于影像一致性约束的网格优化方法又被称为变分的网格优化算法，它将寻找最优网格的问题转化为泛函问题，即将影像像素的信息看作自变量，而将网格看作因变量，影像对对应像素之间存在着一致性误差，该泛函问题的目标是求使所有影像对、所有像素的一致性误差总和最小的网格，其求解过程被称为变分求解。网格优化由视图选择、网格细分、变分优化等步骤组成，如图 6.9 所示。

1. 视图选择

网格优化算法依据影像之间的纹理一致性来对网格顶点位置进行优化，其处理过程中的基本单元是影像对，即主影像与从影像。影像对内两张影像之间的观测质量决定了网格优化的质量，因此，从众多影像中挑选观测质量好的影像对显得尤为重要。影像之间的重叠度、夹角以及尺度关系是衡量影像对的重要指标。具体为：影像之间的重叠度要在10%以上，影像之间的夹角要在 $2° \sim 45°$，影像间的尺度要保证在 $0.2 \sim 3.2$，其中影像尺

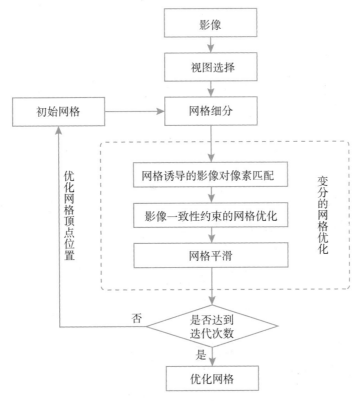

图 6.9　网格优化算法流程

度的计算方法为将空三处理获得的稀疏点到主影像的平均距离除以稀疏点到从影像的平均距离。

2. 网格细分

网格细分是平衡网格分辨率和影像分辨率的必要过程，它将网格模型中的较大三角形细分成小三角形，保证网格模型中三角形的大小以适应影像的分辨率。具体操作如下：将网格中的三角形反投影到每张可见影像中，在每张可见影像上形成一个三角形像素片，取所有可见影像中三角形像素片面积最大的影像，记为 I_{Max}，其最大面积记为 $S_{\mathrm{Tri}}^{\mathrm{Max}}$，其在 I_{Max} 上像素片内的第 i 个像素被表示为 Tri_i。如果 $S_{\mathrm{Tri}}^{\mathrm{Max}}$ 大于一定的阈值 τ，则将该三角形一分为四，以此来处理过大的三角形，如图 6.10 所示。此过程将较大的三角形进行细分，使得细分后的三角形匹配影像的分辨率，从而可以更加精细地反映出每个影像像素的价值。

3. 网格诱导的影像对像素匹配

影像对像素之间的匹配关系由网格进行诱导：将影像对分为主影像 I 和从影像 J，将影像中心与该影像的每个像素相连，形成一条射线，将该射线延长，使之与网格模型相交，相交在网格上的物方点，即为从影像像素所对应的物方点，将所有的物方点投影到主影像的位置，获得从影像由网格诱导的从影像 I_{ij}^s，网格诱导的从影像 I_{ij}^s 与主影像 I 在对应

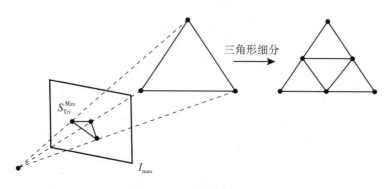

图 6.10　三角形细分过程

位置的像素进行的匹配即为由网格诱导的影像对像素匹配，该过程如图 6.11 所示。

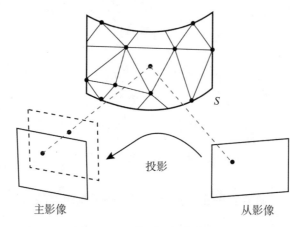

图 6.11　网格诱导的像素匹配

这种基于网格诱导的像素匹配的优点就在于不必对物方的形状做出假设和估计，也可以很自然地避开匹配中的遮挡问题。

4. 影像一致性约束的网格优化

网格优化所依据的准则是全局影像一致性代价（或称匹配代价）最小，它也是网格优化过程中网格顶点发生位移的动力，即用 $E_{\mathrm{error}}(S)$ 代表全局影像一致性的代价，则

$$E_{\mathrm{error}}(S) = \sum_{i,\,j} \int_{\Omega_{ij}^{S}} h(I_i,\ I_{ij}^S)(x_i)\ \mathrm{d}x_i \tag{6-3}$$

式中，Ω_{ij}^{S} 为第 i，j 影像对在 S 上重叠的部分，I_{ij}^S 为 j 影像在 i 影像处由 S 诱导的生成影像，x_i 为每个像素。$h(I_i,\ I_{ij}^S)(x_i)$ 为原始影像与诱导影像在 x_i 处的匹配代价，该式表明网格优化的影像代价为所有影像对在重叠像素所产生的影像一致性代价总和。

1）梯度下降

代价函数或称能量函数 $E_{\mathrm{error}}(S)$ 表达了网格优化算法影像一致性的代价，为了让网格

精度更高，需要代价函数最小，而最常见的代价最小化方法就是梯度下降法，其最一般的形式如：

$$f(x+1) = f(x) - s\,\nabla f(x) \tag{6-4}$$

式中，$f(x+1)$ 和 $f(x)$ 分别代表代价函数在 $x+1$ 和 x 处的代价，$\nabla f(x)$ 代表代价函数在 x 处的梯度，s 代表代价函数下降的步长。为了使能量函数最小，进而使代价 $E_{error}(S)$ 最小，则使用梯度下降的计算方法，假设能量函数是凸函数，可以通过梯度下降的方式求得 x 的最优值，即求连续的能量函数关于每个顶点的导数并进行迭代，不断降低能量函数。

2）离散化

网格优化的代价函数由经网格诱导的匹配代价计算，经网格诱导的匹配像素点在各自位置上产生匹配代价，这些匹配代价，通过投影关系映射到网格 S 上，在 S 上形成梯度向量场，即

$$DE(S)[v] = \sum_i v_i \int_S \phi_i(x)\,\nabla E(x)\,\mathrm{d}x \tag{6-5}$$

如图 6.12 所示，蓝色即为离散梯度向量，红色即为顶点梯度向量。其中 S 是三角网格，包含有 n 个顶点 X_i，$i \in [1, n]$，梯度向量场内离散的梯度向量通过 $V(x)$ 插值到顶点 X_i 上。其中 $V(x) = \sum v_i\,\phi_i$，ϕ 是三角形的重心化坐标。则上式可变为：

$$DE(S)[v] = \sum_i v_i \int_S \phi_i(x)\,\nabla E(x)\,\mathrm{d}x \tag{6-6}$$

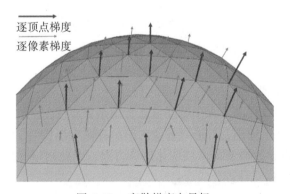

逐顶点梯度

逐像素梯度

图 6.12　离散梯度向量场

对于 X_i 顶点，如果离散梯度向量在 X_i 顶点的一邻域三角面，则 $v_i = 1$，否则为 0。梯度向量场通过插值的方式将梯度传递给三角网顶点：

$$\frac{\mathrm{d}E(S)}{\mathrm{d}X_i} = \int_S \phi_i(\boldsymbol{x})\,\nabla E(x)\,\mathrm{d}x \tag{6-7}$$

网格顶点 X_i 处的梯度为该顶点周围 1 邻域面上的离散梯度向量 $\boldsymbol{x}$ 的加权和。

每个由网格诱导的匹配像素根据其一致性代价或匹配代价的大小，都会形成离散梯度向量映射在三角网格的三角面上，其方向沿三角面法向，大小为影像一致性代价的梯度。离散梯度向量决定了网格优化的结果，其计算尤为重要。

如图 6.13 所示的影像对投影关系可知网格 S 上 x 可被影像 I，J 可见，x_i 为 x 在影像 I 上的投影，用 $\prod_i(x)$ 表示，即 $x_i = \prod_i(x)$，$x_j = \prod_j(x)$，d_i 为相机 i 中心与 x 的连接的向量，z_i 为 x 在相机 i 中的深度，N 为 x 处的法向，从文献（Pons et al.，2007）中可以得到：

$$\mathrm{d}x_i = -N^{\mathrm{T}} d_i \mathrm{d}x / z_i^3 \tag{6-8}$$

$$\nabla M_{ij}(x) = -\left[\partial_2 M(x_i) D I_j(x_j) D \prod_j(x) \frac{d_i}{z_i^3} \right] N \tag{6-9}$$

式中，$M_{ij}(x)$ 为 $M(I_i，I_{ij}^s)$ 的缩写，即影像一致性测度，D 表示雅各比矩阵。最终，在计算得到每个离散梯度向量 x 的梯度后，可通过中心化的方法将梯度转移到网格顶点 X_i 上，从而获得整个网格的变形梯度。

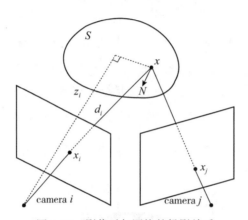

图 6.13　影像对与网格的投影关系

3）匹配代价梯度计算

匹配代价是影像一致性测度大小的度量或者说是相似性测度的度量，匹配代价的计算方法为：分别取匹配像素周围正方形影像块内的所有像素作相似性计算，相似性计算算法有 ZNCC、SSD 等，由于 SSD 抵御灰度变化的能力差，因此网格优化算法选用 ZNCC 作为相似性度量算法。ZNCC 的计算公式为：

$$M_{\mathrm{zncc}}(x，y) = \frac{1}{n} \left(\frac{\sum x_i y_i - \mu_x \mu_y}{\sigma_x \sigma_y} \right) \tag{6-10}$$

在网格优化算法中，x，y 分别对应原影像 I 与诱导影像 I_{ij}^s，μ 为均值，σ 为方差，n 为匹配窗口内的像素数。

匹配代价衡量了匹配像素相似性的大小，由于 ZNCC 的取值范围是 $(-1，1)$，值越大代表越相似，因此匹配代价为 $1 - M_{\mathrm{zncc}}(x，y)$。

对匹配代价的求导即为对 y_0 处求导：

$$\partial_2 M(x_i) = \frac{\partial M_{\mathrm{zncc}}(x,y)}{y_0} = \frac{1}{n} \left(\frac{x_0 - \mu_x}{\sigma_x \sigma_y} - M_{\mathrm{zncc}}(x,y) \frac{y_0 - \mu_y}{\sigma_y^2} \right) \tag{6-11}$$

式中，$\partial_2 M(x_i)$ 为匹配代价在 x_i 处的梯度。

5. 网正则化

网格的优化过程不能只单单依靠影像，高分辨率的影像会让网格模型更加真实，但同时也可能让网格模型产生噪声，因此，设置网格模型的正则化项（或称平滑项）就很有必要，网格的平滑项被设置为体现网格表面弯曲程度的薄板（thin-plate）能量$E_{\text{smooth}}(S)$，它用于惩罚强烈的弯曲：

$$E_{\text{smooth}}(S) = \int_S (k_1^2 + k_2^2)\,\mathrm{d}S \tag{6-12}$$

式中，$E_{\text{smooth}}(S)$ 为网格的平滑项，k_1，k_2 分别是网格顶点的两个主曲率。常使用一阶和二阶拉普拉斯算子来平滑网格模型，从而降低薄板能量。

一阶拉普拉斯算子又被称为伞状算子，如图6.14所示，用网格顶点 p 的一阶邻域信息计算模拟的离散化的一阶拉普拉斯，即顶点 p 的一阶平滑梯度为其所有邻接顶点的坐标之和除以其邻接顶点的个数，再减去该顶点坐标：

$$U(p) = \frac{1}{n}\sum_{i=1}^{n} p_i - p \tag{6-13}$$

式中，p_i 为 p 的邻接顶点，n 为邻接顶点的个数，$U(p)$ 为一阶拉普拉斯平滑梯度。伞状算子可以被递归应用，进而计算模拟的离散化的二阶拉普拉斯，即顶点 p 的二阶平滑梯度 $U^2(p)$ 为其所有邻接顶点的一阶平滑梯度之和除以其邻接顶点的个数，再减去该顶点的一阶平滑梯度：

$$U^2(p) = \frac{1}{n}\sum_{i=1}^{n} U(p_i) - U(p) \tag{6-14}$$

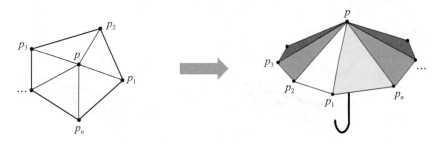

图6.14　伞状算子示意图

利用影像一致性对网格顶点进行移动的基础上，由式（6-14）二阶平滑梯度对顶点 p 作进一步更新，更新策略为：

$$p \leftarrow p - \frac{1}{v}U^2(p) \tag{6-15}$$

$$v = 1 + \frac{1}{n}\sum_{i=1}^{n}\frac{1}{n_i} \tag{6-16}$$

式中，n_i 为 p 的邻接顶点中第 i 个顶点的邻接顶点的个数。

　　6. 正则化与影像一致性的平衡

　　影像一致性的变分优化过程体现了影像对网格的约束,简称数据项,而正则化项体现了网格自身平滑的约束,简称平滑项,数据项与平滑项都对网格顶点的位置变化产生作用,而两者的平衡也是需要考虑的问题,为了自适应地确定两者之间的关系,需要从两方面考虑:首先,在影像一致性不可靠的区域,特别是弱纹理区域,应降低数据项的影响。可以通过添加一个跟纹理相关的权重去解决这一问题,定义 $r(x_i)$ 为影像对 I,J 在像素 x_i 处的平衡权重,则 $r(x_i)=\min(\sigma_i^2\sigma_j^2)/(\min(\sigma_i^2\sigma_j^2)+\varepsilon^2)$,其中 σ_i^2 和 σ_j^2 分别为影像 I 和诱导影像 I_{ij}^s 在 x_i 处的局部方差,其中 ε 为常数,这样的平衡使得数据项在影像方差较小的弱纹理处较小,这也呼应了影像一致性在弱纹理处不稳定的问题。其次,数据项和平滑项在标量上应该是一致的。数据项以像素为单位,而平滑项以世界坐标为单位。因此,为了统一数据项与平滑项,可以使用场景中的平均深度和焦距(以像素为单位)之间的比率的平方对数据项进行加权。通过两种权重的加持,影像一致性与平滑项之间的关系更加平衡,这样的权重设置在诸多数据中能够取得较好的结果。

　　基于影像一致性约束的网格优化方法由网格模型提供初始值,通过梯度下降的方法优化获得更具细节的网格模型,如图 6.15 所示,(a)图为基于图割的网格生成算法获得的网格初值网格,(b)图为基于影像一致性约束的网格优化结果。

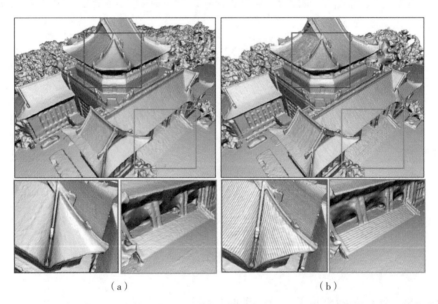

　　　　　　　(a)　　　　　　　　　　　　　　　　　　(b)

图 6.15　基于图割的网格生成算法获得的网格初值网格和基于影像一致性约束的网格优化结果

6.3　纹理重建技术

　　实景三维纹理重建技术通过输入已定向的影像序列及表达物体表面的三角网格,恢复纹理图以描述物体表面外观,技术流程图如图 6.16 所示。利用多视影像进行纹理重建,一般输入参数包括 Mesh 几何模型、原始影像及其对应的影像定向参数。首先为每个三角形建立可见影像列表，每个三角形可能在多张影像上可见，因此先进行影像全局匀光匀色、背面剔除、遮挡检测、光度一致性分析等可见性分析，将不可见或质量不好的影像从可见列表中删除，然后进行马尔可夫随机场视图选择，为每个三角形确定唯一的最优纹理影像。针对纹理块接缝处色彩不均匀的问题，再进行全局加局部的色彩调整，并进行纹理排样，得到具有色彩一致性的三维模型。

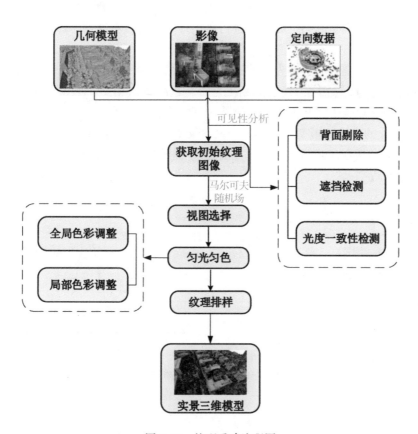

图 6.16　纹理重建流程图

6.3.1　可见性分析

建立好影像与模型之间的对应关系之后，为模型中的每个三角形创建可见影像列表，初始可见影像列表为全部影像集合。首先要保证 Mesh 上的三角形三个顶点必须全部投影在影像范围内，否则无法得到完整的纹理。另外根据影像的拍摄角度、遮挡情况、运动物体对可见性产生的影像进一步进行背面剔除、遮挡检测、光度一致性检测等可见性分析，将不可见或者质量不好的影像从可见影像列表中删除。

1. 背面剔除与遮挡检测

背面剔除，就是将背对着三角形的影像剔除。具体表现为该影像拍摄时位于该三角形的背面。通过计算三角形法线与三角形中心连接影像中心光线方向之间的夹角进行判断，若夹角大于 90°，则认为该影像位于该三角形的背面，更新三角形的可见影像列表。如图 6.17(a)所示，右侧三角形的法线与光线夹角 α 小于 90°，而左侧三角形的法线与光线夹角 β 大于 90°，因此对于左侧三角形来说，该影像是不可见的。但是对于多视影像来讲，很少存在背面影像的情况，但是夹角也不能过大，因为越倾斜的影像成像变形越大，所以常将夹角大于 75°的影像也从列表中剔除。

遮挡情况在地形起伏的场景中较常见，如山脉地区、峡谷地区等。即拍摄时，前景物体可能会对后景物体产生遮挡，如果不进行遮挡检测而直接将这部分影像剔除，最终模型上就会产生错误纹理。

采用光线相交检测方法，首先构建遮挡模型，模型由 Mesh 的顶点和三角面创建，计算每个三角面中心与 l_1（图 6.17），判断 1 是否与遮挡模型相交，如果相交产生不止一个交点，且有其他交点位于三角面前方，则认为该影像存在遮挡，更新可见影像列表。如图 6.17(b)所示，l_2 的光线与模型产生了另外两个交点（如图 6.17(b)中红点所示），则该影像对于左侧三角形是存在遮挡的，而上方的光线与模型没有其余交点，因此该影像对于右侧三角形不存在遮挡。

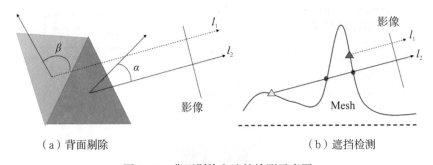

（a）背面剔除　　　　　　　　　　（b）遮挡检测

图 6.17　背面剔除和遮挡检测示意图

2. 光度一致性检测

除上述提到的两种可见性分析之外，移动物体也会对可见性产生影响，比如同一区域在拍摄运动的车辆时，在不同影像上车辆的位置也不一样，图 6.18 为进行光度一致性检测的实验结果。对于一个特定的三角面，认为它的大多数可见影像都有着相似的表现，而只有少部分影像会因为非刚性物体的存在而表现不同。这种影像的表现可以用三角面投影范围内的色彩值进行衡量，一般采用轻量级的 mean-shift 光度一致性检测算法，步骤如下：

（1）将三角面投影到其所有可见影像上得到投影三角形，计算投影三角形范围内的色彩均值，记为 c_i；

（2）将所有的影像视为内点，计算所有影像色彩均值的平均值，记为 μ，以及所有影像的协方差矩阵 Σ；

（3）为每个内点中的影像计算多变量高斯函数 $\exp\left(-\dfrac{1}{2}(c_i-\mu)^{\mathrm{T}}\Sigma^{-1}(c_i-\mu)\right)$ ；

（4）将函数值低于阈值（设 6×10^{-3}）的影像从内点中删除；

（5）重复步骤（3）（4），直到迭代次数达到 10 次，或者所有影像的欧氏距离小于 10^{-5}，又或者内点数小于 4 时停止迭代；

（6）最后，将不属于内点的影像从三角形对应可见影像列表中删除，更新可见影像列表。

（a）未进行色彩一致性检测结果　　　（b）进行色彩一致性检测之后的结果

图 6.18　光度一致性检测的实验结果

6.3.2　视图选择

通过上述可见性分析确定每个三角形对应的可见影像列表后，要计算最终对每个三角形进行纹理重建的最优影像。此问题可以看作是贴标签（labeling）问题，MRF（Markov Random Field，马尔可夫随机场）能量模型是解决标签问题最常用的方法之一。因此为每个三角形进行视图选择的问题转化为图割求解马尔可夫随机场能量最小化问题，图割的解即为最终的标签方案。

1. 无向图

图割求解的基础是要建立图（graph）结构，$G=(V,E)$。图由节点和边构成，按照边是否有方向可分为有向图和无向图。在图 6.19 中，将三维模型抽象成一个图结构，图的节点是每个三角面，若两个三角面相邻，则两个节点之间可以连接成边，因为两个三角形相邻不存在方向之分，所以最终生成的是无向图。如图 6.19 所示，（a）图为部分三角网格模型，（b）图为其对应的无向图。

2. 马尔可夫随机场构建

将三角形集合记为 $\{F_1,\cdots,F_K\}$，影像集合记为 $\{I_1,\cdots,I_N\}$，最终的标签方案为 $l=\{l_1,\cdots,l_K\}$，其中 $l_1,\cdots,l_K\in\{1,\cdots,N\}$。马尔可夫随机场能量函数记为 E，由数据项和平滑项组成，数据项衡量每个三角形选择影像的质量好坏，平滑项衡量相邻三角形

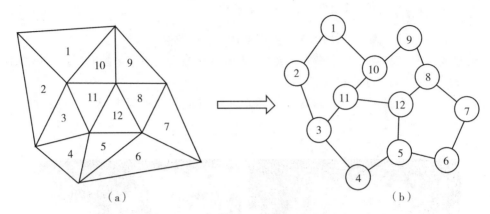

图 6.19　模型对应的无向图

选择影像的连续程度。如下式所示：

$$E(l) = \sum_{F_i \in \text{Faces}} E_{\text{data}}(F_i,\ l_i) + \sum_{(F_i,\ F_j) \in \text{Edges}} E_{\text{smooth}}(F_i,\ F_j,\ l_i,\ l_j)$$

　　评价影像质量好坏的指标有很多，比如影像分辨率、影像拍摄角度、影像拍摄距离等。对于数据项的定义，Lempitsky 等（2007）用影像与三角面的夹角来计算数据项，通过计算三角面与小孔相机中心的连线与三角面法线的夹角，夹角越小认为拍摄角度越好，影像的质量越高。Waechter 等（2014）采用三角形在影像投影区域的梯度幅值作为数据项。梯度反映了图像中的灰度变化，影像梯度幅值越大，边缘越清晰，影像质量越高，它在一定程度上也反映了离焦模糊程度。Potts 模型为常用的平滑项，即相邻三角形选用相同影像，则值为 0，相邻三角形选用不同影像，则值为 1，如下式：

$$\begin{cases} E_{\text{smooth}}(F_i,\ F_j,\ l_i,\ l_j) = 0,\ l_i = l_j \\ E_{\text{smooth}}(F_i,\ F_j,\ l_i,\ l_j) = 1,\ l_i \neq l_j \end{cases}$$

　　最终求解的目标是使马尔可夫随机场能量最小，即为每个三角形尽可能选择最优的影像，同时相邻三角形尽可能选择相同的影像以保证纹理的连续性。

　　3. 图割求解

　　定义好马尔可夫随机场能量函数的数据项和平滑项后，将每个三角形对应数据项最大的影像作为初始最优影像。求解上述能量函数最小化可以采用 LBP（Loopy Belief Propagation，置信传播）、GCO（Graph Cut Optimization，图割优化）方法。图割示意图如图 6.20 所示，将灰色节点记为中间节点，即灰色节点表示三角面，灰色的边表示两个节点三角形具有相邻关系。除此之外，构建源节点（source，图中蓝色点）和汇节点（target，图中红色点）。添加中间节点分别和源节点和汇节点之间的边，分别如图 6.20 中蓝色和红色线表示，记为源边和汇边。绿色的线表示当前割的结果，图割是将这个图结构分割开，使每个中间节点只与一个添加节点相连，即要么与源节点相连，要么与汇节点相连，并且割的代价最小。每类边都赋予一定的权重，割的代价最小对应于割线通过边的权重之和最小。

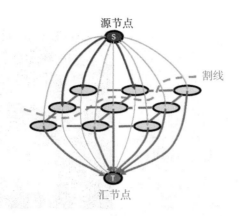

图 6.20　图割示意图

Boykov(1999)提出了两种图割优化算法，即 α-β swap(α-β 交换)和 α -expansion(α 扩张)，分别如图 6.21(a)和图 6.21(b)所示，其中 p-v 表示中间节点两种方法的源节点相同，但汇节点不同。计算得到的每个三角面的初始最优影像作为中间节点的初始标签，从全部标签集中选取一个标签 α 作为源节点。α-β 交换算法选择了标签集中的另外一个标签 β 作为汇节点，而 α 扩张算法的汇节点是不为 α 的任意其他标签。中间节点与源汇节点之间的边定义为 t 边，中间节点之间的边记为 e 边。在 α 扩张算法里，若中间相邻节点标签不同，则还要添加额外的辅助节点。相应的辅助节点与汇节点相连构成 t 边。

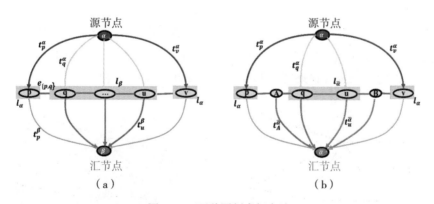

（a）　　　　　　　　　　　　　　（b）

图 6.21　两种图割求解方法

图割就是将顶点划分成不同的子集，对于 α-β 交换算法，每一次均选择标签空间中标签为 α 或 β 的节点进行操作，若割的结果使得节点与 α 相连，则该节点的标签变为 α；若节点与 β 相连，则该节点的标签变为 β，其余不属于 $P_{\alpha\beta}$ 的节点标签不变。对于 α 扩张算法，每一次选择一个标签作为 α，将所有节点纳入计算空间，若割的结果使得节点与 α 相连，则该节点的标签变为 α；若节点与 $\bar{\alpha}$ 相连，则该节点的标签不变。通过遍历所有可能的标签组合，每次调整使得能量下降，最终得到的标签方案 $l_K \in \{1, \cdots, N\}$ 即为三角面视图选择的结果。图 6.22 为视图选择之后的贴图结果。

（a）网格模型　　　　　　　　　（b）视图选择之后的贴图结果

图 6.22　视图选择之后的贴图结果

6.3.3　色彩一致性调整

影像拍摄角度不同或者拍摄时光照不一致都会导致不同影像间存在色彩差异，经过上述视图选择步骤为每个三角面选择了一张用于纹理重建的最优影像之后，判断如果相邻三角形选用了相同多视影像，并且在影像上的投影三角形也相邻，则将两个相邻三角形连接成块。如图 6.23 所示，（a）图中数字表示三角面对应的影像序号，可以组合成（b）图所示的两个纹理块集合。如果直接用原始影像进行纹理重建，由于相邻纹理块来源于不同影像，纹理块间必然会出现明显的色差，因此大大降低了模型的纹理质量。色差发生在纹理块的接缝处（如图 6.23（b）中 $\overline{v_0 v_1}$ ），因此在进行最终纹理重建前，根据接缝处的色彩差异进行纹理块的色彩调整，最终得到具有色彩一致性的纹理重建结果。

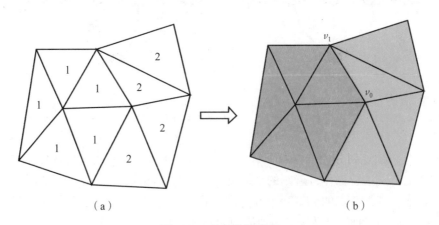

（a）　　　　　　　　　　（b）

图 6.23　纹理块示意图

色彩一致性调整分为两步，首先以三角网格模型的所有顶点作为求解单元，为每个顶点求解色彩改正值，然后利用重心化坐标将顶点色彩改正值内插到整个纹理块，目的是减少纹理块间大的色差。最后，以影像像素为求解单元进行局部的泊松图像融合，进一步过渡接缝处的色彩。

1. 全局色彩调整

如图 6.24(a) 所示，接缝处的顶点可以被分为左右两个顶点（如 v_0 被分为 $v_{0\text{left}}$ 和 $v_{0\text{right}}$）。将顶点原始色彩值记为 f，色彩改正值记为 g，接缝处顶点的色彩值由相邻边进行采样点色彩加权平均得到，如图 6.24(b) 所示，顶点 v_0 的颜色根据 $\overline{v_0 v_1}$ 和 $\overline{v_0 v_2}$ 两条边计算，在两条边上均匀采样若干点，距离顶点越远，权重越低。

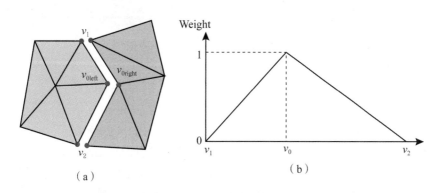

图 6.24　全局色彩调整示意图

通过最小化下式，求解得到每个三角形顶点的色彩改正值，为保证顶点色彩的唯一性，将接缝处顶点分为左右顶点进行求解：

$$\text{argmin} \sum_{v \in \text{seams}} (f_{v\text{left}} + g_{v\text{left}} - (f_{v\text{right}} + g_{v\text{right}}))^2 + \frac{1}{\lambda} \sum (g_{v_i} - g_{v_j})^2$$

第一项的参数 $\{v\}$ 是接缝处顶点，保证改正后左右顶点色彩值尽可能一致，第二项的参数 $\{v\}$ 是纹理块内的相邻顶点，使改正后纹理块内相邻顶点的色彩值差异最小。上式可以写成如下的矩阵形式：

$$\|Ag - f\|_2^2 = g^{\text{T}} (A^{\text{T}}A + F^{\text{T}}F)g - 2f^{\text{T}}Ag + f^{\text{T}}f$$

式中，f 对应上式中的 $f_{v\text{left}} - f_{v\text{right}}$，$A$ 和 F 是包含 ±1 的稀疏矩阵，用于选择 $g_{v\text{left}}$、$g_{v\text{right}}$、g_{v_i}、g_{v_j}。采用共轭梯度法，RGB 三通道并行求解上式，得到每个三维顶点的色彩改正值 g。然后利用重心化坐标，将三个顶点的色彩改正值内插到纹理块的每个像素，应用色彩改正值，得到全局色彩改正后的结果。

2. 局部色彩调整

上述全局色彩调整只能改正纹理块间较大的色差，需要对接缝处色彩进一步过渡，可采用泊松图像编辑算法，其根据源图像的梯度场和目标图像设定的边界条件，经过插值求出融合图像的像素值。

如图 6.25 所示，首先计算两幅影像的梯度，直接用拉普拉斯卷积核对影像进行卷积，求得每个像素的散度值，假设有一幅 4×4 的图像，中间 4 个像素点的散度值通过卷积可以求出，像素值用 C 表示，散度用 div 表示，则可以列出下面 4 个方程：

0	1	0
1	−4	1
0	1	0

1	2	3	4
5	6	7	8
9	10	11	12
13	14	15	16

（a）拉普拉斯卷积核　　　　　　（b）4×4的图像图

图 6.25　卷积核和 4×4 的图像示意图

$$\begin{cases} C(2) + C(5) + C(10) + C(7) - 4C(6) = \text{div}(6) \\ C(3) + C(6) + C(11) + C(8) - 4C(7) = \text{div}(7) \\ C(6) + C(9) + C(14) + C(11) - 4C(10) = \text{div}(10) \\ C(7) + C(10) + C(15) + C(12) - 4C(11) = \text{div}(11) \end{cases}$$

如果要求解目标的 16 个像素，仅靠上述 4 个方程无法求解出所有像素值。因此引入泊松边界条件进行辅助计算，即给定上述图像的 12 个边界目标像素值，记为 T，约束方程如下：

$$\begin{cases} C(1) = T(1), \ C(2) = T(2), \ C(3) = T(3), \ C(4) = T(4) \\ C(5) = T(5), \ C(8) = T(8), \ C(9) = T(9), \ C(12) = T(12) \\ C(13) = T(13), \ C(14) = T(14), \ C(15) = T(15), \ C(16) = T(16) \end{cases}$$

有了上述 4 个散度方程和 12 个约束方程，即可求解出目标图像的全部像素值。根据以上思路，以纹理块在影像上的投影范围为求解单元，为防止求解空间过大，设置边界条带，如图 6.26 所示，（a）图是一个纹理块在影像上的投影部分，（b）图是根据投影部分计算的影像有效模板，（c）图和（d）图是不同边界条带宽度对应的影像融合模板，（c）图设置的边界条带宽度为 100 个像素，（d）图设置的边界条带宽度为 20 个像素。

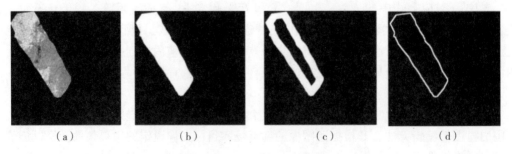

（a）　　　　　　　（b）　　　　　　　（c）　　　　　　　（d）

图 6.26　泊松融合边界条带

外边界约束条件为目标像素值为相邻纹理块接缝处色彩平均值，内边界约束条件为纹理块内色彩的原始值。通过上述内外边界约束条件，求解出条带范围内的目标像素值，得到局部色彩改正后的结果。综上所述，经过全局色彩调整和局部色彩调整后，可以得到一个具有色彩一致性的纹理重建结果，色彩校正效果如图 6.27 所示。

（a）色彩调整前　　　　　　　　　　　　　（a）色彩调整后

图 6.27　色彩调整前后对比图

6.3.4　纹理排样

通常一个模型具有成千上万个纹理块，如果直接将这些纹理块存储到内存里，那么加载模型时要读入很多小的纹理，这就极大地降低了渲染效率。因此为了便于存储和传输，要对这些纹理块进行纹理排样，以提高渲染的效率。常用的纹理排样算法都是基于纹理块的外包矩阵进行贪心排样。贪心算法是一种只考虑当前情况最优化的方法，因此不是一次性将所有纹理块排入纹理图中，而是一个个纹理块依次排入，保证每次排入位置是最优的。具体步骤如下：

（1）计算每个纹理块的外包矩形，即 $(x_{min}, y_{min}, x_{max}, y_{max})$，并按面积大小排序。先排入面积最大的纹理块，若矩形长宽均大于最佳纹理图尺寸，则第一张纹理图尺寸设为最大纹理图尺寸；若矩形长宽均小于最佳纹理图尺寸的一半，依次在最佳纹理图尺寸的基础上减半，依次类推，直到为最小纹理图尺寸。

（2）定义 rects 为待排区域集合，初始为整张纹理图，以纹理图左上角为坐标原点，向右为 x 轴，向下为 y 轴。

（3）从 rects 左上角排入纹理块，如图 6.28(a) 所示，T1 为第一个要排入的纹理块，用纹理块右下角向右和向下延长线将纹理图划分成 1、2、3 区域，1 与 2∩3 构成上下分区，2 和 1∩3 构成左右分区，计算上下分区面积比和左右分区面积比与 1 的差值的绝对值。如果值越大，说明分区面积差别越大，则更新 rects，存入 2 和 1∩3 组合区域。

（4）如图6.28(b)所示，对于第二个待排纹理块，遍历 rects 中的待排区域，将其排入长宽均小于待排区域，并且排入后利用率最大的区域。然后重复第(3)步，划分空间并更新 rects。

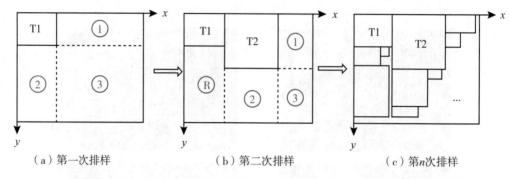

（a）第一次排样　　　　　　（b）第二次排样　　　　　　（c）第n次排样

图6.28　泊松融合边界条带

（5）重复步骤(3)(4)，直到当前纹理图排不下任何纹理块时，转到第(1)步，计算一张新的纹理图，再重复第(2)至(5)步，直到所有纹理块全部排入纹理图为止。

第7章 基于无人机数据的信息提取

7.1 无人机普通数码相机图像信息提取

7.1.1 基于无人机DOM的信息提取

尽管无人机载普通数码相机获取的正射影像只有3个可见光波段，光谱分辨率低，但因其空间分辨率很高，能够低成本、实时获取影像数据等优点，常被用来提取各种监测信息，如洪水淹没区域、农田杂草信息等。

1. 利用无人机DOM提取洪水淹没区信息

2013年10月7日，余姚市受台风带来的强降雨影响，遭受到过去60年以来最严重的洪水灾害，大部分市区被淹没了5天多，直接经济损失超过696.1亿元人民币。中国科学院遥感与数字地球研究所利用小型无人机搭载普通数码相机对余姚市区受灾最严重的地区开展淹没区制图(Feng et al.，2015)，有效地辅助了灾害救援工作。

Feng等利用名为River-Map的小型无人机对灾区进行航拍，经过配准、镶嵌等几何处理过程获得正射影像，如图7.1所示。为了有效提取洪水淹没区域，除了利用原始三个RGB波段光谱特征外，还利用5×5窗口的灰度共生矩阵(GLCM)计算纹理特征，所使用的纹理特征包括均值(MEA)、标准差(STD)、同质性(HOM)、不相似性(DIS)、熵(ENT)、角二阶矩(ASM)6个特征:

$$\text{MEA} = \sum_{i=0}^{N-1} \sum_{j=0}^{N-1} i \times P(i, j) \tag{7-1}$$

$$\text{STD} = \sqrt{\sum_{i=0}^{N-1} \sum_{j=0}^{N-1} P(i, j) \times (i - \text{MEA}i)^2} \tag{7-2}$$

$$\text{HOM} = \sum_{i=0}^{N-1} \sum_{j=0}^{N-1} \frac{P(i, j)}{1 + (i-j)^2} \tag{7-3}$$

$$\text{DIS} = \sum_{i=0}^{N-1} \sum_{j=0}^{N-1} P(i, j) \times |i - j| \tag{7-4}$$

$$\text{ENT} = \sum_{i=0}^{N-1} \sum_{j=0}^{N-1} -P(i, j)\ln(P(i, j)) \tag{7-5}$$

$$\text{ASM} = \sum_{i=0}^{N-1} \sum_{j=0}^{N-1} P(i, j)^2 \tag{7-6}$$

提取的纹理特征与原始 RGB 图像组合构建的多维特征空间用于洪水淹没区提取。Feng 等试验了利用不同分类器进行洪水淹没区分类，其中随机森林、支持向量机的精度较高，淹没区提取精度可以达到 87%以上，并且纹理特征的提取结果明显优于只用光谱特征的结果。

图例 ■洪水淹没区 □非洪水淹没区 ■永久水体

图 7.1　利用无人机图像提取洪水淹没区(Feng et al. ，2015)

2. 利用无人机 DOM 提取农田杂草信息

无人机在精细农业中应用广泛，克拉克大学的 S. R. Herwitz 等(2004)利用 NASA 研制的"探路者+"无人机对考爱岛咖啡公司的咖啡种植园进行监测和信息提取。咖啡公司位于夏威夷考爱岛南部，是美国最大的咖啡种植公司，其咖啡种植园占地近 1400 公顷，是世界上最大的滴灌咖啡种植园之一，整个种植园包括 40 多个领域，每个领域分为 5~20 个独立的区块。

NASA 研制的"探路者+"无人机是一种轻型的太阳能无人机，S. R. Herwitz 等利用该无人机搭载柯达数码相机获取了整个种植园的图像。利用高分辨率的无人机图像可以及时检测咖啡田中的大黍的爆发。大黍是一种外来杂草，如果不加以限制，可以迅速扩展蔓延，抢占农作物的生存空间。这种外来杂草是黄绿色的，在颜色上与深绿色的咖啡树是可以区分的，如图 7.2 所示，白色圈中的大黍在无人机图像上可以被清晰地分辨出来，便于及时清除。另外，图像上咖啡树的颜色可以反映作物活力，作物活力差异一般是由于施肥不均造成的。在不同区块的边界处往往施肥不足造成作物活力下降，在无人机图像上可以清晰地显示出来。

3. 利用无人机 DOM 估算生物多样性

高分辨率的无人机正射影像可以准确提取树木的树冠等信息，进而可以进行各种分析

图 7.2　利用无人机图像发现咖啡园的大黍(Herwitz et al. , 2004)

和信息提取。哥廷根大学 Stephan Getzin 等(2012)利用高分辨率的无人机正射影像进行低成本、大范围的森林生态植物多样性评估研究。研究的地点位于德国西南部的生物多样性研究实验区。这些研究实验区主要用于调查土地利用变化，是反映生物多样性的长期研究平台，地物以山毛榉落叶性森林为主。

Getzin 等选择 36 个 1 公顷的土地用来实验，这些典型的研究土地分别代表不同的土地利用类型，包括 13 个非管理的近自然区域，6 个选择性砍伐区域，17 个传统受管理的年龄森林。利用 Carolo P200 无人机获取了分辨率为 7cm 的高分辨率正射影像，在正射影像上根据光谱信息进行二值化，以此提取植被冠层，然后通过二值图像矢量化来绘制冠层图斑。Getzin 等将影像分割成 $1\times1\ m^2$ 的小区域作为分析的基本单元，在小区域内根据冠层图斑，定义了 8 种不同的生物多样性量测指数。这些指数主要用于与生物量相关及森林应用的土地尺度分析。前三个距离量测面积(A)、周长(P)、周长面积比(P/A)是基本的量测指标；圆形度计算公式为 $4pA/P^2$，用于描述区域的细长程度；形状复杂指数为 $GSCI = P/\sqrt{4pA}$，是用于量测森林间距的重要参数；最后三个量测参数为块不规则维度 $PFD = 2\ln(P)/\ln(A)$，不规则维度 $FD = 2\ln(P/4)/\ln(A)$，不规则维度指数 $FDI = 2\ln(P/\sqrt{4p})/\ln(A)$。上述 8 个量测指标强调了二维间距性质的细小差异，这些二维性质对于将影像高层次的结构探测与独立的低层次生物量过程的连接有重要作用。对于每个指标计算 $1\times1\ m^2$ 的小区域内的统计量：总量、均值、中值、标准差、变化系数。同时，对森林中的下层植被进行地面采样和量测，根据量测数据得到 4 个生态调查中常用的生物多样性指数，包括丰富度、香农指数、香农均匀性、多样性。将无人机影像计算得到的多样性指标统计量与地面采样得到的指数作多元线性回归，二者表现出较强相关性 $R^2 =$

0.74，证明利用高分辨率无人机影像可以有效反映森林地区的生物多样性。

7.1.2　基于无人机 DSM 的信息提取

无人机遥感平台现在已经成为检查、监视、测图和 3D 建模问题的有价值的数据源。利用无人机搭载普通数码相机可以采集高空间分辨率、高重叠度的序列影像，进而通过摄影测量处理获得高精度的三维表面模型，这一技术被广泛应用于植被信息提取、考古、滑坡监测、工程测量等方面。

1. 利用无人机 DSM 进行植被生物量提取

利用无人机获取的高精度 DSM 数据可以反映农作物、树木等植被的高度，进而估算植被的生物量。Zarco-Tejada 等（2014）研究利用无人机图像提取树木高度和建立树木三维场景，如图 7.3 所示 。他们于 2012 年夏季对位于西班牙南部科尔多瓦的 148 公顷种植橄榄园进行无人机航拍，该地区包括具有各种冠层密度的果园，以行列种植。为了更好地提取树木，他们摘除了消费级数码相机的内部红外滤波器，从而可以实现彩色红外检测的方式成像。飞行过程中采用平行和垂直飞行线的网格飞行，以确保每个地面物体在无人机遥感平台的航向和旁向最大重叠度成像，图像均匀覆盖整个区域，以此保证得到的 DSM 精度满足要求。无人机影像通过摄影测量软件全自动处理，生成 5cm 分辨率的正射影像和 DSM。由于研究的目的是提取树木的高度，即树顶和地面的相对高程，在影像处理过程中可以不需要地面控制点，直接利用成像时 POS 数据处理影像获得相对的树木三维场景模型。

图 7.3　利用无人机影像进行橄榄园的三维建模（Zarco-Tejada et al.，2014）

从 DSM 中可以获得树冠的高度，树高被认为是冠层顶部与每棵树周围的地面之间距离的相对平均值。由于树顶一般具有局部最大高度值，因此使用基于可能对应于树顶的局部最大值检测的方法从 DSM 检索树高度。首先，将原始 DSM 进行 5×5 像素窗口尺寸（约

0.25m×0.25m)的平均滤波，以便去除树冠和地面人工地物。然后，使用 3m×3m 的正方形窗口来确定 DSM 局部最大值，即候选树顶高度。对于每个局部最大值，计算地面高度(局部最小 DSM 值)与树顶高度(局部最大高程值)的差，即得到树的高度。

为了验证无人机 DSM 提取树高的精度，Zarco-Tejada 等在研究区选择 152 棵树，利用地面观测技术(RTK 技术)来测量它们的高度，所使用的差分 GPS 接收机为 Trimble R6，平面定位精度为 8mm，高程精度为 15mm。在测量过程中，将 GPS 天线放置在树冠顶部并测量树周围的地面坐标以此作为参考，进行遂次测量。然后，通过测量用于验证目的每棵树的高度和地面水平高度来计算在田间测量的 152 棵树中每棵树的相对平均高度。使用 RTK 技术测量所有 152 棵树的高度，高度范围在 1.16m 至 4.38m 之间。对于每棵验证树，计算实际测量树高与从 DSM 估计的树高值的差，可以利用这些差的均方根误差(RSME)以及通过回归拟合测量和估计树高之间的平方相关系数来衡量 DSM 估算树木高度的精度。验证试验结果中，RMSE 等于 35cm，回归平方相关系数等于 0.83，表明利用无人机 DSM 估算树木高度具有较高的精度。

德国科隆大学的 Juliane Bendig 等(2014)采用类似的方法估算大麦的生物量。研究区域位于克莱恩-阿尔滕多夫农业研究实验区。研究区域有 18 个大麦物种，其中有 10 个新物种和 8 个老物种，这 18 个物种随机分布在 54 块 3m×7m 的土地上，种植密度为 300 株/平方米，行距为 0.104m。Juliane Bendig 等利用多旋翼无人机在飞行高度约 50m 处，获得分辨率约为 0.009m 试验区的图像。利用 PhotoScan 对无人机图像进行自动空三等处理，生成点云，获得 0.01m 分辨率作物表面模型(CSM)，采用与上文类似的方法可以得到不同区域作物(大麦)的高度，如图 7.4 所示。

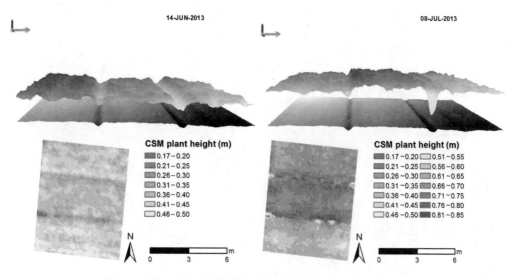

图 7.4　利用无人机影像估算大麦高度(Bendig et al.，2014)

为了验证无人机 CSM 估算作物量的精度，对研究区进行生物量采样。首先，将每个 3m×7m 的研究场景分为 3m×5m 的测量区和 3m×2m 的采样区。生物量采样对每个物种分别进行两次，在每个 3m×7m 区块中采集植被的参考高度，地面控制点均匀分布且容易识别，每个控制点是 0.3m×0.3m 大小的交易记录牌并且被固定在地面上。然后，使用差分 GPS 测量控制点的位置，得到 0.01m 的水平精度和垂直精度。而对每个场景的采样区选择 0.04m² 的区域进行生物量采样，将根剪断，样品清洗，同时分别称量茎、叶和穗，进行新鲜生物量的测定。为了得到干燥生物量，将样品置于 70℃ 温度下干燥 120 小时，再对所有植物器官重新称重。在无人机飞行前一天和当天都要进行生物量采样。使用 Excel 和 SPSS 进行回归分析，对 CSM 植被高度与地面实测高度、CSM 植被高度与新鲜生物量，以及 CSM 植被高度与干燥生物量分别进行回归分析。CSM 植被高度与地面实测高度回归分析的平方相关系数高达 0.92，证明利用无人机影像能高精度地估算作物高度；CSM 植被高度与新鲜生物量的回归平方相关系数为 0.81，以及 CSM 植被高度与干燥生物量的回归平方相关系数为 0.82，证明无人机遥感技术在农作物监测方面极具潜力。

　　2. 利用无人机 DSM 进行环境监测信息提取

　　无人机遥感平台提取的高精度 DSM 能够提取地面三维信息，可用于各种环境监测项目，如海岸带环境侵蚀、滑坡检测等。Francesco Mancini 等（2013）研究利用无人机获取海岸带地区的三维地形，以此来分析侵蚀现象，如图 7.5 所示。他们的研究区域位于意大利拉文纳北亚得里亚海沿岸地区，是冲积平原内的三角洲地区，主要包括典型的低地、湿地和沙滩等。由于河流泥沙减少、港口和码头建设、地面沉降、海面上升等因素，该地区几乎所有区域都受到侵蚀。Francesco Mancini 等（2013）利用六旋翼无人机搭载经过校准的佳

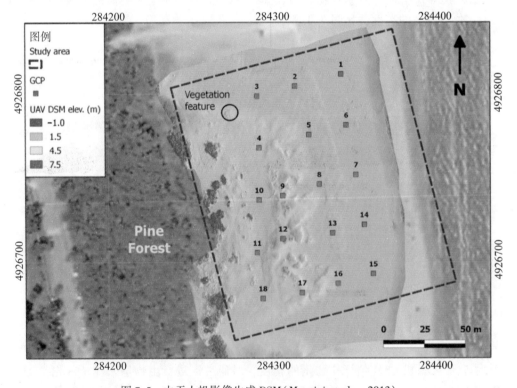

图 7.5　由无人机影像生成 DSM（Mancini et al.，2013）

能 EOS550D 型数码相机获取了高重叠度的图像(每个区域至少有 10 张重叠影像),使用 PhotoScan 软件进行了三维重建和 DSM 生成(见图 7.6)。为了验证无人机影像获得的三维地形的精度,Francesco Mancini 等同时采用三维激光扫描仪获取研究区域的 DSM,并使用网络 RTK 技术测量了 18 个地面控制点用于验证。比较无人机 DSM 和三维激光扫描 DSM,平均高程差为 0.05m,均方根误差 RMS 为 0.19m;利用 RTK 测量的 18 个地面控制点的高程检查无人机 DSM,均方根误差 RMS 为 0.11m。由此可以看出,无人机 DSM 达到了比较高的精度,通分析对 DSM,对于实施沿岸保护计划具有重要意义。

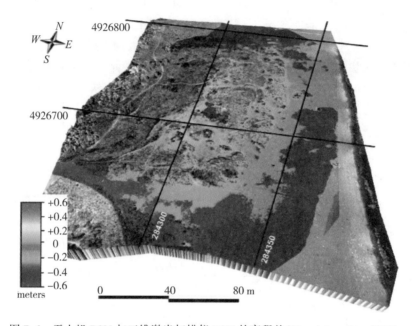

图 7.6　无人机 DSM 与三维激光扫描仪 DSM 的高程差(Mancini et al.,2013)

Darren Turner 等(2015)利用系列无人机数据监测分析滑坡现象。他们的研究区域位于澳大利亚塔斯马尼亚南部的霍恩山谷,滑坡区域长约 125m,宽约 60m,海平面海拔约 80m。Darren Turner 等在不同时间、不同天气条件下,利用旋翼无人机先后对该地区进行了 7 次空中测量。其中 2010、2012、2014 年各飞行一次,2011、2013 年各飞行两次,7 次飞行按时间先后顺序分别命名为 2010A、2011A、2011B、2012A、2013A、2013B、2014A。飞行过程中布设金属标志作为控制点,利用 RTK 精确测量控制点的坐标。利用控制点和 POS 数据,使用 PhotoScan 软件对各次测量的无人机图像进行处理,得到 DSM 和正射影像,DSM 的平面精度约为 0.05m,高程精度约为 0.04m。由于每个 DSM 是通过单独的工作流程生成的,相互之间会存在一定的偏差。为了使用 DSM 分析滑坡的变化情况,需要对不同时间的 DSM 进行配准。可采用 7 参数变换公式,使用迭代最近点(ICP)算法进行 DSM 的配准,研究实验中配准误差优于 0.07m。

配准后,可以分析 2010—2014 年间的滑坡变化情况。变化区域主要发生以下变化:底部坡脚前移和后滑,坡顶部陡坡后倾。滑坡区域变化情况见表 7.1。其中,发生了 5 次

滑坡前进(整个监测期间共计 554m²)期间和三次坡顶后倾事件。数据集 2013A 和 2013B
之间没有明显的变化,这可能是因为大部分的运动是突然发生的而不是逐渐累积的变化,
也可能因为在短时间内的移动太小而无法测量。通过计算 DSM 的斜率来测量滑坡坡脚前
缘的斜率,取前缘区域中所有像素的平均值作为斜率。前缘的陡度逐渐建立起来,特别是
较大的坡脚,物质从上而下流动,直到最终前缘崩溃,坡脚向前涌起。这种浪涌效应可以
在图 7.7 中看出 2010A 和 2012A 之间的滑坡几乎没有或没有向前的移动调查,但内部剪
切应力正在堆积;在 2013A 测量之前的某个时候,前端边缘让路,大坡脚前进约 1~2m
(此时导致 126m² 的面积增加),坡度减小。由 2014 年的曲线可以看出,斜坡开始再次变
陡,正如一个循环,物质流向斜坡。该趋势在小滑坡锥面表现不太明显,很可能是因为这
个区域在监测期间发生重大变化(2010 年至 2011 年间,大约前移了 12m),因此没有像大
滑坡锥面那样落入相同模式,其变形模式更加混乱。2014 年,坡度再次变得陡峭,内部
压力明显堆积。根据过去的活跃性显示,滑坡锥面很可能会很快再次前进。滑坡区域的另
一个重大变化来自陡坡三次移动,第一次发生在 2011 年 7 月至 2011 年 11 月之间,当时
北部陡坡大面积崩塌(162m²)。大部分泥土都沿着斜坡流下来,促成了小滑坡锥面的移
动。2012 年 7 月至 2013 年 7 月,北部塌陷又增加了 95m²,随后在 2014 年进一步崩塌了
47m²,形成了一个高度活跃的滑坡地区。在监测期间,南部地区没有明显的陡坡倒塌。

表 7.1　　　　　滑坡区面积和前缘斜坡随时间变化情况(Turner et al.,2015)

名称	总面积 (m²)	大坡脚斜度 (Deg)	小坡脚斜度 (Deg)	坡脚前进面积 (m²)	斜坡后退面积 (m²)
2010A	4887	31.05	36.26	—	—
2011A	5168	33.72	34.92	281	—
2011B	5435	34.37	34.06	105	162
2012A	5455	39.98	36.22	20	—
2013A	5675	34.17	34.18	126	95
2013B	5675	33.17	34.54	—	—
2014A	5744	33.87	37.63	22	47

　　此外,利用多时期 DSM 对比,可以分析滑坡区发生的体积变化。如图 7.8 所示,
2012A 至 2013A 期间,在陡坡塌陷的区域存在大量物质损失(见图 7.8 中 a 点附近)和在滑
坡锥面的前缘有材料累积(参见图 7.8 中 b 点附近)。Turner 等还利用 DSM 间的相关分析
来观察滑坡表面的运动特征,如图 7.9 所示,其中图 7.9(a)是 2011B—2012A 期间;图
7.9(b)是 2012A—2013A 期间;图 7.9(c)是 2013A—2013B 期间;图 7.9(d)是 2013B—
2014A 期间。

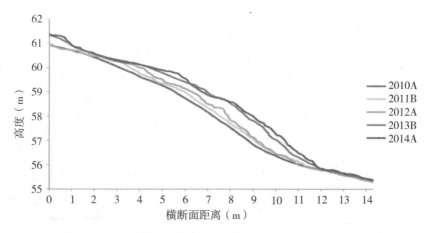

图 7.7 大滑坡锥面的前缘的横断面(Turner et al. , 2015)

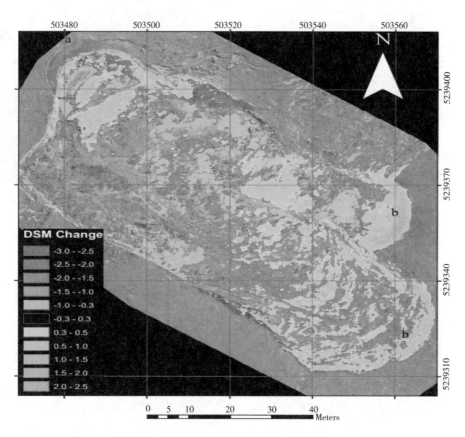

(图中 a 为塌陷面积, b 为滑坡前进区域)

图 7.8 2012A 至 2013A 期间 DSM 的改变(Turner et al. , 2015)

3. 利用无人机 DSM 进行考古信息提取

在考古工作中, 考古遗址的资料收集与保护需要快速、简单的三维数据获取技术。由

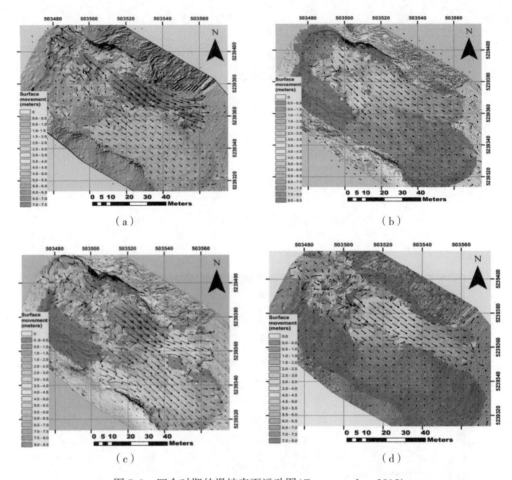

图 7.9　四个时期的滑坡表面运动图(Turner et al.，2015)

于无人机监测速度快，成本低，精度高，无人机影像用于监测考古地址变得日益普遍。特别是在一些位于边缘地区的大型遗址考古项目中，利用无人机遥感技术获取的高分辨率影像数据生成 DSM 及正射影像，成为考古研究区域解译的重要基础。

意大利帕拉莫大学的 M. Lo Brutto 等利用无人机对考古区域进行研究。研究区域位于西西里岛海岸的希梅拉考古区域，该区域存在两个主要古建筑群，包括部分被毁坏的规则形状建筑群、四座寺庙及一座围墙等。M. Lo Brutto 等利用四旋翼无人机对考古区域成像获得数据，经过相机检校、自动空三等处理获得研究区的 DSM 和 DOM，如图 7.10 所示。

F. Remondino 等将无人机遥感技术应用于考古挖掘区监测(Remondino et al.，2011)。利用无人机影像可以得到厘米级精度的挖掘区三维模型，例如在 Veio 考古地区，检查靶标的 X，Y 和 Z 方向上的 RMSE 分别为 4cm，3cm 和 7cm，如图 7.11 所示，这对于考古学界来说，精度已经足够。利用这些三维模型可以监测挖掘工作的进展。

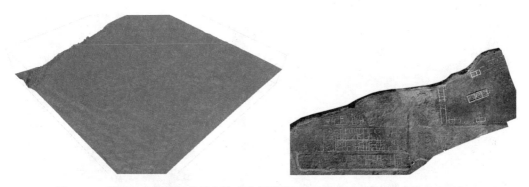

图 7.10 利用无人机获取的希梅拉考古区域的 DSM 和 DOM(Brutto et al., 2012)

图 7.11 利用无人机获取的考古挖掘区的三维模型(Remondino et al., 2011)

J. FERNÁNDEZ-HERNANDEZ 等(2015)同样利用旋翼无人机对位于西拔牙拉斯哥托斯的凯尔特人定居点古迹区域进行研究。研究区域主要包含平原和斜坡等地形,该区域存在各种古建筑物,包括房屋的墙壁或废墟等,其中在山丘和墓地中有很多与青铜器时代和铁器时代相关的陶瓷物体,是很多学者和考古专家光临的考古胜地。J. FERNÁNDEZ-HERNANDEZ 等利用旋翼无人机在高度大于 65m 的空中飞行,获得了约 5 公顷面积区域的无人机影像。影像的最小航向重叠度为 80%和最小旁向重叠度为 40%,经过摄影测量处理得到 3cm 分辨率的正射影像和高精度的三维模型,如图 7.12 所示,三维模型的点密度为每平方米 240 点,点位误差为平面 RMSE 值为 4.5cm,高程 RMSE 值为 6.5cm。

4. 利用无人机 DSM 进行工程测量监测

随着无人机摄影测量精度的提高,无人机遥感在工程测量中遂步得到应用。无人机遥感技术成本低、作业速度快、测量范围大,相较于全站仪、三维激光扫描仪等地面测量技术具备明显的优势,特别是在大范围、环境存在一定危险、重复性监测的工程测量任务中逐渐得到越来越多的应用(Siebert et al., 2014)。图 7.13 显示了利用无人机遥感进行工程测量监测的精度和适用范围。

Sebastian Siebert 等(2014)在德国马德格堡附近的一个垃圾填埋场改造项目中就应用了无人机遥感技术。该项目中一个面积大约为 200m×300 m 的垃圾填埋场需要修复,即将顶层土壤挖掘出并进行处理,该区域不存在植被和人工地物。挖掘过程分为几个阶段,每个阶段完毕后都需要对挖掘现场进行详细测量以保证挖掘过程按照预定方案进行。Siebert

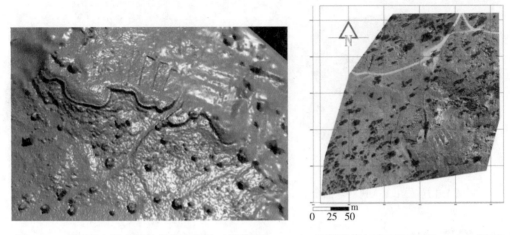

图 7.12　利用无人机获得的考古遗迹的三维模型和 1∶500 正射影像(HERNANDEZ et al. , 2015)

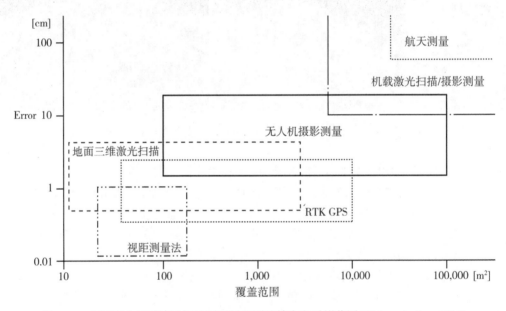

图 7.13　利用无人机遥感进行工程测量监测的精度和适用范围(Siebert et al. , 2014)

等同时还利用了 RTK 技术对挖掘现场进行测量,以此与无人机技术作对比。在相同的测区范围内,无人机遥感技术的作业时间约为 RTK 技术的三分之一,RTK 技术测量了约 1800 个点,而无人机影像可以得到 5500000 以上个点,RTK 技术只能得到稀疏点插值的表面模型,而无人机遥感技术除了获得密集点云模型,还可以获得正射影像,如图 7.14 所示。

　　例如,在德国的弗里德瓦尔德区域,一个高速公路扩建项目经过一个废弃的黏土射击场。按照德国法律,这种黏土材料被认为是危险的废弃物,在这些黏土材料被重新利用之前,需要进行专门的挖掘和处理。挖掘面积约为 17000m²(200m×85m),要求深度为几厘米,为了保证挖掘过程符合要求,同样需要进行测量以控制挖掘设备。Siebert 等先采用固

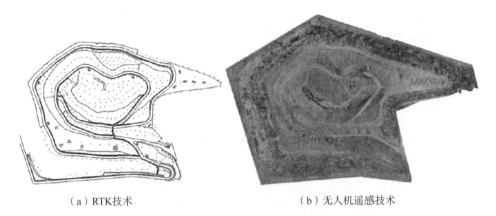

（a）RTK技术　　　　　　　　　（b）无人机遥感技术

图 7.14　垃圾填埋场改造中两种技术对挖掘现场的测量对比(Siebert et al.，2014)

定翼无人机搭载 Sony NEX5N 相机，在 70m 的飞行高度对挖掘区拍摄了 64 张图像，纵向重叠度为 80%，横向重叠度为 60%，如图 7.15 所示。然后通过 PhotoScan 软件处理得到三维表面模型。同时，也使用 RTK 技术对挖掘区进行测量。

（a）

（b）

（c）

图 7.15　利用无人机进行道路改造过程中的挖掘检测(Siebert et al.，2014)

两种测量方式中，RTK 和无人机得到的点数分别为 202 和 122275 个。RTK 和无人机测量结果之间的重叠面积为 7761m²。利用每个点云生成三角表面网格模型。将两个模型相减，体积差异为 149m³，平均高差为 1.9cm（149m³/7761m²）。选择 142 个 RTK 测量点位，对比 RTK 高程和无人机高程，两者的平均高程误差为 4.2cm，标准差为 5.9cm。另外选三个不同的土坑，比较 RTK 计算的土方量和无人机计算得到的土方量，相对误差大约在 8%~16% 之间。

结果表明，无人机表面模型比 RTK 表面模型平均高出约 1.9cm。可能的原因是：①地面控制点的厚度（如控制点标志具有 1cm 的高度）；②RTK 测量总体趋势太低（如测量杆的尖角略有插入地面）；③植被和地表条件的影响（如 RTK 不能测量的积水的区域）；④测量点数（如较高的测量点数量最终使得基于无人机的测量技术更加准确）。

无人机技术还可以应用于高速铁路建设项目。Sebastian Siebert 等（2014）对德国正在进行的高铁项目中使用无人机情况进行数据调查。在埃尔富特到纽伦堡的城市的一小段轨道建设过程中，轨道所在区域需要进行挖掘，并将挖掘出的土填充到旁边的低处。泥土挖掘、填充地点和高度均需要由联邦政府授权，因此在作业过程中需要经常性地监测作业。另外，施工质量经理需要在正在进行的土方工程和建筑上活动，他需要掌握轨道完成里程、位置和计划模型的偏离程度。利用无人机技术可以快速获得作业区的三维数字模型，利用三维数字模型提供多视角图及对从业者有用的报告。在无人机采集数据时，承包商依然在现场执行高度调整，此时施工质量经理可以利用三维数字模型进行分析，查看那些偏离计划的区域的位置和高度，并进一步根据提供的数据信息去分析不同的调整方案的工作量。如图 7.16 所示，挖掘区域和填充区域分别显示为红色和蓝色。如果最大可接受的高度偏差小于或等于 5cm，至少 83% 区域需要进行工作。因为高度被调整，需要计算多项百分比。尽管高铁项目可能最终需要毫米精度，但在实地做决策时这种可视化的空间信息非常有用。

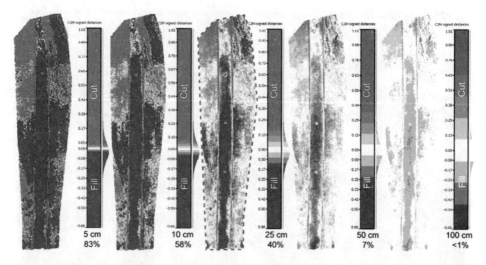

图 7.16 利用无人机 DSM 进行调整方案分析（Siebert et al.，2014）

在德国高铁项目中，某个弃土场的容量约为 200 万 m^3，长度 570m，宽度 170m，高度 25m。利用无人机遥感影像处理生成了原始的 3D 点云、表面网格、带有表面法线的正射影像，以及数字高程模型，如图 7.17 所示。利用数字高程模型(DEM)可以说明项目的挖掘和填充状态，然后将其与计划中的模型相比较。

施工项目经理的任务是确定什么时间需要额外地补充材料到达弃土场地。利用无人机获得的数字高程模型(DEM)信息可以作为决策依据：仍然可用的挖掘材料的表面积为 $9136m^2$，原位体积为 $5566m^3$。填充区域覆盖的表面积约 $17432m^2$，需要约 $56895m^3$ 的补充材料来完成项目。根据现场挖掘机和自卸卡车的数量、单车运输量、工作时间等可以估算出完成所需数量的补充材料的工作时间约为 5 天。基于对无人机所收集数据的简化计算，项目经理有足够的信息来预测下一项工作的开始时间，从而实现补充材料的无缝衔接。

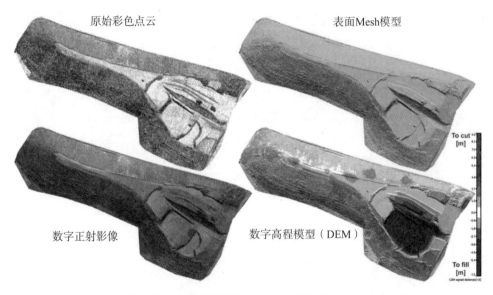

图 7.17　利用无人机数据进行弃土场作业管理(Siebert et al.，2014)

7.1.3　结合无人机 DOM 和 DSM 的二三维联合变化检测

随着我国经济的发展和城镇化的快速推进，利用遥感手段进行土地利用变化检测逐渐成为主要趋势。低空无人机影像用于变化检测具有成本低、数据获取方便、影像分辨率高等显著优点，而且无人机影像处理过程中可以同时获得高精度的数字表面模型(DSM)和数字正射影像(DOM)。DSM 可以反映地物的三维信息，相比二维影像的光谱信息，三维信息对于不同天气、光照条件具有更强的鲁棒性，且能够反映地物在高程这一维度上的变化情况，因此在变化检测中的应用逐渐广泛。本小节介绍一种基于无人机 DSM 和 DOM，同时利用二三维信息进行建筑物变化检测的方法。

无人机影像具有较高的空间分辨率，高分辨率影像信息提取方法一般以面向对象分析为基础。首先对无人机影像进行多尺度分割，在分割结果的基础上进行面向对象的高程变化结果提取；然后进行半自动样本分类标签制作；最后进行基于对象级 BOW 特征的二三维联合变化检测。无人机影像二三维联合变化检测总的技术流程如图 7.18 所示。

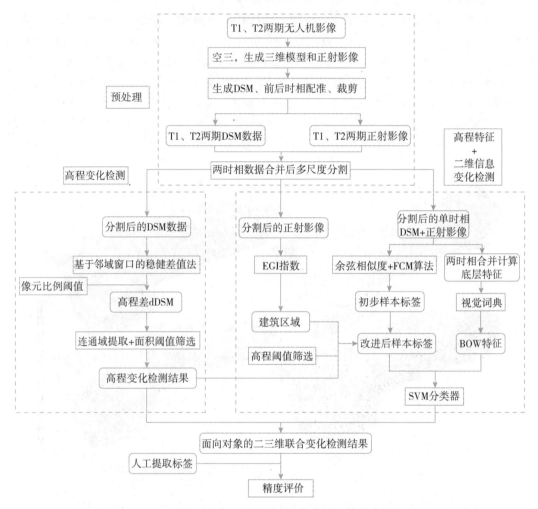

图 7.18　无人机影像二三维联合变化检测总体技术流程图

1. 面向对象的高程变化信息提取

基于多尺度分割对象的高程变化结果提取。首先，将两时相的正射影像与 nDSM 数据合并后进行多尺度分割，得到两时相中一一对应的对象。在分割得到的对象结果的基础上，使用基于邻域窗口的稳健高差求值法对两时相 nDSM 进行求差，并设置高程变化阈值，得到像元级高程变化结果。设置对象中的变化像元比例阈值，实现从像元级变化信息到对象级变化信息的映射。由于高程变化区域不仅限于形状规则的建筑物，后处理步骤选择将相邻的高程变化对象进行合并，再用面积阈值对独立的小面积图斑进行过滤，从而实现边缘清晰、几何形状较为完整的高程变化对象提取。

计算地物的高程应该去除区域的地形变化产生的影响，因此首先获得两个时相的 nDSM ，然后采用两时相的 nDSM 进行计算。nDSM 值表达式如式(7-7)所示：

$$n\text{DSM}(i,j) = \text{DSM}(i,j) - \text{DTM}(i,j) \tag{7-7}$$

式中，i、j 为像元行列号，$\text{DSM}(i,j)$ 和 $\text{DTM}(i,j)$ 分别为像元 (i,j) 的 DSM 数值和 DTM 数值。具体的稳健高差计算方法如下：首先，根据两时相影像分割后的对象大小分布范围，设定合适的邻域窗口边长；然后，以后一时相 DSM 数据某一像元为邻域窗口中心，计算前一时相 DSM 数据分布在该窗口内的所有像元与该像元的高程差。考虑到建筑物可能发生新建、拆除、增高等情况，即高程可能产生正变化或者负变化，因此取一个像元邻域范围内高差绝对值的最小值，作为该像元对应的最终高差值，如式(7-8)所示：

$$\left.\begin{array}{l} d_{\text{Diff}}(i,j) = \min\{\mid d_{\text{After}}(i,j) - d_{\text{Before}}(p,q) \mid\} \\[4pt] \hline p \in [i-w, i+w], \; q \in [j-w, j+w] \\[4pt] D(i,j) = \text{TRUE}\{if(d_{\text{Diff}}(i,j) >= T_{\text{Height}})\} \end{array}\right\} \tag{7-8}$$

式中，d_{Diff} 表示两时相的差值 DSM（differential DSM，dDSM）像元级结果，d_{After} 和 d_{Before} 分别表示后一时相和前一时相的 DSM 数据，滑动的邻域窗口大小为 $(2w+1)$，p、q 分别为像元 (i,j) 对应的邻域像元行列号，D 为像元的高差变化标记结果，T_{Height} 为高差阈值。若像元的高差值大于或等于阈值，则被标记为变化像元，否则就标记为未变化像元。

由于前后时相影像的匹配误差未知，若滑动邻域窗口边长小于因匹配精度不够导致的高程变化对象边缘误差，则稳健高差计算结果中依然会出现高程变化对象边缘"伪变化"信息。为了将像元级结果转变为对象级结果，设定对象中变化像元比例的阈值 T_{Ratio} 作为映射的依据。若一个对象中的变化像元比例达到 T_{Ratio}，判定该对象为高程变化对象，否则判定为高程未变化对象。图 7.19 为某区域的像元级与对象级稳健高差计算结果示例。

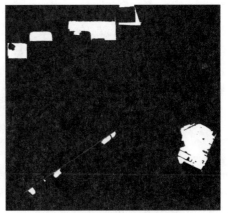

（a）稳健高差的像元级结果　　　　　　（b）稳健高差的对象级结果

图 7.19　高差计算结果对比

图 7.19(a)表示两时相计算基于邻域窗口的稳健高差得到的像元级高程变化检测结果，图 7.19(b)表示对象级高程变化结果。可以看出，像元级结果中存在大量的建筑外轮

廓线段，这是由前后时相配准精度不够导致的伪"建筑位移"，属于变化检测中被误检的区域。采用对象中的变化像元比例阈值对结果进行约束后，如图 7.19（b）所示，可以明显减少线段数量，提高高程变化检测精度。这是由于在正射影像中，某些建筑物的边缘、屋顶上的屋脊等线状物体与建筑物顶部的光谱特征相差较大，因此在影像分割时被单独分割为线状对象，即使用对象内像元比例约束，这些线状对象内的像元比例也能达到阈值，故而被认为是变化对象，需要作进一步处理。

需要过滤的图斑一般都具有形状不规则、面积小等特点，通常可通过形态学开运算、面积阈值约束来处理。然而在变化检测中影像分割过程是将两时相影像合并后进行的，因此分割结果可能较为破碎，单独的对象只对应所属地物的一部分。此外，影像中的对象涉及多种地物，并非所有对象都具有规则的形状，直接进行形态学开运算可能会改变地物分割后的外轮廓。因此，为了防止变化地物中的某一部分因为面积过小而被归类于不变化对象，且尽量不改变地物的外轮廓几何形状，采用标记连通区域、面积阈值进行处理，具体流程如图 7.20 所示。

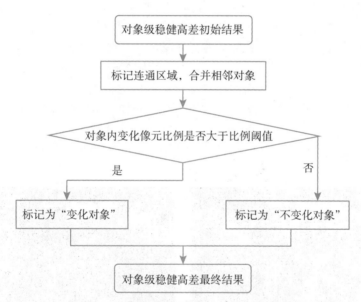

图 7.20　对象级稳健高差结果后处理流程图

首先，基于上一步得到的对象级稳健高差初始结果进行连通区域标记，即把相邻的变化对象合并为一个变化对象，并记录对象编号。以图 7.21 为例，连通区域的标记工作主要分为以下几个步骤：

（1）对待标记图像进行逐行扫描，将每一行中标为"1"的像素组成的序列称为一个团（run），并记下其起点、终点及其所在行号。在图 7.21 中，第一行共有 3 个团，分别是[1，3]、[5]和[7，9]，标记为 1、2、3。

（2）对于非第一行的团，若与前一行的团没有重叠区域，即像元列号与前一行的团中像元列号没有重复，则对其赋予新的标记，否则就沿用前一行有重合区域的团标记；若该

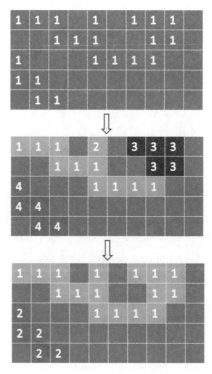

图 7.21　连通区域标记工作流程示意图

团与前一行 2 个或以上的团有重叠区域，则对该团标记为相连团的最小编号，并将上一行的这些团标记为等价对。例如，第二行的团[3，5]与团 1、2 都有重叠区域，因此标记为 1，并将这 2 个团记为等价对(1，2)；第三行的团[5，8]与团 1、3 都有重叠区域，同样标记为 1 并把团 1、3 标记为等价对(1，3)。到这一步为止，图 7.21 中共有 4 个团和 2 个等价对。

(3)将等价对转换为等价序列。由于等价对中的团都是等价的，因此给予每个序列一个相同的标号，从 1 开始对等价序列进行标号。也就是说，从步骤(2)中得到的两对等价对(1，2)和(1，3)，由于都包括团 1，应转为等价序列(1，2，3)，并将此序列标为 1。该步骤最终可得到一个等价序列表及各个序列的标号。

(4)遍历等价序列中开始团的标记，给予序列中所有团新的标记。例如，对于等价序列(1，2，3)，开始团为 1，因此该序列在等价序列表中序号为 1，因此团 1、2 和 3 都被标记为 1。

(5)将每个团的记号填入图中，作为对应位置像元的新像元值，连通区域标记结束。

区域连通完成后，就可以保证位于真实变化地物中面积较小的对象不会单独被面积阈值过滤掉。根据影像中地物大小的范围，设定一个合适的面积阈值 T_{Area} ，对合并后的对象面积进行逐一判断，若该变化对象面积大于阈值，则认为该对象是变化的，如式(7-9)所示：

$$Obj(i) = TRUE\{if(Obj(i).Area >= T_{Area})\} \tag{7-9}$$

其中，$\mathrm{Obj}(i)$ 表示图中编号为 i 的对象，$\mathrm{Obj}(i).\mathrm{Area}$ 表示该对象的面积，用其中包含的像元数表示。至此，高程变化对象提取及其后处理工作完成。

2. 基于 FCM 聚类的半自动样本标签制作

后续的变化检测过程是通过一个二类分类过程进行，需要制作样本标签训练分类器。制作样本集的工作量比较大，且数据中可能存在一些实际变化检测中并不需要的二维"伪变化"信息，影响结果的准确性。为解决上述问题，提出了一种基于 FCM 算法的半自动训练样本制作方法。首先，将两时相的正射影像与 DSM 数据结合，通过余弦相似度计算和聚类算法得到变化检测候选样本标签。实验影像中存在数量较多的"伪变化"区域，这些"伪变化"区域的来源是一些用地类型和高程均没有发生变化而顶部发生光谱信息变化的建筑物。对此，提出一种判断建筑区变化信息真伪的方法，利用二维影像的光谱特征指数、三维高程数据、高程变化提取结果对候选样本标签进行约束。对于高程差满足高程差阈值的建筑区对象，以高程变化对象提取结果为准，划分到变化范围内；对高程差小于阈值的建筑区对象，若前后时相高程均低于全图的高程平均值，把该对象视为发生变化的近地面对象，从而将"伪变化"区域对样本标签的影响降低，得到可信度较高的样本标签，有助于提高后续的变化检测正确率，流程如图 7.22 所示。

初始变化对象标签的提取需要通过计算两个时相的 nDSM 数据和正射影像组合之间的相似性或差异性，初步定位图中的变化区域。考虑到两时相的正射影像之间可能存在一定的辐射差异，若直接以两时相对应像元的欧氏距离作为差异性指标，可能会提取出数量较多的"伪变化"区域。余弦相似度与欧氏距离相比，更注重的是向量之间的夹角，即使两个向量的长度不同，只要各维度的长度间比例大致相等，则可判断两向量之间的余弦相似度较高。余弦相似度常用于文本相似性判断，若把图像每一个波段看作一个维度，也可用于图像相似性判断。假设有两个 n 维向量 $\boldsymbol{a}$ 和 $\boldsymbol{b}$，其中 $\boldsymbol{a} = (x_1, x_2, \cdots, x_n)$，$\boldsymbol{b} = (y_1, y_2, \cdots, y_n)$，计算公式如式(7-10)所示，其中 θ 为两个向量的夹角，$\cos(\theta)$ 即为两者的余弦相似度：

$$\cos(\theta) = \frac{\sum\limits_{i=1}^{n} x_i y_i}{\sqrt{\sum\limits_{i=1}^{n} x_i^2} \times \sqrt{\sum\limits_{i=1}^{n} y_i^2}} \tag{7-10}$$

分别对两时相的 nDSM 数据和正射影像各波段进行余弦相似度计算，即每个像元对应 4 维向量。考虑到 nDSM 的数据范围与 RGB 三个波段相差较大，因此先对各时相的 nDSM 数据进行标准化，即将其拉伸至 0~255 区间，以保证计算结果的规范性。

要得到变化对象候选样本标签，需要对余弦相似度计算结果进行二值化。可通过聚类算法将像元划分为变化和未变化两个类别。FCM 是一个比较常用的软聚类方法，能够得出一个像元分别属于若干个类别的概率，而不是硬性地把像元划分为某一个类别。初始的变化对象标签是一个比较粗糙的结果，仅由相似性度量和聚类方法得到，需要做进一步处理以提升变化对象识别的准确度。影响结果准确度的主要是建筑区类别的对象。与植被、水体等自然要素相比，建筑区本身的特征更为丰富，包括但不限于多种几何形状、光谱、纹理、高度信息等，导致建筑区的变化过程也具有多样性。为了甄别提取的变化建筑区属

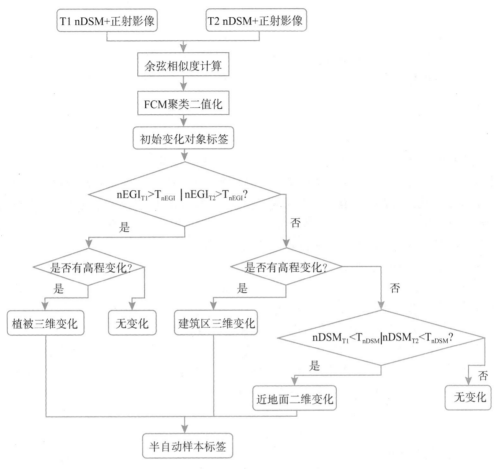

图 7.22　半自动训练样本制作流程图

于真实变化还是"伪变化"，需要设计一定的规则进行判定，主要以光谱特征、地物的 nDSM 数值和高程变化结果为依据。

近年来，由于无人机航拍具有影像空间分辨率高、数据获取较灵活等特点，无人机影像在变化检测、城市数据更新、灾害监测等方面的应用逐渐广泛。而无人机影像只有 RGB 三个波段，缺少能明显区分水体的近红外波段，因此影像中的水体和建筑物区分度较小。但是，水体在一般情况下不会发生超过建筑物正常层高的高程变化，因此后续步骤中暂不做两者的区分工作。对于植被而言，在遥感影像中，植被与其他地物的区分主要是通过归一化差异植被指数 NDVI(Normalized Differential Vegetation Index)，但 NDVI 的计算也涉及近红外波段，在本研究中也无法使用。由经验可知，植被在可见光波段中存在绿光波段的小反射峰，即植被对红光和蓝光的吸收作用相对于绿光更明显，因此可利用绿光与红光、蓝光波段的灰度值差异构建可见光波段植被指数。可见光波段差异植被指数 (n_{EGI}) 表达式如下(周勇兵等，2016)：

$$n_{\text{EGI}} = \frac{2 \times \text{Green} - (\text{Red} + \text{Blue})}{2 \times \text{Green} + (\text{Red} + \text{Blue})} \qquad (7\text{-}11)$$

式中，Red、Green、Blue 分别表示无人机影像可见光波段的红、绿、蓝波段。设定阈值 $T_{n\text{EGI}}$，利用 n_{EGI} 指数计算结果将各像元划分到植被区或者非植被区，n_{EGI} 指数大于 $T_{n\text{EGI}}$ 的被归为植被区域，否则视为非植被区域，如式（7.12）所示，其中 veg 为植被提取结果，$n_{\text{EGI}}(i, j)$ 为像元 (i, j) 的 n_{EGI} 指数值，再通过对象内像元比例识别出对象级植被结果：

$$\text{veg}(i, j) = \text{TRUE}\{\text{if}(n_{\text{EGI}}(i, j) > T_{n\text{EGI}})\} \qquad (7\text{-}12)$$

对两期数据进行植被结果提取后，可将研究区域分为两部分：一部分是两个时期均为植被的区域，另一部分是至少一个时期不是植被的区域。对两时相植被区域而言，由于光谱差异不大，因此仅依据二维特征来检测变化难度较大，需要引入高程变化对象提取结果进行判断。将其分为发生三维变化和没有发生三维变化的区域，若有三维变化，则判定该植被类型的对象为变化对象，从而得到植被三维变化结果。

图像中至少一个时期不属于植被的对象，有可能属于裸土、混凝土路面、建筑物、水体等。相对于建筑区而言，大面积水体发生显著的概率一般比较小，因此这一部分提取的变化信息基本上都与建筑区有关。建筑区中包括建筑物和近地面部分，其中造成较多"伪变化"的是建筑物，原因是当建筑物顶部光谱信息发生变化时，或者是建筑物外轮廓增加了附属物时，尽管光谱信息发生了变化，但实际用地类型和地物本身并没有发生变化，应被归为未变化对象。在实际作业过程中，这些干扰信息需要借助作业员的经验进行排除。因此，同样引入高程变化对该部分对象进行筛选，若发生了三维变化，则判定其为变化对象，否则还需要作进一步判断，由此得到建筑区三维变化结果。

至此，剩下的对象就属于建筑区没有发生三维变化的区域。为了把存在较多"伪变化"的无三维变化建筑物对象从初始变化提取结果中排除，设定高程阈值 $T_{n\text{DSM}}$，对剩余的对象进行判断。若对象的 n_{DSM} 值小于 $T_{n\text{DSM}}$，则该对象可被认为属于近地面区域。一个对象的 n_{DSM} 值为对象内所有像元的 n_{DSM} 平均值，计算公式如下所示：

$$\frac{\text{obj}(s). n_{\text{DSM}} = \text{mean}\{n_{\text{DSM}}(i, j)\}, \ \text{pixel}(i, j) \subset \text{obj}(s)}{\text{ground}(s) = \text{TRUE}\{\text{if}(\text{obj}(s). n_{\text{DSM}} > T_{n\text{DSM}})\}} \qquad (7\text{-}13)$$

在剩余的变化对象中，只有在两个时期均属于近地面区域的对象，才被认为发生真实变化，比如从裸土转变为混凝土，或者植被转变为裸土等。如果一个对象只在一个时期内属于近地面区域，同时由前面的三维变化判断可得该对象并没有发生三维变化，则有可能属于某些高程值较低的干扰信息，如路边停放的车辆，也属于未变化对象。最后，将植被三维变化结果、建筑区三维变化结果和近地面二维变化结果进行合并，得到最终的半自动样本标签提取结果。

3. 基于对象级二三维 BOW 特征的变化检测

获得分类样本标签后，从无人机 DOM 和 DSM 中提取对象级二三维 BOW 特征，采用 HIK-SVM 分类进行变化检测。为充分发挥三维数据在剔除建筑物"伪变化"信息中的作用，在底层特征中加入研究区域的高程差数据和基于两期高程数据计算的相关性特征。对 HIK-SVM 分类得到的对象级变化检测结果进行近地面高程和面积阈值约束后，与高程变化结果相结合，得到最终的对象级二三维变化检测结果。

BOW 算法是近年来在普通图像分类、场景分类、变化检测等方面应用都较为广泛的中层特征表达模型。在高分遥感影像分类实验中，BOW 特征表达已被证明可有效提高分类精度(Q. Zhu et al. ，2016)。相比于直接利用纹理、光谱、形状等底层特征对图像进行描述的方法，BOW 算法能够跨越底层特征与高层图像语义表达之间的鸿沟，通过对底层特征进行量化编码，来建立底层特征与高层语义之间的联系。为了避免像元级变化检测"椒盐噪声"的影响，BOW 特征同样是基于多尺度分割对象计算的。

获得 BOW 特征的前提是选取信息量较大的底层特征作为输入量，基于这些底层特征再进一步通过聚类等方式提取 BOW 特征。无人机数据包括高分辨率的 RGB 三波段正射影像以及 nDSM 数据，可提取实验区域内丰富的纹理信息、色彩信息、高程信息等作为底层特征。这里选用的底层特征包括 4 个，分别是 nDSM 数据、HSV 颜色空间、基于灰度共生矩阵((Gray-level Co-occurrence Matrix，GLCM)提取的纹理特征(包括均值、方差、同质性和相异性)，以上这三种特征的两时相差值数据，以及 NCIs(Neighborhood Correlation Images)特征。

其中，NCIs 特征是基于邻近相关影像分析法提取的特征，常用于各类遥感影像变化检测，且获得了比较理想的检测效果(Li et al. ，2014)。该方法针对双时相单波段影像，计算对应像元邻域窗口的光谱相关度 r，以及使用最小平方法拟合邻域窗口内两时相所有像元灰度值的回归直线方程，并将斜率 a、截距 b 和光谱相关度 r 赋给邻域中心的像元。若对应邻域内的像元灰度值是大致相等的，则应满足 $a = 1$，$b = 0$，对应的直线方程与直线 $y = x$ 接近。否则，若该邻域的像元值是变化的，变化越明显，得到的 a 值与 1 之间的差异、b 值与 0 之间的差异越大，因此起到了指示邻域内像元值变化程度的作用(杨进一等，2019)。r、a、b 三者的计算公式如下：

$$r = \frac{\sum_{i=1}^{n} (DN_{i1} - \mu_1)(DN_{i2} - \mu_2)}{s_1 s_2 (n - 1)}$$

$$a = \frac{\sum_{i=1}^{n} (DN_{i1} - \mu_1)(DN_{i2} - \mu_2)}{s_1^2 (n - 1)} \tag{7-14}$$

$$b = \frac{\sum_{i=1}^{n} DN_{i2} - a \sum_{i=1}^{n} DN_{i1}}{n}$$

其中，r 表示皮尔森相关系数，a、b 分别为斜率和截距，n 表示邻域内像元数量，DN_{i1}、DN_{i2} 分别为影像 1 和影像 2 在该邻域内的第 i 个像元值，μ_1、μ_2 分别为影像 1、2 该邻域窗口内所有像元值的平均值，s_1、s_2 为相应的方差。对正射影像每一个波段均进行 NCIs 特征提取，可获得 9 维特征量，则最终每个像元对应 17 维特征量，作为 BOW 算法的底层特征。同时，为了充分发挥高程数据在变化检测中的作用，对两期 nDSM 数据同样计算 NCIs 特征，作为提取 BOW 特征的底层特征。两期 nDSM 数据计算的 r、a、b 效果图分别如图 7.23(a)(b)(c)所示。从图 7.23(a)(b)可知，在两时相中高程没有发生变化的建筑物，与红色方框内高程有小幅度变化的路面、高程有明显变化的建筑物相比，其 r 值和 a 值相对较高，呈现出明显的正相关关系，说明由 nDSM 计算的 NCI 值对高程变化具有一定的指示意义。

（a）r 分量　　　　　　　（b）a 分量　　　　　　　（c）b 分量

图 7.23　两期 nDSM 数据计算的 NCIs 特征 r、a、b 分量结果

BOW 算法把底层特征视作视觉单词，通过对若干个图像场景整体的视觉单词分布信息进行量化统计，得到这些单词在场景中的分布特征，以此来表达该图像场景的内容。以多尺度分割对象为研究对象的基本单元，对实验区域进行对象级 BOW 特征提取，再根据 BOW 特征进行变化区域检测，主要流程如图 7.24 所示，具体步骤如下：

（1）为提高程序运行效率，对原始影像进行多尺度分割，生成对象基元影像，对象中每一个像元对应的所有底层特征值，即为每一个对象的特征点，作为 BOW 算法的输入特征。

（2）设定聚类中心数目 K，对所有对象中像元的底层特征均进行 K-Means 聚类运算，多次迭代计算每个像元点与聚类中心的欧氏距离，迭代停止后所得到的 K 个聚类中心即为视觉单词，所有视觉单词组成词典，每个对象所占的视觉单词均为词典中的一部分。

（3）统计各个对象中所有像元与 K 个视觉单词的欧氏距离，将每个像元映射到与其距离最近的视觉单词。统计各个单词在对象中出现的次数，生成视觉单词频度直方图，作为该对象的 BOW 特征表示。

在上述流程中，最关键的一步是确认视觉单词数 K。若 K 值过小，则会把相似性不高的特征点映射到同一单词上，导致单词的泛化能力减弱，使得发生或没有发生变化的对象，两者之间 BOW 特征的差异不明显。若 K 值过大，则可能导致视觉单词冗余，不同单词之间的相似性也会提高，单个视觉单词无法有代表性地表达某一个特征。

得到各个对象的 BOW 特征后，即可进行变化检测过程。变化检测实质上是一个二分类问题，即将整个研究区域划分为变化和非变化两个类别。这里选择支持向量机（SVM）作为变化检测的分类器。在解决非线性问题时，SVM 通过非线性变换，将低维度的非线

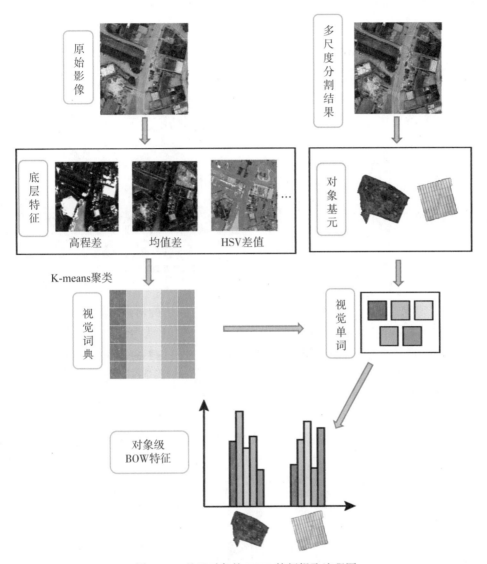

图 7.24　基于对象的 BOW 特征提取流程图

性样本映射为高维空间中的线性样本，并在高维空间中构建最优的超平面进行分类。前文所提取的对象级二三维 BOW 特征均由像元级底层特征求得，单个对象包含的像元个数和特征维数较高，导致数据运算量较大。而直方图交叉核(HIK)在图像直方图特征分类方面表现出色，计算复杂性较低，运算速度优于一般的 SVM 非线性核(胡庆新等，2016)，因此选用 HIK 作为二三维变化检测的分类器核函数。HIK 核函数的表达式如下：

$$K(\boldsymbol{x}_i,\ \boldsymbol{x}_j) = \sum_{n=1}^{m} \min(\boldsymbol{x}_{in},\ \boldsymbol{x}_{jn}) \tag{7-15}$$

式中，m 为特征向量 $\boldsymbol{x}_i$ 和 $\boldsymbol{x}_j$ 的维数，$\boldsymbol{x}_{in}$ 和 $\boldsymbol{x}_{jn}$ 分别为特征向量 $\boldsymbol{x}_i$ 和 $\boldsymbol{x}_j$ 的第 n 维向量。

最后，结合前面得到的高程变化对象提取结果和 nDSM 数据，对分类结果进行后处理，得到最终的二三维联合变化检测结果，具体思路如图 7.25 所示。

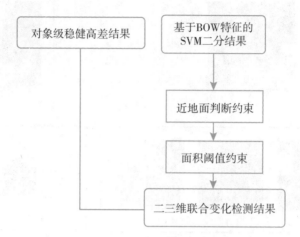

图 7.25 HIK-SVM 分类结果后处理流程图

首先，对 SVM 二分结果进行近地面判断约束，将剩余的对象与设定的近地面高程阈值 T_{nDSM} 进行比较，若该对象在两期的高程均低于 T_{nDSM}，则认为该变化对象属于近地面变化；然后，近地面变化结果执行面积阈值 T_{Area} 约束条件，小于面积阈值的图斑被视为噪声图斑，进行剔除；最后，将高程变化结果、近地面变化结果进行融合，得到最终的二三维联合变化检测结果。

4. 结合无人机 DOM 和 DSM 的二三维联合变化检测结果

二三维联合变化检测结果如图 7.26 和图 7.27 所示。为了对比该方法的效果，与经典的变化检测方法如变化矢量分析法（CVA）和迭代自适应多元分析变化检测法（IRMAD）作对比。图 7.26(a)(b)(c) 和图 7.27(a)(b)(c) 分别为区域 1 和区域 2 的 CVA、IRMAD 和二三维联合变化检测算法得到的结果，(d) 为人工参考结果，(e) 和 (f) 分别为前一时相和后一时相正射影像。

变化检测实质上是一种特殊的图像分类问题，因此变化检测结果的精度评定也可参照分类问题来构建混淆矩阵，混淆矩阵的构成如表 7.2 所示。

表7.2 混 淆 矩 阵

	真实变化像元数	真实未变化像元数	总和
预测变化像元数	TP	FN	P
预测未变化像元数	FP	TN	N
总和	P'	N'	T

其中，TP 表示预测为变化、实际上也为变化的像元数量，FP 表示预测为未变化、实际上为变化的像元数量，FN 表示预测为变化、实际上为未变化的像元数量，TN 表示预测

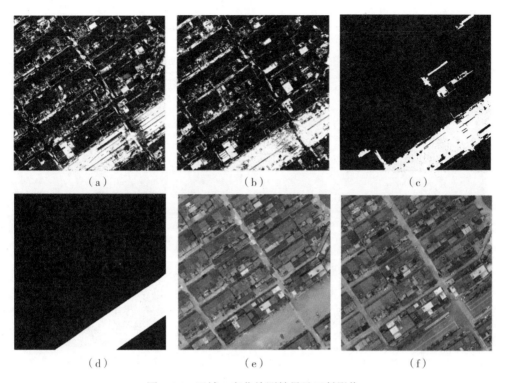

图 7.26　区域 1 变化检测结果及正射影像

为未变化、实际上也为未变化的像元数量。使用的评价指标有 3 个，分别是正确率 P、召回率 R 和 $F1$ 分数，各指标的定义如下：

（1）正确率 Precise（简称 P）：指预测变化的像元中属于真实变化的像元占预测变化像元的比例，若 P 值较高，说明预测变化的像元中事实上也是变化像元的比例较高，其计算公式如式（7-16）所示：

$$P = \frac{TP}{TP + FP} = \frac{TP}{P'} \tag{7-16}$$

（2）召回率 Recall（简称 R）：指预测变化的像元中属于真实变化的像元占真实变化像元的比例，计算公式如式（7-17）所示：

$$R = \frac{TP}{TP + FN} = \frac{TP}{P} \tag{7-17}$$

（3）$F1$ 分数：指正确率和召回率的调和平均数，是一个用于评价二分类结果的综合指标，能较为客观地反映预测结果图与真实参考图的吻合程度，计算公式如式（7-18）所示：

$$F1 = \frac{2 \times P \times R}{P + R} \tag{7-18}$$

表 7.3、表 7.4 分别展示了三种方法在这两个区域的变化检测结果精度指标。

从图 7.26(a)、(b)、(c)可以看出，CVA、IRMAD 和二三维联合变化检测方法均可

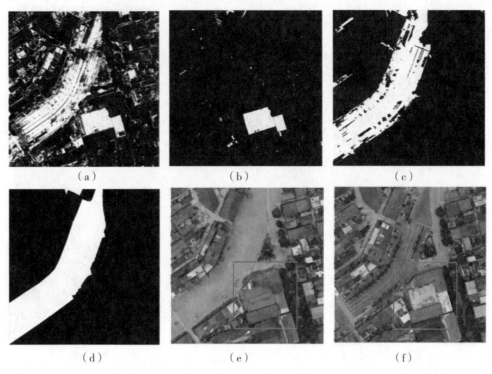

图 7.27　区域 2 变化检测结果及正射影像

清晰地识别出前一时相的裸土转变为后一时相的混凝土路面的变化，因此三种检测方法的结果召回率也分别达到了 0.72、0.78 和 0.86。但是，由于两期影像本身存在光照条件和辐射差异，因此没有发生真实变化的地物在影像上也会呈现出一定的变化。其中，变化最明显的地物是建筑物，是由于建筑物顶部使用的材质决定了不同光照条件下其反射率差异比其他地物更显著。除此以外，混凝土路面也呈现出光谱信息变化的"伪变化"现象。两种传统方法的识别结果中均没有排除这两种伪变化信息，因此检测的精确度较低。图 7.27 显示的是区域 2 变化检测结果及对应区域的正射影像。区域 2 需要检测出的变化信息主要也是从裸土转变为混凝土的路面，以及一小部分由于建筑物新建导致的高程和光谱真实变化信息。如图 7.27(e)(f)红色方框的区域所示，当占地面积较大的建筑物顶部发生了明显的材质变换，而实质上地物类型不变时，对传统方法的检测结果精度影响较大。从图 7.27(c)可以看出，二三维联合变化检测采用高度信息对变化检测结果进行约束，对于仅发生光谱信息变化而没有发生高度变化的建筑物，能够准确地从结果中剔除，同时不影响近地面或地面的光谱变化检测结果，从而获得了比较理想的精确度和召回率，两者分别达到 0.92 和 0.85。图 7.27(a)所示的 CVA 结果中，虽然也能识别出变化路面，但没有把建筑物伪变化信息剔除；图 7.27(b)所示的 IRMAD 结果则把该建筑作为主要变化对象识别出来，变化路面则完全没有被识别，因此两种方法的变化检测精度都不理想，证明二三维联合变化检测方法具有更好的变化检测性能。

表 7.3　　　　　　　　　　　　　**区域 1 实验结果精度评价**

方法	F1 分数	P 正确率	召回率 R
CVA	0.50	0.39	0.72
IRMAD	0.56	0.44	0.78
二三维联合变化检测方法	0.86	0.87	0.86

表 7.4　　　　　　　　　　　　　**区域 2 实验结果精度评价**

方法	F1 分数	P 正确率	召回率 R
CVA	0.58	0.51	0.67
IRMAD	0.01	0.04	0.01
二三维联合变化检测方法	0.88	0.92	0.85

7.2　无人机多光谱图像信息提取

无人机搭载的多光谱相机在各方面与普通数码相机非常相似。不同之处在于相机的成像波段除了可见光外，还增加了一个或几个近红外波段。近红外波段对植被等地物具有较高的敏感性，因此无人机多光谱图像在农业、环境保护、林业、水资源保护等领域应用广泛，特别是在精准农业中已经有诸多成功应用，如实时动态监测农作物长势、病虫害早期监测、作物估产；研究农作物生长状况与叶片光谱的关系，辅助研究农学遥感机理；估算植被叶面积指数、生物量、全氮量、全磷量等生物物理参数等。

利用近红外波段可以计算各种植被指数，用于信息提取。常用的植被指数包括归一化差分植被系数(NDVI)、比值植被指数(RVI)和垂直植被指数(PVI)等。

NDVI 的计算表达式为：

$$\text{NDVI} = (\text{NIR} - R) / (\text{NIR} + R) \tag{7-19}$$

式中，NIR 和 R 分别是近红外和红色波段的反射率，NDVI 具有鲁棒性，无需进行大气校正，就能够减少阳光强度变化的影响的优点，常被应用于检测植被生长状态、植被覆盖度和消除部分辐射误差等。

RVI 定义为近红外和红色波段反射率的比值，可用于检测和估算植物生物量：

$$\text{RVI} = \text{NIR} / R \tag{7-20}$$

PVI 是在 R-NIR 的二维坐标系内，植被像元到土壤亮度线的垂直距离，其公式为：

$$\text{PVI} = \sqrt{(S_R - V_R)^2 (S_{\text{NIR}} - V_{\text{NIR}})^2} \tag{7-21}$$

式中，S 是土壤反射率，V 是植被反射率。

Jacopo Primicerio 等(2012)利用 VIPtero 旋翼无人机搭载 Tetracam 公司的农业专业数码相机(agricultural digital camera，ADC)对意大利恩波利的蒙特宝罗地区的葡萄园进行成像，如图 7.28 所示。ADC 相机的波段为绿、红和近红外波段，飞行观测面积为 0.5 公顷。在航飞的同时，还利用 FIELDSPEC 地面光谱仪测量葡萄树对红色波段和近红外波段的反射率。分别用无人机影像和地面反射光谱测量数据计算葡萄园的 NDVI，二者具有非常高的相似性，回归平方相关系数等于 0.98，证明通过无人机影像计算的 NDVI 具有很好的精度。进而得到整个研究区 NDVI 图，用于辅助分析葡萄树生长情况，估算产量等。

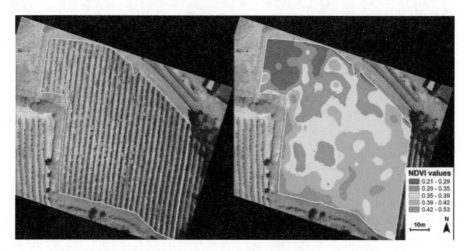

图 7.28　蒙特宝罗葡萄园的多光谱图像和基于 NDVI 的葡萄园活性图（Primicerio et al.，2012）

K.C.Swain 等（2010）同样利用无人直升机搭载 Tetracam ADC 多光谱相机对稻田区域成像估算稻田产量和生物量。研究实验地点位于泰国巴吞他尼府。在 Swain 等研究中，采用无人机低空系统估算水稻产量与生物量，以及研究分析它们与氮元素的关系函数，估计氮含量应用率，如图 7.29 所示。土壤中总体氮含量可通过标准方法进行测试。实验区域包括三个不同区域的稻田，每个区域的稻田块里，氮肥的使用率又分为五种，分别为 0%，25%，50%，75%，100%，对应 0，3，66，99，132kg/ha。

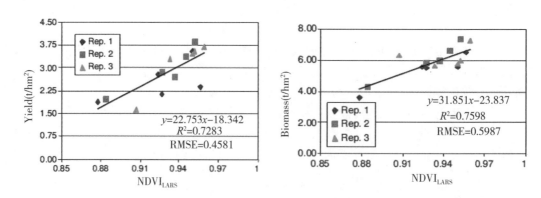

图 7.29　利用无人机 NDVI 值估计水稻产量和生物量（Swain et al.，2010）

K.C.Swain 等的研究中，在作物种植的 65 天后的时间里采用无人机低空系统采集影像，影像在 20m 高度获取，获得的影像具有绿、红、红外三个波段。无人机在航飞的同时，同样利用地面光谱仪测量大米冠层的各波段反射率。将无人机影像计算的 NDVI 和地面测量反射率计算的 NDVI 作线性回归，在不同的氮肥使用率情况下，二者表现出很强的相关性。利用线性回归建立无人机影像 NDVI 与水稻产量和稻田生物量之间的关系，同样获得较高的相关性。稻田生物量估算的回归平方相关系数等于 0.728，估算误差为 0.458t/hm^2；水稻产量的回归平方相关系数等于 0.760，估算误差为 0.598t/hm^2。试验证明，利用无人机多光谱图像能够较准确地估算稻田生物量和水稻产量，并能反映稻米长势，以此作为参考，可以通过调整氮肥使用量来获得更高的产量。

7.3　无人机热红外图像信息提取

热红外遥感能够获取地物的温度信息，并能够绘制地物辐射温度分布图，这是其他遥感方式无法完成的，因此热红外遥感在遥感领域占有重要地位。近年来，小型热红外传感器的发展取得了显著进步，已经出现了可以搭载在无人机平台的热红外成像仪。目前，无人机热红外图像遂渐应用于森林火灾监测、农业、电力设置监测、水资源监测等领域。

7.3.1　热红外图像预处理

1. 无人机热红外图像温度反演基本原理

热红外图像提取信息的基本原理是对目标物热辐射能量的定量化，进而反演地物的温度信息，普朗克函数能够对这种能量进行精确量化。根据 Planck 定律，理想黑体的光谱辐射亮度是其热力学温度和波长的函数，其表达式如下：

$$B(\lambda, T) = \frac{2\pi hc^2}{\lambda^5} \cdot \frac{1}{e^{ch/\lambda kT} - 1} \tag{7-22}$$

式中，$B(\lambda, T)$ 为分谱辐射通量密度，单位为 w/(cm^2 · μm)；λ 为波长，单位为 μm；h 为普朗克常数(6.6256 × 10^{-34}J · S)；c 为光速 3 × 10^{10}cm/s；K 为玻尔兹曼常数(1.38 × 10^{-23}J/K)；T 为绝对温度，单位 K。

通常，我们把物体的辐射亮度 $L_g(\lambda)$ 与相同温度下黑体的辐射亮度 $L_b(\lambda, T)$ 的比值称为物体的比辐射率 $\varepsilon(\lambda)$，用它来表征物体的发射本领，即有如下关系：

$$L_g(\lambda) = \varepsilon(\lambda) L_b(\lambda, T) \tag{7-23}$$

从式(7-23) 可以看出，若物体的光谱发射率已知，那么就可以求解对应黑体的光谱辐射亮度，又有 $B(\lambda, T) = L_b(\lambda, T)$，再代入式(7-22) 中，从而求解温度 T。受环境辐射和大气辐射传输的影响，红外传感器上观测到的目标的辐射亮度为：

$$L_{\text{toa}}(\lambda) = [\varepsilon_\lambda L_b(\lambda, T) + (1 - \varepsilon_\lambda) L_{\text{atm}, \lambda}^{\downarrow}] \cdot \tau_\lambda + L_{\text{atm}, \lambda}^{\uparrow} \tag{7-24}$$

式中，$L_{\text{toa}}(\lambda)$ 为传感器入瞳光谱辐射亮度；τ_λ 为光谱大气透过率；$L_{\text{atm}, \lambda}^{\downarrow}$ 为大气下行光谱辐射亮度；$L_{\text{atm}, \lambda}^{\uparrow}$ 为大气上行光谱辐射亮度。

从式(7-24) 中可以看出，要求解 $L_b(\lambda, T)$，除了要已知 ε_λ，还必须已知 τ_λ，$L_{\text{atm}, \lambda}^{\downarrow}$ 和 $L_{\text{atm}, \lambda}^{\uparrow}$ 各项的值。因此，若想获得较精确的反演温度，必须考虑 3 部分：

(1) 进行热红外传感器标定，将 DN 值精确地转换为辐射亮度值 $L_{\text{toa}}(\lambda)$；

（2）精确地校正大气影响，包括获取精确的大气透过率τ_λ、大气上行辐射亮度$L^{\uparrow}_{\text{atm},\lambda}$和大气下行辐射亮度$L^{\downarrow}_{\text{atm},\lambda}$；

（3）获取更精确的地物比辐射率ε_λ。

2. 热红外相机标定

热红外传感器参数中通常会给出红外波段表观辐射亮度以及对应波段的热红外传感器记录值之间的校正增量参数 gain 以及校正偏差参数 bias，获取传感器入瞳处亮度值 L。

$$L = \text{gain} \cdot DN + \text{bias} \tag{7-25}$$

3. 大气校正

在热红外相机的光谱范围，不同飞行高度具有不同的大气透过率τ_λ及辐射强度，研究表明，在不同的大气条件下，如果不进行大气校正，飞行高度会对地表温度造成影响，因此需要进行大气校正。西班牙科学研究理事会可持续农业研究中心的 Berni 等（2009）在研究无人机对人红外图像处理时（见图 7.30），提出对透过率和热辐射强度进行拟合，建立两个 4 次多项式的飞行路线函数，根据每个像素的飞行高度进行大气影响消除。

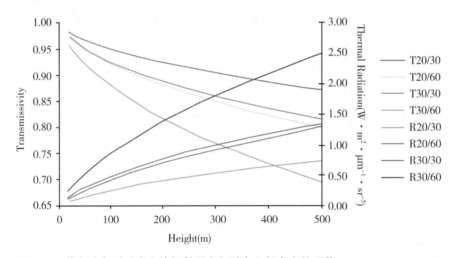

图 7.30　模拟大气透过率和热辐射强度与平台飞行高度的函数（Berni et al.，2009）

由于红外相机具有较宽的视场角并且无人机平台具有一定的倾斜角度，因此需要为每个像素的路径长度进行校正。根据惯导系统和相机标定提供的信息，获取图像的相机主点P_o在地面坐标系下的坐标$(X_o，Y_o，Z_o)$，及俯仰、滚动和偏航的姿态角$(\varphi，\omega，k)$。对于给定点P具有地面坐标$(X_p，Y_p，Z_p)$，对地面坐标与相机主点坐标之差与具有相机畸变的像平面坐标$(x'_p，y'_p)$建立共线方程进行估计：

$$\begin{bmatrix} x'_p \\ y'_p \\ -c \end{bmatrix} = \frac{1}{\lambda_p} \boldsymbol{M} \begin{bmatrix} X_p - X_o \\ Y_p - X_o \\ Z_p - Z_o \end{bmatrix} \tag{7-26}$$

式中，$\boldsymbol{M}$是根据姿态角度获得的旋转矩阵，c是焦距，λ_p是相关的比例因子。对方程进行变换，地面给定点P的像素坐标可以用式(7-27)和式(7-28)表示，如果图像的中心投影

(P_o）和地面海拔是已知的，则地形被认为是平坦的：

$$\begin{cases} X_p = \lambda_p [m_{11} x_p' + m_{21} y_p' + m_{31}(-c)] + X_o \\ Y_p = \lambda_p [m_{12} x_p' + m_{22} y_p' + m_{32}(-c)] + Y_o \\ Z_p = \lambda_p [m_{13} x_p' + m_{23} y_p' + m_{33}(-c)] + Z_o \end{cases} \tag{7-27}$$

$$\lambda_p = \frac{m_{12} x_p' + m_{23} y_p' - m_{33}c}{Z_p - Z_o} \tag{7-28}$$

将 $Z_p - Z_o$ 估计为平均高度以上地面平坦的地面，则可得出 X_p 和 Y_p 到地面点的距离可以表示为

$$D_{o-p} = \sqrt{(X_o - X_p)^2 + (Y_o - Y_p)^2 + (Z_o - Z_p)^2} \tag{7-29}$$

使用这种方法来估计像素到对应地面点的距离，进而产生透光和每个图像的热辐射图。然后采用该结果对热红外图像作大气校正。通过与三种不同地物土壤、白体和目标黑体的实际温度作对比，校正前热红外图像反演的地物温度的均方根误差为 3.44K，经大气校正后降至 0.89K。图 7.31 为 Berni 等的试验中，大气校正之前和大气校正之后，从 150m 飞行高度的热红外相机反演温度和地面真实表面温度的对比。

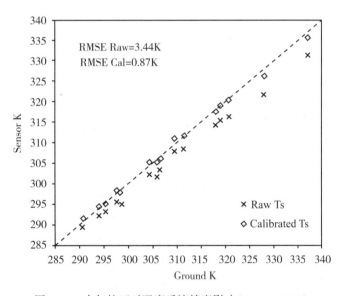

图 7.31　大气校正对温度反演精度影响（Berni，2009）

7.3.2　无人机热红外图像地表温度反演方法

热红外遥感地表温度反演研究始于 20 世纪 70 年代，历经近 40 年的发展，取得了很多成果。国内外热红外遥感反演地表温度领域内的研究者根据不同热红外遥感数据的特点，提出了多种反演温度的算法，这些算法归纳起来分为 3 大类：单通道算法（单窗算法）、分裂窗法和多通道算法。单通道算法主要利用一个热红外通道的辐射测量值实现温度反演，主要适用于具有单个热红外波段传感器。分裂窗法最初应用于海面温度的反演，

20 世纪 80 年代开始拓展到陆面温度的反演。它主要利用在一个大气窗口的两个临近的红外通道存在不同的大气吸收，来消除大气的影响，基于两个亮度温度的线性组合实现陆温反演。多通道算法旨在利用多光谱数据进行温度和发射率的同步反演。由于无人机机载热红外相机通常只有一个热红外波段，因此这里只简要介绍单通道温度反演算法。

西班牙巴伦西亚大学的 Jimenez、Munoz 和 Sobrino（2003）提出了一种普适性单通道算法，其温度反演公式为：

$$T_s = \gamma(T_b)\left[\frac{1}{\varepsilon}(\psi_1 L_\lambda^{sen} + \psi_2) + \psi_3\right] + \delta(T_b) \tag{7-30}$$

其中：

$$\gamma(T_b) = \left\{\frac{1.43877 \cdot 10^4 \cdot L_b}{T_b^2}\left[\frac{\lambda_b^4}{1.19104 \cdot 10^8} \cdot L_b + \frac{1}{\lambda_b}\right]\right\}^{-1} \tag{7-31}$$

$$\gamma(T_b) = \delta(\gamma(T_b) \cdot L_b) + T_b \tag{7-32}$$

式中，L_b 和 T_b 分别为传感器入瞳处通道辐亮度和亮温，单位分别为 W/（$m^2 \cdot \mu m$）和 K，λ_p 为通道有效波长，ε 为通道地表比辐射率，ψ_1，ψ_2，ψ_3 是大气参数，其定义如下：

$$\psi_1(\lambda, \omega) = \frac{1}{\tau(\lambda, W)} \tag{7-33}$$

$$\psi_2(\lambda, \omega) = -L_\lambda^\downarrow(\lambda, W) - \frac{L_\lambda^\uparrow(\lambda, W)}{\tau(\lambda, W)} \tag{7-34}$$

$$\psi_3(\lambda, \omega) = L_\lambda^\downarrow(\lambda, W) \tag{7-35}$$

式中，$\tau(\lambda, W)$、$L_\lambda^\downarrow(\lambda, W)$ 和 $L_\lambda^\uparrow(\lambda, W)$ 分别对应为大气廓线的水汽含量、下行辐射和上行辐射。对于 ψ_1，ψ_2，ψ_3，一般是利用大量数值模拟建立它们与总水汽含量 W 相关的经验模型。通过进行大量数据模拟来建立该经验模型，从而确定普适性单窗算法。

上述方法需要估计大量的物理参数，相对较复杂。而 Malaret 等提出了一种简化二次方程式模型把 DN 值转变成辐射温度，温度反演表达式为：

$$T(K) = 209.831 + 0.834DN - 0.00133 + DN^2 \tag{7-36}$$

再应用 Artis 等（1982）提出的绝对表面温度表达式，计算如下：

$$T_s = \frac{T(K)}{1 + \left(\dfrac{\lambda T(K)}{a}\right) \cdot \ln\varepsilon} \tag{7-37}$$

式中，λ 是波段有效波长，$a = hc/K = 1.438 \times 10^{-2}mK$，$K$ 是波尔兹曼常数，为 $1.38 \times 10^{-23}J/K$，h 是普朗克函数，为 $6.6256 \times 10^{-34}J \cdot S$，$c$ 是光速 $3 \times 10^{10}cm/s$。图像数据 DN 值转变成光谱辐射率 L_{sensor}：

$$L_{sensor} = \frac{(L_{max} - L_{min}) \cdot DN}{DN_{MAX}} + L_{min} \tag{7-38}$$

式中，L_{min} 是传感器可探测到的最小辐射率，L_{max} 是传感器可探测到的最大辐射率。DN_{MAX} 为像元的最大灰度值，$DN_{MAX} = 255$，DN 为像元的灰度值。传感器亮温（T_{sensor}）由下式获得：

$$T_{\text{sensor}} = \dfrac{K_2}{\ln\left(1 + \dfrac{K_1}{L_{\text{sensor}}}\right)} \qquad (7\text{-}39)$$

式中，$K_2 = 1260.56\text{K}$，$K_1 = 607.76\text{W} \cdot \text{m}^{-2}\text{s r}^{-1}\mu\text{ m}^{-1}$。

7.3.3　无人机热红外温度图像分析与应用

利用无人机热红外图像反演得到的温度图像，在精细农业、环境监测等方面有重要应用。西班牙科学研究理事会可持续农业研究中心（Berni，2009）利用无人机载热红外相机反演的温度图像计算植被指数来辅助农林灌溉。他们的研究表明，灌溉程度不同导致温度变化，因此可以用无人机热红外图像反演的地区热变化图反映不同灌溉方式的影响。图7.32 显示了 2007 年 7 月正午在桃园上空 12 次作业得到的由于灌溉程度不同导致的整个地区热变化图。从图中可以看出，调亏灌溉（Regulated Deficit Irrigation）的树的冠部比完全灌溉的树温度更高，平均温差为 4.3K。图中红色和黄色部分是缺水的树，温度最高，蓝色部分为完全灌溉的树木，温度较低。右下图为树冠内无人机温度变化图，最亮的部分温度变化最大。

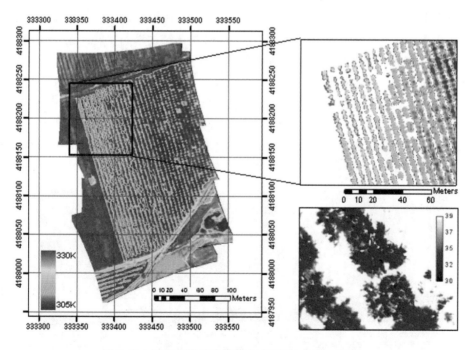

图 7.32　温度图像反应灌溉方式不同（Berni，2009）

利用温度图像还可以通过回归计算得到光化学植被指数（PRI），回归精度为 $r^2 = 0.69$，以及利用温度计算得到树冠通气率 Gc，树冠通气率 Gc 回归计算的 RMSE 为 1.65mm/s，$r^2 = 0.91$。图 7.33（a）显示了利用温度计算得到的树冠通气率 Gc 对应区域的灌溉情况，FI

为完全灌溉区域, RDI 为调亏灌溉区域, SDI 为持续亏灌区域, 图 7.33(b)为利用温度计算得到的树冠通气率 Gc, 结果表明二者具有较好的一致性。

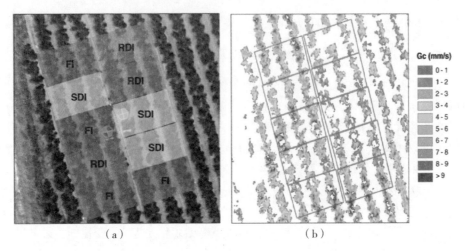

图 7.33　利用温度图像反演树冠通气率 Gc(Berni, 2009)

对活火山这种极端环境采用传统技术进行研究存在很多困难, 例如在火山喷发期, 火山顶峰区域很难评估并且危险系数很大。随着无人机遥感技术的发展, 无人机获得的可见光和热红外影像对于火山监测变得越来越重要, 如火山监测与制图、火山喷发前兆研究等。意大利国家地球物理和地质力学研究所的 Stefania Amici 等(2013)使用无人机监测意大利埃特纳火山的西南部的泥火山状况, 对火山活跃排气区域进行制图, 并对温度信息分布进行量化, 如图 7.34 所示。他们将无人机热红外影像温度测量值与同时期获取的地面热红外数据及独立观测的泥浆和水流温度进行交叉验证, 结果证明了无人机热红外数据的有效性(Amici et al., 2013)。

图 7.34　利用无人机热红外影像监测泥火山(Amici et al., 2013)

　　图7.35是无人机热红外相机和地面热红外相机对比，尽管两个相机具有不同的几何视角，但仍具有较好的一致性。如图7.35(a)是监测区域，图7.35(b)是地面热红外相机影像，在某监测点的量测温度为34.7℃，图7.35(c)是对应区域无人机热红外影像，监测点量测温度为34℃。无人机热红外影像测量温度值与地面实测温度相差在±0.4℃内。

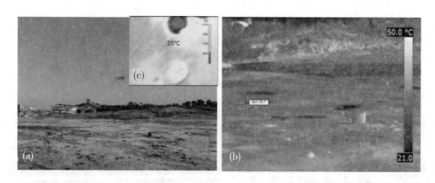

图7.35　无人机热红外相机和地面热红外相机测量温度对比

7.4　无人机高光谱影像信息提取

　　高光谱传感器主要根据地物的反射率信息进行地物识别与信息提取，因此需要对高光谱影像进行光谱重建。由于受到太阳位置、角度条件、大气条件、地形及传感器本身性能的影响，传感器所记录的数据与目标的反射光谱反射率或光谱辐射亮度值并不一致，光谱成像光谱仪获取的数据经过传感器定标或辐射校正之后得到的数据还需要进一步转换成地物的反射率值才能实现对地物的定量遥感分析。因此将传感器记录的原始辐射值(DN值)转化为地物反射率，恢复地物光谱数据本来的面目，称为地物光谱数据重建。地物光谱数据重建主要有三个过程：第一，对原始影像进行传感器定标，获取传感器入瞳处辐射值。第二，进行大气校正，获取地表辐射值；第三，进行光照及地形校正，获得地表真实反射值。

　　无人机高光谱仪传感器记录的数值由于传感器的灵敏性会产生畸变，而且其通常为模拟量，因此在对无人机高光谱遥感数据进行大气辐射校正前必须对传感器记录的数值进行传感器定标。所谓传感器定标是高光谱遥感图像进行大气辐射校正的必要前提，即建立高光谱传感器每个探元所输出信号的数值量化值与该探测器对应像元内的实际地物辐射亮度值之间的定量关系。传感器定标有绝对定标与相对定标两种方式，绝对定标是对目标进行定量的描述，得到目标的辐射绝对值，即获取校正增量参数gain以及校正偏差参数bias。相对定标只是得出目标中某一点辐射亮度与其他点的相对值，可根据各波段辐射亮度值调整比例系数文件S_λ，进行相对辐射定标，如式(7-40)所示。下面主要介绍无人机高光谱影像的绝对定标方法。

$$L_\lambda = \mathrm{gain} \cdot \mathrm{DN} + \mathrm{bias} \tag{7-40}$$

$$L_\lambda = \frac{\mathrm{DN}}{S_\lambda} \qquad\qquad (7\text{-}41)$$

无人机载高光谱传感器的绝对定标可以通过建立简易的地面场来进行。中科院光电所提出了一种基于地面场的无人机载高光谱传感器的绝对定标方法(Liu et al.，2014)。该方法，建议将检校场建立在我国内蒙古北部的平原区。标定场中设定 15 个大小为 7m×7m 的彩色目标(M1～M15)、4 个 15m×15m 的灰度目标(R1～R4)及 4 个 15m×15m 的高光谱目标(H1～H4)用于光谱性能估计。然后采用基于地表参照的绝对大气校正模型根据大气传输模型进行绝对定标，如图 7.36 所示。

图 7.36　中科院光电所建立的无人机高光谱影像地面定标场(Liu et al.，2014)

Liu 等选择反射率分别为 20%、30%、40%、50% 的不同地物作为确定标定参数的标志物，在飞机飞行的同时采用手持光谱仪量测这 4 种地物目标的地表反射率。采用MORTRAN5 模型对这 4 种目标地物的传感器辐射率进行大气校正。DN 值可取 4 个辐射标定目标影像 8×8 窗口的中心值，之后即可计算出 4 种目标地物在 DN 值与传感器量测值的绝对标定参数。根据 4 种目标地物的标定参数对所有波段光谱信息进行拟合，得到所有波段的标定参数。

对于高光谱成像设备来说，由于推扫式光谱仪和摆扫式光谱仪通常存在光谱中心和半高峰宽偏移，因此需要确定光谱中心和半高峰宽的位置。这一过程通常在实验室可控环境下进行，在暗色光学实验室对高光谱成像光谱仪利用单色准直法进行标定，单色分光计用于输出可见光和近红外波段内的单色光，同时每个单色光的光谱反射值也被记录下来，然后每个波段中心值与半高峰宽通过高斯函数拟合光谱反射数据计算得出

$$f(\lambda - \lambda_i) = \mathrm{e}^{[-(\lambda - \lambda_i)/(F_i/(2\sqrt{\ln 2}))^2]} \qquad\qquad (7\text{-}42)$$

式中，$f(\lambda - \lambda_i)$ 是波段 i 在不同波长 λ 的相应值，λ_i 和 F_i 分别为光谱中心值与半高峰宽。

实验室检定理论逻辑严密，精度高，但对实验环境要求较高。Wang 等(2010)提出了利用地面检验场来检校光谱中心和半高峰宽的方法，该方法通过比较光谱测量值与大气传输校正后的地面光谱反射光谱辐射值来确定光谱中心和半高峰宽。在该方法中，首选对测量光谱和模拟光谱进行归一化光学厚度导数变换(normalized optical depth derivative，NODD)，归一化光学深度导数(NODD)光谱对地表反射率和大气水蒸气的敏感性较低，

在光谱参数计算过程中使用 NODD 光谱，可以抑制源于地表反射率和大气参数的不确定因素导致的残差值。

NODD 光谱可以通过以下方式得出：首先，取原始辐射光谱上的自然对数的负数；其次，计算相邻光谱通道之间的差异以消除基线并将斜率转换为偏移，产生衍生光谱，然后减去所得光谱以消除偏移，得到独立于表面反射率的光谱，最后，结果采用单位均方根进行幅度归一化，得到 NODD 最终光谱。除了 NODD 转换之外，还需使用连续去除光谱工具对光谱进行标定。在 NODD 转换和连续去除程序之后，两组处理后的光谱集，总的大气透射光谱和典型的大气吸收通道的有效光谱值代入代价函数，如公式(7-43)所示(Wang et al.，2010)，其值将采用优化程序进行迭代评估，直到达到代价函数最小值。方程(7-43)由两部分组成：

(1)传统的观测和模拟光谱残差(辐射度或 NODD 光谱)；

(2)通过测量光谱角度得到的这两个光谱的形状相似性。

给定中心波长和 FWHM 的初始值，当代价函数最小时，即可得到中心波长的偏移和 FWHM 的变化，代价函数 f 的表示形式如下：

$$f = (1 - \gamma)\mathrm{SSE} + \gamma\mathrm{SA} = (1 - \gamma)\frac{1}{n}(r_i - \tau_i)^2$$

$$+ \gamma\frac{2}{\pi}\arccos\left(\frac{\sum\limits_{i=1}^{n} r_i\tau_i}{\sqrt{\sum\limits_{i=1}^{n}(r_i)^2\sum\limits_{i=1}^{n}(\tau_i)^2}}\right) \tag{7-43}$$

这里，SSE 和 SA 分别是在处理后的有效反射光谱和处理后的总的大气透射光谱之间的代价函数和归一化光谱角。r_i，τ_i 分别为经包络线去除后的第 i 波段表观反射率与透过率，其数值通过对传感器量测的辐射值进行建模，以及根据准确的大气、地表条件参数和 MODTRAN 辐射传输模型获得。在实际过程中，如果无法进行地表反射率量测，则可以进一步建立简化的代价函数：

$$f = (1 - \gamma)\mathrm{SSE} + \gamma\mathrm{SA}$$

$$= (1 - \gamma)\frac{1}{n}(R_i^{\mathrm{mod}} - R_i^{\mathrm{obs}})^2 + \gamma\frac{2}{\pi}\arccos\left(\frac{\sum\limits_{i=1}^{n} R_i^{\mathrm{mod}} R_i^{\mathrm{obs}}}{\sqrt{\sum\limits_{i=1}^{n}(R_i^{\mathrm{mod}})^2\sum\limits_{i=1}^{n}(R_i^{\mathrm{obs}})^2}}\right) \tag{7-44}$$

该方法的代价函数除了变量 R_i^{mod} 与 R_i^{obs}，其他参数与公式(7-43)类似，这里 R_i^{mod} 为波段 i 的处理的辐射值，在地表反射率的基础上通过 MODTRAN 模型拟合得到，R_i^{obs} 是波段 i 处理后的观测辐射光谱值。跟基于地面测量地表反射率的光谱标定方法一样，该代价函数达到最小时，即得到大中心波长的偏移和半高峰宽。

7.4.1　无人机载高光谱影像端元提取

高光谱影像主要用来提取地物的光谱反射率信息，进一步可用于地物反演及表征地物特征的指数计算。受传感器空间分辨率的限制以及地物复杂多样性的影响，高光谱影像混合像元普遍存在于影像中，即一个像元中通常包含不止一种地物类型的光谱信息。因此需要对高光谱影像进行端元光谱提取及混合像元分解，进而获取所需地物信息。端元是指数据中代表类别特征的理想化纯数据。获取高光谱数据中的纯地物光谱技术称为光谱端元提取，是高光谱数据解混和高光谱数据分析实施的前提。混合像元分解需要建立光谱的混合模拟模型，像元的反射率通常可以表示为端元组分的光谱特征和它们的面积比（丰度）的函数，在某些情况下，表示为端元组分的光谱特征和其他的地面参数的函数。一般将像元混合模型归纳为以下五种类型：线性混合模型、概率模型、几何光学模型、随机几何模型和模糊分析模型。以上几种模型中，由于线性模型物理意义明确，建模简单，通常采用线性模型进行光谱解混。采用提取端元的线性组合来表征影像中每一像元，即为混合像元分解，也称为丰度反演。

在线性分解模型中，通常假定混合像元的光谱是由该瞬时视场内的各类地物光谱的线性组合，像元的光谱亮度值是构成像元的基本组分，即端元（Endmember）。光谱亮度值是以其占像元面积的比例作为权重系数的线性组合。那么，在每一光谱波段中单一像元的反射率就表示为它的端元组分特征反射率与它们各自丰度的线性组合。因此，第 i 波段像元反射率可以表示为：

$$\gamma_i = \sum_{j=1}^{m} p_{ij} f_i + \varepsilon_i \tag{7-45}$$

式中，$i = 1, 2, \cdots, n$，$j = 1, 2, \cdots, m$。γ_i 是混合像元的反射率；p_{ij} 表示第 i 个波段第 j 个端元组分的反射率；f_j 是该像元第 j 个端元组分的丰度，有 $0 \leqslant f_j \leqslant 1$ 且 $\sum_{j=1}^{m} f_j = 1$；ε_i 是第 i 波段的误差；n 表示波段数；m 表示选定的端元组分数。

上式可表示为矩阵形式：

$$\boldsymbol{\gamma} = \boldsymbol{P} \boldsymbol{f}_0 + \boldsymbol{\varepsilon}_0 \tag{7-46}$$

式中，$\boldsymbol{\gamma}$ 是图像中任意一个 n 维光谱向量，n 为图像波段数；$\boldsymbol{P}$ 为 $n \times m$ 矩阵，其中每列均为端元向量，$\boldsymbol{p} = [p_{i1}, p_{i2}, p_{i3}, \cdots, p_{im}]$；$\boldsymbol{f}_0$ 是系数向量 $\boldsymbol{f}_0 = (f_1, f_2, \cdots, f_m)^{\mathrm{T}}$；$\boldsymbol{\varepsilon}_0$ 是误差项。

由式（7-46）可以得到 $\boldsymbol{\varepsilon}_0 = \boldsymbol{\gamma} - \boldsymbol{p} \boldsymbol{f}_0$，在这个公式中 $\boldsymbol{\gamma}$ 是已知项，$\boldsymbol{\varepsilon}_0$ 是误差，但在最小二乘中可以看作一个已知项，$\boldsymbol{f}_0$ 是求解的未知项，因此需要在混合像元分解前确定端元数量及进行端元提取。

无人机低空飞行平台大大提升了高光谱影像的空间分辨率，使得无人机高光谱影像中通常存在纯像元。因此，无人机低空高光谱影像的端元提取算法通常有两种途径获取：一是对地表地物进行实际测量得到的光谱数据库，将量测的地物实际光谱反射率值作为端元进行反演；二是利用高光谱影像中的纯像元像素，直接从高光谱图像中提取地物端元，其中二维混合像元差分算法具有代表性（Karoui et al., 2012），下面简要介绍该算法。

在传统机载或者卫星高光谱影像中，由于影像地物空间分辨率较低，地物像素通常是端元地物的线性组合，然而随着无人机低空平台的出现，搭载小型高光谱成像仪，使得高光谱影像的地面空间分辨率大大提升，影像中存在纯像元的像素类型。Karoui 等提出的二维混合像元差分算法（2D-VM）是一种适用于高空间分辨率的高光谱影像端元提取算法。

该算法基于稀疏成分分析(Sparse Component Analysis，SCA)，与混合像元识别相关，采用一种基于空间方差的 SCA 模型进行端元提取，该算法能够有效提取一些纯像元区域。

高空间分辨率高光谱影像中通常在空间域内存在充足的纯像元像素，将空间域分成由相邻像素构成的小区域，也被称为分析区域，记作 Ω。空间域采用相邻和重叠分析区域进行探测，将所有波段 i 的观测信号与每个空间方差变量值 $\underset{p \in \Omega}{\mathrm{Var}}[x_i(p)]$ 联系起来。该方法假定在高光谱数据中，每种材料至少有一个可分析地物区域，且一个分析区域中如果由几种地物材料组成，则该分析区域的不同像素具有不同的丰度值以致于在 N 个波段的反射率方差不可忽略，这些假设对高空间分辨率的高光谱影像是成立的。该方法一共有三个步骤：

第一步：自动检测纯像元区域。某个区域只由纯地物像元组成的必要且充分的条件是

$$\underset{p \in \Omega}{\mathrm{Var}}[x_i(p)] = 0, \ \forall i = 1, \cdots, N. \tag{7-47}$$

基于上述条件，对每一个分析区域，计算下列参数，判断每个区域是否为纯像元。

$$\max_i(\underset{p \in \Omega}{\mathrm{Var}}[x_i(p)]) = 0, \ \forall i = 1, \cdots, N. \tag{7-48}$$

如果该值低于一个阈值(该阈值是个接近于 0 的正数)，则认为这个分析区域是一个纯地物材料区域。

第二步：计算估计端元光谱，每个纯地物区域 Ω 采用以下公式估计端元光谱

$$\hat{a}_{.j} = (\mathrm{median}(x_1(\Omega)).\dots.\mathrm{median}(x_N(\Omega)))^{\mathrm{T}} \tag{7-49}$$

此时联合公式(7-46)计算端元光谱，该参数可以用于下一阶段的置信度计算。

第三步：提取端元光谱，每个纯地物区域能够计算出一个初级端元光谱，因此提出第一个端元光谱值 $\hat{a}_{.1}$ 之后，每个提出的端元光谱 $\hat{a}_{.r}$ 需要跟之前提出的端元光谱 $\hat{a}_{.j}$ 采用光谱角 Spectral Angle Mapper (SAM) 准则进行比较，两个估计光谱的 SAM 定义如下：

$$\mathrm{SAM}(\hat{a}_{.j}, \ \hat{a}_{.r}) = \arccos(\frac{< \hat{a}_{.j}, \ \hat{a}_{.r} >}{\|\hat{a}_{.j}\| \|\hat{a}_{.r}\|}), \ \forall j \neq r \tag{7-50}$$

如果所有计算出的角度超过了一定阈值，则认为这个估计的端元光谱是一个新的端元光谱，否则光谱 $\hat{a}_{.r}$ 与之前提出的光谱 $\hat{a}_{.j}$ 具有类似性，在两个相似的端元光谱中选择，根据公式(7-50)，有较低计算参数值的端元光谱为真正的端元光谱。

7.4.2　无人机载高光谱影像分类方法

高光谱图像光谱分辨率的提高是以其携带的数据量显著增加为代价的，并且谱间相关性较高，数据之间存在很大的冗余，因此需要从大量带有冗余的数据中提取有用信息。在进行分类前需要进行特征选择和特征提取。特征选择的实质是从 n 个特征中挑选出 $m(m < n)$ 个最有效的特征，根据各个波段的类别可分性来选择合适的波谱特征，通常利用距离特征衡量类别可分性，如 J-M 距离等。特征提取是在原始特征空间和新特征空间之间找到某种映射关系 P, $P: x \rightarrow y$，将原始特征空间 $x = (x_1, x_2, \cdots, x_n)$ 映射到降低维数的特征空间 y 中去，$y = (y_1, y_2, \cdots, y_m)$, $m < n$。特征提取方法应该消除原始波段间的冗余信息，并提高新特征空间下地物的可分性。常用的高光谱影像特征选择方法包括主成分分析法、最小噪声分离法等。常用的高光谱影像分类方法有基于光谱特征向量相关性的分类方法和基于导数光谱的分类方法。

1. 基于光谱特征向量相关性的分类方法

基于光谱特征向量相关性的分类方法，是充分利用高光谱图像的高分辨率的光谱维优势，将待分未知像元的光谱与参考光谱按照一定的规则进行比较，以确定未知像元类别的方法。常用的衡量待分未知像元的光谱与参考光谱相似性的指标有光谱角制图特征和光谱相关系数特征等。

光谱角制图（Spectral Angle Mapper，SAM）特征定义为图像中每一待分类像元光谱特征矢量与参考光谱矢量的广义夹角，夹角越小相似度越大。设有两个 n 波段的光谱向量 $\boldsymbol{T} = (t_1, t_2, \cdots, t_n)$，$\boldsymbol{R} = (r_1, r_2, \cdots, r_n)$，$\boldsymbol{T}$，$\boldsymbol{R}$ 不是零向量，它们的广义夹角 θ 可用下式定义：

$$\theta = \arccos\left(\frac{\sum_{i=1}^{n} t_i r_i}{\left(\sum_{i=1}^{n} t_i^2\right)^{1/2}\left(\sum_{i=1}^{n} r_i^2\right)^{1/2}}\right) \tag{7-51}$$

光谱相关系数（Spectral Correction Mapper，SCM）特征是用光谱间相关系数 r 来衡量整个测量的波长范围内光谱的相似程度，定义为：

$$r = \frac{\sum (\boldsymbol{R} - \bar{\boldsymbol{R}}) \sum (\boldsymbol{T} - \bar{\boldsymbol{T}})}{\sqrt{\sum (\boldsymbol{R} - \bar{\boldsymbol{R}})^2 \sum (\boldsymbol{T} - \bar{\boldsymbol{T}})^2}} \tag{7-52}$$

式中，$\boldsymbol{R}$ 表示参考光谱向量，$\boldsymbol{T}$ 表示待分类光谱向量，$\bar{\boldsymbol{R}}$ 表示参考光谱向量均值，$\bar{\boldsymbol{T}}$ 表示待分类光谱向量均值。

基于光谱特征向量相关性的分类步骤包括：

（1）建立分类参考光谱库；

（2）计算待分类光谱与参考光谱间的相似性特征；

（3）将未知像元分类到相似性特征最大的类别中。

2. 一阶导数光谱分类方法

导数光谱已经成功地应用于植被的精细光谱分类与识别中，可以将一阶导数光谱引入到高光谱分类中，作为分类图像的预处理方法。成像光谱图像所获得的能量 L 与地物反射率 ρ 之间的关系为：

$$L = T \cdot E \cdot \rho + L_P \tag{7-53}$$

式中，T 为大气透过率，E 为太阳辐照度，L_P 为程辐射。一阶导数为：

$$\frac{\mathrm{d}L}{\mathrm{d}\lambda} = T \cdot E \cdot \frac{\mathrm{d}\rho}{\mathrm{d}\lambda} + \rho \cdot T \cdot \frac{\mathrm{d}E}{\mathrm{d}\lambda} + \rho \cdot E \cdot \frac{\mathrm{d}T}{\mathrm{d}\lambda} + \frac{\mathrm{d}L_P}{\mathrm{d}\lambda} \tag{7-54}$$

如果地物光谱形态急剧变化，$\dfrac{\mathrm{d}\rho}{\mathrm{d}\lambda}$ 会远远大于上式中右边其他各项，这时，

$$\frac{\mathrm{d}L}{\mathrm{d}\lambda} = T \cdot E \cdot \frac{\mathrm{d}\rho}{\mathrm{d}\lambda} + \Delta \tag{7-55}$$

式中，Δ 主要包含程辐射 L_P、大气透过率 T 和太阳辐照度 E 随波长的变化波形信息，利用 5S 模型模拟研究表明，除过大气气体吸收带波段外，这些参数随波长近似为线性函

数，故 $\Delta \to 0$。导数光谱在植被高光谱研究中已被成功应用于消除大气效应、消除植被环境背景影响、提取植被生化信息、植被生物量填图和农作物长势及分布调查中。

首先，对原始高光谱图像进行处理，获得一阶导数光谱图像。然后，利用前面所选择的训练样本根据导数光谱图像建立分类光谱库，最后应用最小距离法、SAM 分类和 SCM 分类方法对导数光谱图像进行分类，得到最终分类结果。

7.4.3   基于无人机高光谱影像的葡萄园信息提取

无人机高光谱图像不仅光谱波段多，而且空间分辨率比较高，能够进行精细的地物类别分类和定量反演，非常适合各种精细定量信息提取的遥感任务，例如精细农业等。下面以西班牙高等科学研究委员会可持续农业研究所利用无人机高光谱图像对葡萄园进行监测的研究（Zarco-Tejada et al.，2013）为例，介绍无人机高光谱图像精细信息提取的方法和过程。

P. J. Zarco-Tejada 等利用无人机载高光谱仪获得了西班牙北部地区种植园的高光谱图像（见图 7.37），高光谱图像波段数 260 个，光谱范围位于 400~885nm。由于无人机飞行高度较低，高光谱影像的空间分辨率达到 40cm。由于空间分辨率和光谱分辨率都很高，可以利用面向对象的目标检测方法非常精确地从图像上提取纯葡萄园区域，并且将纯葡萄叶的反射率同土壤反射率区别开。研究发现，利用中心波长分别为 515nm 和 572nm 的光谱反射率可以准确反演葡萄叶中的胡萝卜素含量。利用实地采样测量的数据和高光谱影像两个波段反射率比值 R_{515}/R_{570} 建立对应关系，反演葡萄叶中的胡萝卜素含量的均方根误差小于 $1.3\mu g/cm^2$。根据胡萝卜素含量分布结果可以进一步分析葡萄长势。

7.5   无人机 LiDAR 数据信息提取

LiDAR 技术作为一种主动遥感技术手段，能够部分地穿透树林遮挡，获得多次回波信号，可以直接获取高精度三维地表地形数据。机载 LiDAR 具有自动化程度高、受天气影响小、数据生产周期短、精度高等特点，在海岸带监测、灾害评估预警、林业调查、电力线检查等方面具有广泛应用。但是机载 LiDAR 系统每次航飞的成本较高，不适用于小范围、高频度的监测调查任务。而无人机 LiDAR 遥感系统可以弥补这一不足，目前随着 LiDAR 传感器的小型化，已经有各种不同的无人机 LiDAR 遥感系统出现。

无人机平台要求传感器具有小型化、轻重量、低功耗等特点。相较于其他传感器，LiDAR 系统的设备原理更加复杂，小型化 LiDAR 系统的作业范围较小且续航时间相对较短，这在一定程度上限制了其应用，一般适用于小范围、高精度的信息提取任务。以往这类任务经常使用地面 LiDAR 技术，而相比于地面 LiDAR 技术，无人机 LiDAR 遥感系统更灵活，获取的点云数据也更加均匀，有更多可利用信息提取，二者对比如图 7.38 所示。

另外，LiDAR 是基于测距和测角的直接三维定位。小型 POS 系统（由 GPS 和惯导系统组成）的误差对获取的点云数据影响更大，需要对 POS 系统输出的数据进行额外的修正。例如，Luke Wallace 等（2012）根据相邻的扫描数据对于同一地物的误差最小约束下对无人机 LiDAR 的 POS 数据进行动态自检校，能够显著提高点云质量；H. Michael Tulldahl

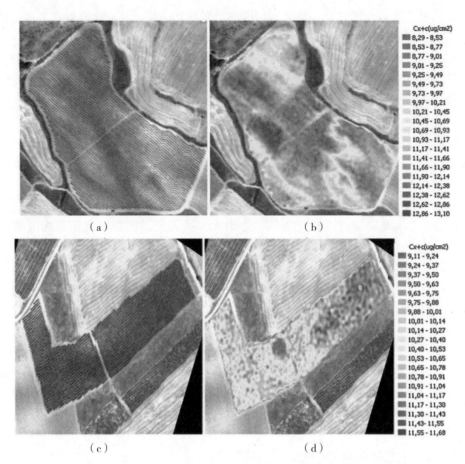

图(a)、图(c)为两个葡萄园区域样本；图(b)、图(d)为反演结果

图 7.37　利用无人机高光谱图像反演葡萄园区胡萝卜素含量分布(Zarco-Tejada et al.，2013)

等(2014)在无人机 LiDAR 遥感系统上增加一个高分辨率视频相机，将利用运动恢复结构算法(structure from motion algorithm，SfM)得到的定向结果与 POS 系统结果一起进行卡尔曼平滑滤波，提高点云精度，如图 7.39 所示。

无人机 LiDAR 点云信息提取的流程与机载 LiDAR 信息提取的流程基本一致。首先对获取的原始激光点云数据进行前期处理，包括点云数据检查、点云拼接、点云去噪等；然后对处理后的点云数据采用滤波算法实现地面点云与非地面点云的分离。针对地面点云数据，通过一定的处理得到 DEM 或道路信息。针对非地面点云数据，可以使用分类、提取或变化检测方法进行植物检测、三维测图或电力线检查等。

无人机 LiDAR 飞行高度更低(一般低于 100m，有的无人机 LiDAR 系统飞行高度可以低到 2~3m)，飞行速度更慢(一般速度为几米每秒)，更有利于获得高密度点云，可以在更精细的尺度上进行三维制图和信息提取，例如可以进行单棵树木尺度上的信息提取，获得树木的高度、胸径等信息。目前无人机 LiDAR 点云数据主要用于精细尺度下树木、路灯等信息的提取。

图 7.38　地面 LiDAR 和无人机 LiDAR 遥感系统对比(Tulldahl et al.，2014)

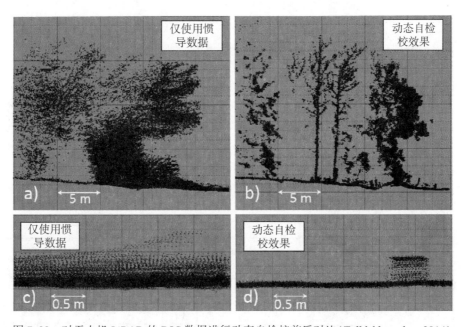

图 7.39　对无人机 LiDAR 的 POS 数据进行动态自检校前后对比(Tulldahl et al.，2014)

在利用 LiDAR 点云提取树木信息过程中，一般认为树木的顶部是场景中高度最高的部分，因此基于数据中的局部高度最大值来提取树顶，这一过程中，高密度点云相对低密度点云具有明显优势。澳大利亚塔斯马尼亚大学的 Luke Wallace 等持续研究利用无人机 LiDAR 点云进行树木检测。他们分析了点云密度对树木信息提取精度的影响(Wallace et al.，2012)，对比 8 个点/m² 和 62 个点/m² 数据的不同密度的点云，提取的树木的高度中误差从 0.26m 提升到 0.15m，位置误差从 0.8m 提高到 0.53m，树冠宽度误差从 0.69m 提

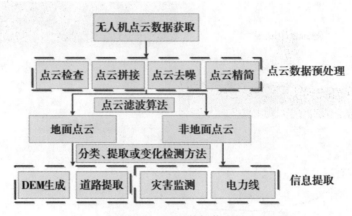

图 7.40　无人机 LiDAR 数据信息提取流程图

高到 0.61m，如图 7.41 所示，图（a）（c）是不同密度的树木点云，图（b）（d）是对应提取的树顶点和树冠，其中不同颜色代表不同的重复观测结果。

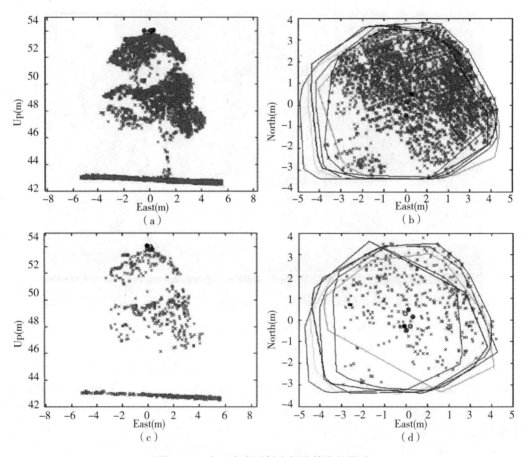

图 7.41　点云密度对树木提取精度的影响

Luke Wallace 等对比了不同的提取算法的影响(Wallace et al.，2014)，他们使用五种不同的提取方法，分别从原始点云、体元空间和冠层高度模型去提取和标绘树木，结果显示算法和点云密度都对独立树木的分类和标绘有重要影响。当点云密度从 9 个点/m² 增加到 50 个点/m²，树木信息提取的遗漏率可以降低约 9%。使用高密度数据，各种算法都能得到较高的精度，最好的树木识别准确率可以达到 98%，点云密度的增加能显著提高树木检测精度。尽管如此，不同算法的精度仍有差别，实际应用中算法的选择仍然是需要重点考虑的。在 Esposito 等(2014)的类似研究中，利用无人机数据得到的树木冠层高度模型的树高精度与实测值的相对误差约为 5%。

无人机 LiDAR 还可以用于森林底层植被信息提取。对于普通机载 LiDAR，底层植被易于被高层树冠遮挡，尽管激光能穿透一定的植被，但获取底层植被的信息一般不完整。而利用超低空飞行(大约 2~3m 高度)的无人机 LiDAR 遥感系统可以有效地探测底层植被。Ryan A. Chisholm 等(2013)利用超低空飞行的无人机 LiDAR 系统探测底层植被，探测准确率约 73%，无人机 LiDAR 反演的树木胸径与人工实测的数值相比，平均相对误差为 25%，与目前地面三维激光扫描仪的相当。

在利用无人机 LiDAR 提取地面地物信息时，还可以利用点云强度信息。例如，道路这种高程与地面相同的地物仅仅依靠几何信息是不足以将其检测出来的，需要利用回波强度信息。传统的机载 LiDAR 点云密度较低，一般只能提取道路的中心线；而无人机 LiDAR 点云密度高，可以提取道路的边界信息。图 7.42 是 Lin 等(2011)利用无人机 LiDAR 提取道路的结果。图 7.42(a)是同时拍摄的像，图 7.42(b)是只利用回波强度信息提取道路的结果，图 7.42(c)是同时利用回波强度和三维坐标信息的提取结果，从图中可以看出道路提取取得了较好的结果。

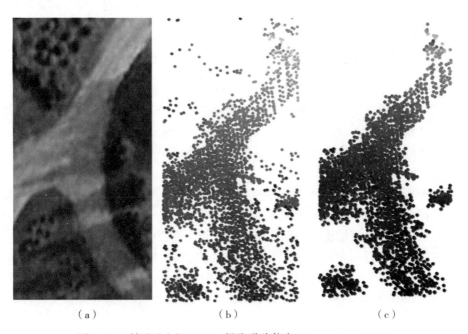

（a）　　　　　　　　　（b）　　　　　　　　　（c）

图 7.42　利用无人机 LiDAR 提取道路信息(Lin et al.，2011)

7.6　基于深度学习的无人机影像灾害应急信息提取

我国是世界上遭受地质灾害最为严重的国家之一，近十年来，地震、滑坡、泥石流等地质灾害造成的人员伤亡和经济损失巨大。快速检测灾后信息对灾情分析和救援工作都很有必要，因此对突发地质灾害的应急测绘工作日益得到重视。无人机低空遥感系统具有高灵活性、高影像空间分辨率、高时效、低成本的特点，且由于无人机飞行高度较低，除个别极端天气外，受云量等因素的影响很小，便于在灾害发生后快速制订飞行计划，获取灾区图像，是可以实现快速实时响应的高时相、高分辨率、高精度遥感技术之一，是加强我国地质灾害现场应急测绘能力的重要手段。

利用无人机低空遥感技术可以快速获取灾区影像。一般获取到的数据是海量的，而灾害应急对数据处理的时效性要求很高。传统的地灾信息检测方法一般是通过目视解译成图或面向对象的分类方法来获得灾情信息，这种方法工作量大，效率低下，并且很依赖于专家经验，无法满足应急测绘快速响应的需求。近年来，深度学习方法发展迅速，现在已经在语音识别、文本处理和图像处理等问题上取得了突破性进展，其在遥感领域的应用研究也逐步深入。采用深度学习构建的模型泛化能力强，计算速度快，并且大多数都能采用端到端的方式，减少了传统机器学习方法中的复杂的数据预处理、设计特征、选择分类器等步骤，使得模型的训练和测试过程更加高效。无人机影像数据量大，覆盖范围广，其影像涵盖地物种类多，影像上信息复杂，并且应急测绘对检测时间要求高，而深度学习方法可以满足这种海量数据快速检测的要求，能实现在很短的时间内对获取的灾区图像进行房屋倒塌、滑坡等关键信息检测，以进行灾情评估和应急救援。因此，对于无人机低空遥感获得的震后影像，采用深度学习的方法进行滑坡灾害目标的快速检测，对于灾情评估、灾后应急救援有重大的意义。

7.6.1　无人机影像地质灾害数据集构建

深度学习的方法提供对目标特征相对高级的解释，且减少了特征提取前的诸多繁琐的预处理步骤，但深度学习方法依赖于大量标注数据。已经有很多公开数据集可用于算法的开发、训练和验证，以及模型性能的比较。其中大多数数据集与场景目标识别有关，通常应用于人脸识别、行人检测、车辆检测以及日常物体识别等，目前还缺乏公开的地质灾害目标数据集。

面向典型地质灾害目标，即坍塌房屋、滑坡和泥石流这三类常见的灾害目标，武汉大学测绘学院制作了首版的无人机影像地质灾害目标数据集——DED-1数据集，制作该数据集的目标是服务于应急测绘中的快速检测定位任务，符合地质灾情现场精准速报系统的相关网络训练需求。在数据集的制作过程中，不同灾害目标的数量及类型足够多样化，背景尽可能复杂多变(平原、山区、高原、荒地等不同地貌)，目标大小不一，与实际应用场景更为贴合。该数据集的另一个特点是标签的规模相对较大，可以为评估灾害目标检测的方法提供更好的对比基准。

在DED-1数据集制作过程中，从国内发生过地质灾害的不同地区收集了大量无人机影像(约 7000 张)，包括汶川、舟曲、玉树等地。这些无人机影像拍摄的相对高度为300~500m，地面分辨率为 10~15cm。按照数据集的图片质量、重叠度等要求进行挑选，选出最具代表性的灾区影像共 1062 张。这些影像来自地形各异且气候条件不同的地区，有着不同季节和光照的成像条件，这增加了类别内部的差异性。表 7.5 展示了 DED-1 数据集的影像来源、主要目标及影像特点等信息。

表 7.5　　　　　　　　　　　　　　DED-1 的原始影像信息

地区名称和灾害类型	拍摄时间	影像尺寸	影像数量	主要地质灾害目标	影像特点
汶川（地震+滑坡）	2008-5-17 2008-5-18 2008-7-22	4368×2912	842 张	坍塌房屋，滑坡体	灾情严重，房屋成片倒塌，有些影像中的房屋难以区分是否坍塌。滑坡明显，包含较多大型滑坡体
玉树（地震）	2010-4-19	5616×3744	98 张	坍塌房屋	地形主要为山地高原，黄土地，影像中未见绿植。震级较大，建筑密集，房屋成片倒塌
甘肃舟曲（泥石流+滑坡）	2010-8-10	4272×2848	29 张	泥石流，滑坡体	影像清晰，泥石流轮廓明显，周边山崖可见少量滑坡体
云南（地震）	2015-12-22 2016-1-3 2016-1-7	5616×3744	93 张	滑坡体	建筑物分布稀疏且坍塌较少，但滑坡体较多且明显。有部分稀疏丛林与滑坡体难以分辨

DED-1 的格式参照 Pascal VOC 数据集格式。Pascal VOC 挑战赛是基于公开且附带标注真值的数据集和标准评估体系，对分类、检测、分割以及人物布局等五种挑战举办比赛的年度竞赛和工作。该项目早已被认为是对视觉对象进行识别或检测研究的一个基准测试，其为不同算法之间的性能比较提供了很好的标准数据集和评测体系。现今的许多深度学习模型均在 VOC 数据集上进行训练和测试，可参考性强。并且，大多数公开的目标检测数据集的格式都参考了 VOC 的格式。因此，DED-1 数据集的制作参照了 VOC 格式，整个数据集包含三部分：JPEGImages、Annotations 和 ImageSets。图 7.43 展示了 DED-1 数据集的组成结构，以及其中的存放内容。

JPEGImages 中存放用来训练和测试的原始图像，格式为 .jpg。图像并不需要经过任何预处理，仅挑选具有代表性的影像即可。Annotations 用于存放原始图像中的目标对象的坐标信息，为 .xml 格式，最终满足一张训练或测试的原始图像会对应这里面的一个同名的 xml 文件。ImageSets 文件夹下需建立一个名为 Main 的文件夹，其中存放的是 txt 文件，指定用来 train，trainval，val 和 test 的图片的编号。由于所能收集到的影像数目较少，所以划分的 trainval 约为整个数据集的 80%，train 则为 trainval 的 80%，这个比例可以根据数据集使用情况进行调整。每一个类别的 txt 文件中除了图片编号，同时还包含正负类别标签，即该图片是否含有该目标，有则标注+1，无则标注−1。最终将这三个文件夹放在名为 DED-1 文件夹下，形成地质灾害目标数据集。

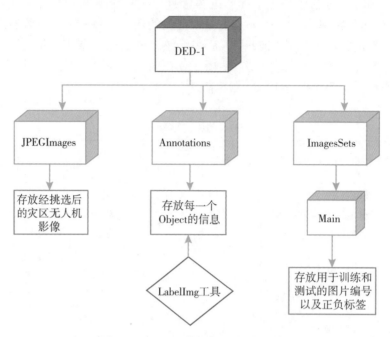

图 7.43　DED-1 数据集的结构示意图

标签制作的过程主要包括标记图像中所有对象的类别和位置，每个标签对应于包含该目标的最小矩形框，位置信息存储为矩形框的四个角坐标。最小矩形框代表了目标对象的真实位置，它们作为模型训练及学习阶段的参考以及评估算法性能的比较参考，因此这些标签应尽可能准确。手动标记图像中的目标是一个繁琐而缓慢的过程，目前已经有一些工具可以帮助完成这项任务。DED-1 制作过程使用了 labelImg 工具，它提供了一个图形用户界面，用户通过菜单工具勾画和调整边界框，而且可以随时改动或完善标签，是一种便捷的标注工具。

考虑到无人机影像重叠度太大，或者存在部分影像无法使用的情况，并且很多深度模型已经具备基本的数据增强功能，数据集制作过程从中挑选出最具代表性的影像 1062 张，最终标注了 16535 个标签。关于影像数量和标签数量，经历了多次尝试和修改。前期的制作使用过更多影像如 2600 张，但由于影像重叠度太大，多出来的影像和标签对模型性能的提升并没有明显帮助；关于标签，前期尝试过使用更大或更小的标注框，比如对大片坍塌房屋只使用一个矩形框标注，或者尽量逐一标注房屋，但这些都影响了模型对目标特征的学习效果，过大的标注框中可能包含一些完整房屋，而过小的框则导致小目标太多，最终都导致检测精度变低。在充分考虑了影像和目标的特殊性后，经多次修改和试验，构建了实验中效果最好的地质灾害目标数据集。新数据集包含三个目标类别，即坍塌房屋、滑坡和泥石流。每一类目标的图像数量和标签样本数目见表 7.6。

制作的 DED-1 的特点包括：

影像尺寸大：与日常场景的目标数据集相比，无人机影像尺寸比较大。常规数据集中如 Pascal VOC 中的大多数图像不超过 1000×1000，而 DED-1 中的图像尺寸可达 5616×3744 像素。这些大尺寸图片作为网络输入时，会因为软件和硬件方面给深度模型的训练及优化带来一定的困难。

表 7.6 　　　　　　　　　　　　**DED-1 中每类灾害目标的图片数和标签样本数**

目标类别	图片数量	标签数量
坍塌房屋	881	11，336
滑坡	558	4，575
泥石流	173	624

无人机影像的特殊性：无人机影像分辨率高，细节多，数据大，对硬件设备的需求更高；信息量大，特征提取更为困难。在无人机影像这样的大图片下，很多小目标看不清轮廓，有时难以区分房屋是坍塌还是正在施工，目标对象是滑坡体还是裸岩等。另外，大多数高分辨率的灾区影像还处于保密级别，因此数据集原始图片收集极为困难，这也导致了可用数据较少且目标类别极度不平衡。

地质灾害目标的特殊性：三种地质灾害目标都呈片状或条带状分布，或零散分布于非目标的背景中，各类别的一些标注样本如图 7.44 所示。三者也各有特点：①坍塌房屋这一目标容易出现被遮挡、与施工现场混淆的情况，且有的房屋损毁情况不明显导致难以确定是否为目标。该目标在不同地质灾害背景下的特征差异较大，例如，在汶川影像下的房屋成片倒塌、损毁情况严重，很多区域几乎没有完整房屋；而玉树和云南的影像中，坍塌房屋和完整房屋交替分布，这便增加了制作目标标签的难度。②滑坡目标相对明显，目标尺寸大，发生在斜坡体上而易于被发现，但对于滑坡严重的区域仍难以区分单个目标。再者，有些地区的裸岩或裸地与滑坡体很难区分。③泥石流目标在 DED-1 数据集中的数量

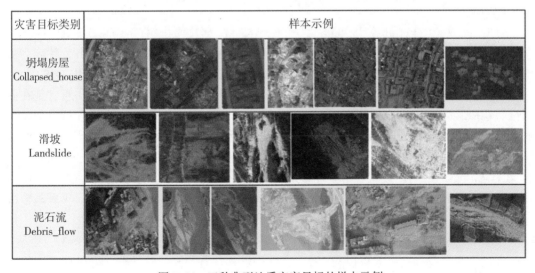

图 7.44　三种典型地质灾害目标的样本示例

很少，这给模型学习其特征带来了一定的困难。

标注方式的差异：DED-1 数据集对于灾害影像的标注方式不同于普通场景图片，不能同等定义"最小矩形框"。日常场景图片中的目标大多为有规则形状的单个目标，如一只小狗或一张桌子；灾害目标则是成片而无特定形状的，有些目标区域散乱不连续，不可明确区分哪块区域属于一个灾害目标。再者，主要任务是检测出灾害目标的大致位置，不需要对坍塌房屋进行计数，因此对成片的坍塌房屋或滑坡有时会采用几个目标框进行标注。实例标签的长宽尺寸范围很广，小到六十几个像素，大到 4200 像素以上，其纵横比差别也很大。

上述特点也是遥感地质灾害目标数据集制作面临的关键问题，数据使用难度大，却也更贴近实际应用的复杂情况。所制作的灾害目标数据集旨在为相关研究提供基础数据，并为实用型数据集的制作提供一个可参考的实例，最终通过实验证实 DED-1 数据集已符合实际应用系统的基本需求。

7.6.2　无人机影像震后房屋倒塌信息提取

卷积神经网络是一种带有卷积结构的深度神经网络，和普通神经网络相比增加了卷积层和池化层，并在最后几层使用全连接层对提取的特征信息进行分类。卷积神经网络的灵感来自生物的视觉处理，借鉴人的视觉系统的细胞感受野概念，学者们提出了包含卷积层、池化层的神经网络结构。1998 年，Yann Lecun 提出了 LeNet-5（Yann et al.，1998），将反向传播算法应用到了卷积神经网络的训练上，从而形成了卷积神经网络的基本应用模式，即卷积层、池化层的叠加。这种结构使卷积神经网络能够更好地处理二维结构的输入数据，因此它在图像处理领域有着广泛的应用。现在，它已经在图像分类、目标检测、图像分割领域取得了突破性的进展。本节利用已构建的 DED-1 数据集，比较分析了几种典型的卷积神经网络用于无人机影像的滑坡提取的效果。

1. 典型的卷积神经网络

1）VGGNet

VGGNet（Vetrivel et al.，1998）模型由牛津大学视觉几何小组（Visual GeometryGroup）在 2014 年提出。在图像分类和目标检测任务中都具有非常好的表现，在提出后就成为提取图像特征时最常用的网络。VGGNet 常用的有两种结构，分别是 VGG16 和 VGG19。

如图 7.45 所示，VGG16 共有 16 层，是 13 个卷积层加上 3 个全连接层，通常是在两到三层卷积层后加上一层池化层。13 个卷积层分为 5 段，每段有 2~3 个卷积层，VGG16 的卷积层步长为 1，并进行填充以使图像大小不发生改变，在卷积层里使用了 ReLU 激活函数。段与段间以池化层为界。池化层大小为 2×2，步长为 2，采用了最大池化的方式。在 VGG16 模型的最后连接有三个全连接层，前两个全连接层每层有 4096 个神经元，激活函数使用的是 ReLU。最后一个全连接层有 1000 个神经元，最后采用 softmax 分类函数进行分类。

VGGNet 首次使用了叠加卷积层的操作，并且使用的卷积层大小全部是 3×3。因为多个 3×3 的卷积层叠加在一起可以和 5×5、7×7 的卷积具有相同的感受野，可以提升网络的深度，并具有更多的激活函数，从而提升了对函数的拟合能力，同时还因为两个 3×3 的卷积核会比一个 5×5 的卷积核少 7 个参数,因此能够加快模型的计算速度。VGGNet 首次将小卷积核带入人们的视野,并证明了使用小卷积核的叠加比大卷积核更有效,此后的神经网络大多采用了这种堆叠小卷积核的方式。

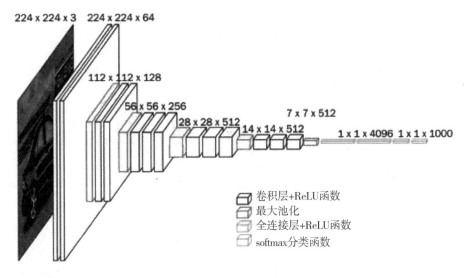

图 7.45　VGG16 基本结构示意图

2) GoogLeNet

GoogLeNet(Szegedy et al.,2014)是 2014 年 Google 提出的深度神经网络结构,是 ILSVRC14 的冠军,和 VGGNet 对传统网络的继承不同,GoogLeNet 在网络的结构上进行了突破性的尝试。传统的卷积神经网络的研究方向主要集中在增加模型的深度和特征维度上,而增加了模型的深度和特征维度后,会导致模型的计算量增加,容易造成过拟合,而且太深的网络会导致梯度消失现象。GoogLeNet 的研究重点放在减少网络参数上,采用了稀疏连接的方式,但由于硬件方面的限制,采用稀疏连接后计算消耗的时间并不会有明显减少。因此,GoogLeNet 团队提出了 Inception 结构,可以在实现稀疏连接时提升计算的性能。

Inception 结构能够并行地对同一输入映射做不同的变换,最后将其结果组合为一个输出特征,Inception v1(如图 7.46 所示)中采用了 1×1 卷积,3×3 卷积,5×5 卷积和 3×3 池化并行计算,这样增加了网络对尺度的适应能力,让模型自己选择合适的卷积尺度去提取合适的特征,最后将结果组合起来也可以看成是不同尺度信息的融合。这种结构虽然可以提升网络的性能但是也增加了网络的计算量,因此,Inception 借鉴了 NiN(lin et al.,2013)网络的思想,使用 1×1 的卷积核对特征进行降维,减小了网络的参数量。此后,Inception v2(Szegedy et al.,2016)中引入了 BN 层,使用较小的卷积核替代较大的卷积核。Inception v3 设计了一种新的下采样结构,使用并行的卷积和池化实现下采样,还引入了分解的思想,将 $k×k$ 的卷积分解为 $k×1$ 和 $1×k$ 的卷积。Inception v4(Szegedy et al.,2016)结合 ResNet 提出的 Inception-ResNet 网络,增加了直连结构,缓解了网络较深时的梯度消失问题。

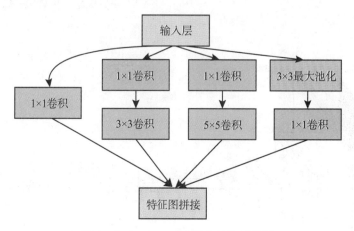

图 7.46　Inception v1 基本结构示意图

GoogLeNet 前几层是卷积层和池化层的叠加，后面可以看作多个 inception 结构的叠加，为了缓解网络的梯度消失问题，GoogLeNet 训练时在不同深度都有输出并进行反向传播，在训练好模型后，再把较浅层的输出去掉，只保留最后的输出。GoogLeNet 的深度有22 层，但由于其采用了稀疏连接的方式，而且使用了 1×1 的卷积进行降维，所以其参数量仅为 8 层的 AlexNe 参数量的 1/12，而且还可以得到比 AlexNet 更高的准确率。

3）ResNet

ResNet(He，et al.，2016)于 2015 年提出，在被提出后因为其在较深的网络上可以取得很好的效果从而成为计算机视觉领域中最常用的特征提取网络。在传统的神经网络或卷积神经网络中，信息在传递时或多或少地会存在信息损失的问题，从而当网络深度较深时，会产生梯度消失或者梯度爆炸问题，导致网络无法训练。因此，在实际应用中，网络的深度增加了，网络的准确率反而会出现下降。

ResNet 可以在一定程度上解决这个问题，其主要思想是在网络中增加直连通道，允许输入信息直接传到模块后方，与通过模块的输出相加最后产生输出。这样卷积神经网络只需要学习输入、输出的差别部分，从而弱化了学习难度，缓解了梯度消失和梯度爆炸问题。如图 7.47 所示，残差网络的输入为 x，经过残差模块后得到的特征为 $H(x)$，通过残差模块拟合出的映射就是 $F(x)=H(x)-x$。由于残差模块是个非线性的变换，那么残差模块对 0 的拟合会比拟合出恒等映射更加容易。

在 ResNet 中，一般会用到两种残差模块，如图 7.48 所示，一种是串联两个 3×3 的卷积组成，这种常常用在浅层的 ResNet 中。另一种是 1×1、3×3、1×1 这三个卷积的串联，前面和后面的 1×1 卷积的作用分别是降维和升维，在较深的网络中使用这个模块可以减少网络的参数，提高计算的效率。

ResNet 常用的结构有 18 层、34 层、50 层、101 层和 152 层的。一般来说，在 ResNet 的开始会用一个大小为 7×7，步长为 2 的卷积并紧接着一个大小为 3×3，步长为 2 的最大

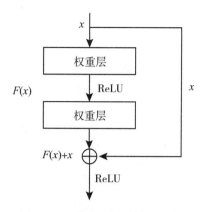

图 7.47　ResNet 残差结构示意图

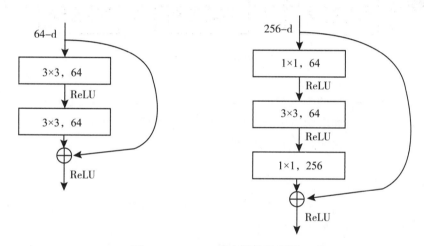

图 7.48　ResNet 基本模块示意图

池化对图像进行处理。之后对图像使用残差模块的堆叠进行特征提取，最后通过一个最大池化输出最后特征。在卷积神经网络中，每个卷积层后都紧接着 BatchNorm layer。ResNet 结构非常容易修改和拓展，通过改变残差模块或者残差模块的堆叠就可以得到不同深度的 ResNet，而且 ResNet 的原理非常简单，仅仅是一个直连结构，可以很容易拓展到其他网络上。Xception（Chollet et al.，2016）和 ResNeXt（Xie et al.，2016）分别是 ResNet 结合可分离卷积和 GoogLeNet 发展出来的。

4）DenseNet

DenseNet（Huang et al.，2017）是于 2017 年提出的，可以看成是对 ResNet 思想的拓展，ResNet 的基本思想是前一层和后一层之间的直连结构，而 DenseNet 的基本思路和 ResNet 一致，但它是在前面所有层和后面层之间建立密集连接，除此以外，DenseNet 还可以通过特征在通道上的连接实现特征复用，与 ResNet 相比，DenseNet 具有更少的参数和更快的计算速度，但能获得更好的效果。

DenseNet 的网络结构由 DenseBlock 和 Transition 组成（如图 7.49 所示），DenseBlock

中，所有特征图的大小都一致，并在通道维度上相互连接，相邻层之间的非线性变换为 BN+ReLU+3×3 卷积的结构，为了减少计算量，有时还会在 3×3 卷积前使用 1×1 卷积降维，DenseBlock 中每个卷积层的输入是该卷积层之前的所有特征层，随着层数的增加，DenseBlock 的输入会变得越来越多，这将导致特征复用，从而提高特征的使用率。而每个卷积得到的特征图个数均为 k，k 在 DenseNet 中称为 growth rate，一般会选择使用较小的 k。DenseBlock 之间通过 Transition 降低特征图的维度和大小，Transition 的结构为 BN+ReLU+1×1 卷积+2×2 平均池化。DenseNet 首先会使输入图像经过一个大小为 7×7，步长为 2 的卷积层和一个大小为 3×3，步长为 2 的池化层。然后经过由 4 个 DenseBlock 和 3 个 Transition 组成的叠加结构后，再通过一个 7×7 的平均池化后使用全连接层进行分类。

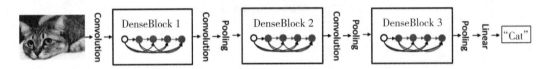

图 7.49　DenseNet 基本结构示意图

由于使用了密集连接的方式，DenseNet 最终的输出包含了前面各层的输入，使得最后的分类器使用了网络提取的高级特征和低级特征，让特征得到更加高效的利用，而且在反向传播时计算出的损失可以直接回传到前面各层，这在一定程度上缓解了梯度消失的问题。

5）轻量级网络 MobileNet 和 ShuffleNet

由于更深的神经网络对模型有更好的拟合性能，所以随着卷积神经网络的发展，其深度在不断增加，网络深度增加后虽然提高了网络的性能，但网络的存储空间却越来越大，计算速度也越来越慢。因此，解决网络效率问题成为了卷积神经网络的首要问题，并且随着神经网络的发展，在移动端的应用也是无法避免的问题，只有提升了网络的计算效率，才能更好地将网络应用到移动端，让卷积神经网络得到更充分的应用。轻量级网络对网络的计算方式进行改进，确保在提升网络效率的同时不损失网络的性能。轻量级网络中，最具代表性的就是 MobileNet 和 ShuffleNet。

MobileNet(Howard et al. , 2017)由 Google 团队提出，网络使用了可分离卷积代替标准的卷积(如图 7. 50 所示)。可分离卷积的基本思想如下：首先进行逐通道的卷积，使卷积核的个数与输入特征图通道数一致，让卷积核与对应的单个通道作卷积，这样经过这一步时，特征图的维度是不变的。然后使用 1×1 的卷积对特征图的维度进行变换，1×1 的卷积核个数与输出通道数一致，这样得到的特征图的维度就与输出通道数一致。

如果输入通道数是 M，要得到的输出通道数为 N，使用的卷积核大小为 k，那么传统的标准卷积是用 N 个 $k \times k$ 的卷积对输入特征图做卷积，计算量为 $k \times k \times M \times N$。如果采用可分离卷积，首先用 M 个 $k \times k$ 的卷积计算输入的 M 的通道数，然后使用 N 个 1×1 的卷积对上一步得到的结果进行维度变换，这时的计算量为 $k \times k \times 1 \times M + 1 \times 1 \times M \times N$。那么两个计算量的比值如下式所示：

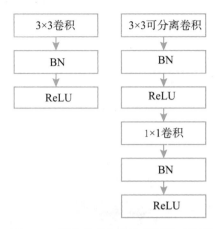

图 7.50　标准卷积和可分离卷积对比图

$$\frac{k \times k \times 1 \times M + 1 \times 1 \times M \times N}{k \times k \times M \times N} = \frac{1}{N} + \frac{1}{k^2} \tag{7-56}$$

如果输入通道数为 3，卷积核大小为 3×3，输出通道数为 256，那么计算量将减少到约原来的 1/10。

ShuffleNet(Zhang et al.，2017；Ma et al.，2018)由旷视科技提出，将 MobileNet 的 1×1 卷积替换为通道清洗的方法，并结合了残差网络。现代经典的卷积神经网络设计模块时都会顾及计算效率。例如，Xception 和 ResNeXt 将有效的深度可分离卷积或分组卷积引入构建模块中，在网络的表示能力和计算的消耗之间进行了平衡。但是，这两个网络的设计都没有充分采用 1×1 的逐点卷积，因此计算效率很低。ShuffleNet 提出了一种通道混洗的方法，如图 7.51 所示，首先将输入特征图分为多组，在分组计算特征图后，对每组通道进行均匀的清洗，从而使得特征在通道间流通，提升网络对特征的表达能力。ShuffleNet

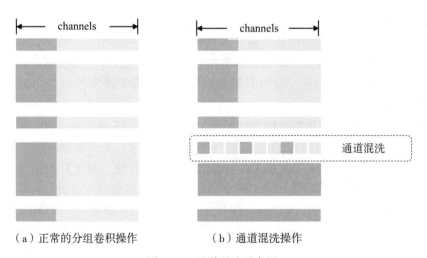

　（a）正常的分组卷积操作　　　　　（b）通道混洗操作

图 7.51　通道混洗示意图

结合通道混洗和 ResNet 提出了一种新的模块，与 ResNet 不同的是，如图 7.52 所示，ShuffleNet 的模块在通过直连结构时进行平均池化，而通道混洗时采用步长为 2 的卷积，并在模块的最后进行 Concat，从而弥补分辨率减小带来的信息损失。

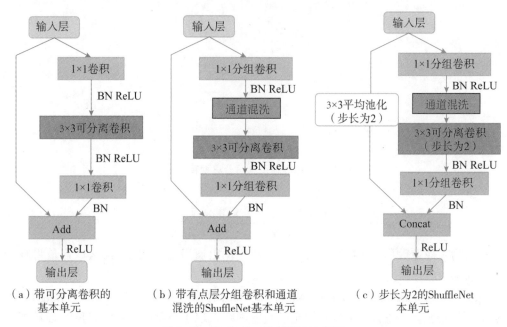

（a）带可分离卷积的　　　　（b）带有点层分组卷积和通道　　　　（c）步长为2的ShuffleNet
　　基本单元　　　　　　　　　　混洗的ShuffleNet基本单元　　　　　基本单元

图 7.52　ShuffleNet 基本模块示意图

轻量级网络主要通过深度可分离卷积优化计算效率，但是要注意采用深度可分卷积后造成的信息流通不通畅问题，MobileNet 采用了 1×1 卷积进行优化，而 ShuffleNet 采用了通道混洗的方法缓解这个问题。因此 ShuffleNet 比 MobileNet 有更少的计算量。

6）EfficientNet

随着卷积神经网络的不断发展，各种结构网络层出不穷，而人为设计的网络往往由于我们的认识不足而无法达到最优的效果，并且随着计算能力的提升，神经网络的设计逐渐由手工设计变为算法自动搜索，并且神经架构搜索的发展也从早期的探索阶段到现在的成熟阶段。EfficiientNet(Tan et al.，2019)就是利用自动搜索算法所提出的一种新的神经架构模型。

Tan 等首先研究了不同维度对模型的影响，认为缩放网络的宽度、深度和输入图像分辨率对网络的影响最大，如图 7.53 所示，但是，无法通过人工调整确定哪个因素对模型的影响是最大的。因此，Tan 等提出了一种新的模型缩放方法，基于神经结构搜索技术获得一组最优的复合系数，让计算机自己平衡网络深度、宽度和输入图像分辨率的影响。并根据不同的计算资源，得到在该情境下的最优网络，由此，研究在一个基线模型的基础上，得到了一组模型，即 EfficientNet 系列。EfficientNet 系列共有 8 个模型，分别是对应不同计算资源下的最优模型。并且在相同的准确率下，EfficientNet 的模型大小远比之前的最优 CNN 小。

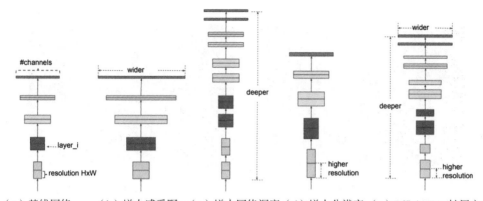

（a）基线网络　　（b）增大感受野　（c）增大网络深度（d）增大分辨率（e）EfficientNet扩展方式

图 7.53　模型缩放示意图

2. 不同卷积神经网络应用于无人机影像滑坡提取效果

将上文所述的几种典型卷积神经网络应用于 DED-1 数据集的滑坡监测，实验共选取了十种经典的卷积神经网络，涵盖了卷积神经网络发展历程中各阶段的代表网络及不同深度。十种网络分别是 VGG16、GoogLeNet、ResNet50、ResNet152、DenseNet-121、DenseNet-201、EfficientNet-b0、EfficientNet-b6、MobileNet 和 ShuffleNet。卷积神经网络是对每个输入图像输出一个标签，对滑坡监测任务来说，需要将原始影像分成小块图像作为输入。实验中，滑坡分块大小选择 80×80，batch size 设为 32，优化器选择 Adam 优化器，损失函数选择交叉熵损失函数，初始学习率设为 0.01，在损失值连续两次与上一轮的差值不大于 10^{-4} 时学习率设为 0.001，训练轮次为 50 轮，选取损失值最小的模型作为最终模型。对十组对比实验进行训练和测试后，得到的结果如表 7.7 所示，部分图像检测结果如图 7.54 所示。

表 7.7　　　　不同卷积神经网络在滑坡分类数据集上分类性能对比

模型	recall	precision	F1-score	每幅图像检测用时
VGG16	不收敛			
GoogLeNet	0.80	0.85	0.82	2.8s
ResNet50	0.87	0.85	0.86	5.5s
ResNet152	0.77	0.93	0.84	12.1s
DenseNet-121	0.85	0.95	0.90	5.7s
DenseNet-201	0.65	0.93	0.77	8.3s
EfficientNet-b0	0.92	0.73	0.81	4.9s
EfficientNet-b6	0.93	0.70	0.80	18.4s
MobileNet	0.89	0.70	0.78	3.1s
ShuffleNet	0.75	0.69	0.72	1.5s

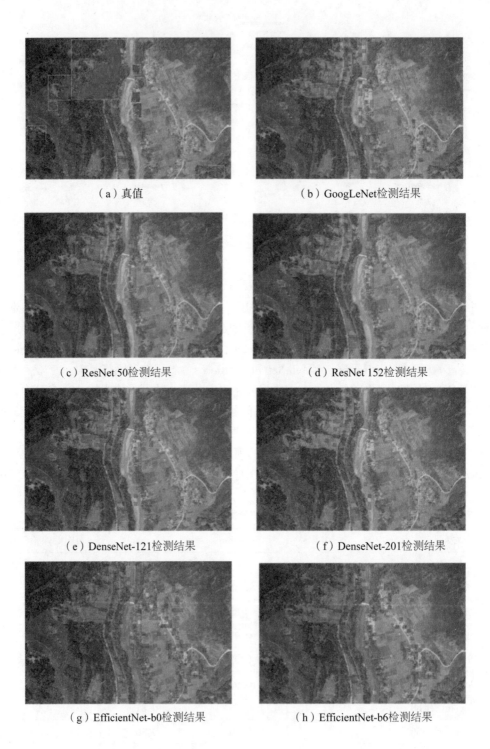

（a）真值　　　　　　　　　　　　（b）GoogLeNet检测结果

（c）ResNet 50检测结果　　　　　　　　（d）ResNet 152检测结果

（e）DenseNet-121检测结果　　　　　　（f）DenseNet-201检测结果

（g）EfficientNet-b0检测结果　　　　　（h）EfficientNet-b6检测结果

（i）MobileNet检测结果 　　　　　　　　　（j）ShuffleNet检测结果

图 7.54　不同卷积神经网络在滑坡分类数据集上检测结果图对比

结合表 7.7 和图 7.54 可以看出，采用 VGG16 模型进行分类时，模型在训练时无法收敛，这也证明了无人机滑坡影像检测存在一定的困难。除此以外，一般说来，卷积神经网络的层数越深，网络的表现就会越好，但在滑坡分类数据集上更深的网络往往有更差的效果，这很可能是因为数据集中的滑坡与背景的差异很小，更深的网络会因拟合能力过强而发生过拟合现象。对于轻量级网络来说，其检测时间相比其他的网络耗时更少，但相比之下网络性能还无法让人满意。EfficientNet 尽管相对于 DenseNet-121 是在 ImageNet 上表现更好的网络，但其在滑坡分类数据集上并没有很好的表现。总的来说，DenseNet-121 模型在无人机遥感影像滑坡分类数据集上有最好的效果。其正确率达到 0.85，召回率为 0.95，F1 分数可以达到 0.90。

7.6.3　无人机影像滑坡信息提取

震后损毁建筑快速识别与定位，不仅能及时为应急救援提供重要决策参考，还可以为政府部门进行震后灾区重建提供依据。无人机技术的快速发展使低空遥感技术成为国家地质灾害现场检测和灾后应急救援的重要支撑手段。利用遥感影像及相关处理技术定位及识别损毁房屋，对受灾情况进行评估，辅助应急救灾以及灾后重建，都具有重大的实际意义。

在房屋场景中，不同区域的倒塌房屋可能存在较高的尺度差异，既有连片的倒塌房屋，也有孤立的单栋倒塌房屋，检测过程中要特别注意不能遗漏小尺度倒塌房屋。目前世界各国研究者们提出了各种不同的深度神经网络，并且开始将不同的网络应用于倒塌房屋的检测中。其中，Cascade RCNN(Cai et al. , 2018)使用不同的 IoU 阈值，训练多个级联的检测器，用多个小网络实现了一个大网络的功能。每个级联的 R-CNN 设置不同的 IoU 阈值，将前一级与后一级网络的输出叠加，每个网络的输出都提高一定的精度，输入到下一个更高精度的网络，逐步提高检测框准确度，同时避免了梯度和特征消失，解决了目标检测中检测框容易受噪声干扰等问题。这里介绍利用一种基于其他网络优点的改进的 Cascade RCNN 网络提取倒塌房屋信息的方法。其中，针对特征提取网络进行改进，引入特征金字塔结构，将低层的结构信息和高层的语义信息相融合，解决小目标存在的漏检问题；使用可变形卷积网络替换传统的矩形框卷积，更好地寻找有效信息的位置，解决因无

305

人机影像背景复杂导致的模型出现误检的问题，最终提高损毁建筑的检测精度，更好地服务于应急救援工作。

1）改进的 Cascade RCNN 网络

在目标检测时，输入的图像往往含有不同尺度的目标，卷积神经网络会用卷积层、池化层等来提取特征，而这些网络层对于小尺度物体的检测是不友好的。在 DED-1 数据集中损毁建筑含有近 30%的小尺度目标，小尺度目标在特征图上的信息点本来就少，因此，下采样最后得到的特征图中小尺度目标占比极小，导致检测结果存在漏检。为实现多尺度目标检测，国内外学者提出不少方法来解决多尺度问题，如降低下采样率、设计更好的Anchor、空洞卷积、尺度归一化，等等。这里引入残差网络和特征金字塔网络（Feature Pyramid Networks，FPN）来改善小尺度目标特征提取。FPN 是根据特征金字塔概念设计的特征提取器，自顶向下将低层的结构信息和高层的语义信息相融合。特征金字塔网络包含三个结构，如图 7.55 所示：一个自底向上的路径、自顶向下的路径、横向连接。横向连接使用 1×1 卷积核可以在不改变特征图尺寸的前提下减少特征图个数。

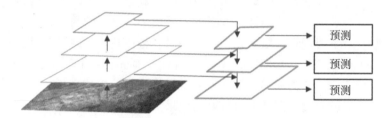

图 7.55　特征金字塔结构图

自底向上的过程就是神经网络进行前馈运算，处于同级网络层次的特征图尺寸相同。每个层次最深的层具有最强的特征表征。自顶向下的过程是把更抽象、语义更强的高层特征图进行上采样。而横向连接则是将上采样的结果和自底向上生成的相同大小的特征图进行融合，这样可以利用底层的定位信息。将低分辨率的特征图做 2 倍上采样（使用最近邻上采样），按元素相加，将上采样的结果与对应的自底而上的特征合并。这个过程是迭代的，直到生成最终的结果。

图 7.56 为添加 FPN 模块的 ResNet50 结构，输入图像经过自底向上路径，获得每层的输出特征图。迭代开始前，先将最后 conv5_x 生成的顶层特征 C5 通过 1×1 卷积，生成低分辨率图 P5。接着将 C5 进行 2 倍上采样，将特征尺度扩大 2 倍，对应的 conv4_x 生成的特征 C4 也通过 1×1 卷积核横向输出，利用横向连接将低层和高层特征融合，为了减少上采样的混叠效应，每个融合之后的特征图经过一个 3×3 卷积来生成该尺度最终的特征图 P4，P4 与 C4 具有相同的尺寸。按照同样的方式，生成每个尺度最终的特征图 P5、P4、P3、P2。对 P5 进行最大池化得到 P6，P6 用于生成预设框并参与 RPN 的预测。在 P2～P6 特征图上生成对应尺度和长宽比的 anchor，由 RPN 进行第一阶段的分类和回归。之后筛选感兴趣区域并选择对应 FPN 中的候选框，进行第二阶段精确的分类和回归。第二阶段精确的分类使用级联网络 Cascade RCNN。

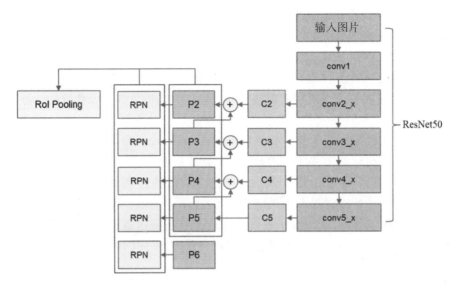

图 7.56　ResNet50+FPN 结构图

将第一阶段经过 RPN 筛选得到的感兴趣区域候选框输入 Cascade RCNN，如图 7.57 所示，通过级联三个阈值逐渐递增的检测器进行分类和回归。H 表示检测器的头部，是三个不同阈值的网络；B 表示回归后的检测框，将上一个检测器回归后的检测框作为下一个检测器的输入，剔除冗余框的同时不断提升正样本的质量，从而提高检测精度；C 表示检测框的分类类别。每个阶段的检测器都有足够满足阈值条件的样本，不会过拟合，同时更深层的检测器可以优化更大阈值的候选区域。

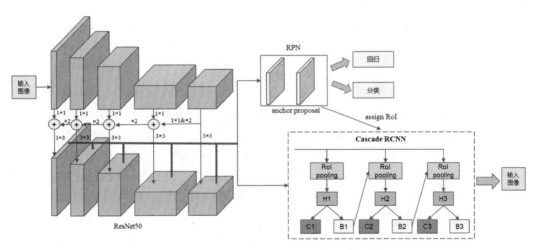

图 7.57　Cascade RCNN（Res50）_FPN 模型图

在不同场景中进行目标检测时为了提高检测精度，通常采用两种方法：一种是通过充足的数据增强，扩充足够多的样本去增强模型适应尺度变换的能力；另一种是设置一些针对几何变换不变的特征或者算法，如 SIFT 和滑动窗口。但是对于复杂变换很难设计不变特征和算法，为了更好地解决物体的形变和其他因素的干扰，Dai 等（2017）提出了可变形卷积（Deformable Convolutional Networks）。

传统的卷积固定采样点位置只提取矩形框的特征，可变形卷积在每个卷积采样点添加一个可学习的偏移量，每个点对应的偏移量通过单独的卷积生成，偏移量的学习通过双线性反馈运算进行，图 7.58 为可变形卷积学习过程。为了避免引入无用的上下文背景信息来干扰特征提取，Zhu 等提出了改进的可变形卷积 DCN v2，即在每个采样点增加权重系数，以此来加强对目标区域的关注，进一步提升特征提取能力（2019）。同时，把 conv3 到 conv5 都换成了可变形卷积，提高算法对几何形变的建模能力；还提出了 Feature Mimicking 方案，用一个 R-CNN 分类网络作为 teacher network，帮助主网络更好地收敛到目标区域内。通过改变卷积核的形状来自适应地改变特征区域，这在一定程度上解决了 DED-1 数据集中检测目标难以与背景区分的问题，更好地寻找有效信息的区域位置，从而提高模型的性能。

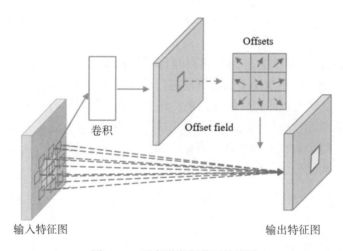

图 7.58　可变形卷积学习过程图

基于特征金字塔和可变形卷积的 Cascade RCNN 网络模型如图 7.59 所示。因为可变形卷积中每个点偏移量的学习需要基于已学到的特征，因此用可变形卷积替换 ResNet50 网络自底向上过程中 conv3_ x、conv4_ x 和 conv5_ x 三个残差块的最后一个卷积层，同时引入 FPN 结构。改进后的特征提取网络将各层的特征图输入后续 RPN 结构，将经过筛选的 ROI 区域输入级联网络中，对候选框进行更高精度的分类和回归，得到最终检测结果。

2）改进的 Cascade RCNN 网络提取效果

提取实验在 DED-1 数据集上进行，在进行网络训练之前，使用镜像、旋转、平移、添加噪声、改变亮度、裁剪等方式对 DED-1 原始数据集进行数据增广。分类网络使用四个网络：Cascade RCNN、引入 FPN 的 Cascade RCNN_FPN、将 ResNet 最后一层替换为 DCN 的 Cascade RCNN_FPN_DCNv1 以及将 conv3~conv5 都替换为 DCN 的 Cascade RCNN_ FPN_DCNv2，四个网络的检测效果如图 7.60 所示。

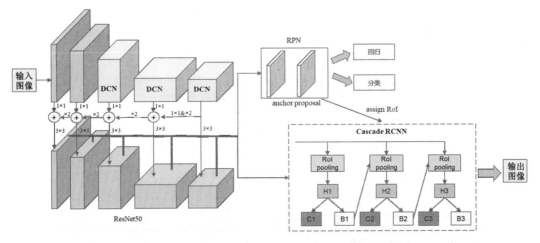

图 7.59 Cascade RCNN(Res50)_FPN_DCN 模型结构图

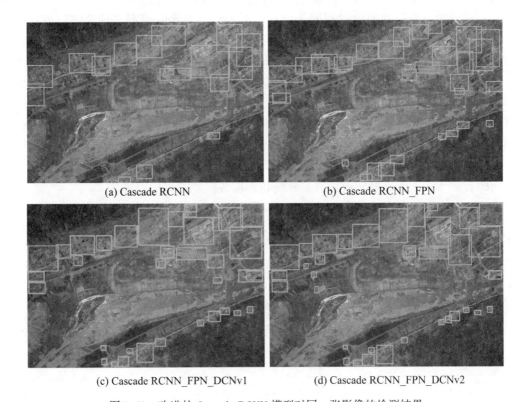

(a) Cascade RCNN   (b) Cascade RCNN_FPN

(c) Cascade RCNN_FPN_DCNv1   (d) Cascade RCNN_FPN_DCNv2

图 7.60 改进的 Cascade RCNN 模型对同一张影像的检测结果

检测精度使用 AP 值衡量，对于 AP 值的计算，这里参考 PASCAL VOC CHALLENGE 给出的计算方法。假设 N 个样本中有 M 个正样本，一共有 M 个 recall 值，阈值设定为 $(1/M, 2/M, \cdots, M/M)$，对于每个 recall 值 r，我们可以计算出对应 $(r' \geqslant r)$ 的最大 Precision，然后对这 M 个 Precision 值取平均即得到最后的 AP 值。AP 值衡量的是模型对每个类别预测的好坏，mAP 衡量的是模型对所有类别预测的好坏，将所有 AP 值取平均就是 mAP，其区间为[0, 1]，AP 值越高表示模型性能越好。四种网络在 DED-1 数据集上的提取精度统计见表 7.8。

表 7.8　　　　　　　　　　　改进的 **Cascade RCNN** 模型检测结果对比

目标检测模型	AP 值(%)
Cascade RCNN	53.82
Cascade RCNN_FPN	58.47
Cascade RCNN_FPN_DCNv1	59.94
Cascade RCNN_FPN_DCNv2	63.02

从表 7.8 可以看出，加入特征金字塔精度提升 4.65%；在此基础上，仅将 ResNet50 最后一层替换为可变形卷积检测精度又提升了 1.47%，将卷积层第三到第五层都替换为可变形卷积检测精度提升 4.55%。可以看到，将 FPN 与 DCN 模块添加到 Cascade RCNN 模型之后检测精度达到 60%以上。图 7.60 为对网络逐步改进后的一些检测结果，从图中也可以看到，加入 FPN 之后，漏检问题有明显的改善，有好多小目标被检测出来，即使是遇到目标倾斜、包含噪音或者阴影的影像，也基本上能检测出来。FPN 网络在将高层和低层信息融合的同时，给一些小目标分配高分辨特征提取层去预测结果，显著提高模型检测性能；DCN 模块通过偏移学习的方式提高了算法对几何形变的建模能力，从而解决了无人机影像中目标与背景难以区分的问题。由此，本节从定性和定量的角度证实了这两种模块的有效性，证明其确实可以改善建筑物倒塌数据集的目标检测效果。

第8章 低空无人机遥感应用案例

8.1 土地利用变化监测应用

利用无人机可以快速获取监测区域的高分辨率影像用于土地利用变化监测，及时发现新增建设用地，进而核查是否为违法建设用地。

实验区域位于黑龙江省大庆市某县，面积约 10km²，地势比较平坦，测区南部存在较大面积水域，区域概况如图 8.1(a) 所示。利用 eBee 无人机搭载佳能卡片机作为传感器进行航飞，以获取影像数据。航飞共三个架次，22 条航线，共拍摄 730 幅影像，航飞曝光点如图 8.1(b) 所示。具体的航飞参数如下：

(1) 22 条航线，相对航高：460m；

(2) 航向重叠度：80%；旁向重叠度：60%；

(3) 相机类型：佳能卡片机；

(4) 焦距：4.3mm；

(5) 像元大小：1.34um；

(6) 影像尺寸：4608×3456；

(7) 地面分辨率 GSD：9.98cm。

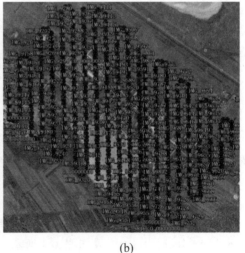

(a)   (b)

图 8.1 测区概况图和飞行曝光点

原始影像采用 DPMS 软件进行处理，快速制作正射影像，主要涉及的处理操作包括影像预处理(影像畸变差修正、匀光匀色、影像自动旋转、影像增强等)、全自动空中三角测量处理、DSM 密集点云匹配、DEM 制作、DOM 纠正、镶嵌以及匀色等。

使用的计算机配置如下：

(1)操作系统：Windows7 64 位；

(2)CPU：Intel(R) Core(TM)i7-4790，3.60GHz；

(3)内存：16G；

(4)显卡：NVIDIA GeForce GTX 760；

(5)硬盘：2T。

影像处理步骤包括：

(1)预处理：主要进行影像畸变差修正、影像匀光匀色、影像旋转、金字塔生成和图像增强等。730 幅影像耗时约 43 分钟。预处理界面如图 8.2 所示。

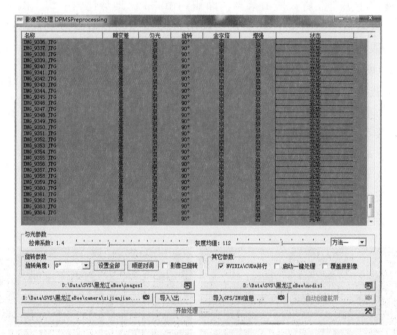

图 8.2　预处理界面

(2)全自动空中三角测量：主要进行影像匹配转点、自由网平差等工作，730 幅影像耗时约 45 分钟。在精度上，控制点平面误差最大为 0.2423m，高程误差最大为 0.2206m，x 方向平均中误差为 0.1589m，y 方向平均中误差为 0.1254m，z 方向平均中误差为 0.1414m，能达到低空摄影测量 1∶2000 正射影像图精度。空三成果图如图 8.3 所示。

(3)DOM 制作：包括 DSM 生成、DOM 单片纠正和 DOM 镶嵌等工作。730 幅影像耗时约 1 小时 14 分钟。DSM 成果如图 8.4 所示，DOM 成果如图 8.5 所示。

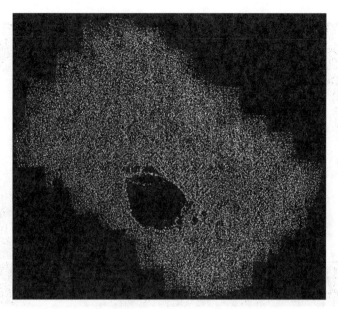

图 8.3　空三成果图

图 8.4　DSM 成果

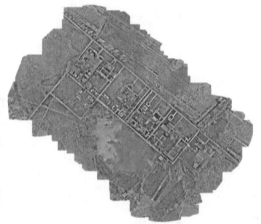

图 8.5　DOM 成果

　　无人机具有机动性良好、成本低廉、反应迅速等优势,而利用DPMS软件制作正射影像的自动化程度和处理效率非常高,能处理影像大面积水面、飞行姿态不稳定等特殊无人机影像,空中三角测量处理能力较强,可获得高质量、高分辨率的正射影像。无人机正射影像快速制作软件在土地调查领域具有广阔的应用前景。将正射影像和前时相的影像对比,可以快速发现新增建筑物和建设痕迹,如图8.6所示。

图 8.6　利用无人机影像快速发现土地利用变化

8.2　高精度测图应用案例

近年来，城市改造、道路桥梁设计、农村宅基地确权、矿业权核查、工程项目精细设计等对大比例尺高精度地形图的需求日益增大，但目前高精度大比例尺地形图在我国主要靠人工使用全站仪、GPS-RTK 等设备通过全野外人工采集数据，然后进行内业加工处理生产。这种作业方式时间长、效率低、成本高、人工劳动强度大，生产进度还受到作业期间天气的影响，难以满足社会各行业的应用需求。提高作业效率、降低生产成本并尽可能减少野外作业量是当今获取大比例尺高精度地形图的迫切要求。由于无人机具有机动灵活、经济便捷等特点，而且能够方便地获取高分辨率影像，采用无人机低空航摄测量生产大比例尺高精度地形图，不仅成本低、工期短、精度高，还能够大幅度减少外业工作量，有效提高生产效率，缩短工期。

8.2.1　苏州地籍测量案例

本案例是苏州地区利用 DPMS 进行地籍测量的案例，测区面积约 $0.2 \mathrm{km}^2$，测区内大部分是房区。测区概况及飞行曝光示意图如图 8.7 所示。

具体的飞行参数如下：

(1)影像数：60 幅；

(2)航线：4 条；

(3)相对航高：165m；

(4)相机：SONY NEX-7；

（a）测区概况　　　　　　　　　　　（b）飞行曝光示意图

图 8.7　测区概况与飞行曝光示意图

（5）像幅：6000×4000；

（6）像素大小：3.9μm；

（7）主距：15.90409mm；

（8）影像分辨率：优于 5cm。

共在测区布设 14 个平高控制点，其中 8 个作为控制点，6 个作为检查点。利用 DPMS 进行空三加密，检查点的中误差优于 5cm，满足 1∶500 测图要求。另外，将全野外数字测图成果与通过 DPMS 空三成果进行立体采集得到的成果进行叠加对比，结果完全满足 1∶500测图精度要求。

图 8.8 为立体测图 DLG 与全野外测图 DLG 叠加对比图。利用 DPMS 生成的 1∶500 DEM 及 DOM 成果如图 8.9 和图 8.10 所示。

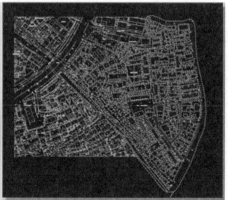

图 8.8　立体测图 DLG 与全野外测图 DLG 叠加对比图

图 8.9　DEM

图 8.10　DOM

8.2.2　湘潭变电站选址案例

测区概况：测区约 800×600m，共飞行 4 条航带，飞行绝对航高约 210m，地面高程约 70m，实际分辨率为 0.049m，平均三条基线测设一个控制点，实测 24 个控制点。

测区空三控制点及检查点精度见表 8.1，控制点及检查点平面精度均优于 4cm，高程精度均优于 7cm，优于 1∶500 大比例尺测图精度，符合变电站选址项目精度要求。1∶500测图成果如图 8.11 所示，DOM 成果如图 8.12 所示。

表 8.1　　　　　　　　　　　　　　　　空三控制点/检查点精度

	ID	x	y	z	dx	dy	dz	RMSx	RMSy	RMSz
检查点	Ne6	38****.3	306****	72.731	0.0398	−0.0627	0.0759	0.0332	0.0351	0.0690
	Ne8	38****.3	306****	65.892	0.0128	0.0566	−0.1395			
	Nf7	38****.8	306****	78.717	0.0234	−0.0044	−0.0004			
	Nf9	38****.0	306****	81.146	−0.0515	−0.0122	−0.0725			
	Ng10	38****.9	306****	88.358	0.0219	0.0403	−0.0525			
	Ng7	38****.5	306****	91.377	−0.0324	−0.0251	−0.0202			
	Ng8	38****.0	306****	89.088	−0.0442	0.0037	−0.0856			
	Nh10	38****.1	306****	81.63	0.0115	−0.0451	−0.07			
	Nh9	38****.4	306****	74.794	−0.0392	−0.023	−0.0215			
	fh7	38****.0	306****	74.606	−0.0308	−0.0139	0.0361			

续表

	ID	x	y	z	dx	dy	dz	RMSx	RMSy	RMSz
控制点	Ne4	38****.2	306****	75.152	−0.0434	0.0223	−0.0948	0.0371	0.0259	0.0410
	Ne5	38****.3	306****	74.811	−0.0746	−0.0699	0.0427			
	Ne5-1	38****.2	306****	74.817	0.0343	0.0013	0.0451			
	Ne7	38****.7	306****	69.284	0.0063	0.0197	−0.0012			
	Ne9	38****.0	306****	62.133	0.0323	0.0144	−0.0109			
	Nf10	38****.2	306****	65.569	−0.038	0.0152	−0.0549			
	Nf6	38****.0	306****	77.477	0.0457	0.0213	0.0161			
	Nf8	38****.2	306****	94.716	0.0146	0.0021	−0.0054			
	Ng11	38****.5	306****	85.368	0.0161	0.0071	−0.0173			
	Ng12	38****.8	306****	82.616	−0.0072	−0.0086	0.0353			
	Ng6	38****.0	305****	94.702	0.0057	−0.0501	0.0652			
	Ng9	38****.5	306****	90.136	−0.0697	−0.0014	0.0188			
	fi6	38****.8	305****	73.81	0.0249	0.0053	−0.0091			
	fi7	38****.2	305****	69.113	0.007	−0.0068	−0.0327			

图 8.11 湘潭某地区 1：500 测图成果

图 8.12　测区 DOM 成果

8.2.3　稀少控制测图案例

低空遥感进行大比例尺测图通常因为无人机影像像幅小、影像重叠度高、相机为普通数码相机等原因，需要布设大量的控制点，如何在保证精度的情况下尽可能减少控制点的数量是低空遥感从业者一直在探索的问题。2015 年 5 月，天津市测绘院对武汉大学测绘学院自主研发的无人机正射影像制作软件 DPMS 进行了示范测试，主要对该软件的精度、控制点数量要求以及效率等进行了测试。该软件得到了国家科技支撑项目（2012BAJ23B03）的大力支持，在影像处理效率、自动化程度和精度等方面上取得了很好的效果。试验具体情况描述如下：

测区概况：天津市郊某地区，地形类型为平地，面积约为 6.5km²，如图 8.13 所示。

影像：利用固定翼无人机搭载 CanonEOS 5D MarkⅢ 相机，包括 19 条航线（2 条构架航线），共 878 幅影像。飞行参数如下：

（1）17 条南北方向航线，相对航高：280m；

（2）2 条东西方向构架航线，相对航高：315m；

（3）航向重叠度：70%；旁向重叠度：50%；

（4）焦距：34.3920mm；

（5）像元大小：6.25μm；

（6）影像尺寸：5760×3840；

（7）地面分辨率 GSD：5cm；

（8）控制点：共在该测区布设了 83 个控制点，少量将用于控制，其余作为检查点。

图 8.13 测区概况

处理情况：

1）计算机配置

（1）系统：Windows7 64 位；

（2）cpu：Intel i7-4790（3.6GHz）4 核 8 线程；

（3）内存：16G；

（4）显卡：NVIDIA GeForce GTX 760；

（5）硬盘：2T。

2）预处理

主要进行影像畸变差修正、影像旋转、匀光、金字塔创建和航带自动划分等工作，耗时约 2 小时，预处理界面如图 8.14 所示。

3）全自动空中三角测量

主要进行影像匹配转点、自由网平差等工作，耗时约 1.5 小时，如图 8.15 所示。

4）像控点量测、区域网光束法平差与精度分析

耗时约 3.5 个小时，主要时间花在像控点测量。

为了验证软件数据处理精度，选择少量像控点作为控制点，其余作为检查点（保密点），具体结果见表 8.2。

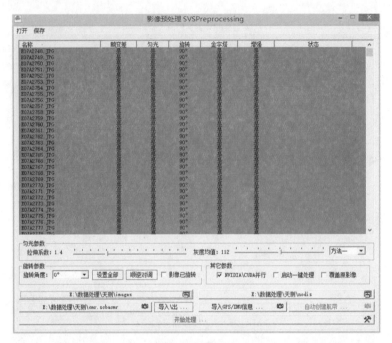

图 8.14′　预处理

图 8.15　空中三角测量

表 8.2　　　　　　　　　　　　　　　天津精度检核结果

控制点/检查点个数	平面中误差（dx \ dy \ dxy）（m）	高程中误差（m）
4/79	0. 1281 \ 0. 1082 \ 0. 1677	0. 4492
7/76	0. 1026 \ 0. 1288 \ 0. 1647	0. 2994
9/74	0. 1295 \ 0. 1050 \ 0. 1667	0. 1887

控制点/检查点个数	平面中误差（dx \ dy \ dxy）（m）	高程中误差（m）
12/71	0.0980 \ 0.0982 \ 0.1387	0.1469
16/67	0.0755 \ 0.1094 \ 0.1329	0.1203
35/48	0.0768 \ 0.0718 \ 0.1051	0.0983

由表 8.2 结果可以看出，利用 12 个控制点，检查点平面中误差 dx、dy 优于 10cm，高程中误差 dz 优于 15cm，能达到 1∶500 测图精度要求。为了进一步检核空三精度，通过航测立体测图软件进行立体模型量测，模型无上下视差，检查点高程误差均小于 20cm。

5）DOM 制作

包括 DSM 生成、DOM 单片纠正和 DOM 镶嵌等工作，耗时约 3 个小时，DOM 成果如图 8.16 所示。

图 8.16 DOM

8.3 考古调查应用案例

低空遥感无人机可以在空中任何高度并以任何角度拍摄考古整个现场的空中照片和视频等。通过这些视野广阔的空中照片，可以得到在地面调查中不易察觉的现象，如土壤、地形的细微差别，不同季节植物生长状态的对比，早晨或傍晚地面遗迹显现出的阴影等。

分析对比各种现象的差别，就有可能找到埋藏在地下的遗址或文物。同时低空遥感无人机还可以准确翔实地记录挖掘过程中每一个阶段的现场情况，这些空中照片能用于制作DEM、DOM 并叠加生成三维模型等，对考古工作的分析和调查起到极大的促进作用。

DPMS 被用于交河城址的考古调查中，交河故城是世界上最大、最古老、保存得最完好的生土建筑城市，位于吐鲁番市以西约 13km 的亚尔乡，吐鲁番市西郊 10km 牙尔乃孜沟两条河交汇处 30m 高的黄土台上，长约 1650m，两端窄，中间最宽处约 300m，呈柳叶形半岛。

DPMS 软件主要用于获取交河故城的 DEM 及 DOM 成果，用于后续的分析和调查等。获取的 DEM 成果如图 8.17 所示，DOM 成果如图 8.18 所示。

图 8.17　DEM　　　　　　　　　　　　　图 8.18　DOM

低空遥感技术的使用，打破了长期以来考古工作中存在的三大难题：一是高空获取影像资料难的问题，二是绘制平面、剖面难的问题，三是获取资料要消耗大量财力物力的问题。该技术的全面应用，不仅解决了上述难题，而且数据成果颇丰，可以获取考察现场的全景图、DEM、DOM 以及三维模型和剖面图成果等，为科学研究与遗址保护提供重要的资料，为野外调查和考古发掘节约了成本，得到的测绘成果和资料更为直观、准确和翔实。

8.4　公路建设应用案例

公路设计及验收等对测量的数据要求越来越高，传统的测量方式周期长、数据格式有限，难以满足现代公路设计及后期验收的要求。无人机的外业操作简便，内业解算周期短，数据质量可靠，能同时提供 3D 产品(DOM、DEM、DLG)等优点，促使近年来无人机低空遥感技术在公路建设中得到越来越多的应用。

8.4.1 苏州某立交桥竣工测量

本小节将介绍无人机低空遥感及 DPMS 在苏州某立交桥竣工测量中的应用。测区立交纵横约 1km,采用旋翼飞机航飞,飞行高度 320m,拍摄影像 67 张。地面实际分辨率 0.073m。共布设 33 个控制点,其中 16 个设为控制点,17 个设为检查点,检查点中误差优于 10cm。立体测图点与外业控制点比较,平面精度优于 6cm,高程精度优于 7cm。图 8.19 和图 8.20 分别是测区空三的定向点分布及航带间连接点的分布情况。

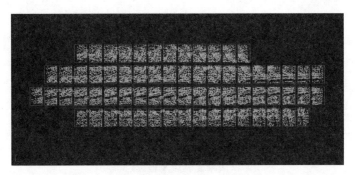

图 8.19 定向点分布

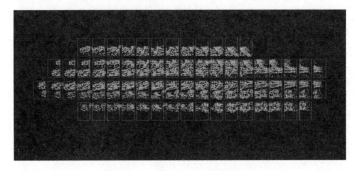

图 8.20 航带间连接点分布

通过调整控制点及检查点的数量和占比,其精度变化见表 8.3。最终成图成果的控制点及检查点精度见表 8.4,控制点和检查点的平面中误差均优于 5cm,高程中误差均优于 10cm,满足竣工测量的精度要求。

表 8.3 不同控制点/检查点个数设置及其精度

设置组合		个数	RMSx	RMSy	RMSz
1	控制点	6	0.0225	0.0544	0.0983
	检查点	27	0.0525	0.0434	0.1148

续表

设置组合		个数	RMSx	RMSy	RMSz
2	控制点	9	0.0246	0.0388	0.0810
	检查点	24	0.0506	0.0403	0.1127
3	控制点	12	0.0304	0.0319	0.0719
	检查点	21	0.0433	0.0388	0.0939
4	控制点	16	0.0338	0.0248	0.0771
	检查点	17	0.0402	0.0331	0.0865
5	控制点	21	0.0363	0.0274	0.0685
	检查点	12	0.0330	0.0275	0.0784
6	控制点	33	0.0334	0.0235	0.0608
	检查点	—	—	—	—

表 8.4　　　　　　　　　　　　最终成果控制点及检查点精度

	ID	x	y	z	dx	dy	dz	RMSx	RMSy	RMSz
检查点	21	67***.**	48***.**	4.118	−0.04	0.0196	−0.0277	0.0402	0.0331	0.0865
	23	67***.**	48***.**	4.505	0.0084	0.0052	0.0272			
	25	67***.**	48***.**	4.47	0.0409	0.009	0.0778			
	28	67***.**	49***.**	3.654	0.0175	0.0042	0.0368			
	31	67***.**	49***.**	2.676	−0.0563	−0.0128	0.0304			
	32	67***.**	49***.**	3.095	−0.0493	0.0182	0.0822			
	34	67***.**	49***.**	2.988	−0.0501	0.0699	−0.1065			
	35	67***.**	49***.**	3.431	−0.0366	0.0215	−0.1074			
	37	67***.**	49***.**	3.409	0.0158	0.0108	−0.0917			
	39	67***.**	48***.**	4.039	0.023	−0.0119	0.1905			
	40	67***.**	48***.**	3.354	−0.0562	−0.0017	0.0711			
	42	67***.**	48***.**	2.283	−0.0679	0.0101	−0.0651			
	43	67***.**	48***.**	2.469	0.0222	−0.0895	−0.0894			
	47	67***.**	48***.**	3.515	−0.0146	0.0142	−0.0939			
	48	67***.**	48***.**	3.512	−0.0235	0.032	−0.0828			
	50	67***	48***.**	3.486	0.0083	−0.012	−0.0716			
	53	67***.**	48***.**	3.103	0.0666	0.0504	−0.0701			

	ID	x	y	z	dx	dy	dz	RMSx	RMSy	RMSz
控制点	22	67***.**	48***.**	4.232	−0.0258	−0.0284	−0.0095	0.0338	0.0248	0.0771
	24	67***.**	48***.**	4.461	0.0177	−0.0008	0.0208			
	26	67***.**	48***.**	5.695	0.035	−0.0245	0.1152			
	27	67***.**	49***.**	2.883	−0.0149	−0.0371	0.0374			
	29	67***.**	49***.**	3.837	−0.0369	−0.009	0.1732			
	30	67***.**	49***.**	2.585	0.0106	0.0293	−0.0153			
	33	67***.**	49***.**	1.473	0.026	0.0567	−0.1424			
	36	67***.**	49***.**	4.321	−0.0025	0.0199	−0.0869			
	38	67***.**	48***.**	3.402	0.0571	−0.0113	0.0467			
	41	67***.**	48***.**	4.478	−0.0263	0.0157	0.0028			
	44	67***.**	48***.**	3.168	0.0243	−0.0029	0.1051			
	45	67***.**	48***.**	2.024	−0.0886	−0.0102	−0.0657			
	46	67***.**	48***.**	2.438	0.0341	−0.0074	−0.0319			
	49	67***.**	48***.**	3.46	0.0061	0.0072	−0.0379			
	51	67***.**	48***.**	3.428	0.0017	−0.0043	−0.0397			
	52	67***.**	48***.**	2.96	0.0102	0.0438	0.0145			

其 DLG 成果如图 8.21 所示，DOM 成果如图 8.22 所示。

图 8.21 DLG 成果

图 8.22 DOM 成果

8.4.2 扬州地区道路改造 DOM 制作

近年来，我国公路网络的结构趋于合理，公路建设进入相对稳定期，大规模的公路建设成为过去，公路养护、改造和恢复重建将成为行业主题。目前，依靠传统手段已经不能满足公路检测、改造和维护工作的要求，低空遥感技术的快速发展为公路养护改造提供了一种全新的解决方案，也将是未来公路养护改造的重要手段。

2015 年 6 月，DPMS 软件被用于获取道路现状图，主要通过 DPMS 获取测区道路的 DEM 及 DOM 成果，用于已有道路扩建。具体的影像参数如下：

(1)2 条航线，相对航高：400m；

(2)影像数：196 幅；

(3)航向重叠度：80%；旁向重叠度：60%；

(4)相机类型：SONY ILCE-7R；

(5)焦距：51.5277mm；

(6)像元大小：4.88um；

(7)影像尺寸：7360×4912；

(8)主要应用：公路扩建。

航飞数据获取的曝光点如图 8.23 所示，空三定向成果如图 8.24 所示，数据处理所获得的 DEM 成果和 DOM 成果分别如图 8.25、图 8.26 所示。

图 8.23　航飞曝光点示意图

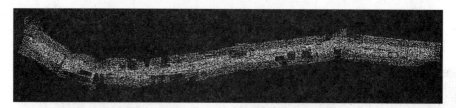

图 8.24　空三定向成果

图 8.25　DEM 成果

图 8.26　DOM 成果图

8.5 地震灾害监测和评估应用案例

无人机具有方便携带运输、起降场地要求低、机动灵活以及受天气影响小等特点，在应急救灾中可以充分发挥其优势，可快速获取受灾地区的全景影像、DEM/DOM 数据、三维模型等。无论是汶川地震、玉树地震，还是舟曲泥石流、安康水灾，测绘无人机都在第一时间到达了现场，并充分发挥机动灵活的特点，及时地获取灾区的影像数据，为救灾部署和灾后重建工作的开展，提供了重要依据。

以汶川地震为例，在无人机获取灾区的影像数据后，利用 DPMS 软件可快速完成测区的空中三角测量及三维模型制作。对于灾区高山深谷这种海拔落差大的特殊地形，DPMS 软件体现出了其对困难地区数据良好的适应性，整个空中三角测量处理及三维模型生成全部自动完成，无需人工交互干预，为获取灾区完整的一手资料成果节省了大量时间，对救灾部署和应急指挥起到了重要作用。在汶川地震中，DPMS 软件制作的受灾地区空三成果如图 8.27 所示，生成的 DOM 成果如图 8.28 所示。

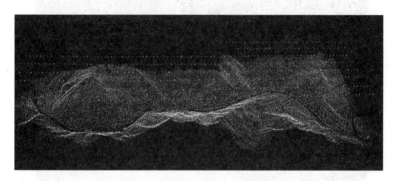

图 8.27 汶川地震中受灾地区空三成果图

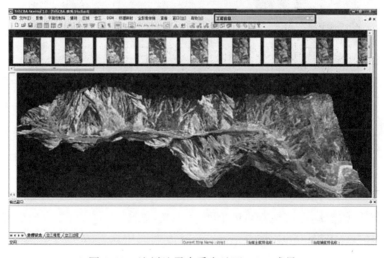

图 8.28 汶川地震中受灾地区 DOM 成果

8.6　矿山煤堆测量应用案例

传统的矿物储量测量方式是由地面的调查员配备 GPS 在矿井进行测量,这种方式效率低、成本高、作业辛苦,而现在无人机可以以较低的成本更好地完成这项工作。得益于无人机测绘费用低、效率高以及航飞影像数据分辨率高等特点,可利用无人机拍摄矿山煤堆的影像数据,快速获取空中三角测量成果、高精度的正射影像以及数字地面模型(DTM)等,从而进一步快速完成矿山煤堆的体积测量。

以青岛煤堆数据为例,利用无人机获取煤堆的影像数据,并在地面每间隔 4 条航带布设一个控制点,其控制点分布如图 8.29 所示。

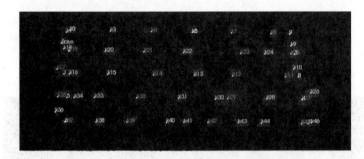

图 8.29　控制点分布图(红色为控制点,绿色为检查点)

通过 DPMS 自动获取的空三成果及煤堆全景图如图 8.30 和图 8.31 所示。

图 8.30　煤堆空三定向点

空三加密成果的控制点及检查点精度见表 8.5,控制点 x、y、z 方向的中误差分别为 0.0125m、0.0167m、0.0148m,检查点 x、y、z 方向的中误差分别为 0.0282m、0.0245m、0.0255m,能够达到 1 : 500 高精度测图精度的要求,验证了利用无人机进行矿山煤堆体积测量的可行性。

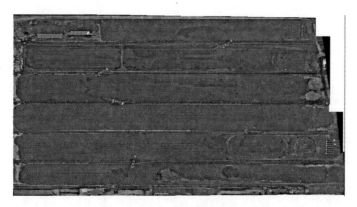

图 8.31 煤堆全景图

表 8.5   空三加密成果的控制点及检查点精度

	ID	dx	dy	dz	RMSx	RMSy	RMSz
控制点	k11	0.0182	0.0169	0.0162	0.0125	0.0167	0.0148
	k12	0.0041	0.0132	0.0057			
	k14	0.0167	0.0214	0.0228			
	k17	0.0001	−0.0003	−0.0014			
	k19	0.0139	−0.0083	0.0245			
	k2	0.0023	0.0135	0.0042			
	k21	−0.0296	−0.0331	0.0247			
	k23	−0.0098	−0.0441	0.0207			
	k25	−0.0004	−0.0258	0.0256			
	k27	0.0051	−0.0092	−0.0009			
	k29	0.0085	−0.0069	0.0068			
	k32	0.0104	−0.0020	−0.0083			
	k35	0.0164	−0.0021	−0.0183			
	k37	−0.0101	−0.0083	−0.0023			
	k39	−0.0113	−0.0092	0.0178			
	k4	0.0044	0.0123	−0.0168			
	k42	−0.0222	−0.0058	0.0062			
	k45	−0.0070	0.0083	−0.0059			
	k7	0.0017	0.0112	−0.0083			
	k8	−0.0073	0.0032	−0.0057			

	ID	d*x*	d*y*	d*z*	RMS*x*	RMS*y*	RMS*z*
检查点	Base	0.0206	0.0265	−0.0140	0.0282	0.0245	0.0255
	k1	0.0219	0.0267	0.0272			
	k10	−0.0282	0.0133	−0.0364			
	k13	0.0127	0.0252	0.0338			
	k15	0.0508	0.0368	0.0293			
	k16	0.0166	0.0403	0.0030			
	k18	−0.0220	0.0236	−0.0008			
	k20	−0.0210	0.0003	0.0282			
	k22	−0.0051	−0.0124	0.0103			
	k24	−0.0310	−0.0041	0.0288			
	k26	−0.0352	−0.0322	−0.0278			
	k28	0.0115	−0.0424	0.0387			
	k3	−0.0261	0.0095	−0.0327			
	k30	−0.0046	0.0375	−0.0208			
	k31	0.0349	0.0098	−0.0211			
	k33	0.0388	−0.0113	0.0020			
	k34	0.0526	−0.0073	−0.0247			
	k38	0.0022	−0.0173	0.0455			
	k41	−0.0183	−0.0125	0.0082			
	k43	−0.0296	−0.0014	−0.0051			
	k44	−0.0232	−0.0127	0.0052			
	k5	0.0388	−0.0458	−0.0352			

8.7 城市三维建模应用案例

随着城市建设的不断加快，城市的信息化建设已经成为现代城市发展的重要标志，也是城市未来发展建设的主要目标。城市三维模型建设作为城市信息化建设的核心部分，已经成为城市建设的重要目标之一。

传统的利用造型软件人工建模的方法成本高、效率低，而且建模效果极大地依赖于建模人员的经验和素质；利用倾斜摄影测量技术进行城市三维建模又会存在影像变形严重、影像分辨率变化大、影像数据量过大等问题。利用低空无人机和建模软件则能实现小范围低成本的快速建模，获得的三维模型完全对象化，可满足 GIS 的深层应用需求，有助于智慧城市等城市信息化建设。

以南京邮电大学仙林校区的建模项目为例：通过无人机获取低空高分辨率影像，并利用自主开发的 DPMS 软件和基于 3d Max 二次开发技术的建模软件，可快速获取整个校区的建筑物三维模型。效率比完全依赖人主观建模的方法更快，精度也更高，相对于倾斜摄影的方式成本更低。

具体的航飞参数如下：

(1) 8 条航线，相对航高约 350m；

(2) 208 幅影像；

(3) 相机类型：SONY NEX-7；

(4) 像幅大小：6000×4000；

(5) 像素大小：3.9μm；

(6) 主距：15.8mm；

(7) 面积：约 2.3km^2。

南京邮电大学仙林校区建模项目的测区如图 8.32 所示，飞行影像曝光点如图 8.33 所示，最终生成的三维模型如图 8.34 和图 8.35 所示。

图 8.32 测区概况

图 8.33 飞行曝光示意图

图 8.34　南京邮电大学仙林校区三维模型(一)

图 8.35　南京邮电大学仙林校区三维模型(二)

8.8　城市违建巡查应用案例

随着城市化的发展，土地利用价值不断提升，非法占用土地新增违章建筑、在原建筑上加盖违章建筑等事件屡见不鲜。违章建筑的问题已成为城市管理工作中的一大难题，尽管很多城市成立了专门的土地执法部门进行监察，但传统的人工作业巡查受限于人力资源以及信息获取途径，存在工作效率低下等问题。而随着城市建设速度的加快，单一的人工手段会越来越难以为继，因此利用信息化手段完成对违法建设案件的监察，土地执法监察工作信息化、规范化、程序化成为现代数字城市建设的必然趋势。

近年来不断发展的无人机摄影技术，可以监测到空中异型违法建筑的工程进度，能够及时为执法部门提供数据，进而及时展开进一步的调查和监管。这样不仅降低了执法难度和执法成本，又使数据获取的时间大大缩短，成本大大降低，满足违法建筑巡查的时效性和准确性需求。

以深圳坪山区的违建巡查项目为例：通过无人机获取低空高分辨率影像，并利用自主开发的 DP-Smart 软件快速获取整个区域的正射影像，通过分布式智能计算平台和 DP-Mapper，自动提取建筑信息。速度比人工判读和巡查的方法更快，精度也更高，相对于倾斜摄影的方式成本更低。

本项目测区范围面积约为 168km²，利用千巡翼 Q10 无人飞机，搭载索尼单镜头相机作为传感器进行航飞以获取影像数据。设计地面分辨率为 0.1m，设计飞行高度为 700m，航向重叠度为 80%，旁向重叠度为 70%，航飞了 9 个架次，总共拍摄 14651 幅影像。

每月无人机定期航飞覆盖全部面积，违建监测 6 个街道总计 23 个社区。该项目实施超过 1 年，已采集数据 15 期，共输出 15 期正射影像，图斑采集量超过 6.5 万块(包括伪变化)，已形成完善的违建巡查业务流程，如图 8.36 所示。

（a）测区概况　　　　　　　　　　　　　　（b）像控点布设

图 8.36　深圳坪山区的违建巡查项目测区概况与像控点布设情况

采用 DP-Smart 软件进行处理，快速制作正射影像，基于正射影像利用分布式智能计算平台和 DP-Mapper 软件进行建筑信息提取，通过与前期数据进行比对，发现疑似违法建设的行为，及时掌握土地变化形态。具体步骤包括：

（1）为保证影像进入下一阶段流程是符合规范的，需对影像进行一系列预处理，包括影像质量检查、影像金字塔创建、匀光匀色、影像纠畸变等处理，如图 8.37 所示。

（2）DOM 影像制作，采用 DP-Smart 软件快速制作 DOM 影像数据，包括空中三角测量、特征匹配、密集匹配等处理步骤，所生成的 DOM 成果如图 8.38 所示。

（3）建筑信息识别提取，将深度学习技术引入影像数据解译中，高效实现影像数据中建筑要素信息的自动提取，为快速发现违法建设信息提供数据服务支撑，如图 8.39 所示。

（4）变化信息定位，自主研发多个以影像信息提取、异常/变化检测等为主要功能的深度学习网络模型，快速获取建筑物体特征要素信息及变化信息，如图 8.40 所示。

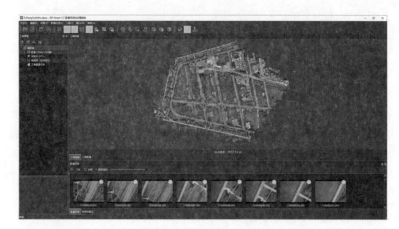

图 8.37　影像预处理

图 8.38　DOM 影像成果

图 8.39　建筑信息提取成果

图 8.40　违法建筑快速定位

本项目利用无人机快速发现+人工核查的违建巡查模式，将数据采集、数据处理、图斑提取、变化监测等环节梳理打通，形成该模式下的违建巡查应用业务闭环，能够更加高效地辅助国土资源管理部门监测管理城区违法建筑，精准打击违法行为，提高查违效率。

8.9　地籍测绘应用案例

随着国家经济的快速发展，城镇化进程的不断加快，导致土地利用状况的更新速度较快。因此，对土地利用情况的实时测图和登记，保证资料的真实性和准确性成为了地籍测绘领域的重要任务。传统的地籍测量工作，一般是通过地面工程测量实测的方式绘制地形图，也可以通过传统的载人飞机航测地形图。相较于传统方式，采用无人机进行低空摄影测量具有明显的优势，成本低廉、执行方便、自动化程度高、效率高、精确度高，能够及时完成地籍测绘的救急任务，从而保障地籍测量的质量。

项目区域位于福建省漳州市某县，该县东接厦门，南临汕头，与台湾相隔，一衣带水。测区面积约 0.25km²，以三层民房居多。测区概况如图 8.41 所示。

按照高精度大比例尺测图的精度要求，结合测区实际地理情况，设计地面分辨率为 0.015m。设计飞行高度为 50m，航向重叠度为 80%，旁向重叠度为 80%。航线设计采用沿测区边界外扩 2 条航线进行航飞，飞行时间共计 0.5 天 2 个架次，有效飞行面积约为 0.25km²，所获取的部分数据如图 8.42 所示。

地籍测绘处理步骤具体如下：

1）数据预处理

主要包括影像质量检查、影像纠畸变、影像缓存创建、任务工程创建等工作。

（a）测区概况　　　　　　　　　　　（b）像控点分布

图 8.41　福建省漳州市某县测区概况与像控点分布

图 8.42　航摄影像

2）空三加密

将预处理好的原始像片及 POS 数据列表导入 DP-Smart 处理系统，完成定向处理。首先通过辅助 POS 系统提供的多视影像外方位元素，对每级影像进行地物要素同名点匹配和自由网平差，建立要素连接点、连接线、控制点坐标、云台辅助数据的自检校区域网平差方程，通过联合解算获取空三解算成果。

3）DSM、DOM 输出

采用计算机集群提取空三加密模型表面点，点间距为 0.15m 至 1m，提取后生成晕渲图，检查晕渲图是否与地形地貌一致。根据空三解算成果，进行特征匹配和逐像素密集匹配，获取高精度高分辨率数字地面模型，并输出 DOM 影像，如图 8.43 所示。

图 8.43 DOM 成果

4）地籍测绘成果输出

采用 DP-Mapper 软件对影像进行导入，制作工程文件，由作业员在工程中进行地籍要素采集，并按照项目标准要求进行属性信息录入，地籍要素提取如图 8.44 和图 8.45 所示。

图 8.44 DP-Mapper 地籍要素提取

5）精度检测

成果完成后，需进行精度检测工作，采用数据抽检的手段，对测区的测图成果质量进行检测。将外业像控点采集得到的检查点与测区地籍图取点进行对比，计算点位中误差，得出绝对精度，结果见表 8.6。

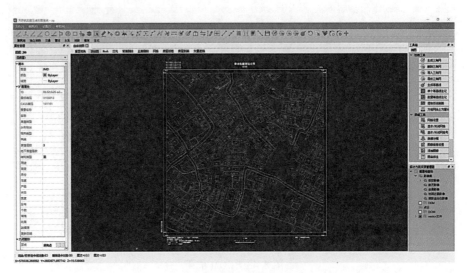

图 8.45　福建省漳州市某县地籍测图成果

表 8.6　　　　　　　　　　　　　　成果精度检查

点号	实测点			线划图取点			线划图精度		
	X	Y	Z	X1	Y1	Z1	ΔX	ΔY	ΔZ
1	▓86.8	▓958	51.4243	▓86.8	▓958	51.4503	0.038	−0.026	−0.026
2	▓84.9	▓958	49.4808	▓84.9	▓958	49.5218	0.023	0.032	0.041
3	▓84.9	▓958	47.9122	▓84.9	▓958	47.8662	0.048	0.034	−0.046
4	▓81.7	▓960	49.4784	▓81.8	▓960	49.5335	0.051	0.043	0.0551
5	▓79.7	▓960	53.4037	▓79.8	▓960	53.3667	0.031	0.045	−0.037
6	▓74.5	▓965	51.3475	▓74.5	▓965	51.304	−0.026	−0.029	−0.0435
中误差							0.037672	0.035522	0.042368

　　通过以上项目案例说明，采用无人机倾斜摄影测量方式，基于 DP-Mapper 软件采集的内业数据成果能满足地籍测量的精度要求。与传统测量相比，倾斜摄影测量在成本、成图精度以及测图效率上存在较大优势。在高精度地形图测量方面，传统的数据采集模式将逐步升级到采用倾斜摄影测量的模式。倾斜摄影测量极大地提高了社会发展对数据更新的要求，在国民经济建设中将发挥越来越重要的作用。

参 考 文 献

[1] Abdel-Aziz Y I, Karara H M. Direct Linear Transformation Into Object Space Coordinates in Close-Range Photogrammetry[A]. In: Proc. Symp. Close-Range Photogrammetry, 1971[C].

[2] Alahi A, Ortiz R, Vandergheynst P. Freak: Fast Retina Keypoint, 2012[C]. IEEE.

[3] Amici S, Turci M, Giammanco S, et al. UAV Thermal Infrared Remote Sensing of an Italian Mud Volcano[J]. Advances in Remote Sensing, 2013, 02(04): 358-364.

[4] Baillard C, Zisserman A. A Plane-Sweep Strategy for the 3D Reconstruction of Buildings From Multiple Images[J]. International Archives of Photogrammetry and Remote Sensing, 2000, 33(B2; PART 2): 56-62.

[5] Bay H, Ess A, Tuytelaars T, et al. Speeded-Up Robust Features (SURF)[J]. Computer vision and image understanding, 2008, 110(3): 346-359.

[6] Bay H, Tuytelaars T, Gool L V. Surf: Speeded Up Robust Features, 2006[C]. Springer.

[7] Behrens A, Lasseur C, Mergelkuhl D. New Developments in Close Range Photogrammetry Applied to Large Physics Detectors[A]. In: 8th International Workshop on Accelerator Alignment, 2004[C].

[8] Berni J, Zarco-Tejada P J, Suarez L, et al. Thermal and Narrowband Multispectral Remote Sensing for Vegetation Monitoring From an Unmanned Aerial Vehicle[J]. IEEE Transactions on Geoscience and Remote Sensing, 2009, 47(3): 722-738.

[9] Boykov Y, Huttenlocher D P. A New Bayesian Framework for Object Recognition: IEEE Computer Society Conference on Computer Vision & Pattern Recognition, 1999[C].

[10] Bradski G. The openCV Library. [J]. Dr. Dobb's Journal: Software Tools for the Professional Programmer, 2000, 25(11): 120-123.

[11] Brutto M L, Meli P. Computer Vision Tools for 3D Modelling in Archaeology[J]. International Journal of Heritage in the Digital Era, 2012, 1(1_ suppl): 1-6.

[12] Cai Z, Vasconcelos N. Cascade R-CNN: Delving Into High Quality Object Detection: 2018 IEEE/CVF Conference on Computer Vision and Pattern Recognition, 2018[C].

[13] Calonder M, Lepetit V, Strecha C, et al. Brief: Binary Robust Independent Elementary Features, 2010[C]. Springer.

[14] Chisholm R A, Cui J, Lum S K Y, et al. UAV LiDAR for Below-Canopy Forest Surveys [J]. Journal of Unmanned Vehicle Systems, 2013, 01(01): 61-68.

[15] Chollet F. Xception: Deep Learning with Depthwise Separable Convolutions[A]. In: Proceedings of the IEEE conference on computer vision and pattern recognition, 2017[C].

［16］Cipolla R, Drummond T, Robertson D P. Camera Calibration From Vanishing Points in Image of Architectural Scenes. ［A］. In: BMVC, 1999［C］. Citeseer.

［17］Cipolla R, Pentland A. Computer Vision for Human-Machine Interaction［M］. Cambridge University Press, 1998.

［18］Clarke T A, Fryer J G. The Development of Camera Calibration Methods and Models［J］. The Photogrammetric Record, 1998, 16(91): 51-66.

［19］Collins R T. A Space-Sweep Approach to True Multi-Image Matching, 1996［C］. IEEE.

［20］Dai J, Qi H, Xiong Y, et al. Deformable Convolutional Networks［A］. In: Proceedings of the IEEE international conference on computer vision, 2017［C］.

［21］Darren T, Arko L, Steven D J. Time Series Analysis of Landslide Dynamics Using an Unmanned Aerial Vehicle (UAV)［J］. Remote Sensing, 2015, 7(2): 1736-1757.

［22］Deseilligny M P, Cl E Ry I. Apero, an Open Source Bundle Adjusment Software for Automatic Calibration and Orientation of Set of Images［A］. In: Proceedings of the ISPRS Symposium, 3DARCH11, 2011［C］.

［23］Ding M, Lyngbaek K, Zakhor A. Automatic Registration of Aerial Imagery with Untextured 3D LiDAR Models.: CVPR, 2008［C］.

［24］Duane C B. Close-Range Camera Calibration［J］. Photogramm. Eng, 1971, 37 (8): 855-866.

［25］Esposito S, Mura M, Fallavollita P, et al. Performance Evaluation of Lightweight LiDAR for UAV Applications［J］. IEEE, 2014.

［26］Essen H, Johannes W, Stanko S, et al. High Resolution W-band UAV SAR, 2012［C］. IEEE.

［27］Feng Q, Liu J, Gong J. Urban Flood Mapping Based on Unmanned Aerial Vehicle Remote Sensing and Random Forest Classifier—a Case of Yuyao, China［J］. Water, 2015, 7(12): 1437-1455.

［28］Fischler M A, Bolles R C. Random Sample Consensus: A Paradigm for Model Fitting with Applications to Image Analysis and Automated Cartography［J］. Communications of the ACM, 1981, 24(6): 381-395.

［29］Fuhrmann S, Langguth F, Goesele M. MVE-A Multi-View Reconstruction Environment. ［A］. In: GCH, 2014［C］. Citeseer.

［30］Furukawa Y, Ponce J. Accurate, Dense, and Robust Multiview Stereopsis［J］. IEEE transactions on pattern analysis and machine intelligence, 2009, 32(8): 1362-1376.

［31］Furukawa Y, Ponce J. Accurate, Dense, and Robust Multiview Stereopsis［J］. IEEE Transactions on Pattern Analysis and Machine Intelligence, 2010, 32(8): 1362-1376.

［32］Gehrke S, Morin K, Downey M, et al. Semi-Global Matching: An Alternative to LIDAR for DSM Generation［A］. In, 2010［C］.

［33］Gerke M. Dense Matching in High Resolution Oblique Airborne Images［J］. Int. Arch. Photogramm. Remote Sens. Spat. Inf. Sci, 2009, 38: W4.

[34] Getzin S, Wiegand K, Sch Ning I. Assessing Biodiversity in Forests Using Very High-Resolution Images and Unmanned Aerial Vehicles[J]. Methods in Ecology & Evolution, 2012, 3(2): 397-404.

[35] Goesele M, Snavely N, Curless B, et al. Multi-View Stereo for Community Photo Collections [C]. IEEE, 2007.

[36] Haala N. The Landscape of Dense Image Matching Algorithms[J]. 2013.

[37] Hartmann W, Tilch S, Eisenbeiss H, et al. Determination of the UAV Position by Automatic Processing of Thermal Images[J]. International Archives of the Photogrammetry, Remote Sensing and Spatial Information Sciences, 2012, 39: 111-116.

[38] Hastedt H. Image Variant Interior Orientation and Sensor Modeling of High Quality Digital Cameras[A]. In: Proceedings of the ISPRS Commission V Symposium, 2002, 2002[C].

[39] He K, Zhang X, Ren S, et al. Deep Residual Learning for Image Recognition[A]. In: Proceedings of the IEEE conference on computer vision and pattern recognition, 2016[C].

[40] Hernandez J F, Guilera D G, Onzálvez P R, et al. Image-Based Modelling from Unmanned Aerial Vehicle (UAV) Photogrammetry: An Effective, Low-Cost Tool for Archaeological Applications[J]. Archaeometry, 2014, 57(1).

[41] Herwitz S R, Johnson L F, Dunagan S E, et al. Imaging From an Unmanned Aerial Vehicle: Agricultural Surveillance and Decision Support[J]. Computers & Electronics in Agriculture, 2004, 44(1): 49-61.

[42] Heuvel F A. Van Den, Vanishing Point Detection for Architectural Photogrammetry[J]. International Archives of Photogrammetry and Remote Sensing, Hakodate, Japan, 1998, 652659.

[43] Hirschmuller H. Stereo Processing by Semiglobal Matching and Mutual Information[J]. IEEE Transactions on Pattern Analysis and Machine Intelligence, 2008, 30(2): 328-341.

[44] Hirschmuller H. Accurate and Efficient Stereo Processing by Semi-Global Matching and Mutual Information[C]. IEEE, 2005.

[45] Hirschmuller H. Semi-Global Matching-Motivation, Developments and Applications[J]. Photogrammetric Week 11, 2011: 173-184.

[46] Hirschmüller H. Stereo Processing by Semiglobal Matching and Mutual Information[J]. IEEE Transactions on Pattern Analysis and Machine Intelligence, 2007, 30.

[47] Howard A G, Zhu M, Chen B, et al. MobileNets: Efficient Convolutional Neural Networks for Mobile Vision Applications[J]. arXiv preprint arXiv: 1704. 04861, 2017.

[48] Huang G, Liu Z, Laurens V, et al. Densely Connected Convolutional Networks[A]. In: Proceedings of the IEEE conference on computer vision and pattern recognition, 2017[C].

[49] Jiménez Muñoz J C, Sobrino J A. A Generalized Single - Channel Method for Retrieving Land Surface Temperature From Remote Sensing Data[J]. Journal of Geophysical Research: Atmospheres, 2003, 108(D22).

[50] Juliane B, Andreas B, Simon B, et al. Estimating Biomass of Barley Using Crop Surface

Models（CSMs）Derived from UAV-Based RGB Imaging［J］. Remote Sensing, 2014, 6 (11): 10395-10412.

［51］Karoui M S, Deville Y, Hosseini S, et al. A New Spatial Sparsity-Based Method for Extracting Endmember Spectra From Hyperspectral Data with some Pure Pixels［A］. In: 2012 IEEE International Geoscience and Remote Sensing Symposium［C］. IEEE, 2012.

［52］Ke Y, Sukthankar R. PCA-SIFT: A More Distinctive Representation for Local Image Descriptors［C］. IEEE, 2004.

［53］Kostrzewa J, Meyer W H, Laband S, et al. Infrared Microsensor Payload for Miniature Unmanned Aerial Vehicles［C］. International Society for Optics and Photonics, 2003.

［54］Lecun Y, Bottou L. Gradient-Based Learning Applied to Document Recognition［J］. Proceedings of the IEEE, 1998, 86(11): 2278-2324.

［55］Lempitsky V, Ivanov D. Seamless Mosaicing of Image-Based Texture Maps, 2007［C］. IEEE.

［56］Leutenegger S, Chli M, Siegwart R Y. BRISK: Binary Robust Invariant Scalable Keypoints, 2011［C］. IEEE.

［57］Li M, Zhu X, Zhao A, et al. Single Late Rice Information Extraction Based On Change Detection Method Using Neighborhood Correlation Images［C］. In: 2014 The Third International Conference on Agro-Geoinformatics［C］. IEEE, 2014.

［58］Lin M, Chen Q, Yan S. Network in Network［J］. arXiv preprint arXiv: 1312. 4400, 2013.

［59］Lin Y, Hyyppa J, Jaakkola A. Mini-UAV-Borne LIDAR for Fine-Scale Mapping［J］. IEEE Geoscience and Remote Sensing Letters, 2011, 8(3): 426-430.

［60］Liu Y, Wang T, Ma L, et al. Spectral Calibration of Hyperspectral Data Observed From a Hyperspectrometer Loaded on an Unmanned Aerial Vehicle Platform［J］. IEEE Journal of Selected Topics in Applied Earth Observations and Remote Sensing, 2014, 7 (6): 2630-2638.

［61］Lowe D G. Distinctive Image Features From Scale-Invariant Keypoints［J］. International Journal of Computer Vision, 2004, 60(60): 91-110.

［62］Lowe D G. Object Recognition From Local Scale-Invariant Features［C］. In: ICCV, 1999.

［63］Luke W, Arko L, Christopher W, et al. Development of a UAV-LiDAR System with Application to Forest Inventory［J］. Remote Sensing, 2012, 4(6): 1519-1543.

［64］Ma N, Zhang X, Zheng H T, et al. ShuffleNet V2: Practical Guidelines for Efficient CNN Architecture Design［C］. In: Proceedings of the European conference on computer vision (ECCV), 2018.

［65］Ma Z, He K, Wei Y, et al. Constant Time Weighted Median Filtering for Stereo Matching and Beyond［C］. In: Proceedings of the IEEE International Conference on Computer Vision, 2013.

［66］Mancini F, Dubbini M, Gattelli M, et al. Using Unmanned Aerial Vehicles (UAV) for High-Resolution Reconstruction of Topography: The Structure From Motion Approach On

Coastal Environments[J]. Remote Sensing, 2013, 12(5): 6880-6898.

[67] Mikolajczyk K, Schmid C. Scale & Affine Invariant Interest Point Detectors [J]. International Journal of Computer Vision, 2004, 60(1): 63-86.

[68] Mikolajczyk K, Schmid C. A Performance Evaluation of Local Descriptors [J]. IEEE Transactions on Pattern Analysis and Machine Intelligence, 2005, 27(10): 1615-1630.

[69] Moorthy A K, Bovik A C. Blind Image Quality Assessment: From Natural Scene Statistics to Perceptual Quality [J]. IEEE transactions on Image Processing, 2011, 20 (12): 3350-3364.

[70] Morel J, Yu G. ASIFT: A New Framework for Fully Affine Invariant Image Comparison[J]. SIAM Journal on Imaging Sciences, 2009, 2(2): 438-469.

[71] Moulon P, Monasse P. Unordered Feature Tracking Made Fast and Easy [C]. In: CVMP 2012.

[72] Moulon P, Monasse P, Marlet R. Adaptive Structure From Motion with a Contrario Model Estimation[C]. In: Asian conference on computer vision, 2012.

[73] Munji R. Self-Calibration Using the Finite Element Approach [J]. Photogrammetric Engineering and Remote Sensing, 1986, 52(3): 411-418.

[74] Munjy R. Calibrating Non-Metric Cameras Using the Finite-Element Method [J]. Photogrammetric Engineering and Remote Sensing, 1986, 52(8): 1201-1205.

[75] Noma T. New System of Digital Camera Calibration, DC-1000[C]. In: Proceedings of the ISPRS Commission V Symposium, 2002.

[76] Pierrot-Deseilligny M, Paparoditis N. A Multiresolution and Optimization-Based Image Matching Approach: An Application to Surface Reconstruction From SPOT5-HRS Stereo Imagery [J]. Archives of Photogrammetry, Remote Sensing and Spatial Information Sciences, 2006, 36(1/W41): 1-5.

[77] Pollard S B, Mayhew J E W, Frisby J P. PMF: A stereo correspondence algorithm using a disparity gradient limit[J]. Perception, 1985, 14(4): 449-470.

[78] Pons J, Keriven R, Faugeras O. Multi-View Stereo Reconstruction and Scene Flow Estimation with a Global Image-Based Matching Score[J]. International Journal of Computer Vision, 2007, 72(2): 179-193.

[79] Primicerio J, Di Gennaro S F, Fiorillo E, et al. A Flexible Unmanned Aerial Vehicle for Precision Agriculture[J]. Precision Agriculture, 2012, 13(4): 517-523.

[80] Qiu N, De Ma S. The Nonparametric Approach for Camera Calibration[C]. In: Proceedings of IEEE International Conference on Computer Vision. IEEE, 1995.

[81] Remondino F. Heritage Recording and 3D Modeling with Photogrammetry and 3D Scanning [J]. Remote Sensing, 2011, 3(6): 1104-1138.

[82] Remondino F, Menna F. Image-Based Surface Measurement for Close-Range Heritage Documentation[J]. International Archives of the Photogrammetry, Remote Sensing and Spatial Information Sciences, 2008, 37(B5): 199-206.

［83］Remondino F, Spera M G, Nocerino E, et al. State of the Art in High Density Image Matching［J］. The Photogrammetric Record, 2014, 29(146): 144-166.

［84］Remy M A, de Macedo K A, Moreira J R. The First UAV-based P-and X-band Interferometric SAR System［C］. IEEE, 2012.

［85］Rothermel M, Wenzel K, Fritsch D, et al. SURE: Photogrammetric Surface Reconstruction From Imagery, 2012［C］.

［86］Rothermel M, Wenzel K, Fritsch D, et al. SURE: Photogrammetric Surface Reconstruction From Imagery［C］. In: Proceedings LC3D Workshop, Berlin, 2012.

［87］Rublee E, Rabaud V, Konolige K, et al. ORB: An Efficient Alternative to SIFT Or SURF ［C］. IEEE, 2011.

［88］Rufino G, Moccia A. Integrated VIS-NIR hyperspectral/thermal-IR Electro-Optical Payload System for a mini-UAV［C］. In: Infotech@ Aerospace, 2005: 7009.

［89］Rupnik E, Nex F, Remondino F. Automatic Orientation of Large Blocks of Oblique Images ［J］. 2013, 40(Part 1): W1.

［90］Rupnik E, Nex F, Remondino F. Oblique Multi-Camera Systems-Orientation and Dense Matching Issues［J］. ISPRS-International Archives of the Photogrammetry, Remote Sensing and Spatial Information Sciences, 2014, XL-3/W1(3): 107-114.

［91］Salem N M, Nandi A K. Enhancement of Colour Fundus Images Using Histogram Matching ［C］. In: Proceedings of BioMED2005-IASTED International Conference on Biomedical Engineering; February 16-18, 2005 Innsbruck, Austria, 2005.

［92］Scharstein D, Szeliski R. A Taxonomy and Evaluation of Dense Two-Frame Stereo Correspondence Algorithms［J］. International Journal of Computer Vision, 2002, 47(1): 7-42.

［93］Scholtz A, Kaschwich C, Kr U Ger A, et al. Development of a New Multi-Purpose UAS for Scientific Application［J］. International Archives of the Photogrammetry, Remote Sensing and Spatial Information Sciences, 2011, 38(1/C22).

［94］Schulz H. The Unmanned Mission Avionics Test Heliciopter-a Flexible and Versatile Vtol-Uas Experimental System［J］. ISPRS-International Archives of the Photogrammetry, Remote Sensing and Spatial Information Sciences, 2011, 3822: 309-314.

［95］Sheikh H R, Sabir M F, Bovik A C. A Statistical Evaluation of Recent Full Reference Image Quality Assessment Algorithms［J］. IEEE Transactions on Image Processing, 2006, 15 (11): 3440-3451.

［96］Siebert S, Teizer J. Mobile 3D Mapping for Surveying Earthwork Projects Using an Unmanned Aerial Vehicle (UAV) System［J］. Automation in Construction, 2014, 41: 1-14.

［97］Simonyan K, Zisserman A. Very Deep Convolutional Networks for Large-Scale Image Recognition［J］. arXiv preprint arXiv: 1409. 1556, 2014.

［98］Stevenson D E, Fleck M M. Applications of Computer Vision［C］. In: Proceedings Third

IEEE Workshop on Applications of Computer Vision. WACV'96. IEEE, 1996.

[99] Swain K C, Thomson S J, Jayasuriya H. Adoption of an Unmanned Helicopter for Low-Altitude Remote Sensing to Estimate Yield and Total Biomass of a Rice Crop [J]. Transactions of the Asabe, 2010, 53(1): 21-27.

[100] Szegedy C, Ioffe S, Vanhoucke V, et al. Inception-V4, Inception-ResNet and the Impact of Residual Connections On Learning[C]. In: Thirty-first AAAI conference on artificial intelligence, 2017.

[101] Szegedy C, Liu W, Jia Y, et al. Going Deeper with Convolutions[C]. In: Proceedings of the IEEE conference on computer vision and pattern recognition, 2015.

[102] Szegedy C, Vanhoucke V, Ioffe S, et al. Rethinking the Inception Architecture for Computer Vision[J]. IEEE, 2016: 2818-2826.

[103] Tan M, Le Q V. EfficientNet: Rethinking Model Scaling for Convolutional Neural Networks [C]. In: International conference on machine learning, 2019. PMLR.

[104] Tecklenburg W, Luhmann T, Hastedt H. Camera Modelling with Image-Variant Parameters and Finite Elements[J]. Optical 3-D Measurement Techniques V, 2001: 328-335.

[105] Tola E, Lepetit V, Fua P. Daisy: An Efficient Dense Descriptor Applied to Wide-Baseline Stereo[J]. IEEE Transactions on Pattern Analysis and Machine Intelligence, 2009, 32 (5): 815-830.

[106] Toldo R, Fantini F, Giona L, et al. Accurate Multiview Stereo Reconstruction with Fast Visibility Integration and Tight Disparity Bounding [J]. International Archives of Photogrammetry, Remote Sensing and Spatial Information Sciences, 2013, 40(5/W1): 243-249.

[107] Tsai R Y. An Efficient and Accurate Camera Calibration Technique Fro 3D Machine Vision [C]. CVPR, 1986: 364-374.

[108] Tsai R. A Versatile Camera Calibration Technique for High-Accuracy 3D Machine Vision Metrology Using Off-The-Shelf TV Cameras and Lenses[J]. IEEE Journal on Robotics and Automation, 1987, 3(4): 323-344.

[109] Tulldahl H M, Larsson H. Lidar On Small UAV for 3D Mapping[C]. In: Electro-Optical Remote Sensing, Photonic Technologies, and Applications VIII; and Military Applications in Hyperspectral Imaging and High Spatial Resolution Sensing II, International Society for Optics and Photonics, 2014.

[110] Van Den Heuvel F A. Exterior Orientation Using Coplanar Parallel Lines [C]. In: Proceedings of the Scandinavian Conference on Image Analysis, 1997. Citeseer.

[111] van den Heuvel F A. Estimation of Interior Orientation Parameters From Constraints On Line Measurements in a Single Image[J]. International Archives of Photogrammetry and Remote Sensing, 1999, 32(Part 5): W11.

[112] Vu H, Labatut P, Pons J, et al. High Accuracy and Visibility-Consistent Dense Multiview Stereo[J]. IEEE Transactions on Pattern Analysis and Machine Intelligence, 2011, 34

(5): 889-901.

[113] Waechter M, Moehrle N, Goesele M. Let there be Color! Large-Scale Texturing of 3D Reconstructions[C]. Springer, 2014.

[114] Wallace L, Lucieer A, Watson C S. Evaluating Tree Detection and Segmentation Routines on Very High Resolution UAV LiDAR Data[J]. IEEE Transactions on Geoscience & Remote Sensing, 2014, 52(12): 7619-7628.

[115] Wang T, Yan G, Ren H, et al. Improved Methods for Spectral Calibration of On-Orbit Imaging Spectrometers[J]. IEEE Transactions on Geoscience and Remote Sensing, 2010, 48(11): 3924-3931.

[116] Wang Z. Principle of Photogrammetry: With Remote Sensing[M]. Press of Wuhan Technical University of Surveying and Mapping, 1990.

[117] Wang Z, Bovik A C, Lu L. Why is Image Quality Assessment so Difficult? [C]. IEEE, 2002.

[118] Wang Z, Bovik A C, Sheikh H R, et al. Image Quality Assessment: From Error Visibility to Structural Similarity[J]. IEEE Transactions on Image Processing, 2004, 13(4): 600-612.

[119] Weng J, Cohen P, Herniou M. Camera Calibration with Distortion Models and Accuracy Evaluation[J]. IEEE Transactions on Pattern Analysis and Machine Intelligence, 1992, 14(10): 965-980.

[120] Wu C. Siftgpu: A GPU Implementation of Sift[J]. http: //cs. unc. edu/ \ ~ { } ccwu/ siftgpu, 2007.

[121] Wu C. A GPU Implementation of Scale Invariant Feature Transform (SIFT)[J]. http: // www. cs. unc. edu/~ ccwu/siftgpu/, 2007.

[122] Wu Q, Xu G, Wang L. Three-Stage System for Camera Calibration[C]. In: Visualization and Optimization Techniques. International Society for Optics and Photonics, 2001.

[123] Xie S, Girshick R, Dollár P, et al. Aggregated Residual Transformations for Deep Neural Networks[C]. IEEE, 2016.

[124] Zarco-Tejada P J, Guillén-Climent M L, Hernández-Clemente R, et al. Estimating Leaf Carotenoid Content in Vineyards Using High Resolution Hyperspectral Imagery Acquired From an Unmanned Aerial Vehicle (UAV)[J]. Agricultural and Forest Meteorology, 2013, 171-172: 281-294.

[125] Zhang L. Automatic Digital Surface Model (DSM) Generation From Linear Array Images [M]. ETH Zurich, 2005.

[126] Zhang X, Zhou X, Lin M, et al. ShuffleNet: An Extremely Efficient Convolutional Neural Network for Mobile Devices[C]. In: Proceedings of the IEEE Conference on Computer Vision and Pattern Recognition, 2018.

[127] Zhang Z. Camera Calibration with One-Dimensional Objects[C]. In: European Conference on Computer Vision, Springer, 2002.

[128] Zheng J, Wang Y. Research On Stereo Image Synthesis Based On Oblique Photography of UAV[J]. Advances in 3D Image and Graphics Representation, Analysis, Computing and Information Technology, 2020.

[129] Zhu X, Hu H, Lin S, et al. Deformable ConvNets V2: More Deformable, Better Results [C]. 2019 IEEE/CVF Conference on Computer Vision and Pattern Recognition (CVPR), 2019.

[130] 安如, 王慧麟, 徐大新, 等. 基于影像尺度空间表达与鲁棒 Hausdorff 距离的快速角点特征匹配方法[J]. 测绘学报, 2005(02): 101-107.

[131] 陈信华. Sift 特征匹配在无人机低空遥感影像处理中的应用[J]. 地矿测绘, 2008 (02): 10-12.

[132] 陈裕, 刘庆元. 基于 Sift 算法和马氏距离的无人机遥感图像配准[J]. 测绘与空间地理信息, 2009, 32(06): 50-53.

[133] 杜奇, 向健勇, 袁胜春. 一种改进的最大类间方差法[J]. 红外技术, 2003, 25 (5): 4.

[134] 冯文灏. 近景摄影测量: 物体外形与运动状态的摄影法测定[M]. 武汉: 武汉大学出版社, 2002.

[135] 冯文灏. 数码相机实施摄像测量的几个问题[J]. 测绘信息与工程, 2002(03): 3-5.

[136] 冯文灏, 李建松, 闫利. 基于二维直接线性变换的数字相机畸变模型的建立[J]. 武汉大学学报(信息科学版), 2004(29)1: 254-258.

[137] 胡庆新, 焦伟, 顾爱华. 多特征融合和交叉核 Svm 的车辆检测方法[J]. 合肥工业大学学报(自然科学版), 2016, 39(01): 84-89.

[138] 黄桂平. 圆形标志中心子像素定位方法的研究与实现[J]. 武汉大学学报(信息科学版), 2005, 30(5): 388-391.

[139] 黄子强. 液晶显示原理[M]. 北京: 国防工业出版社, 2006.

[140] 蒋红成. 多幅遥感图像自动裁剪镶嵌与色彩均衡研究[D]. 北京: 中国科学院研究生院(遥感应用研究所), 2004.

[141] 李博, 杨丹, 张小洪. 一种新的基于梯度方向直方图的图像配准方法[J]. 计算机应用研究, 2007(03): 312-314.

[142] 李德仁, 王密, 潘俊. 光学遥感影像的自动匀光处理及应用[J]. 武汉大学学报(信息科学版), 2006(09): 753-756.

[143] 李德仁, 郑肇葆. 解析摄影测量学[M]. 北京: 测绘出版社, 1992.

[144] 马颂德, 张正友. 计算机视觉: 计算理论与算法基础[M]. 北京: 科学出版社, 1998.

[145] 齐苑辰. 无人驾驶飞机航空遥感影像匹配及外方位元素解算方法研究[D]. 阜新市: 辽宁工程技术大学, 2008.

[146] 王春艳. 基于改进边缘检测算子的遥感图像特征配准方法研究[D]. 西安: 长安大学, 2007.

[147] 王竞雪, 朱庆, 王伟玺. 多匹配基元集成的多视影像密集匹配方法[J]. 测绘学报, 2013, 42(05): 691-698.

[148]王智均, 李德仁, 李清泉. Wallis 变换在小波影像融合中的应用[J]. 武汉测绘科技大学学报, 2000(04): 338-342.

[149]魏宁. 模式识别中图像匹配快速算法研究[D]. 兰州: 兰州大学, 2009.

[150]吴军, 姚泽鑫, 程门门. 融合 Sift 与 Sgm 的倾斜航空影像密集匹配[J]. 遥感学报, 2015, 19(03): 431-442.

[151]谢文寒. 基于多像灭点进行相机标定的方法研究[D]. 武汉: 武汉大学, 2004.

[152]徐建斌, 洪文, 吴一戎. 一种基于距离变换和遗传算法的遥感图像匹配算法[J]. 电子与信息学报, 2005(07): 1009-1012.

[153]杨化超, 姚国标, 王永波. 基于 Sift 的宽基线立体影像密集匹配[J]. 测绘学报, 2011, 40(05): 537-543.

[154]杨进一, 徐伟铭, 王成军, 等. 基于超像元词包特征和主动学习的高分遥感影像变化检测[J]. 地球信息科学学报, 2019, 21(10): 14.

[155]袁修孝, 明洋. 一种综合利用像方和物方信息的多影像匹配方法[J]. 测绘学报, 2009, 38(03): 216-222.

[156]詹总谦, 张祖勋, 张剑清. 基于 Lcd 平面格网和有限元内插模型的相机标定[J]. 武汉大学学报: 信息科学版, 2007, 32(5): 4.

[157]张剑清, 孙明伟, 张祖勋. 基于蚁群算法的正射影像镶嵌线自动选择[J]. 武汉大学学报(信息科学版), 2009, 34(06): 675-678.

[158]张力, 杨战辉. 用 VirtuoZo 数字摄影测量工作站生产 DEM, DOM 的主要技术问题探讨[J]. 测绘信息与工程, 1999(02): 24-26.

[159]张玲, 郭磊民, 何伟, 等. 一种基于最大类间方差和区域生长的图像分割法[J]. 信息与电子工程, 2005, 3(2): 91-93.

[160]张卫龙. 局部信息约束的三维重建方法研究[D]. 武汉: 武汉大学, 2019.

[161]张永军, 张祖勋, 张剑清. 利用二维 Dlt 及光束法平差进行数字摄像机标定[J]. 武汉大学学报(信息科学版), 2002, 27(6): 566-571.

[162]何敬, 李永树, 鲁恒, 等. 无人机影像的质量评定及几何处理研究[J]. 测绘通报, 2010(4): 22-24, 35.

[163]杨爱玲, 于洪伟, 郑灿辉. 关于轻型无人机航摄影像的质量探讨[J]. 测绘与空间地理信息, 2011, 34(2): 185-187.

[164]勾志阳, 赵红颖, 晏磊. 无人机航空摄影质量评价[J]. 影像技术, 2007(02): 49-52.

[165]林宗坚, 苏国中, 申朝永, 等. 主被动多传感器组合的宽角成像系统设计与实验[J]. 武汉大学学报(信息科学版), 2017, 42(11): 1537-1548.